智能科学导论

微课视频版

史忠植◎著

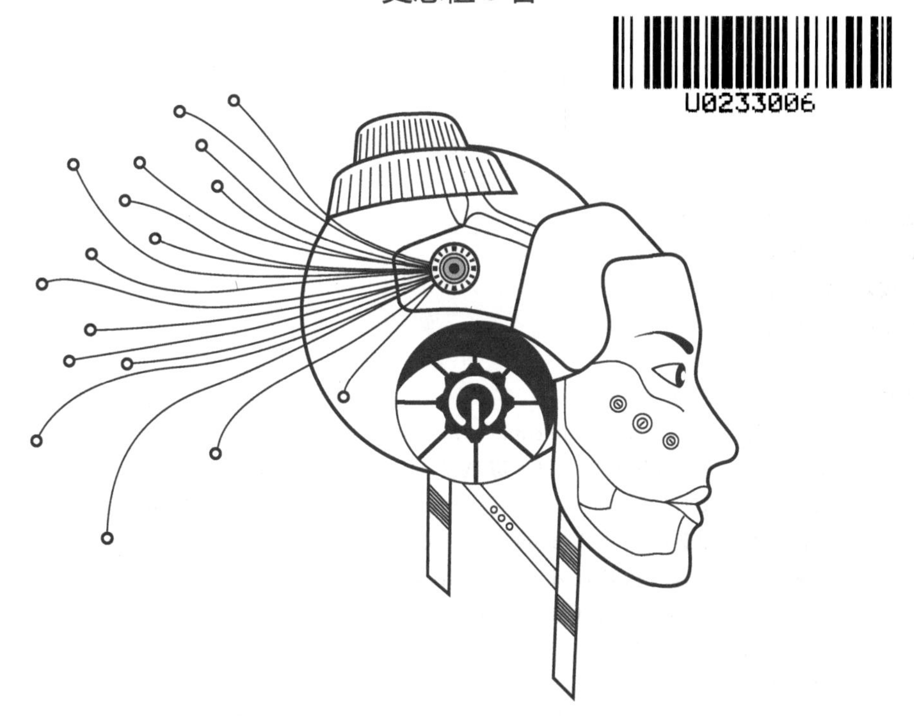

清华大学出版社
北京

内容提要

智能科学研究智能的本质和实现技术，是由脑科学、认知科学、人工智能等创建的前沿交叉学科。全书共分为14章。第1章概要介绍智能科学的兴起和研究内容。第2章介绍神经生理基础。第3章阐述神经计算。第4章论述心智模型。第5章阐述感知智能。第6～12章讨论认知智能，包括语言认知、学习、记忆、思维、智力发展、情绪和情感、意识。第13章介绍智能机器人。第14章探讨类脑智能，展望智能科学发展的路线图。

本书力求概念准确、内容新颖、文字精练、可读性好，让读者在有限的时间内掌握智能科学的基本原理与研究风格，加深对智能科学的理解。

本书可以作为高等院校智能科学与技术、人工智能、计算机科学与技术、自动化等相关专业的本科生、研究生智能科学相关课程的教材，也可以供从事智能科学研究与应用的科技人员学习参考。

图书在版编目(CIP)数据

智能科学导论：微课视频版/史忠植著. —北京：清华大学出版社，2023.1 (2024.11重印)
(人工智能科学与技术丛书)
ISBN 978-7-302-61006-9

Ⅰ. ①智… Ⅱ. ①史… Ⅲ. ①人工智能 Ⅳ. ①TP18

中国版本图书馆CIP数据核字(2022)第097520号

责任编辑：曾 珊 李 晔
封面设计：李召霞
责任校对：韩天竹
责任印制：刘海龙

出版发行：清华大学出版社
网　址：https://www.tup.com.cn，https://www.wqxuetang.com
地　址：北京清华大学学研大厦A座　　**邮　编**：100084
社 总 机：010-83470000　　**邮　购**：010-62786544
投稿与读者服务：010-62776969，c-service@tup.tsinghua.edu.cn
质量反馈：010-62772015，zhiliang@tup.tsinghua.edu.cn
课件下载：https://www.tup.com.cn，010-83470236
印 装 者：三河市龙大印装有限公司
经　销：全国新华书店
开　本：185mm×260mm　**印　张**：18　**字　数**：438千字
版　次：2023年1月第1版　**印　次**：2024年11月第3次印刷
印　数：2001～2300
定　价：69.00元

产品编号：097575-01

前言

PREFACE

智能科学研究智能的本质和实现技术，是由脑科学、认知科学、人工智能等创建的前沿交叉学科。脑科学从分子水平、细胞水平、行为水平研究自然智能机理，建立脑模型，揭示人脑的本质；认知科学是研究人类感知、学习、记忆、思维、意识等人脑心智活动过程的科学；人工智能研究用人工的方法和技术，模仿、延伸和扩展人的智能，实现机器智能。智能科学不仅要进行功能仿真，而且要从机理上研究和探索智能的新概念、新理论、新方法。智能的研究不仅要运用推理，自顶向下，而且要通过学习，由底向上，两者并存。智能科学运用综合集成的方法，对开放系统的智能性质和行为进行研究。

视频1《智能科学导论》介绍

智能科学是生命科学的精华、信息科学技术的核心，现代科学技术的前沿和制高点，涉及自然科学的深层奥秘，触及哲学的基本命题。因此，在智能科学上一旦取得突破，将对国民经济、社会进步、国家安全产生深刻而巨大的影响。目前，智能科学正处在方法论的转变期、理论创新的高潮期和大规模应用的开创期，充满原创性机遇。

智能科学的兴起和发展标志着对以人类为中心的认知和智能活动的研究已进入新的阶段。智能科学的研究帮助人类自我了解和自我控制，把人的知识和智能提高到空前未有的高度。生命现象错综复杂，许多问题还没有得到很好的说明，而能从中学习的内容也是大量的、多方面的。如何从中提炼出最重要的、关键性的问题和相应的技术，是许多科学家长期以来追求的目标。要解决人类在21世纪所面临的许多困难，诸如对能源的大量需求、环境的污染、资源的耗竭、人口的膨胀等，单靠现有的科学成就是很不够的。必须向生物学习，寻找新的科技发展的道路。智能科学的研究将为智能革命、知识革命和信息革命建立理论基础，为智能系统的研制提供新概念、新思想、新途径。

进入21世纪以来，国际上对智能科学及其相关学科，诸如脑科学、神经科学、认知科学、人工智能的研究高度重视。2013年1月28日，欧盟启动了“人脑计划”。2013年4月2日，美国启动BRAIN计划。我国也在积极筹备“脑科学与类脑研究计划”。为了争夺高科技的制高点，国务院于2017年7月8日正式发布《新一代人工智能发展规划》，力图在新一轮国际科技竞争中掌握主导权。

本书概要地介绍智能科学的概念和方法，吸收了脑科学、认知科学、人工智能、信息科学、形式系统、哲学等方面的研究成果，综合地探索人类智能和机器智能的性质和规律。全书共分14章。第1章是绪论，介绍智能科学兴起的科学背景和研究内容。第2章介绍智能科学的神经生理基础。第3章讨论神经计算的进展。第4章探讨重要的心智模型。第5章论述感知智能，包括视觉和听觉。第6章讨论语言认知的理论。第7章重点论述重要的学习理论和方法。记忆是思维的基础，第8章探讨记忆机制。第9章重点讨论思维形式和推理。第10章研究智力的发展和认知结构。第11章讨论情绪和情感的有关理论。第12章初步探讨意识问题。第13章介绍智能机器人研究的进展。第14章介绍类脑智能,展望智能科学发展路线图。

本书研究工作得到国家重点基础研究发展计划课题"脑机协同的认知计算模型"(2013CB329502)、"非结构化信息(图像)的内容理解与语义表征"(2007CB311004);自然科学基金重点项目"基于云计算的海量数据挖掘"(61035003)、"基于感知学习和语言认知的智能计算模型研究"(60435010)、"Web搜索与挖掘的新理论与方法"(60933004)等的支持;国家863高技术项目"海量Web数据内容管理、分析挖掘技术与大型示范应用"(2012AA011003)、"软件自治愈与自恢复技术"(2007AA01Z132)等项目的支持;清华大学出版社对本书的出版给予了大力支持,在此一并致谢。

本书可以作为高等院校智能科学与技术、人工智能、计算机科学与技术、自动化等相关专业的本科生、研究生智能科学课程教材,也可以供从事智能科学研究与应用的科技人员学习参考。

智能科学是处于研究发展中的前沿交叉学科,许多概念和理论尚待探讨,加之作者水平有限,撰写时间仓促,因此书中谬误在所难免,恳请读者指正。

史忠植

2022年8月

微课视频清单

视 频 名 称	时长/min	对应内容
视频 1 《智能科学导论》介绍	10	前言
视频 2 智能革命	7	1.1 节
视频 3 智能科学的兴起	20	1.2 节
视频 4 智能科学的研究	10	1.3 节
视频 5 脑系统和神经组织	20	2.1 节、2.3 节
视频 6 突触传递和神经递质	20	2.5 节、2.6 节
视频 7 跨膜转导和膜电位	15	2.7 节
视频 8 动作电位和离子通道	15	2.8 节
视频 9 神经计算	10	3 章
视频 10 前馈神经网络	15	3.2 节
视频 11 自适应共振理论 ART 模型	20	3.3 节
视频 12 脉冲耦合神经网络	15	3.5 节
视频 13 图灵机	20	4.1 节
视频 14 ACT 模型	20	4.3 节
视频 15 SOAR 模型	15	4.4 节
视频 16 CAM 心智模型	20	4.6 节
视频 17 知觉理论	15	5.2 节
视频 18 视觉感知	30	5.3 节
视频 19 听觉感知	30	5.4 节
视频 20 对话系统	20	5.6 节
视频 21 心理词典	20	6.1 节
视频 22 口语输入和书面输入	30	6.2 节、6.3 节
视频 23 形式文法	20	6.4 节
视频 24 机器翻译	20	6.7 节
视频 25 认知学习理论	30	7.3 节
视频 26 强化学习	20	7.7 节
视频 27 深度学习	20	7.8 节
视频 28 学习计算理论	20	7.9 节
视频 29 记忆系统	30	8.1 节
视频 30 工作记忆	20	8.2 节
视频 31 层次时序记忆	25	8.4 节
视频 32 互补学习记忆	25	8.5 节
视频 33 思维形态	20	9.1 节
视频 34 演绎推理	20	9.3.1 节
视频 35 归纳推理	20	9.3.2 节
视频 36 类比推理	30	9.3.4 节
视频 37 智力理论	30	10.1 节

续表

视 频 名 称	时长/min	对应内容
视频 38　智力测量	20	10.2 节
视频 39　皮亚杰的经典认知发展理论	30	10.3 节
视频 40　智力发展的人工系统	20	10.6 节
视频 41　情绪加工理论	20	11.2 节
视频 42　情商	25	11.3 节
视频 43　情感计算	35	11.4 节
视频 44　情绪加工的神经机制	30	11.5 节
视频 45　意识的剧场模型	30	12.3 节
视频 46　神经元群组选择理论	25	12.5 节
视频 47　综合信息理论	30	12.7 节
视频 48　机器意识系统	35	12.8 节
视频 49　智能机器人的体系结构	30	13.2 节
视频 50　机器人视觉系统	30	13.3 节
视频 51　机器人路径规划	25	13.4 节
视频 52　情感机器人	30	13.5 节
视频 53　脑科学计划	40	14.3 节～14.5 节
视频 54　神经形态芯片	30	14.6 节
视频 55　脑机融合	30	14.7 节
视频 56　智能科学发展路线图	30	14.8 节

目录

CONTENTS

绪　论

第1章
CHAPTER 1

智能科学研究智能的基本理论和实现技术，是由脑科学、认知科学、人工智能等创建的前沿交叉学科[91]。脑科学从分子水平、细胞水平、行为水平研究人脑智能机理，建立脑模型，揭示人脑的本质。认知科学是研究人类感知、学习、记忆、思维、意识等人脑心智活动过程的科学。人工智能研究用人工的方法和技术，模仿、延伸和扩展人的智能，实现机器智能。智能科学是实现人类水平的人工智能的重要途径。

1.1　智能革命

视频2
智能革命

工具制造、农业革命、工业革命是人类历史上具有重大影响的3次革命。这些革命使社会、经济、文明的情况发生了重大变化，从一种方式转变到另一种方式。工业革命发生在18世纪中叶，英国人瓦特改良了蒸汽机，引发了从手工劳动向动力机器生产转变的重大飞跃，以机器取代人力，以大规模工厂化生产取代个体手工生产，使制造、矿山、交通等产业发生巨大变化，极大地推动了社会经济和文化的发展。

人类发展的历史伴随着永无止境的追求。工业革命让机器代替了人类的体力劳动，带来经济和社会的进步。人类一直在做不懈的努力，使机器能代替人类的智力劳动，扩展人的智能。

亚里士多德(Aristotle 公元前384—公元前322年)在《工具论》中提出形式逻辑。培根(F. Bacon，1561—1626年)在《新工具》中提出归纳法。莱布尼茨(G. W. von Leibnitz，1646—1716年)研制了四则计算器，提出了"通用符号"和"推理计算"的概念，使形式逻辑符号化，这是"机器思维"研究的萌芽。

19世纪以来，数理逻辑、自动机理论、控制论、信息论、仿生学、计算机、心理学等学科的进展，为人工智能的诞生，准备了思想、理论和物质基础。布尔(G. Boole，1815—1864年)创立了布尔代数。他在《思维法则》一书中，首次用符号语言描述了思维活动的基本推理法则。哥德尔(K. Godel，1906—1978年)提出了不完备性定理。1936年，图灵(A. M. Turing，1912—1954年)提出了理想计算机模型——图灵机，以离散量的递归函数作为智能描述的数学基础，创立了自动机理论。1943年，心理学家麦克洛奇(W. S. McCulloch)和数理逻辑学家皮兹(W. Pitts)在《数学生物物理公报》(Bulletin of Mathematical Biophysics)上发表了关于神经网络的数学模型，提出了MP神经网络模型，开创了人工神经网络的研究。

1945年,冯·诺伊曼(John von Neumann)提出了存储程序的概念。1946年,埃克特(J. P. Eckert)和莫奇利(J. W. Manochly)研制成功ENIAC电子数字计算机。1948年香农(C. E. Shannon)发表了《通信的数学理论》,标志着一门新学科——信息论的诞生。同年,维纳(N. Wiener)创立了控制论。

中国曾经发明了不少智能工具和机器。例如,算盘是应用广泛的古典计算机;水运仪象台是天文观测与星象分析仪器;候风地动仪是测报与显示地震的仪器。我们的祖先提出的阴阳学说蕴涵着丰富的哲理,对现代逻辑的发展有重大影响。

1956年夏天,美国达特茅斯(Dartmouth)大学的青年助教麦卡锡(John McCarthy)、哈佛大学明斯基(M. Minsky)、贝尔实验室香农和IBM公司信息研究中心罗彻斯特(N. Lochester)发起召开了达特茅斯会议。他们邀请了卡内基·梅隆大学的纽厄尔(A. Newell)和西蒙(H. A. Simon)、麻省理工学院的塞夫里奇(O. Selfridge)和索罗门夫(R. Solomamff),以及IBM公司的塞缪尔(A. Samuel)和莫尔(T. More)参加。他们的研究专业包括数学、心理学、神经生理学、信息论和计算机科学,多学科交叉,从不同的角度共同探讨人工智能的可能性。麦卡锡在 *Proposal for the Dartmouth Summer Research Project On Artificial Intelligence* 中首先引入了人工智能(Artificial Intelligence,AI)这一术语,他将人工智能定义为:"使一部机器的反应方式就像是一个人在行动时所依据的智能。"达特茅斯会议标志着人工智能的正式诞生。

60多年来,人工智能学者提出的启发式搜索、非单调推理丰富了问题求解的方法。对大数据、深度学习、知识发现等的研究推动了智能系统的发展,取得了实际效益。模式识别的进展,已经在一定程度上使计算机具备了听、说、读、看的能力。

2011年2月14—16日,IBM人工智能系统"沃森"在美国著名智力竞答电视节目《危险边缘》(Jeopardy)中,战胜了两名"常胜将军"詹宁斯和鲁特尔。2016年3月9—15日,谷歌AlphaGo采用深度强化学习和蒙特卡罗搜索算法,以4∶1战胜了围棋冠军韩国棋手李世石。

为了争夺高科技的制高点,国务院于2017年7月8日正式发布《新一代人工智能发展规划》。规划指出:"人工智能成为国际竞争的新焦点。人工智能是引领未来的战略性技术,世界主要发达国家把发展人工智能作为提升国家竞争力、维护国家安全的重大战略,加紧出台规划和政策,围绕核心技术、顶尖人才、标准规范等强化部署,力图在新一轮国际科技竞争中掌握主导权。"

2018年3月22日,北京脑科学与类脑研究中心成立。2018年5月,上海脑科学与类脑研究中心在张江实验室成立。这两个中心的成立标志着中国脑计划正式拉开序幕。

2021年7月22日,Deepmind在《自然》期刊上发表文章 *Highly accurate protein structure prediction with AlphaFold*,介绍AlphaFold2。该工作利用AlphaFold2破译几乎整个人类蛋白质组结构(98.5%的人类蛋白质),极大地扩展了蛋白结构覆盖率。这些重大事件标志着"智能革命"时代已经到来。

2021年9月16日,科技部下发《关于发布科技创新2030——"脑科学与类脑研究"重大项目2021年度项目申报指南的通知》。该通知共部署指南方向59项,国拨经费概算31.48亿元,主要包括:

- 脑认知原理(22项);

- 认知障碍相关重大脑疾病发病机理与干预技术研究(7 项)；
- 类脑计算与脑机智能技术及应用(10 项)；
- 儿童青少年脑智发育研究(3 项)；
- 技术平台建设(2 项)；
- 青年科学家项目(15 项)。

智能科学的研究将助力中国经济高质量发展，全面推动和促进智能革命的到来。

1.2　智能科学的兴起

视频 3
智能科学的兴起

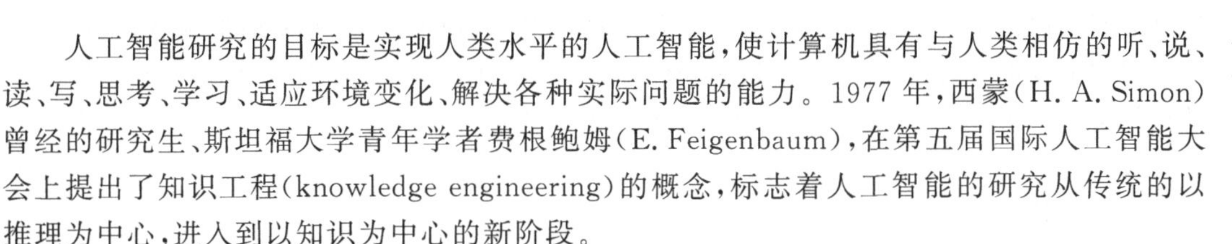

人工智能研究的目标是实现人类水平的人工智能，使计算机具有与人类相仿的听、说、读、写、思考、学习、适应环境变化、解决各种实际问题的能力。1977 年，西蒙(H. A. Simon)曾经的研究生、斯坦福大学青年学者费根鲍姆(E. Feigenbaum)，在第五届国际人工智能大会上提出了知识工程(knowledge engineering)的概念，标志着人工智能的研究从传统的以推理为中心，进入到以知识为中心的新阶段。

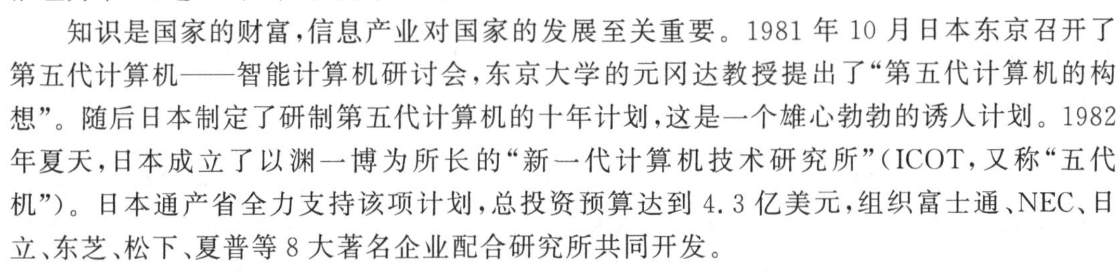

知识是国家的财富，信息产业对国家的发展至关重要。1981 年 10 月日本东京召开了第五代计算机——智能计算机研讨会，东京大学的元冈达教授提出了“第五代计算机的构想”。随后日本制定了研制第五代计算机的十年计划，这是一个雄心勃勃的诱人计划。1982 年夏天，日本成立了以渊一博为所长的“新一代计算机技术研究所”(ICOT，又称“五代机”)。日本通产省全力支持该项计划，总投资预算达到 4.3 亿美元，组织富士通、NEC、日立、东芝、松下、夏普等 8 大著名企业配合研究所共同开发。

渊一博为所长的“新一代计算机技术研究所”苦苦奋战了将近 10 年。然而，“五代机”的命运是悲壮的。1992 年，因最终没能突破关键性的技术难题，无法实现自然语言人机对话、程序自动生成等目标，导致了该计划最后流产。也有人认为，“五代机”计划不能算作失败，它在前两个阶段基本上达到了预期目标。1992 年 6 月，就在“五代机”计划实施整整 10 年之际，ICOT 展示了它研制的五代机原型试制机，由 64 台处理器实现了并行处理，已初步具备类似人的左脑的先进功能，可以对蛋白质进行高精度分析，在基因研究中发挥了作用。

五代机研究失败的现实迫使人们寻找研究智能科学的新途径。智能不仅要功能仿真，而且要机理仿真；智能不仅要运用推理，自顶向下，而且要通过学习，由底向上，两者结合；脑的感知部分，包括视觉、听觉等各种感觉、运动、语言脑皮层区不仅应具有输入输出通道的功能，而且应对思维活动有直接贡献。

1991 年，人工智能领域最权威的刊物 *Artificial Intelligence* 47 卷上发表了人工智能基础专辑，指出了人工智能研究的趋势。柯希(D. Kirsh)在专辑中提出了人工智能的 5 个基本问题[37]：

(1) 知识与概念化是否是人工智能的核心?

(2) 认知能力能否与载体分开来研究?

(3) 认知的轨迹是否可用类自然语言来描述?

(4) 学习能力能否与认知分开来研究?

(5) 所有的认知是否有一种统一的结构?

不同学派对这些关键问题有不同的观点。各个学派从各自的优势出发,探寻人工智能走出低谷的途径。

2001年12月,由美国国家科学基金会和商务部出面,组织政府部门、科研机构、大学以及工业界的专家和学者聚集华盛顿,专门研讨"提升人类能力的汇聚技术"(Converging Technologies to Improve Human Performance)问题。以该会议提交的论文和结论为基础,2002年6月,美国国家科学基金会和美国商务部共同提出了长达468页的《汇聚技术报告》。报告认为:认知科学、生物学、信息学和纳米科技等在当前为迅猛发展的领域,这4个科学及相关技术的有机结合与融合形成汇聚技术,其英文简写与缩写为 nano-bio-info-cogno 和 NBIC。在认知领域,包括认知科学与认知神经科学;在生物领域,包括生物技术、生物医药及遗传工程;在信息领域,包括信息技术及先进计算和通信;纳米领域,包括纳米科学和纳米技术。这些学科各自独特的研究方法与技术的融合,将加速人类对智能科学以及相关学科的研究,最终推动了社会的发展。汇聚技术的发展将显著提高生命质量,提升和扩展人的能力,使整个社会的创新能力和国家的生产力水平大大提高,从而增强国家的竞争力,也将对国家安全提供更强有力的保障。

20世纪,生命科学与信息技术结合,导致生物信息学的新生和发展。21世纪,在汇聚技术的推动下,生命科学与信息技术结合,诞生了交叉学科智能科学,为智能革命指明发展的途径。2002年,中国科学院计算技术研究所智能科学实验室创建了世界第一个智能科学网站。2003年,文献[91]提出智能科学研究智能的基本理论和实现技术,是由脑科学、认知科学、人工智能等学科创建的交叉学科。脑科学从分子水平、细胞水平、行为水平研究人脑智能机理,建立脑模型,揭示人脑的本质。认知科学是研究人类感知、学习、记忆、思维、意识等人脑心智活动过程的科学。人工智能研究用人工的方法和技术,模仿、延伸和扩展人的智能,实现机器智能。3门学科共同研究,探索智能科学的新概念、新理论、新方法,必将在21世纪共创辉煌。

1.2.1 脑科学

人脑是世界上最复杂的物质,它由数百种不同类型的上千亿的神经细胞构成。理解大脑的结构与功能是21世纪最具挑战性的前沿科学问题;理解认知、思维、意识和语言的神经基础,是人类认识自然与自身的终极挑战。现代神经科学的起点是神经解剖学和组织学对神经系统结构的认识和分析。在宏观层面,布洛卡(Paul Broca)和韦尼克(Wernicke)对大脑语言区的定位,布罗德曼(Brodmann)对脑区的组织学分割,彭菲尔德(Penfield)对大脑运动和感觉皮层对应身体各部位的图谱绘制、功能核磁共振成像对在活体进行定位时脑内依赖于电活动的血流信号等,使人们对大脑各脑区可能参与某种脑功能有了相当的理解。神经元种类图谱、介观神经联接图谱、介观神经元电活动图谱的制作将是脑科学界长期的工作。

神经系统和脑的功能从本质上是接收内外环境中的信息,加以处理、分析和存储,然后控制调节机体各部分,做出适当的反应。因此,神经系统和脑是两种活的信息处理系统。从神经元的真实生物物理模型,它们的动态交互关系以及神经网络的学习,到脑的组织和神经类型计算的量化理论等,从计算角度理解脑;研究非程序的、适应性的、大脑风格的信息处理的本质和能力,探索新型的信息处理机理和途径,从而创造脑。

计算神经科学的研究源远流长。1875 年,意大利解剖学家戈尔吉(C. Golgi)用染色法最先识别出单个的神经细胞。1889 年,卡贾尔(R. Cajal)创立神经元学说,认为整个神经系统是由结构上相对独立的神经细胞构成的。在卡贾尔神经元学说的基础上,1906 年,谢灵顿(C. S. Sherrington)提出了神经元间突触的概念。1907 年,拉皮克(Lapique)提出整合放电(integrate-and-fire)神经元模型。20 世纪 20 年代,阿德廉(E. D. Adrian)提出神经动作电位。1943 年麦克鲁奇(W. S. McCulloch)和皮兹(W. Pitts)提出了 M-P 神经网络模型。1949 年赫布(D. O. Hebb)提出了神经网络学习的规则。霍奇金(A. L. Hodgkin)和哈斯利(A. F. Huxley,)于 1952 年提出 Hodgkin-Huxley 模型,描述细胞的电流和电压的变化。20 世纪 50 年代,罗森勃拉特(F. Rosenblatt) 提出了感知机模型。20 世纪 80 年代以来,神经计算研究取得了进展。霍普菲尔德(J. J. Hopfield)引入李雅普诺夫(Lyapunov)函数(又叫作"计算能量函数")给出了网络稳定判据,可用于联想记忆和优化计算。甘利俊一(Amari)在神经网络的数学基础理论方面做了大量的研究,包括统计神经动力学、神经场的动力学理论、联想记忆,特别在信息几何方面进行了奠基性的工作。

计算神经科学的研究力图体现人脑的如下基本特征:

(1) 大脑皮质是一个广泛连接的巨型复杂系统;

(2) 人脑的计算是建立在大规模并行模拟处理的基础之上;

(3) 人脑具有很强的"容错性"和联想能力,善于概括、类比、推广;

(4) 大脑功能受先天因素的制约,但后天因素,如经历、学习与训练等起着重要作用,这表明人脑具有很强的自组织性与自适应性。人类的很多智力活动并不是按逻辑推理方式进行的,而是由训练形成的。目前,对人脑是如何工作的了解仍然很肤浅,计算神经科学的研究还很不充分。

由瑞士洛桑联邦理工大学(EPFL)的马克拉姆(Henry Markram)发起的"蓝脑计划"自 2005 年开始实施,经过 10 年的努力,较为完整地完成了特定脑区内皮质功能柱的计算模拟。但总体而言,要真正实现认知功能的模拟还有很大的鸿沟需要跨越。2013 年,马克拉姆构思并领导筹划的欧盟"人脑计划"(Human Brain Project,HBP)入选欧盟的未来旗舰技术项目,获得 10 亿欧元的资金支持,成为了全球范围内最重要的人类大脑研究项目。该计划的目标是用超级计算机来模拟人类大脑,用于研究人脑的工作机制和未来脑疾病的治疗,并借此推动类脑人工智能的发展。参与的科学家来自欧盟各成员国的 87 个研究机构。

美国提出"运用先进创新型神经技术的大脑研究"(Brain Research Through Advancing Innovative Neurotechnologies,BRAIN)计划。美国的脑计划侧重于新型脑研究技术的研发,从而揭示脑的工作原理和脑的重大疾病发生机制,其目标是像人类基因组计划那样,不仅要引领前沿科学发展,同时带动相关高科技产业的发展。在未来 10 年将新增投入 45 亿美元。BRAIN 计划提出了 9 项优先发展的领域和目标,其中依次为:鉴定神经细胞的类型并达成共识;绘制大脑结构图谱;研发新的大规模神经网络电活动记录技术;研发一套调控神经回路电活动的工具集;建立神经元电活动与行为的联系;整合理论、模型和统计方法;解析人脑成像技术的基本机制;建立人脑数据采集的机制;脑科学知识的传播与人员培训。

2014 年,日本启动的"脑智"(Brain/MIND)计划的目标是"使用整合性神经技术制作有助于脑疾病研究的大脑图谱"(Brain Mapping by Integrated Neurotechnologies for Disease

Studies,Brain/MINDS),为期 10 年,第一年投入 2700 万美元,以后逐年增加。此计划聚焦在使用狨猴为动物模型,绘制从宏观到微观的脑联结图谱,并以基因操作手段,建立脑疾病的狨猴模型。

中国脑计划以理解脑认知功能的神经基础为研究主体,以脑机智能技术和脑重大疾病诊治手段研发为两翼,目标是在未来 15 年内使我国的脑认知基础研究、类脑研究和脑重大疾病研究达到国际先进水平,并在部分领域起到引领作用(见图 1.1)

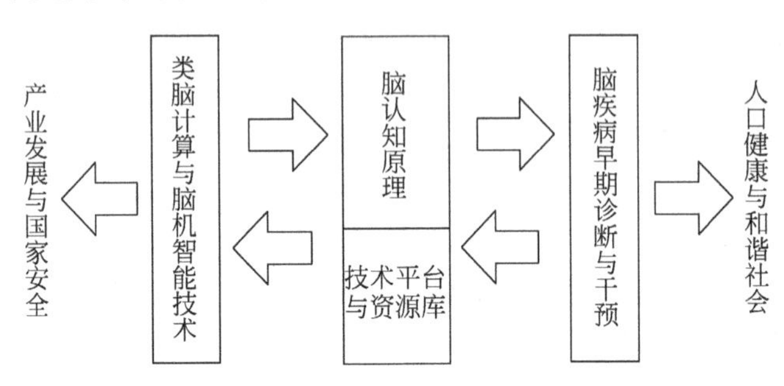

图 1.1　中国脑计划的总体格局

1.2.2　认知科学

认知是脑和神经系统产生心智的过程和活动。认知科学就是以认知过程及其规律为研究对象,探索人类的智力如何由物质产生和人脑信息处理的过程的科学。具体地说,认知科学是研究人类的认知和智力的本质和规律的前沿科学。认知科学研究的范围包括知觉、注意、记忆、动作、语言、推理、思考、意识乃至情感动机在内的各个层面的认知活动。将哲学、心理学、语言学、人类学、计算机科学和神经科学 6 大学科交叉整合,研究在认识过程中信息是如何传递的,就形成了认知科学。当前国际公认的认知科学学科结构如图 1.2 所示。

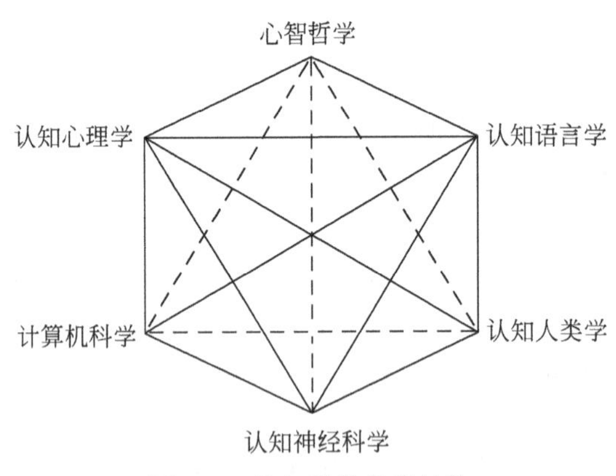

图 1.2　认知科学学科结构

认知科学的发展首先在原来的 6 个支撑学科内部产生了 6 个新的发展方向,即心智哲学、认知心理学、认知语言学(或称语言与认知)、认知人类学(或称文化、进化)、计算机科学(人工智能)和认知神经科学。这 6 个新兴学科是认知科学的 6 大学科分支。

最近几十年来,对复杂行为的理论主要有 3 个派别:新行为主义、格式塔(Gastalt)心理学派和认知心理学派。各派心理学都想更好地认识人类机体是如何活动的,它们从各个不同方面研究行为,在方法学上强调的重点不一致。新行为主义强调客观的实验方法,要求对实验严格加以控制,格式塔心理学派认为全体形态和属性并不等于各部分之和。认知心理学是用信息加工过程来解释人的复杂行为,它吸收了行为主义和格式塔心理学的有益成果。认知心理学也认为复杂的现象总要分解成最基本的部分才能进行研究。

20 世纪 90 年代,认知科学迎来了繁荣发展的新时期。大脑成像技术的出现使得认知科学家可以观察到人们在完成各种认知任务时不同大脑区域的活动状况,认知神经科学成为认知科学当中最为活跃的领域之一。情绪、感受和意识这样一些在以往被视为"禁忌"的话题成为了认知科学研究的"热门",认知科学的研究对象不再局限于知觉、记忆、语言、推理、学习等"狭义"的认知活动,而是力图涵盖心智的方方面面。心智不仅与大脑的结构与活动密切相关,身体也是其重要的物理基础,具身性(涉身性)成为了理解心智奥秘的关键因素之一。不仅如此,心智的边界还被延展到身体之外,物质环境和社会环境成为其不可分割的构成成分,这是延展认知和延展心智论题的基本主张。动力学系统理论则对主流认知科学的理论基础即心理表征和计算提出了强烈质疑,主张采用微分方程以及相变、吸引子、混沌等概念来刻画和理解心智的本性。从进化和适应的观点来看待人类认知能力的形成与发展,以及对其他动物物种认知能力的研究,也成为这一时期认知科学研究的重要课题。

认知科学的发展得到国际科技界尤其是发达国家政府的高度重视和大规模的支持。认知科学研究是"国际人类前沿科学计划"的重点。认知科学及其信息处理方面的研究被列为整个计划的三大部分之一(其余两部分是"物质和能量的转换""支撑技术");"知觉和认知""运动和行为""记忆和学习"和"语言和思考"被列为人类前沿科学的 12 大焦点问题中的 4 个。近年来,美国和欧盟分别推出"脑的十年"计划和"欧盟脑的十年计划"。日本则推出雄心勃勃的"脑科学时代"计划,总预算高达 200 亿美元。在"脑科学时代"计划中,脑的认知功能及其信息处理的研究是重中之重。包括知觉、注意、记忆、动作、语言、推理和思考、意识乃至情感动机在内的各个层次和各个方面的人类认知和智力活动都被列入研究的重点;将认知科学和信息科学相结合来研究新型计算机和智能系统也被列为该计划的 3 个方面之一。

图灵奖获得者纽厄尔(A. Newell)以认知心理学为核心,探索认知体系结构。至今在认知心理学与人工智能领域广泛应用的认知模型 SOAR 与 ACT-R 都是在纽厄尔的直接领导下或受其启发而发展起来的,并以此为基石实现了对人类各种认知功能的建模。马尔(David Marr)不但是计算机视觉的开拓者,还奠定了神经元群之间存储、处理、传递信息的计算基础,特别是对学习与记忆、视觉相关回路的神经计算建模作出了重要贡献。

认知科学和哲学家萨伽德(Paul Thagard)在《心智:认知科学导论》中译本的前言部分,指出当今认知科学发展的 4 个新趋势:

(1) 认知神经科学的中心地位进一步得以巩固和加强,对于大脑和神经系统的更为全面和系统的研究对整个认知科学而言具有基础性的作用,甚至对一些传统哲学问题(如心身问题、自由意志和人生意义等)也具有重要的意义;

(2) 基于贝叶斯概率理论的统计模型变得日益显要,被运用于处理认知心理学当中的许多重要现象,并且在人工智能和机器人学中得到广泛应用;

(3) 具身性成为认知科学的基础性概念,心、脑、身体与物质环境和社会环境的相互作用对于理解心智的本性至关重要;

(4) 有关认知的社会的、文化的和历史的维度得到更多的重视。

1.2.3 人工智能

人工智能是通过人工的方法和技术,让机器像人一样认知、思考和学习,模仿、延伸和扩展人的智能,实现机器智能。人工智能自1956年诞生以来,历经艰辛与坎坷,取得了举世瞩目的成就。60多年中,人工智能的发展经历了形成期、符号智能、数据智能时期。

1. 人工智能的形成期(1956—1976年)

人工智能的形成期大约从1956年开始到1976年。这一时期的主要贡献包括:

(1) 1956年,纽厄尔和西蒙的"逻辑理论家"程序,该程序模拟了人们用数理逻辑证明定理时的思维规律。

(2) 1958年麦卡锡提出表处理语言LISP,不仅可以处理数据,而且可以方便地处理符号,成为人工智能程序设计语言的重要里程碑。目前LISP语言仍然是人工智能系统重要的程序设计语言和开发工具。

(3) 1965年鲁宾逊(J. A. Robinson)提出归结法,被认为是一个重大的突破,也为定理证明的研究带来了又一次高潮。

(4) 1965年,斯坦福大学的费根鲍姆和化学家勒德贝格(J. Lederberg)合作研制DENDRAL系统。1968年,斯坦福大学费根鲍姆(E. A. Feigenbaum)等研制成功了化学分析专家系统DENDRAL。1972—1976年,费根鲍姆成功开发医疗专家系统MYCIN。

2. 符号智能时期(1976—2006年)

(1) 1975年,西蒙和纽厄尔荣获计算机科学最高奖——图灵奖。1976年,在获奖演讲中提出了"物理符号系统假说",成为人工智能中影响最大的符号主义学派的创始人和代表人物。

(2) 1977年,美国斯坦福大学计算机科学家费根鲍姆在第五届国际人工智能联合会议上提出知识工程的新概念。20世纪80年代,专家系统的开发趋于商品化,创造了巨大的经济效益。知识工程是一门以知识为研究对象的学科,使人工智能的研究从理论转向应用,从基于推理的模型转向知识的模型,使人工智能的研究走向了实用。

(3) 1981年,日本宣布了第五代电子计算机的研制计划。其研制的计算机的主要特征是具有智能接口、知识库管理、自动解决问题的能力,并在其他方面具有人的智能行为。

(4) 1984年,莱斯利·瓦伦特(Leslie Valiant)在计算科学和数学领域的远见及认知理论与其他技术结合后,提出可学习理论,开创了机器学习和通信的新时代。

(5) 2000年,朱迪亚·珀尔(Judea Pearl)提出概率和因果性推理演算法,彻底改变了人工智能基于规则和逻辑的方向。2011年,珀尔获得图灵奖,以奖励他的人工智能基础性贡献。

3. 数据智能时期(2006年至今)

(1) 2006年,杰弗里·辛顿(Geoffrey Hinton)等发表深度信念网络,开创了深度学习的新阶段。

(2) 2016年,AlphaGo采用深度强化学习,击败最强的人类围棋选手之一李世石,推动人工智能的发展和普及。

(3) 2018年,图灵奖颁给杰弗里·辛顿、杨立昆(Yann LeCun)、约书亚·本吉奥

(Yoshua Bengio),开创了深度神经网络,为深度学习算法的发展和应用奠定了基础。

我国的人工智能研究起步较晚。智能模拟纳入国家计划的研究始于1978年。1984年召开了智能计算机及其系统的全国学术讨论会。1986年起把智能计算机系统、智能机器人和智能信息处理(含模式识别)等重大项目列入国家高技术研究"863计划"。1997年起,又把智能信息处理、智能控制等项目列入国家重大基础研究"973计划"。2017年7月8日,国务院正式发布《新一代人工智能发展规划》,部署有关研究计划。

中国的科技工作者已在人工智能领域取得了具有国际领先水平的创造性成果。其中尤以吴文俊院士关于几何定理证明的"吴氏方法"最为突出,已在国际上产生重大影响,并荣获2001年国家科学技术最高奖励。

我们要向人脑学习,研究人脑信息处理的方法和算法。人脑信息处理过程不再仅凭猜测,而通过多学科交叉和实验研究获得的人脑工作机制。因此,受脑信息处理机制启发,借鉴脑神经机制和认知行为机制发展智能科学,已成为近年来人工智能与信息科学领域的研究热点。智能科学方兴未艾,并将引领人工智能和智能技术蓬勃发展。

1.3 智能科学的研究内容

视频4 智能科学的研究

智能科学的研究内容包括计算神经理论、认知计算、知识工程、自然语言处理、智能机器人等。

1. 计算神经理论

脑是一个由神经元构成的网络,神经元与神经元之间的相互联系依赖于突触,这些彼此联系的神经元构成一定的神经网络来发挥大脑的功能。这些相互作用在神经回路功能的稳态平衡、复杂性以及信息加工处理中发挥着关键作用。与此同时,神经元膜上的受体和离子通道对于控制神经元的兴奋性、调节突触功能以及神经元内各种递质和离子的动态平衡至关重要。认识大脑的神经网络结构及其形成复杂认知功能的机制是认识、开发和利用脑的基础。

计算神经理论从分子水平、细胞水平、行为水平研究知识和外界事物在脑内如何表达、编码、加工和解码,揭示人脑智能机理,建立脑模型。需要研究的问题包括:神经网络是如何形成的?中枢神经系统是如何构建的?在神经网络形成的过程中,神经细胞的分化、神经元的迁移、突触的可塑性、神经元活动的与神经递质和离子通道、神经回路形成以及信息的整合等。这些问题的研究将对智能机理提供有力的脑科学基础。

2. 认知计算

认知计算从微观、介观、宏观等不同尺度上研究人脑如何实现感知、学习、记忆、思维、情感、意识等心智活动。感知是人们对客观事物的感觉和知觉过程。感觉是人脑对直接作用于感觉器官的客观事物的个别属性的反映。知觉是人脑对直接作用于感觉器官的客观事物的整体的反映。知觉信息的表达、整体性、知觉的组织与整合属于知觉研究的基本问题,是研究其他各个层次认知的基础。迄今为止,已建立了4种知觉理论:构造论者的探讨对于学习和记忆的因素赋予较大的影响,认为所有感知都受到人们的经验和期望的影响;吉布森(J. J. Gibson)的生态学着重探讨在刺激模式中所固有的全部环境的信息,认为知觉是直接的,没有任何推理步骤、中介变量或联想;格式塔理论偏重强调知觉组织的先天论的因素,提出整体大于局部之和;动作理论集中于探讨知觉者在他的环境中做动作探测所产生的反馈作用。模式识别是人类的一项基本智能。模式识别研究主要集中在两方面:一是研究生物体(包括人)是如何感知对象的;二是在给定的任务下,如何用计算机实现模式识别的理论和方法。

学习是基本的认知活动,是经验与知识的积累过程,也是对外部事物前后关联地把握和理解,以便改善系统行为的性能的过程。学习理论是指有关学习的实质、学习的过程、学习的规律以及制约学习的各种条件的理论探讨和解释。在探讨学习理论的过程中,由于各自的哲学基础、理论背景、研究手段的不同,自然形成了各种不同的理论观点,并形成了各种不同的理论派别,主要包括行为学派、认知学派和人本主义学派。

学习的神经生物学基础是神经细胞之间的联系结构突触的可塑性变化,并已成为当代神经科学中一个十分活跃的研究领域。突触可塑性条件即在突触前纤维与相连的突触后细胞同时兴奋时,突触的连接加强。1949 年,加拿大心理学家赫布(D. O. Hebb)提出了 Hebb 学习规则。他设想在学习过程中有关的突触发生变化,导致突触连接的增强和传递效能的提高。Hebb 学习规则成为连接学习的基础。

记忆就是对过去的经验或是经历,在脑内产生准确的内部表征,并且能够正确、高效地提取和利用它们。记忆涉及信息的获得、存储和提取等多个过程,这就决定了记忆需要不同的脑区协同作用。在最初的记忆形成阶段,需要脑整合多个分散的特征或组合多个知识组块以形成统一的表征。从空间上讲,不同特征的记忆可能存储于不同的脑区和神经元群;而在时间上,记忆的存储又分为工作记忆、短时记忆和长时记忆。研究工作记忆的结构与功能,对认识人的智能的本质具有重大意义,工作记忆蕴藏智能的玄机。

思维是具有意识的人脑对于客观现实的本质属性、内部规律性的自觉的、间接的和概括的反映,以内隐或外显的语言或动作表现出来。思维是由复杂的脑机制所赋予的,对客观的关系、联系进行着多层加工,揭露事物内在的、本质的特征,是认知的高级形式。人类思维的形态主要有抽象(逻辑)思维、形象(直感)思维、感知思维和灵感(顿悟)思维。思维的研究对理解人类的认知和智力的本质,对人工智能的发展将具有重要的科学意义和应用价值。通过研究不同层次的思维模型,研究思维的规律和方法,为新型智能信息处理系统提供原理和模型。

人工智能的奠基人之一明斯基认为,情感是人类一种特殊的思维方式,他指出:没有情感的机器怎么能是智能的?因此,让计算机具有情感,也就是让计算机更加智能。情感计算的研究除了为人工智能的发展提供一条新的途径之外,同时对于理解人类的情绪,乃至人类的思维都有着重要的价值,关于情感本身及情感与其他认知过程间相互作用的研究成为智能科学的研究热点。

意识是生物体对外部世界和自身心理、生理活动等客观事物的觉知。意识是智能科学研究的核心问题。为了揭示意识的科学规律,建构意识的脑模型,不仅需要研究有意识的认知过程,而且需要研究无意识的认知过程,即脑的自动信息加工过程,以及两种过程在脑内的相互转化过程。意识的认知原理、意识的神经生物学基础以及意识与无意识的信息加工等是需要重点研究的问题。

心智(mind)是人类全部精神活动,包括情感、意志、感觉、知觉、表象、学习、记忆、思维、直觉等，用现代科学方法来研究人类非理性心理与理性认知融合运作的形式、过程及规律。建立心智模型的技术常称为心智建模，目的是从某些方面探索和研究人的思维机制，特别是人的信息处理机制，同时也为设计相应的人工智能系统提供新的体系结构和技术方法。心智问题是一个非常复杂的非线性问题，必须借助现代科学的方法来研究心智世界。

3. 知识工程

知识工程研究知识的表示、获取、推理、决策和应用，包括大数据、机器学习、数据挖掘和知识发现、不确定性推理、知识图谱、机器定理证明、专家系统、机器博弈、数字图书馆等。

大数据(big data)，指无法在一定时间范围内用常规软件工具进行捕捉、管理和处理的数据集合，是需要新处理模式才能具有更强的决策力、洞察发现力和流程优化能力的海量、高增长率和多样化的信息资产。IBM 提出大数据的 5V 特点：Volume(大量)、Velocity(高速)、Variety(多样)、Value(低价值密度)、Veracity(真实性)。

机器学习研究计算机怎样模拟或实现人类的学习行为，以获取新的知识或技能，重新组织已有的知识结构使之不断改善自身的性能。机器学习方法有归纳学习、类比学习、分析学习、强化学习、遗传算法、联接学习和深度学习等。

4. 自然语言处理

人类进化过程中，语言的使用使大脑两半球功能分化。语言半球的出现使人类明显有别于其他灵长类。一些研究表明，人脑左半球同串行的、时序的、逻辑分析的信息处理有关，而右半脑同并行的、形象的、非时序的信息处理有关。

语言是以语音为外壳、以词汇为材料、以语法为规则而构成的体系。语言通常分为口语和文字两类。口语的表现形式为声音，文字的表现形式为形象。口语远较文字古老，个人学习语言也是先学口语，后学文字。语言是最复杂、最有系统而且应用又最广的符号系统。从神经、认知和计算 3 个层次上研究汉语，给予我们开启智能之门极好的机遇。

自然语言理解实现人与计算机之间用自然语言进行有效通信的各种理论和方法，要研究自然语言的语境、语义、语用和语构，包括语音和文字的计算机输入，大型词库、语料和文本的智能检索，机器语音的生成、合成和识别，不同语言之间的机器翻译和同传等。

5. 智能机器人

智能机器人拥有相当发达的“人工大脑”，可以按目的安排动作，还具有传感器和效应器。智能机器人研究可以分为基础前沿技术、共性技术、关键技术与装备、示范应用 4 个层次。其中基础前沿技术主要涉及机器人新型机构设计、智能发育理论与技术，以及互助协作型、人体行为增强型等新一代机器人验证平台研究等。共性技术主要包括核心零部件、机器人专用传感器、机器人软件、测试/安全与可靠性等关键共性技术研发。关键技术与装备主要包括工业机器人、服务机器人、特殊环境服役机器人和医疗/康复机器人的关键技术与系统集成平台研发。示范应用面向工业机器人、医疗/康复机器人等领域的示范应用等。20 世纪末，计算机文化已深入人心。21 世纪，机器人文化将对社会生产力的发展，对人类生活、工作、思维的方式以及社会发展产生无可估量的影响。

1.4 展望

智能科学是生命科学技术的精华,信息科学技术的核心,现代科学技术的前沿和制高点,涉及自然科学的深层奥秘,触及哲学的基本命题。因此,一旦取得突破,将对国民经济、社会进步、国家安全产生特别深刻、特别巨大的影响。目前,智能科学正处在方法论的转变期、理论创新的高潮期和大规模应用的开创期,充满原创性机遇。

智能科学的科学目标旨在探索智能的本质,建立智能科学和新型智能系统的计算理论,解决对智能科学和信息科学具有重大意义的基础理论和智能系统实现的关键技术问题,将在类脑智能机、智能机器人、脑机融合、智能系统等领域得到广泛的应用。

人类文明发展到现在,共发生了5次科技革命。历次科技革命的影响,可以从以下3方面来评价。

(1) 对人类的生活方式和思维方式影响:第一次科技革命主要包括新物理学诞生,近代科学的全面发展;第二次科技革命主要是蒸汽机、纺织机等的出现,机器代替人力;第三次科技革命主要是发电机、内燃机、电信技术的出现,同时我们的生存空间获得极大扩展;第四次科技革命是现代科学的开端,主要是认知空间的极大扩展;第五次科技革命是信息革命,社会交流方式和信息获取方式得到极大扩展。

(2) 重大的理论突破:第一次科技革命主要产生了哥白尼学说、伽利略学说以及牛顿力学;第二次科技革命是热力学卡诺理论、能量守恒定律等的建立;第三次科技革命主要是电磁波理论的建立;第四次科技革命主要是进化论、相对论、量子论、DNA双螺旋结构理论的建立;第五次科技革命是信息革命,产生了冯·诺伊曼理论、图灵理论。

(3) 对经济和社会的影响:第一次科技革命中科学的启蒙为未来的机械革命等奠定了理论基础;第二次科技革命开始了以工厂大生产方式为特征的工业革命;第三次科技革命是拓展了新兴市场,开拓了现代化的工业时代;第四次科技革命推动了20世纪绝大部分的科技文明;第五次科技革命促进了经济全球化以及大数据时代的到来。

当今世界科技正处于新一轮革命性变革的拂晓。第六次科技革命将是智能革命,用机器取代或增强人类的智力劳动。在第六次科技革命中,智能技术将起主导作用,智能科学将引领其发展。

2017年7月8日,国务院发布了《新一代人工智能发展规划》的通知。通知指出,人工智能成为国际竞争的新焦点,是经济发展的新引擎。它将深刻改变人类生产生活方式和思维模式,实现社会生产力的整体跃升。我们要牢牢把握人工智能和智能科学发展的重大历史机遇,引领世界人工智能和智能科学发展新潮流,带动国家竞争力整体跃升和跨越式发展。

1.5 小结

智能科学研究智能的基本理论和实现技术,是由脑科学、认知科学、人工智能等创建的前沿交叉学科。智能科学是生命科学技术的精华,信息科学技术的核心,现代科学技术的前沿和制高点。智能科学主要研究神经理论、心智模型、知识工程、认知结构、意识本质等，将引领新一代人工智能和类脑智能的发展。

思考题

1. 试述智能科学兴起的原因。
2. 怎样理解智能科学中脑科学、认知科学、人工智能的交叉关系？
3. 智能科学研究包括哪些内容？
4. 智能科学如何引领新一代人工智能的创新发展？

第 2 章 神经生理基础

CHAPTER 2

人脑是世界上最复杂的物质，它是人类智能与高级精神活动的生理基础。脑是认识世界的器官，要研究人类的认知过程和智能机理，就必须了解这种高度复杂而有序的物质的生理机制。脑科学和神经科学从分子水平、细胞水平、行为水平研究自然智能机理，建立脑模型，揭示人脑的本质，可极大地促进智能科学的发展。神经生理及神经解剖是神经科学的两大基石。神经解剖学介绍神经系统的构造，神经生理学则介绍神经系统的功能。本章主要介绍智能科学的神经生理基础。

视频 5 脑系统和神经组织

2.1 脑系统

人脑由前脑、中脑、后脑所组成(见图 2.1)。脑的各部分承担着不同的功能，并有层次上的差别。脑的任何部分都与大脑皮质有联系，通过这种联系，把来自各处的信息汇集于大脑皮质进行加工、处理。前脑包括大脑半球和间脑。

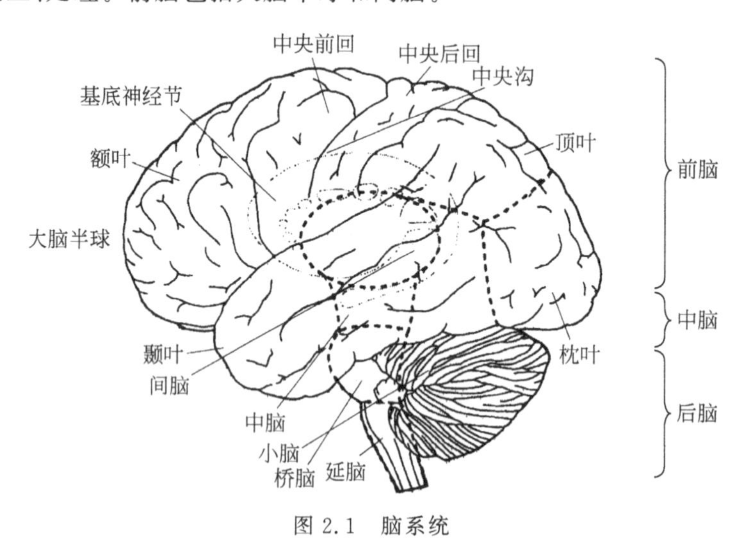

图 2.1 脑系统

(1) 大脑(cerebrum)由左右两个大脑半球构成。其间留有一纵裂，裂的底部由被称为胼胝体的横行纤维连接。两半球内均有间隙，左右对称，称侧脑室。半球表面层为灰质，称为大脑皮质，表面有许多沟和回，增加了皮层的表面面积；内层为髓质，髓质内藏有灰质核团，为基底神经节、海马体和杏仁核。大脑皮质分为额叶、颞叶、顶叶和枕叶。

（2）间脑（diencephalon）是围成第三脑室的脑区。上壁很薄，由第三脑室脉络丛构成。两侧壁上部的灰质团称丘脑。丘脑背面覆盖一薄层纤维，称带状层。在丘脑内部有与此带状层相连的Y型白质板称内髓板，将丘脑分为前、内和外侧三大核团。上丘脑位于第三脑室顶部周围，下丘脑包括第三脑室侧壁下部的一些核团，位于丘脑的前下方。后丘脑是丘脑向后的延伸部，由内（与听觉有关）与外（与视觉有关）膝状体构成，还有底丘脑为间脑与中脑尾侧的移行地带。丘脑编码和转输传向大脑皮质的信息；下丘脑协调植物性、内分泌和内脏功能。

（3）中脑（mesencephalon）由大脑脚和四叠体构成，协调感觉与运动功能。

（4）后脑（metencephalon）由脑桥、小脑、延脑构成。小脑由蚓部和两侧的小脑半球构成；具有协调运动功能。脑桥宛如将两侧小脑半球连起来的桥，主要传输从大脑半球向小脑的信息。延脑介于脑桥与脊髓之间，是控制心跳、呼吸和消化等自主神经中枢。脑桥与延脑的背侧面共同形成第四脑室底，呈菱形窝，窝顶为小脑所覆盖，即由三者共同围成第四脑室。此脑室上接中脑水管与第三脑室相通，下与脊髓中央管相通。

真正的神经科学起始于19世纪末。1875年，意大利解剖学家戈尔吉（C. Golgi）用染色法最先识别出单个的神经细胞。1889年，卡贾尔（R. Cajal）创立神经元学说，认为整个神经系统是由结构上相对独立的神经细胞构成。近几十年来，神经科学和脑功能研究的发展极为迅速，并取得进展。据估计，整个人脑神经元的数量约为10^{11}（千亿）。每个神经元由两部分构成：神经细胞体及其突起（树突和轴突）。细胞体的直径为5～100μm。各个神经细胞发出突起的数目、长短和分支也各不相同。长的突起可达1m以上，短的突起则不到长突起的千分之一。神经元之间通过突触互相连接。突触的数量是惊人的。据测定，在大脑皮质的一个神经元上，突触的数目可达3万以上。整个脑内突触的数目约在10^{14}～10^{15}（百万亿～千万亿）。突触联系的方式是多种多样的，常见的是一个神经元的纤维末梢与另一个神经元的胞体或树突形成突触联系。但也有轴突与轴突、胞体与胞体以及其他方式的突触联系。不同方式的突触连接，其生理作用是不同的。

对人脑的研究已成为科学研究的前沿。有的专家估计，继诺贝尔生理学——医学奖获得者沃森（J. D. Watson）和克里克（F. Crick）于20世纪50年代提出DNA分子双螺旋结构，成功地解释了遗传学问题，在生物学中掀起分子生物学研究的浪潮以后，脑科学将是下一个浪潮。西方许多从事生物学、物理学研究的一流科学家在得到诺贝尔奖后纷纷转入脑科学研究。

2.2　大脑皮质

1860年，法国外科医生布洛卡（P. Broca）观察了一个病例，这位病人可以理解语言，但不能说话。他的喉、舌、唇、声带等都没有常规的运动障碍。他可以发出个别的词和哼曲调，但不能说完整的句子，也不能通过书写表达他的思想。尸体解剖发现，病人大脑左半球额叶后部有一鸡蛋大的损伤区，脑组织退化并与脑膜粘连，但右半球正常。布洛卡后来研究了8个相同的病人，都是在大脑左半球这个区域受损。这些发现使布洛卡在1864年宣布了一个著名的脑机能的原理——“我们用左半球说话”。这是第一次在人的大脑皮质上得到机能定位的直接证据。现在把这个区(Brodmann 44、45 区)叫作布洛卡表达性失语症区,或布洛卡区。这个控制语言的运动区只存在于大脑左半球皮层,这也是人类大脑左半球皮层优势的第一个证据。

1870 年,两位德国生理学家弗里奇(G. Fritsch)和希齐格(E. Hitzig)发现,用电流刺激狗大脑皮质的一定部位,可以规律性地引起对侧肢体一定的运动。这是第一次用实验证明了大脑皮质上存在不同的机能定位。后来韦尔尼克(C. Wernicke)又发现另一个与语言能力有关的皮层区,现在叫作韦尔尼克区,是在颞叶的后部与顶叶和枕叶相连接处。这个区受损伤的病人可以说话但不能理解语言,即可以听到声音,却不能理解它的含义。这个区也是在左半球得到更加充分的发展。

从 19 世纪以来经过生理学家、医生等多方面的实验研究和临床观察,以及把临床观察、手术治疗和科学实验结合进行,得到了关于大脑皮质机能的许多知识。20 世纪 30 年代彭菲尔德(W. Penfield)等对人的大脑皮质机能定位进行了大量的研究。他们在进行神经外科手术时,在局部麻醉的条件下用电流刺激病人的大脑皮质,观察病人的运动反应,询问病人的主观感觉。布洛德曼(Brodmann)根据细胞构筑的不同,将人的大脑皮质分成 52 个区(见图 2.2)。从功能上来分,大脑皮质由感觉皮层、运动皮层和联合皮层组成。感觉皮层包括视皮层(17 区)、听皮层(41、42 区)、躯体感觉皮层(1、2、3 区)、味觉皮层(43 区)和嗅觉皮层(28 区);运动皮层包括初级运动区(4 区)、运动前区和辅助运动区(6 区);联合皮层包括顶叶联合皮层、颞叶联合皮层和前额叶联合皮层。联合皮层不参与实现纯感觉或运动功能,而是接收来自感觉皮层的信息并对其进行整合,然后将信息传至运动皮层,从而对行为活动进行调控。联合皮层之所以被这样称呼,就是因为它在感觉输入与运动输出之间起着联合的作用。

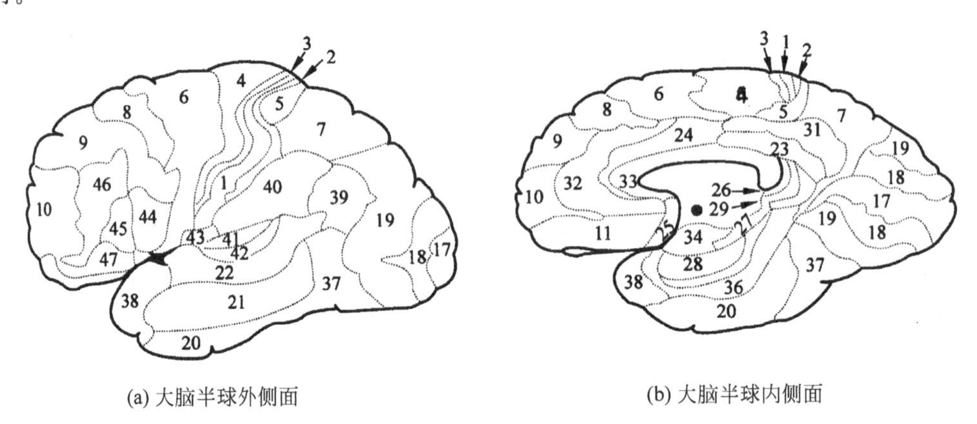

(a) 大脑半球外侧面　　(b) 大脑半球内侧面

图 2.2　人类大脑皮质分区

人类顶叶联合皮层包括布洛德曼 5、7、39 和 40 区。5 区主要接收初级躯体感觉皮层(1、2、3 区)和丘脑后外侧核的投射,而 7 区主要接收纹状前视区、丘脑后结节、颞上回、前额叶皮层和扣带回(23、24 区)的投射。5 区和 7 区尽管有着不同的输入来源,但有着共同的投射靶区,这些靶区包括运动前区、前额叶皮层、颞叶皮层、扣带回、岛回和基底神经节。不同的是,5 区更多地投射到运动前区和运动区,而 7 区投射到那些与边缘结构有联系的颞叶亚区(5 区则没有这种投射)。此外,7 区还直接向旁海马回投射,并接收来自蓝斑和缝际核的投射。因此,5 区可能更多地参与躯体感觉信息及运动信息的处理,7 区则可能主要参与视觉信息处理，并参与实现运动、注意和情绪调节等功能。

人类前额叶联合皮层由9～14区及45～47区组成。11～14区及47区总称为前额叶眶回；9、10、45和46区总称为前额叶背外侧部，有些研究者把8区和4区也归纳到前额叶皮层的范畴。前额叶联合皮层在解剖学上具有几个显著的特征：位于大脑新皮层的最前方；具有显著发达的颗粒第Ⅳ层；接收丘脑背内侧核的直接投射；具有广泛的传入传出纤维联系。动物从低等向高等进化，前额叶联合皮层面积也相应地变得越来越大。灵长类(包括人类)具有最发达的前额叶联合皮层。人类的前额叶联合皮层占整个大脑皮质面积的29%左右。

前额叶联合皮层有着极丰富的皮层及皮层下纤维联系。前额叶皮层与纹状前视区、颞叶联合皮层、顶叶联合皮层有着交互的纤维联系。前额叶皮层是唯一与丘脑背内侧核有交互纤维联系的新皮层，也是唯一向下丘脑有直接投射的新皮层。前额叶皮层与基底前脑、扣带回及海马回有直接或间接纤维联系。前额叶皮层发出纤维投射到基底神经节(尾核和壳核)等等。这种复杂的纤维联系决定了前额叶皮层功能上的复杂性。

人类大脑皮质是一个极其复杂的控制系统，大脑半球表面的一层灰质，平均厚度为2～3mm。皮层表面有许多凹陷的“沟”和隆起的“回”。成人大脑皮质的总面积，可达$2200cm^2$，具有数量极大的神经元，估计约为140亿个。其类型也很多，主要是锥体细胞、星形细胞及梭形细胞。神经元之间具有复杂的联系。但是，各种各样的神经元在皮层中的分布不是杂乱的，而是具有严格层次的。大脑半球内侧面的古皮层比较简单，一般只有3层：

(1) 分子层。

(2) 锥体细胞层。

(3) 多形细胞层。

大脑半球外侧面等处的新皮层，具有如下6层：

(1) 分子层，细胞很少，但有许多与表面平行的神经纤维。

(2) 外颗粒层，主要由许多小的锥体细胞和星形细胞组成。

(3) 锥体细胞层，主要为中型和小型的锥体细胞。

(4) 内颗粒层，由星形细胞密集而成。

(5) 节细胞层，主要含中型及大型锥体细胞，在中央前回的锥体细胞特别大，它们的树突顶端伸到第一层，粗长的轴突下行达脑干及脊髓，组成锥体束的主要成分。

(6) 多形细胞层，主要是梭形细胞，它们的轴突除一部分与第5层细胞的轴突组成传出神经纤维下达脑干及脊髓外，一部分到达半球的同侧或对侧，构成联系皮质各区的联合纤维。

从机能上看，大脑皮质1、2、3、4层主要接受神经冲动和联络有关神经，特别是从丘脑来的特定感觉纤维，直接进入第4层。第5、6层的锥体细胞和梭形细胞的轴突组成传出纤维，下行到脑干与脊髓，并通过脑神经或脊神经将冲动传到身体有关部位，调节各器官、系统的活动。这样大脑皮质的结构具有反射通路的性质，是由各种神经元构成的复杂的连接系统。由于联系的复杂性和广泛性，使皮层具有分析和综合的能力，从而构成了人类思维活动的物质基础。

对大脑体表感觉区皮层结构和功能的研究指出，皮层细胞的纵向柱状排列构成大脑皮质的最基本功能电位，称为功能柱。这种柱状结构的直径为200～500μm，垂直走向脑表面,贯穿整个6层。同一柱状结构内的神经元都具有同一种功能,例如都对同一感受野的同一类型感觉刺激起反应。在同一刺激后,这些神经元发生放电的潜伏期很接近,仅相差2～4ms;这既说明先激活的神经元与后激活的神经元之间仅有几个神经元接替,也说明同一柱状结构内神经元联系回路只需通过几个神经元接替就能完成。一个柱状结构是一个传入-传出信息整合处理单位,传入冲动先进入第4层,并由第4层和第2层细胞在柱内垂直扩布,最后由第3、第5、第6层发出传出冲动离开大脑皮质。第3层细胞的水平纤维还有抑制相邻细胞柱的作用;因此一柱发生兴奋活动时,其相邻细胞柱就受抑制,形成兴奋和抑制镶嵌模式。这种柱状结构的形态功能特点,在第2感觉区、视区、听区皮层和运动区皮层中也一样存在。

2.3 神经系统

神经系统是机体各种活动的"管理机构"。它通过分布在身体各部分的许多感受器和感觉神经获得关于内、外环境变化的信息;经过各级中枢的分析综合,发出信号来控制各种躯体结构和内脏器官的活动。

神经系统按其形态和所在部位可分为中枢神经系统和周围神经系统。中枢神经系统包括位于颅腔内的脑和位于椎管内的脊髓。神经系统按其性质又可分为躯体神经和内脏神经。躯体神经的中枢部分在脑和脊髓内,周围部分参与构成脑神经和脊神经。躯体感觉神经通过其末梢的感受器,接受来自皮肤、肌肉、关节、骨等处的刺激,并将冲动传入中枢;躯体运动神经传导发自中枢的运动冲动,通过效应器使骨骼肌随意收缩与舒张。内脏神经的中枢部分也在脑和脊髓内,其周围部分除随脑神经和脊神经走行外,还有较独立的内脏神经周围部分。内脏运动神经又分为交感神经和副交感神经,管理心血管和内脏器官中的心肌、平滑肌和腺体。

在整个中枢神经系统中,脑是最主要的部分。对个体行为而言,几乎所有的复杂活动,如学习、思维、知觉等都与脑神经有密切的关系。脑的主要构造分为后脑、中脑及前脑三大部分。每一部分又各自包括数种神经组织。

脊髓在脊柱之内,上接脑部,外联周围神经,由31对神经分配在两侧所构成。脊髓的主要功能如下:

(1) 负责将始自感受器传入神经送来的神经冲动,传递给脑部的高级中枢,并将脑部传来的神经冲动经由传出神经而终止于运动器官。所以,脊髓是周围神经和脑神经中枢之间的通路。

(2) 接受传入神经传来的冲动后,直接发生反射活动,成为反射中枢。

周围神经系统包括体干神经系统和自主神经系统。体干神经系统,遍布于头、面、躯干及四肢的肌肉内,这些肌肉均为横纹肌。横纹肌的运动,由体干神经支配。体干神经依其功能又分为传入神经和传出神经两类。传入神经与感觉器官的感受器相连接,负责把外界刺激所引起的神经冲动传递到中枢神经,所以这类神经也称为感觉神经,构成感觉神经的基本单位,即为感觉神经元。

中枢神经接收外来的神经冲动后,即产生反应。反应也是以神经冲动的形式,由传出神经将之传到运动器官,并引起肌肉的运动,所以这类神经也称为运动神经。运动神经的基本单位为运动神经元。运动神经元将中枢传出的冲动传到运动器官，产生相应的动作。

上述体干神经系统是管理横纹肌的行为。而对内部平滑肌、心肌及腺体的管理，即对内脏机能的管理是自主神经系统。内脏器官的活动与躯干肌肉系统的活动不同，有一定的自动性。人不能由意志直接指挥其内脏器官的活动，内脏的传入冲动与皮肤的或其他特殊感觉器官的传入冲动不同，往往不能在意识上产生清晰的感觉。在自主神经系统内，按其起源部位及生理功能的不同，又分为交感神经系统和副交感神经系统。

交感神经系统起源于胸脊髓和腰脊髓，接受脊髓、延髓及中脑各中枢所发出的冲动，受中枢神经系统所管制。故严格而论，不能称为自主，只是不受个体意志支配而已。交感神经主要分布于心、肺、肝、肾、脾、胃肠等内脏与生殖器官以及肾上腺等处；另一部分分布于头部及颈部的血管、体壁及竖毛肌、眼之虹膜等处。交感神经系统的主要功能为兴奋各内脏器官、腺体以及其他有关器官等。例如，当其兴奋时能使心跳加速、血压升高，呼吸量增大，血液内糖分增加，瞳孔放大以及肾上腺素分泌增多等；唯对唾液的分泌则有抑制作用。

副交感神经系统由部分脑神经（Ⅲ—动眼神经、Ⅶ—面神经、Ⅸ—吞咽神经、Ⅹ—迷走神经）和起源于脊髓骶部的盆神经所组成。副交感神经节接近效应器或者就在效应器内，所以节后纤维极短，通常只能看到节前纤维。副交感神经的主要功能与交感神经相反，因而对交感神经产生一种对抗作用。例如在心脏中副交感神经具有抑制作用，而交感神经具有增强其活动的作用；又如在小肠中，副交感神经具有增强其运动的作用，而交感神经却具有抑制作用，其作用恰与心脏中的相反。

2.4　神经组织

神经系统的主要细胞组成是神经细胞和神经胶质细胞。神经系统表现出来的一切兴奋、传导和整合等机能特性都是神经细胞的机能。胶质细胞占脑容积一半以上，数量大大超过了神经细胞，但在机能上只起辅助作用。

1. 神经元的基本组成

神经细胞是构成神经系统最基本的单位，故通称为神经元。一般包括神经细胞体(soma)、轴突(axon)和树突(dendrites)3部分。神经元的一般结构如图2.3所示。

胞体(soma or cell body)是神经元的主体，位于脑和脊髓的灰质及神经节内，其形态各异，常见的形态为星状、锥状、梨状和圆球状等。胞体大小不一，直径为5～150μm。胞体是神经元的代谢和营养中心。胞体的结构与一般细胞相似，有核仁、细胞膜、细胞质和细胞核。胞内原浆在活细胞内呈颗粒状，经固定染色后显示内含神经原纤维、核外染色质（尼氏体、高尔基氏体、内质网和线粒体等）。神经原纤维是神经元特有的。

胞体的胞膜和突起表面的膜是连续完整的细胞膜。除突触部位的胞膜特有的结构外，大部分胞膜为单位膜结构。神经细胞膜是一种敏感而易兴奋的膜。在膜上有各种受体(receptor)和离子通道(ionic channel)，二者各由不同的膜蛋白所构成。形成突触部分的细胞膜增厚。膜上受体可与相应的化学物质神经递质结合。当受体与乙酰胆碱递质或γ-氨基丁酸递质结合时，膜的离子通透性及膜内外电位差发生改变，胞膜产生相应的生理活动——兴奋或抑制。

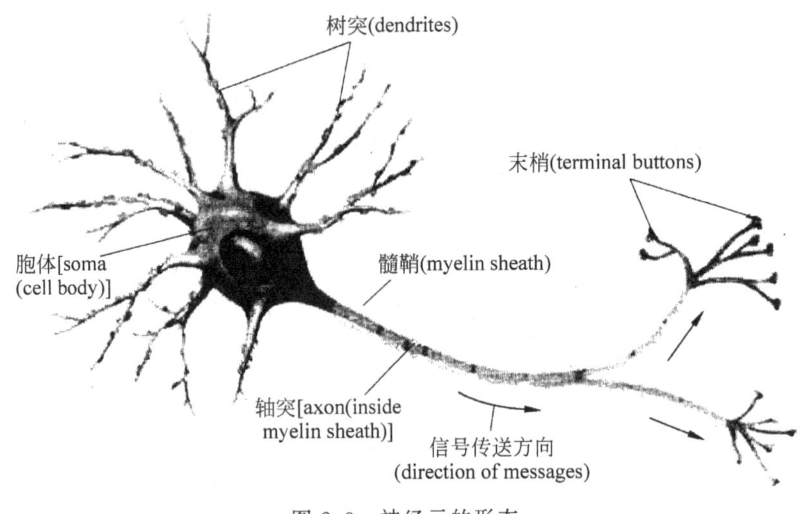

图 2.3 神经元的形态

神经元的突起是神经元胞体的延伸部分,由于形态结构和功能的不同,可分为树突和轴突。

(1) 树突(dendrite):是从胞体发出的一个或多个突起,呈放射状。胞体起始部分较粗,经反复分支而变细,形如树枝状。树突的结构与胞体相似,胞质内含有尼氏体,线粒体和平行排列的神经原纤维等,但无高尔基复合体。在特殊银染标本上,树突表面可见许多棘状突起,长为0.5～1.0μm,粗为0.5～2.0μm,称树突棘(dendritic spine),是形成突触的部位。在电镜下观察,树突棘内含有数个扁平的囊泡称棘器(spine apparatus)。树突的分支和树突棘可扩大神经元接受刺激的表面积。树突具有接受刺激并将冲动传入细胞体的功能。

(2) 轴突(axon):每个神经元只有一根,它在胞体上发出的轴突多呈锥形,称轴丘(axon hillock),其中没有尼氏体,主要有神经原纤维分布。轴突自胞体伸出后,开始的一段称为起始段,长为15～25μm,通常较树突细,粗细均匀,表面光滑,分支较少,无髓鞘包卷。离开胞体一定距离后,有髓鞘包卷,即为有髓神经纤维。轴突末端多呈纤细分支称轴突终末(axon terminal),与其他神经元或效应细胞接触。

在长期的进化过程中,神经元在各自的机能和形态上都特化了。直接与感受器相联系把信息传向中枢的称为感觉神经元,或称传入神经元。直接与效应器相联系,把冲动从中枢传到效应器的称为运动神经元,或称传出神经元。除了上述传入传出神经元外,其余大量的神经元都是中间神经元,它们形成神经网络。人体中枢神经系统的传出神经元的数目总计为数十万。传入神经元较传出神经元多1～3倍。而中间神经元的数目最大,单就以中间神经元组成的大脑皮质来说,一般认为有140亿～150亿。

2. 神经胶质细胞

神经胶质细胞或简称胶质细胞(glial cell),广泛分布于中枢和周围神经系统,其数量比神经元的数量大得多,胶质细胞与神经元数目之比约50∶1～10∶1。胶质细胞与神经元一样具有突起,但其胞突不分树突和轴突,亦没有传导神经冲动的功能。胶质细胞可分星形胶质细胞、少突胶质细胞、小胶质细胞和室管膜细胞,各有不同的形态特点。

2.5 突触传递

神经元与神经元之间，或神经元与非神经细胞（肌细胞、腺细胞等）之间的一种特化的细胞连接，称为突触（synapse）。它是神经元之间的联系和进行生理活动的关键性结构。通过它的传递作用实现细胞与细胞之间的通信。在神经元之间的连接中，最常见的是一个神经元的轴突终末与另一个神经元的树突、树突棘或胞体连接，分别构成轴-树、轴-棘、轴-体突触。此外还有轴-轴和树-树突触等。突触可分为化学突触和电突触两大类。前者是以化学物质（神经递质）作为通信的媒介，后者是亦即缝隙连接，是以电流（电信号）传递信息。哺乳动物神经系统以化学突触占大多数，通常所说的突触是指化学突触而言。

突触的结构可分突触前成分、突触间隙和突触后成分3部分。突触前、后成分彼此相对的细胞膜分别称为突触前膜和突触后膜，两者之间在宽15～30nm的狭窄间隙为突触间隙，内含糖蛋白和一些细丝。突触前成分通常是神经元的轴突终末，呈球形膨大，附着在另一神经元的胞体或树突上，称突触扣结。

1. 化学性突触

电镜下，突触扣结内含许多突触小泡，还有少量线粒体、滑面内质网、微管和微丝等（见图2.4）。突触小泡的大小和形状不一，多为圆形，直径为40～60nm，亦有的呈扁平形。突触小泡有的清亮，有的含有致密核心（颗粒型小泡），大的颗粒型小泡直径可达200nm。突触小泡内含神经递质或神经调质。突触前膜和后膜均比一般细胞膜略厚，这是由于其胞质面附有一些致密物质所致（见图2.4）。在突触前膜还有电子密度高的锥形致密突起（dense projection）突入胞质内，突起间容纳突触小泡。突触小泡表面附有突触小泡相关蛋白，称突触素Ⅰ（synapsinⅠ），它使突触小泡集合并附在细胞骨架上。突触前膜上富含电位门控通道，突触后膜上则富含受体及化学门控通道。当神经冲动沿轴膜传至轴突终末时，即触发突触前膜上的电位门控钙通道开放，细胞外的Ca^{2+}进入突触前成分，在ATP的参与下使突触素Ⅰ发生磷酸化，促使突触小泡移附在突触前膜上，通过出胞作用释放小泡内的神经递质到突触间隙内。其中部分神经递质与突触后膜上相应受体结合，引起与受体耦联的化学门控通道开放，使相应离子进出，从而改变突触后膜两侧离子的分布状况，出现兴奋或抑制性变化，进而影响突触后神经元（或非神经细胞）的活动。使突触后膜发生兴奋的突触称为兴奋性突触，使突触后膜发生抑制的称为抑制性突触。

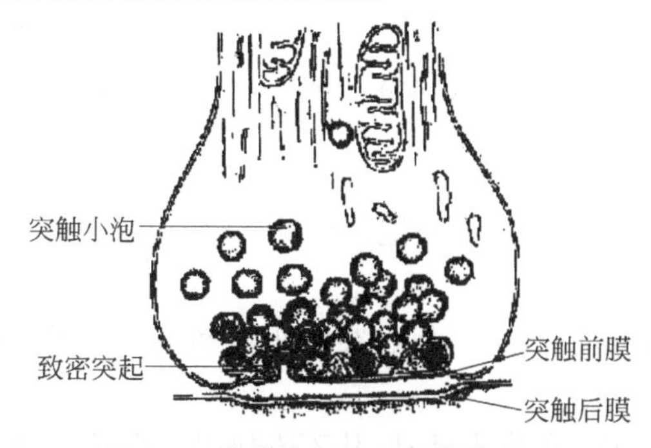

图2.4　化学突触超微结构模式图

化学突触的特征，是一侧神经元通过出胞作用释放小泡内的神经递质到突触间隙，相对应一侧的神经元(或效应细胞)的突触后膜上有相应的受体。具有这种受体的细胞称为神经递质的效应细胞或靶细胞，这就决定了化学突触传导为单向性。突触的前后膜是两个神经膜特化部分，维持两个神经元的结构和功能，实现机体的统一和平衡。故突触对内、外环境变化很敏感，如缺氧、酸中毒、疲劳和麻醉等可使兴奋度降低；茶碱、碱中毒等则可使兴奋度增高。

2. 电突触

电突触是神经元间传递信息的最简单形式，在两个神经元间的接触部位，存在缝隙连接，接触点的直径为 0.1～10μm。也有突触前、后膜及突触间隙。突触的结构特点，突触间隙仅为 1～1.5nm，前、后膜内均有膜蛋白颗粒，显示呈六角形的结构单位，跨越膜的全层，顶端露于膜外表，其中心形成一微小通道，此小管通道与膜表面相垂直，直径约为 2.5nm，小于 1nm 的物质可通过，如氨基酸。缝隙连接两侧膜是对称的。相邻两突触膜，膜蛋白颗粒顶端相对应，直接接触，两侧中央小管，由此相通。轴突终末无突触小泡，传导不需要神经递质，是以电流传递信息，传递神经冲动一般均为双向性。神经细胞间电阻小，通透性好，局部电流极易通过。电突触功能有双向快速传递的特点，传递空间减少，传送更有效。

现在已证明，哺乳动物大脑皮质的星形细胞，小脑皮质的篮状细胞、星形细胞，视网膜内水平细胞、双极细胞，以及某些神经核，如动眼神经核、前庭神经核、三叉神经脊束核，均有电突触分布。电突触的形式多样，可见有树-树突触、体-体突触、轴-体突触、轴-树突触等。

电突触对内、外环境变化很敏感。在疲劳、缺氧、麻醉或酸中毒情况下，可使兴奋度降低；而在碱中毒时，可使兴奋度增高。

3. 突触的传递机制

突触传递的基本过程是动作电位传到轴突末梢，引起小体区域的去极化，增加 Ca^{2+} 的通透性，细胞外液的 Ca^{2+} 流入，促使突触小泡前移与突触前膜融合，在融合处出现破口，使池内所含的介质释放到突触间隙，弥散与突触后膜特异性受体结合。然后化学门控性通道开放，突触后膜对某些离子通透性增加，突触后膜电位变化(突触后电位)(去极化或超极化)，产生总和效应，引起突触后神经元兴奋或抑制。图 2.5 给出了突触传递的基本过程简单示意图。

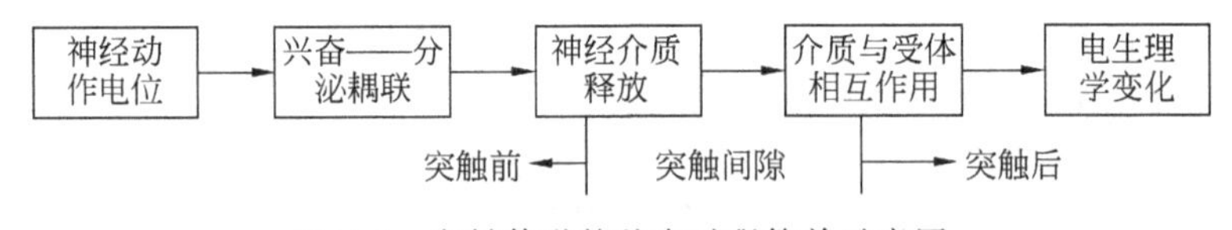

图 2.5　突触传递的基本过程简单示意图

Ca^{2+} 在突触传递中的作用如下：

(1) 降低轴浆的黏度，有利于突触小泡的位移(降低囊泡上肌动蛋白结合蛋白与肌动蛋白的结合)；

(2) 消除突触前膜内侧的负电位，促进突触小泡和前膜接触、融合和胞裂，促进神经递质的释放。

在高等动物神经系统突触前的电活动，从不直接引起突触后成分的活动，不存在电学耦联。突触传递一律通过特殊的化学物质中介，这种物质就叫作神经介质或递质。突触传递只能由突触前到突触后，在这个系统中不存在反方向活动的机制。因此突触传递是单方向的。这里兴奋——分泌的耦联（介质释放）和介质在间隙的扩散，直到突触后膜的去极化需时0.5～1ms，这就是突触迟延。突触传递具有如下特征：

(1) 单向传递（因为只有前膜能释放递质）。

(2) 突触迟延。

(3) 总和，包括时间性总和与空间性总和。

(4) 对内环境变化敏感和易疲劳。

(5) 兴奋节律性改变（同一反射活动中传入神经与传出神经发放的频率不一致）。

(6) 后放（刺激停止后，传出神经在一定时间内仍发放冲动）。

2.6 神经递质

神经递质（neurotransmitter）在突触传递中是担当“信使”的特定化学物质，简称递质。随着神经生物学的发展，陆续在神经系统中发现了大量神经活性物质。神经递质必须符合以下标准：

(1) 存在。应特异性地存在于以该物质为递质的神经元中，而且，在这种神经元的末梢有合成该递质的酶系统。

(2) 部位。递质在神经末梢内合成以后，通常是集中存储在囊泡（vesicle）内，这样可以防止被胞浆内的其他酶所破坏。

(3) 释放。从突触前末梢可释放足以在突触后细胞或效应器引起一定反应的物质。

(4) 作用。递质通过突触间隙，作用于突触后膜的叫作受体的特殊部位，引起突触后膜离子通透性改变以及电位变化。

(5) 灭活机制。神经递质在发挥上述效应后，其作用应该迅速终止，以保证突触传递的高度灵活。作用的终止有几种方式：有的被酶所水解，失去活性；有的被突触前膜“重摄取”，或是一部分为后膜所摄取；也有的部分进入血循环，在血中一部分被酶所降解破坏。

目前已知的神经递质种类很多。根据存在部位不同，神经递质可分为中枢神经递质和外周神经递质两大类，前者包括乙酰胆碱（Ach）、单胺类（肾上腺素（E）、去甲肾上腺素（NE）、多巴胺（DA）、5-羟色胺（5-HT））递质、氨基酸类（谷氨酸、门冬氨酸、γ-氨基丁酸（GABA）、甘氨酸）递质等；后者包括乙酰胆碱、去甲肾上腺素、嘌呤类和肽类递质等。中枢神经递质是在中枢神经系统内将信息由一个神经元传到另一个神经元的介导物质，绝大部分是在神经元胞体内合成、存储在突触小泡内，并运送至突触。当神经冲动传到突触时，突触小泡释放神经递质发挥信息传递作用。外周神经递质包括存在于自主神经系统及躯体运动神经元末梢所释放的神经递质。下面简单介绍乙酰胆碱、5-羟色胺的情况。

1. 乙酰胆碱

乙酰胆碱（Acetylcholine，简写为Ach）是许多外周神经如运动神经、植物性神经系统的节前纤维和副交感神经节后纤维的兴奋性神经递质。

Ach由胆碱和乙酰CoA合成。胆碱乙酰化酶（choline acetylase）可催化下列反应：

$$(CH_3)_3N^+—CH_2—CH_2—OH + CH_3—CO \sim CoA \xrightarrow{\text{胆碱乙酰化酶}}$$
胆碱　　　　　　　　乙酰辅酶 A

$$(CH_3)_3N^+—CH_2—CH_2—O—CO—CH_3 + CoA$$
乙酰胆碱　　　　　　　　辅酶 A

由于胆碱乙酰化酶位于胞浆内,因此设想 Ach 是先在胞浆内合成,然后进入囊泡存储。平时囊泡中和胞浆中的 Ach 大约各占一半,且两者可能处于平衡状态。囊泡内存储的 Ach 是一种结合型的(与蛋白质结合),而释放至胞浆时,则变为游离型。

当神经冲动沿轴突到达末梢时,囊泡趋近突触膜,并与之融合、破裂,此时囊泡内结合型 Ach 转变为游离型 Ach,释放入突触间隙。同时,还可能有一部分胞浆内新合成的 Ach 也随之释放。

Ach 作用于突触后膜(突触后神经元或效应细胞的膜)表面的受体,引起生理效应。已经确定 Ach 受体是一种分子量为 42 000 的蛋白质,通常以脂蛋白的形式存在于膜上。

Ach 在传递信息之后和受体分开,游离于突触间隙,其中极少部分在突触前膜的载体系统作用下重新被摄入突触前神经元。大部分 Ach 是在胆碱酯酶的作用下水解成胆碱和乙酸而失去活性,也有一部分经弥散而离开突触间隙。

2. 5-羟色胺

5-羟色胺(5-hydroxytryptamine,简写为 5-HT)又名血清紧张素(serotonin),最早是从血清中发现的。中枢神经系统存在着 5-羟色胺能神经元,但在脊椎动物的外周神经系统中至今尚未发现有 5-羟色胺能神经元。

由于 5-羟色胺不能透过血脑屏障,所以中枢的 5-羟色胺是脑内合成的,与外周的 5-羟色胺不是一个来源。用组织化学的方法证明,5-羟色胺能神经元的胞体在脑内的分布主要集中脑干的中缝核群,其末梢则广泛分布在脑和脊髓中。

5-羟色胺的前体是色氨酸。色氨酸经两步酶促反应,即羟化和脱羧,生成 5-羟色胺。色氨酸羟化酶像酪氨酸羟化酶一样,需要 O_2、Fe^{++} 以及辅酶四氢生物蝶呤。但脑内这种酶的含量较少,活性较低,所以它是 5-HT 生物合成的限速酶。此外,脑内 5-HT 的浓度影响色氨酸羟化酶的活性,从而对 5-HT 起着反馈性自我调节作用。血中游离色氨酸的浓度也影响脑内 5-HT 的合成,当血清游离色氨酸增多时(例如给大鼠腹腔注射色氨酸后),进入脑的色氨酸就增多,从而加速了 5-HT 的合成。

检查 5-HT 对各种神经元的作用时发现,5-HT 可使大多数交感节前神经元兴奋,而使副交感节前神经元抑制。损毁动物的中缝核或用药物阻断 5-HT 合成,都可使脑内 5-HT 含量明显降低,并引起动物睡眠障碍,痛阈降低,同时,吗啡的镇痛作用也减弱或消失。如果电刺激大鼠的中缝核,可影响其体温升高;另一方面,也观察到室温升高时大鼠脑内 5-HT 更新加速。这些现象揭示脑内 5-HT 与睡眠、镇痛、体温调节都有关系。还有报道,5-HT 能改变垂体的内分泌机能。此外,有人提出 5-HT 能神经元的破坏是精神性疾病时出现幻觉的原因。可见精神活动也与 5-HT 有一定的关系。

视频 7
跨膜转导和膜电位

2.7 静息膜电位

生物电是在研究神经与肌肉活动中首先被发现的。意大利医生和生理学家伽尔凡尼(L. Galvani)在18世纪末进行的所谓"凉台实验"是生物电研究的开端。当他把剥去皮肤的蛙下肢标本用铜钩挂到凉台的铁栏杆上,以便观察闪电对神经肌肉的作用时,意外地发现每当蛙腿肌肉被风吹动而触及铁栏杆便出现收缩。伽尔凡尼认为,这是生物电存在的证明。

1827年,物理学家依贝利(Nobeli)改进了电流计,并在肌肉的横切面和完整的纵表面之间记录到了电流,其损伤处为负,完整部分为正。这是首次实现了对生物电(损伤电位)的直接测量。德国生理学家雷蒙德(D. B. Reymond)一方面改进和设计了许多研究生物电现象的设备和仪器,如电键、乏极化电极、感应线圈和更为灵敏的电流计等;另一方面,又对生物电进行了广泛和深入的研究,如在大脑皮质、腺体、皮肤和眼球等生物组织或器官都发现了生物电,特别是1849年他又在神经干上记录到损伤电位和活动时产生的负电变化,即神经的静息电位和动作电位,并且在此基础上首次提出了关于生物电产生机制的学说,即极化分子说。他设想神经肌肉细胞表面是由排列整齐的、宛如磁体的极化分子构成。每个分子的中央都有一条正电荷带,两侧均带负电荷。正电荷汇集于神经与肌肉的纵表面,在它们的横断面上汇集的便是负电荷。因此,在神经与肌肉表面和内部之间形成了电位差。当神经与肌肉兴奋时,它们的排列整齐的极化分子变为无序状态,表面与内部的电位差消失。

雷蒙德的一位学生勃斯特恩(Bernstein)在电化学进展的影响下,发展了生物电的既存说,提出了现在看来仍相当正确的,并推动了生物电研究的膜学说。这一学说认为,电位存在于神经和肌细胞膜的两侧。在静息状态,胞膜只对 K^+ 有通透性,对较大的正离子和负离子均无通透性。由于膜对 K^+ 的选择性通透和膜内外存在的 K^+ 浓度差,便产生了静息电位。当神经兴奋时,胞膜对 K^+ 的这种选择性通透的瞬时丧失变成无选择性通透,导致膜两侧电位差的瞬时消失,便形成了动作电位。

20世纪20年代,伽塞(H. S. Gasser)和厄兰格(J. Erlanger)将阴极射线示波器等近代电子学设备引入神经生理学研究,促进了生物电研究的较快发展。1944年,他们两位由于对神经纤维电活动的分析而共同获得了诺贝尔奖。杨(Young)报道了乌贼神经干中含有直径达500μm的巨轴突。英国生理学家霍奇金(A. L. Hodgkin)和胡克列(A. F. Huxley)将毛细玻璃管电极从切口纵向插入该巨轴突内首次实现了静息电位和动作电位的胞内记录,并在对这两种电位的精确定量分析的基础上,证实并发展了勃斯特恩关于静息电位膜学说,同时又提出了动作电位的钠学说[33]。接着他们又进一步应用电压钳技术在乌贼巨轴突上记录了动作电流,并证明它可被分成Na与K电流两个成分。在此研究的基础上他们又提出了双离子通道模型,指引了离子通道分子生物学的研究[34]。在微电极记录技术的推动下,神经细胞生理学的研究又步入了新的发展时期。埃克勒斯(S. J. Eccles)开始应用玻璃微电极对脊髓神经元及其突触的电位的电生理研究,发现了兴奋性和抑制性突触后电位。基于对神经生理学研究的贡献,霍奇金、胡克列和埃克勒斯三人分享了1963年的生理学或医学诺贝尔奖。珈兹(S. B. Katz)则应用微电极技术开展了神经肌肉接头突触的研究,为此于1970年也获得了诺贝尔奖。在神经系统研究的蓬勃发展的基础上,于20世纪60年代便形成了神经系统研究的综合学科,即神经生物学和神经科学。

静息膜电位是神经与肌肉等可兴奋细胞的最基本的电现象,因为当它们活动时所发生的各类瞬时电变化,如感受器电位、突触电位和动作电位等都是在此静息膜电位的基础上所发生的瞬时变化。为了描述方便,通常把胞膜两侧存在电位差的状态称为极化,并且将静息膜电位绝对值向增加方向的变化称为超极化,以及向减少方向的变化称为去极化(见图 2.6)。

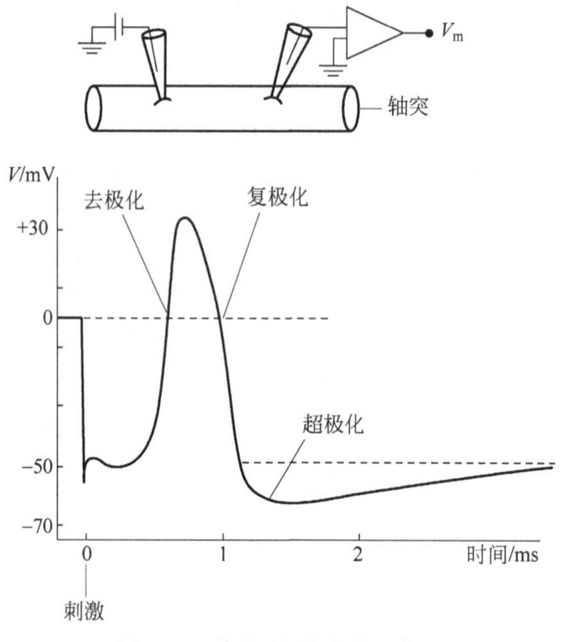

图 2.6 胞膜两侧存在的电位差

在处于静息状态的神经和肌肉等可兴奋细胞膜的两侧存在着高达约 70mV 的电位差。这提示在它们的胞膜的内侧面与外表面分别有负与正的离子云的分布,即分别有多余的负与正离子的汇聚。在神经元胞浆内所含离子中可以说没有一种,其浓度与胞外体液中的是相同的,特别是其中的 K、Na 和 Cl 三种离子,不但其胞内与胞外的浓度均达 mmol/L 水平(称常量离子),并且跨膜浓度差又均约为 1 个数量级。Na^+ 与 Cl^- 富集于胞外,而 K^+ 则富集于胞内。还有一些大的有机负离子(A^-)可以认为只含于胞内,其总浓度也在 mmol/L 水平。

由连续的类脂双层构成的胞膜中分散地镶嵌着被称为离子通道的大蛋白分子。它们横贯胞膜,在其分子中轴含有亲水性微孔道,可选择地容许特定离子通过。按它们可通过的离子种类,如 K^+、Na^+、Cl^- 和 Ca^{2+},而分别被称为 K、Na、Cl 和 Ca 通道。离子通道至少有两种状态,即开放态和关闭态。离子通道开放便会有特定离子顺浓度差跨膜移动。静息膜电位是指细胞未受刺激时,存在于细胞膜内外两侧的外正内负的电位差,在静息状态时静息离子通道容许特定离子沿其浓度梯度跨膜移动而形成的。

神经元胞膜对电流起着电阻作用。这种电阻称膜电阻。除电阻作用外,胞膜尚起着电容器作用。这种电容称膜电容。可以采用如图 2.7 所示的连接,测量膜电位的变化。当向胞膜通电流或断去电流时都要分别经电容器的充电或放电过程,从而使得电紧张电位的上升和下降时均以指数曲线变化。如在 $t=0$ 将电流注射入胞内,经任意时间 t 所记录到的电位为 V_t,则:

$$V_t = V_\infty (1 - e^{-t/\tau}) \tag{2.1}$$

式中 V_∞ 为电容充电完成后的恒定电位值。不难看出,当 $t=\tau$ 时,式(2.1)可简化为

$$V_t = V_\infty\left(1-\frac{1}{e}\right)=0.63V_\infty \tag{2.2}$$

即 τ 为电紧张电压升至 $0.63V_\infty$ 时所需的时间。于是，就把 τ 定为表示膜的电紧张电位的变化速度的时间常数，它应等于膜电容 C 与膜电阻 R 的乘积，即：

$$\tau = RC$$

其中 R 可在实验中用通电电流值去除 V_∞ 的值求得。这样便可分别测出膜电阻和求出膜电容值。为了对各种可兴奋细胞膜的电学性质进行比较，通常还会进一步求出膜单位面积的比膜电阻和比膜电容值。膜电容来自膜的类脂双层，膜电阻来自膜中的离子通道。

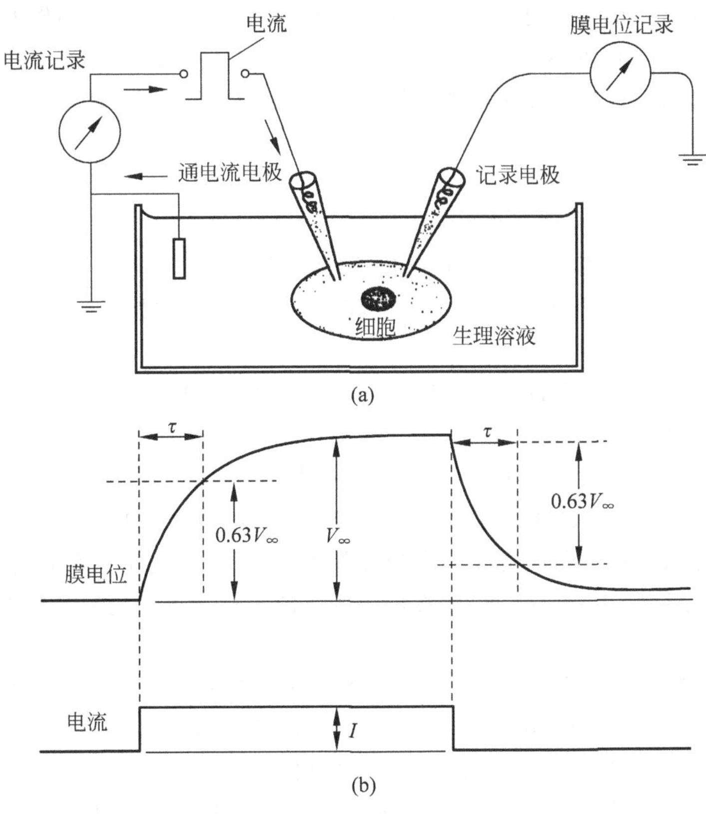

图 2.7 神经元胞膜电位

2.8 动作电位

视频 8 动作电位和离子通道

神经元具有两种基本特性：兴奋和传导。当神经元的某一部分受到某种刺激时，在受刺激的部位就产生兴奋。这种兴奋会沿着神经元散布开来，并在适当的条件下通过突触传达到与之相联的神经细胞，或传达到其他细胞，从而使最后传达到的器官的活动或状态发生变化。细胞受刺激后在静息电位基础上发生的一次膜两侧电位快速倒转和复原，称动作电位(见图 2.6)。一定强度的阈下刺激所诱发的局部电位是随刺激的增强而变大，但动作电位则不同，在阈下刺激时根本不出现。当刺激一旦达到阈值以及超过阈值，便在局部电位的基础上出现，并且自我再生地快速达到固定的最大值，很快又恢复到原初的静息膜电位水平。这种反应方式称全或无反应。

动作电位另一个特性是不衰减传导。动作电位作为电脉冲,一旦在神经元的一处发生,则该处的膜电位便爆发式变为内正外负,于是该处便成为电池,对仍处于静息膜电位(内负外正)的相邻部位形成刺激,并且其强度明显超过阈值。因此相邻部位随因受到阈上刺激而进入兴奋状态,并且也随之产生全或无式动作电位。这样,在神经元一处产生的动作电位便以这种局部电流机制依次诱发相邻部位产生动作电位,又由于动作电位是全或无式反应,所以它可不衰减地向远距离传导。但在轴突末梢,因其直径变小而动作电位振幅亦随之变小。

在神经元膜的某处一旦发生了动作电位,则该处的兴奋性便将发生一系列变化。大致在动作电位的超射时相,无论用如何强的刺激电流在该处都不能引起动作电位,此时相称绝对不应期;在随后的短时间内,用较强的闭上刺激方可以在该处引起动作电位,并且其振幅还要小一些,此时相称相对不应期。如动作电位的持续时间为1ms,则这两时相加到一起应不超过1ms,否则前后两个动作电位将发生融合。

动作电位主要生理功能为:

(1) 作为快速而长距离地传导的电信号;

(2) 调控神经递质的释放、肌肉的收缩和腺体的分泌等。

各种可兴奋细胞的动作电位虽有共同性,但其振幅、形状和甚至产生的离子基础也有一定程度的差异。

在20世纪50年代初,霍奇金等在乌贼巨轴突上进行的精确实验表明,静息状态时轴突膜的K^+、Na^+和Cl^-通透系数为$P_K:P_{Na}:P_{Cl}=1:0.04:0.45$,在动作电位顶峰时这些系数比变为$P_K:P_{Na}:P_{Cl}=1:20:0.45$。很显然,$P_K$与$P_{Cl}$的比例未变,只是$P_K$与$P_{Na}$之比显著增大了3个数量级。根据这些及其他一些实验资料,他们便提出了动作电位的钠离子学说,即认为动作电位的发生取决于胞膜的Na^+通透性的瞬时升高。换句话说,动作电位的发生是胞膜从主要以K^+平衡电位为主的静息状态突变到主要以Na^+平衡电位为主的活动状态。

乌贼巨轴突的动作电流是由内向Na^+流和迟出的外向K^+流合成的,而这两股离子流又是两种离子分别通过各自的电压门控通道进行跨膜流动而产生的。在乌贼巨轴突上取得了进展之后,关于用电压箝技术分析动作电流的研究便迅速地被扩大到其他可兴奋细胞。结果发现这两种电压门控通道几乎存在于所有被研究过的可兴奋细胞膜中,此外又发现了电压门控Ca通道。在某些神经元还发现有电压门控Cl通道。这4种电压门控通道又有不同类型,至少Na通道有两种类型(在神经元发现的神经型和在肌肉发现的肌肉型)、Ca通道有4种类型(T、N、L和P型)、K通道主要有4种类型(延搁整流K通道、快瞬时K通道或称A通道、异常整流K通道和Ca^{2+}激活K通道)。产生动作电位的细胞称可兴奋细胞,但不同类型的可兴奋细胞产生的动作电位的振幅和时程有所不同。这是因为参与形成这些动作电位的离子通道的类型和数量的不同。

动作电位,即神经冲动一旦在神经元(细的树突除外)一处产生,便以恒定的速度和振幅传到其余部分。局部电位是细胞受到阈下刺激时,细胞膜两侧产生的微弱电变化(较小的膜去极化或超极化反应)。或者说是细胞受刺激后去极化未达到阈电位的电位变化。阈下刺激使膜通道部分开放,产生少量去极化或超极化,故局部电位可以是去极化电位,也可以是超极化电位。局部电位在不同细胞上由不同离子流动形成,而且离子是顺着浓度差流动,不消耗能量。局部电位具有下列特点：

(1) 等级性。指局部电位的幅度与刺激强度正相关，而与膜两侧离子浓度差无关，因为离子通道仅部分开放无法达到该离子的电平衡电位，因而不是“全或无”式的。

(2) 可以总和。局部电位没有不应期，一次阈下刺激引起一个局部反应虽然不能引发动作电位，但多个阈下刺激引起的多个局部反应如果在时间上（多个刺激在同一部位连续给予）或空间上（多个刺激在相邻部位同时给予）叠加起来（分别称为时间总和或空间总和），就有可能导致膜去极化到阈电位，从而爆发动作电位。

(3) 电紧张扩布。局部电位不能像动作电位向远处传播，只能以电紧张的方式，影响附近膜的电位。电紧张扩布随扩布距离增加而衰减。

动作电位的形成如图 2.8 所示。当膜电位超过阈电位，能引起 Na 通道大量开放而爆发动作电位的临界膜电位水平。有效刺激本身可以引起膜部分去极化，当去极化水平达到阈电位时，便通过再生性循环机制而正反馈地使 Na^+ 通道大量开放。

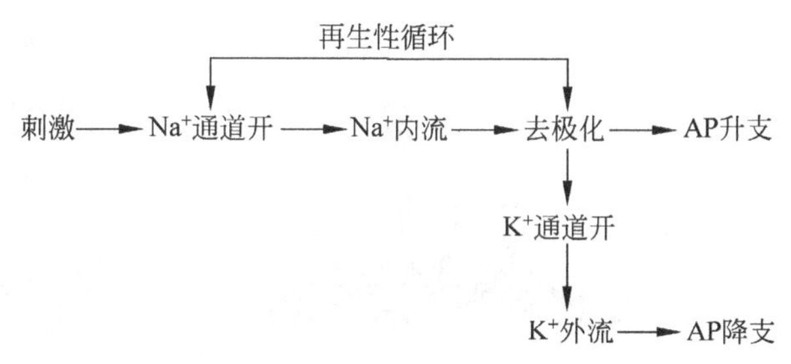

图 2.8 动作电位的形成

在膜的已兴奋区与相邻接的未兴奋区之间，由于存在电位差而产生局部电流。局部电流的强度数倍于阈强度，并且局部电流对于未兴奋区是可以引起去极化膜方向，因此，局部电流是一个有效刺激，使未兴奋区的膜去极达到阈电位而产生动作电位，实现动作电位的传导。兴奋在同一细胞上的传导，实际上是由局部电流引起的逐步兴奋过程。

神经冲动是指沿神经纤维传导的兴奋。其实质是膜的去极化过程，并以很快的速度在神经纤维上的传播，即动作电位的传导。感受性冲动的传导，按神经纤维的不同，有两种情况：一种是无髓纤维的冲动传导，当神经纤维的某一段受到刺激而兴奋时，立即出现锋电位，即该处的膜电位暂时倒转而去极化（内正外负），因此在兴奋部位与邻近未兴奋部位之间出现了电位差，并发生电荷移动，称为局部电流，这个局部电流刺激邻近的安静部位，使之兴奋，即产生动作电位，这个新的兴奋部位又通过局部电流再刺激其邻近的部位，依次推进，使膜的锋电位沿整个神经纤维传导；另一种是有髓神经纤维的冲动传导，其传递是跳跃性的。

神经冲动的传递有以下特征：完整性，即神经纤维必须保持解剖学上与生理学上的完整性；绝缘性，即神经冲动在传导时不能传导至同一个神经干内的邻近神经纤维；双向传导，即刺激神经纤维的任何一点，产生的冲动可沿纤维向两端同时传导；相对不疲劳性和非递减性。

2.9 离子通道

1991年的诺贝尔生理学或医学奖授予给了尼赫(E. Neher)和萨克曼(B. Sakman),以表彰他们的重大成就——细胞膜上单离子通道的发现。细胞是通过细胞膜与外界隔离的,在细胞膜上有很多通道,细胞就是通过这些通道与外界进行物质交换的。这些通道由单个分子或多个分子组成,允许一些离子通过。通道的调节影响到细胞的生命和功能。1976年,尼赫和萨克曼合作,用新建立的膜片钳技术成功地记录了nAc恤单离子通道屯流,开创了直接实验研究离子通道功能的先河。结果发现当离子通过细胞膜上的离子通道的时候,会产生十分微弱的电流。尼赫和萨克曼在实验中,利用与离子通道直径近似的钠离子或氯离子,最后达成共识:离子通道是存在的,以及它们如何发挥功能的。有一些离子通道上有感应器,他们甚至发现了这些感受器在通道分子中的定位,如图2.9所示。

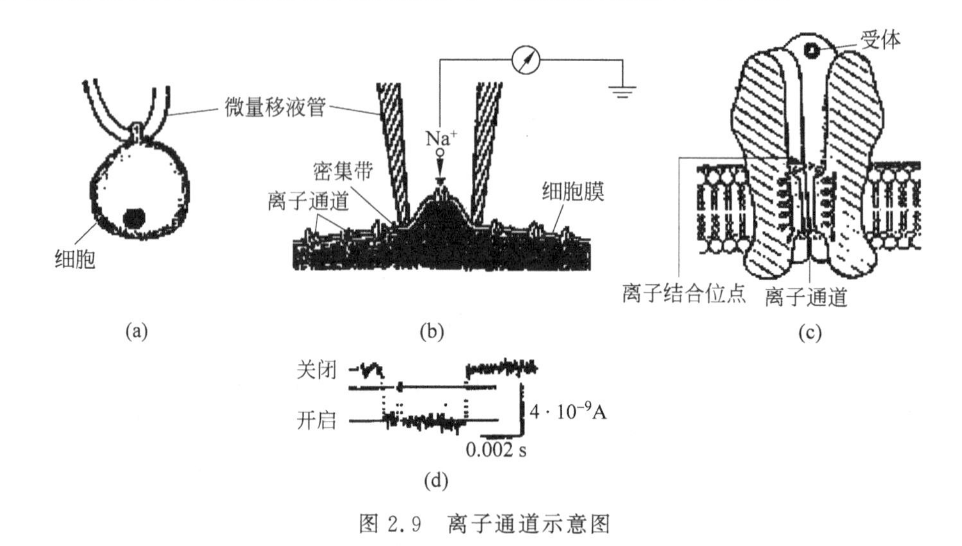

图2.9 离子通道示意图

1981年,英国的米勒迪(R. Miledi)研究室将生物合成nAchR的cRNA注射到处于一定发育阶段(阶段Ⅴ)的非洲爪瞻卵细胞中,成功地在其膜中表达了该离子通道型受体。1983—1984年,日本的Numa研究室又利用重组DNA克隆技术首次确定了分子量达20余万的电鱼器官的nAchR和Na通道的全一级结构。上述3项工作不仅从功能和结构上直接证明了离子通道的存在,也为分析离子通道的功能与结构提供了有效的研究方法。

在神经元膜中已发现了12种以上基本类型的离子通道,每种类型又有一些相近的异构体。离子通道可在多种构象之间转换,但从是否容许离子通过其微孔道的现象看,只有开放和关闭两种状态。离子通道在开放和关闭之间的转换是由其微孔道的闸门控制的,这一机制被称为闸控。实际上在多种离子通道,如Na通道除开放和关闭之外,起码尚有一个被称为灭活的关闭态。

关于闸控的机制尚不十分清楚,曾设想3种方式:

(1) 孔道内的一处被闸住(如电压门控Na通道和K通道);

(2) 全孔道发生结构变化封住孔道(如缝隙连接通道);

(3) 由特殊的抑制粒子将通道口塞住(如电压门控 K 通道)。已知有电压、机械牵拉和化学配基这 3 类动因可调控通道闸门的活动,相应的离子通道便被分别称为电压门控、机械门控和配基门控离子通道。

离子通道是胞膜的结构蛋白中的一类。它们贯穿胞膜并分散地存在于膜中。自从 Numa 研究室首次以 DNA 克隆技术确定了电鱼电器官的 nAchR 和 Na 通道的全氨基酸序列以来,已阐明了多种离子通道的一级结构,再加上由 X 光衍射、电子衍射和电镜技术等所得资料,已有可能对它们的二级结构、分子中的功能基团及其进化与遗传等进行判断与分析。

根据已有关于离子通道一级结构的资料,可将编码它们的基因分为 3 个家族,因为每个家族成员都有极为相似的氨基酸序列,从而它们被认为是由共同先祖基因演化而来:

(1) 编码电压门控 Na、K 和 Ca 通道基因家族;

(2) 编码配基门控离子通道基因家族,此族成员中有由 Ach、GABA、甘氨酸或谷氨酸激活的离子通道;

(3) 编码缝隙连接通道的基因家族。

2.10 脑电信号

脑电分为自发脑电(Spontaneous Electro Encephalo Gram,SEEG)和诱发脑电(Evoked Potential,EP)两种。自发脑电是指在没有特定的外加刺激时,人脑神经细胞自发产生的电位变化。这里,所谓“自发”是相对的,指的是没有特定外部刺激时的脑电。自发脑电是非平稳性比较突出的随机信号,不但它的节律随着精神状态的变化而不断变化,而且在基本节律的背景下还会不时地发生一些瞬念,如快速眼动等。诱发脑电是指人为地对感觉器官施加刺激(光的、声的或电的)所引起的脑电位的变化。诱发脑电按刺激模式可分为听觉诱发电位(Auditory Evoked Potential,AEP)、视觉诱发电位(Visual Evoked Potential,VEP)、体感诱发电位(Somatosensory Evoked Potential,SEP),以及利用各种不同的心理因素如期待、预备和各种随意活动进行诱发的事件相关电位(Event Related Potentials,ERP)等。事件相关电位把大脑皮质的神经生理学与认知过程的心理学融合了起来,它包括 P300(反映人脑认知功能的客观指标)、N400(语言理解和表达的相关电位)等内源性成分。ERP 和许多认知过程,如心理判断、理解、辨识、注意、选择、做出决定、定向反应和某些语言功能等有密切相关的联系。

自发脑电信号反映了人脑组织的电活动及大脑的功能状态,其基本特征包括周期、振幅、相位等。关于 EEG 的分类,国际上一般按频带、振幅不同将 EEG 分为下面几种波。

(1) δ 波:频带范围 0.5～3Hz,振幅一般在 100μV 左右。在清醒的正常人的脑电图中,一般记录不到 δ 波。在成人昏睡时,或者在婴幼儿和智力发育不成熟的成人身上,可以记录到这种波。在受某些药物影响时,或大脑有器质性病变时也会引起 δ 波。

(2) θ 波:频带范围 4～7Hz,振幅一般为 20～40μV,在额叶、顶叶较明显,一般困倦时出现,是中枢神经系统抑制状态的表现。

(3) α 波:频带范围 8～13Hz,振幅一般为 10～40μV,正常人的 α 波的振幅与空间分布,也存在着个体差异。α 波的活动在大脑各区都有,不过以顶枕部最为显著,并且左右对称,安静及闭眼时出现最多,波幅亦最高,睁眼、思考问题时或接受其他刺激时,α 波消失而出现其他快波。

(4) β 波:频带范围 14～30Hz,振幅一般不超过 30μV,分布于额、中央区及前中颞,在额叶最容易出现。生理反应时 α 节律消失,出现 β 节律。β 节律与精神紧张和情绪激动有关。所以,通常认为 β 节律属于“活动”类型或去同步类型的。

(5) γ 波:频带范围 30～45Hz,振幅一般不超过 30μV,额区及中央最多,它与 β 同属快波,快波增多,波幅增高是神经细胞兴奋型增高的表现。

通常认为,皮质病变会引起一些脑波中异常频率成分,正常人的脑波频率范围一般在 4～45Hz 之间。

2.11 小结

人脑是世界上最复杂的物质,它是人类智能与高级精神活动的生理基础。在神经系统内,神经元提供信息加工的机制。突触是神经元之间的联系和进行生理活动的关键性结构,通过它的传递作用实现细胞与细胞之间的通信。神经递质在突触传递中担当“信使”的特定化学物质,通过扩散作用穿过神经元间的突触间隙,与突触后膜的受体分子相结合。

离子通道是神经元膜电位的特化中介物。离子通道的存在让一切对生命来讲至关重要的水溶性物质,特别是无机离子出入细胞变成可能。常见离子通道大体分为电压门控离子通道、配体门控离子通道、牵引激活离子通道、间隙连接通道等几种类型。离子通道在运转过程中有着激活(开放),关闭和失活 3 种状态,这些状态受多种因素调控,成为各种生理功能的基础。

脑电分为自发脑电和诱发脑电两种。自发脑电是非平稳性比较突出的随机信号,反映了人脑组织的电活动及大脑的功能状态。诱发脑电是指人为地对感觉器官施加刺激(光的、声的或电的)所引起的脑电位的变化。

思考题

1. 试述脑系统的构成。
2. 什么是突触?它是如何进行信息加工的?
3. 什么是神经递质?常见的神经递质有哪些?
4. 动作电位有哪些生理功能?
5. 请给出霍奇金-赫克斯利方程及其等效电路图。
6. 在大脑进化过程中,大脑皮层哪个区域变化最大?

神经计算

第3章

CHAPTER 3

视频 9
神经计算

神经计算是建立在神经元模型和学习规则基础之上的一种计算范式，由于特殊的拓扑结构和学习方式，产生了多种人工神经网络，模仿人脑信息处理的机理。人工神经网络是由大量处理单元组成的非线性大规模自适应动力系统。

3.1 概述

神经计算(Neural Computing,NC)也称作人工神经网络(Artificial Neural Networks,ANN)，神经网络(Neural Networks,NN)，是对人脑或生物神经网络的抽象和建模，具有从环境学习的能力，以类似生物的交互方式适应环境。

现代神经网络研究开始于麦克洛奇(W. S. McCulloch)和皮兹(W. Pitts)的先驱工作。1943 年，他们结合了神经生理学和数理逻辑的研究，提出了 M-P 神经网络模型，标志着神经网络的诞生。1949 年，赫布(D. O. Hebb)的书《行为组织学》第一次清楚说明了突触修正的生理学习规则。

1986 年，鲁梅尔哈特和麦克莱伦德(J. L. McClelland)编辑的《并行分布处理：认知微结构的探索(PDP)》一书出版[50]。这本书对反向传播算法的应用引起重大影响，成为最通用的多层感知器的训练算法。后来证实，有关反向传播学习方法韦勃斯(P. J. Werbos)在 1974 年 8 月的博士学位论文中已有描述。

2006 年，加拿大多伦多大学的辛顿(G. E. Hinton)及其学生提出了深度学习(deep learning)，全世界掀起了深度学习的热潮。2016 年 3 月 8～15 日，谷歌围棋人工智能 AlphaGo 与韩国棋手李世石比赛，AlphaGo 最终以 4∶1 的战绩取得了人机围棋对决的胜利。2019 年 3 月 27 日，ACM(国际计算机学会)宣布，有“深度学习三巨头”之称的本吉奥、杨立昆(Yann LeCun)、辛顿共同获得了 2018 年的图灵奖，以表彰他们为当前人工智能的繁荣发展所奠定的基础。

大脑神经信息处理是由一组相当简单的单元通过相互作用完成的。每个单元向其他单元发送兴奋性信号或抑制性信号。单元表示可能存在的假设，单元之间的相互连接则表示单元之间存在的约束。这些单元的稳定的激活模式就是问题的解。鲁梅尔哈特等提出并行分布处理模型的 8 个要素：

(1) 一组处理单元。

(2) 单元集合的激活状态。

(3) 各个单元的输出函数。

(4) 单元之间的连接模式。

(5) 通过连接网络传送激活模式的传递规则。

(6) 把单元的输入和它的当前状态结合起来,以产生新激活值的激活规则。

(7) 通过经验修改连接模式的学习规则。

(8) 系统运行的环境。

并行分布处理系统的一些基本特点,可以从图 3.1 中看出来。这里有一组用圆图表示的处理单元。在每一时刻,各单元 u_i 都有一个激活值 $a_i(t)$。该激活值通过函数 f_i 而产生出一个输出值 $o_i(t)$。通过一系列单向连线,该输出值被传送到系统的其他单元。每个连接都有一个叫作连接强度或权值的实数 w_{ij} 与之对应;它表示第 j 个单元对第 i 个单元影响的大小和性质。采用某种运算(通常是加法),把所有的输入结合起来,就得到一个单元的净输入

$$\text{net}_j = w_{ij} o_i(t) \tag{3.1}$$

单元的净输入和当前激活值通过函数 F 的作用,就产生一个新的激活值。图 3.1 下方给出了函数 f 及 F 的具体例子。最后,在内部连接模式并非一成不变的情况下,并行分布处理模型是可塑的;更确切地说,权值作为经验的函数,是可以修改的,因此,系统能演化。单元表达的内容能随经验而变化,因而系统能用各种不同的方式完成计算。

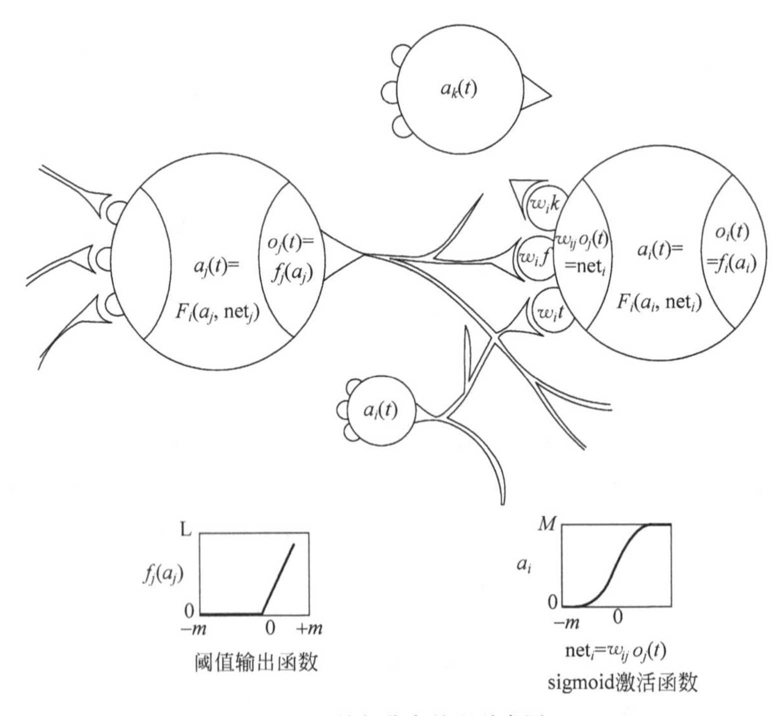

图 3.1 并行分布处理示意图

3.2 前馈神经网络

视频10 前馈神经网络

一般的前馈网络包括一个输入层和一个输出层，若干隐单元。隐单元可以分层也可以不分层，若分层，则称为多层前馈网络。网络的输入、输出神经元其激活函数一般取为线性函数，而隐单元则为非线性函数。任意的前馈网络，不一定是分层网络或全连接的网络。下面给出它的定义和说明：一个前馈网络可以定义为无圈的有向图 $N=(V,E,W)$，其中 $V=\{0,1,\cdots,n\}$ 为神经元集合，$E\in V\times V$ 为连接权值集合，$W:E\to R$ 为对每一连接 $(i,j)\in E$ 赋予一实值的权重 W_{ij}。对神经元 $i\in V$ 定义它的投射域为 $P_i=\{j:j\in V,(i,j)\in E\}$，即表示单元 i 的输出经加权后直接作为其净输入的一部分的神经单元；同样定义神经元的接受域为 $R_i=\{j:j\in V,(i,j)\in E\}$，即表示其输出经加权后直接作为神经元 i 的净输入的一部分的神经单元。特别地，对分层前馈网络来说，每个神经元的接受域和投射域分别是其所在层的前一层神经元和后一层神经元（若它们存在）。神经元集 V 可以被分成无接收域的输入节点集 V_{I}，无投射域的输出节点集 V_{O} 和隐层节点集 V_{H}。一般地，假设一个特殊的偏置节点（在这里其标号为 0），它的输出恒为 +1，它和输入节点以外的所有节点相连。

多层前馈神经网络需要解决的关键问题是学习算法。以鲁梅尔哈特和麦克莱伦德为首的科研小组提出的误差反向传播（error Back Propagation，BP）算法，为多层前馈神经网络的研究奠定了基础。多层前馈网络能逼近任意非线性函数，在科学技术领域有广泛的应用。下面介绍多层前馈神经网络的误差反向传播算法，这是基本的 BP 算法，基于梯度法极小化二次性能指标函数

$$E=\sum_{k=1}^{m}E_k \tag{3.2}$$

式中，E_k 为局部误差函数，即

$$E_k=\sum_{i=1}^{n_0}\phi(e_{i,k})=\frac{1}{2}\sum_{k=1}^{n_0}(y_{i,k}-\hat{y}_{i,k})^2=\sum_{i=1}^{n_0}e_{i,k}^2 \tag{3.3}$$

寻求目标函数的极小有两种基本方法，即逐个处理和成批处理。所谓逐个处理，即随机依次输入样本，每输入一个样本都进行连接权的调整。所谓成批处理，是在所有样本输入后计算其总误差进行的。下面介绍逐个处理。

以具有两个隐含层的多层神经网络为例。对于输出层连接权矩阵 $\boldsymbol{W}^{(0)}$ 第 p 行的调整方程可表示为

$$\begin{aligned}\Delta W_{p,k}^{(0)}&=W_{p,k}^{(0)}-W_{p,k-1}^{(0)}=-\alpha\frac{\partial E_k}{\boldsymbol{W}_p^{(0)}}\\&=-\alpha\sum_{i=1}^{n_0}\frac{\partial\phi(e_{i,k})}{\partial\hat{y}_{i,k}}\frac{\partial\sigma_0(\bar{y}_{i,k})}{\partial\bar{y}_{i,k}}\frac{\partial\bar{y}_{i,k}}{\partial\boldsymbol{W}_p^{(0)}}\end{aligned}$$

因 $\bar{y}_{i,k}=\sum_{i=1}^{n_1}w_{i,j}\hat{h}_{j,k}^{(1)}$，则

$$\Delta\boldsymbol{W}_{p,k}^{(0)}=\alpha\sum_{i=1}^{n_0}e_{i,k}\sigma'_0(\bar{y}_{i,k})\hat{h}_k^{(1)}\delta_{ip}$$

$$\hat{\boldsymbol{h}}_k^{(1)} = [\hat{h}_{1,k}^{(1)}, \hat{h}_{2,k}^{(1)}, \cdots, \hat{h}_{n_1,k}^{(1)}]^{\mathrm{T}} \tag{3.4}$$

$$\delta_{ip} = \begin{cases} 1, & i = p \\ 0, & i \neq p \end{cases} \quad (i = 1, 2, \cdots, n_0)$$

考虑 δ_{jp} 的取值,则

$$\Delta W_{p,k}^{(0)} = \alpha \varepsilon_{p,k}^{(0)} \hat{\boldsymbol{h}}_k^{(1)} \quad (p = 1, 2, \cdots, n_0) \tag{3.5}$$

$$\varepsilon_{p,k}^{(0)} = e_{p,k} \sigma'_0 (\bar{y}_{p,k}) \tag{3.6}$$

对于第一隐含层,连接权矩阵 $\boldsymbol{W}^{(1)}$ 第 p 行的调整方程可表示为

$$\begin{aligned} \Delta W_{p,k}^{(1)} &= W_{p,k}^{(1)} - W_{p,k-1}^{(1)} = -\alpha \frac{\partial E_k}{\boldsymbol{W}_p^{(1)}} \\ &= -\alpha \sum_{i=1}^{n_0} \frac{\partial \phi(e_{i,k})}{\partial \hat{y}_{i,k}} \frac{\partial \hat{y}_{i,k}}{\partial \boldsymbol{W}_p^{(1)}} \\ &= \alpha \sum_{i=1}^{n_0} e_{i,k} \sigma'_0 (\bar{y}_{i,k}) \sum_{j=1}^{n_j} W_{ij}^{(0)} \frac{\partial \sigma_1 \bar{h}_{j,k}^{(1)}}{\partial \bar{h}_{j,k}^{(1)}} \frac{\partial \bar{h}_{j,k}^{(1)}}{\partial \boldsymbol{W}_p^{(1)}} \end{aligned}$$

$$\Delta W_{p,k}^{(1)} = \alpha \sum_{i=1}^{n_0} e_{i,k} \sigma'_0 (\bar{y}_{i,k}) \sum_{j=1}^{n_j} W_{ij}^{(0)} \frac{\partial \sigma_1 \bar{h}_{j,k}^{(1)}}{\partial \bar{h}_{j,k}^{(1)}} \frac{\partial \bar{h}_{j,k}^{(1)}}{\partial \boldsymbol{W}_p^{(1)}}$$

因为 $\bar{h}_{j,k}^{(1)} = \sum_{i=1}^{n_2} w_{i,j}^{(1)} \bar{h}_{j,k}^{(2)}$,则

$$\hat{\boldsymbol{h}}_k^{(2)} = [\hat{h}_{1,k}^{(2)}, \hat{h}_{2,k}^{(2)}, \cdots, \hat{h}_{n_2,k}^{(2)}]^{\mathrm{T}}$$

$$\delta_{jp} = \begin{cases} 1, & j = p \\ 0, & j \neq p \end{cases} \quad (j = 1, 2, \cdots, n_1)$$

考虑到 δ_{jp} 的取值,则

$$\begin{aligned} \Delta W_{p,k}^{(1)} &= \alpha \sigma_1 (\bar{h}_{p,k}^{(1)}) \sum_{i=1}^{n_0} e_{i,k} \sigma'_0 (\bar{y}_{i,k}) W_{i,p}^{(0)} \hat{\boldsymbol{h}}_k^{(2)} \\ &= \alpha \varepsilon_{p,k}^{(1)} \hat{h}_k^{(2)} \quad (p = 1, 2, \cdots, n_1) \end{aligned} \tag{3.7}$$

$$\varepsilon_{p,k}^{(1)} = \sigma'_1 (\bar{h}_{p,k}^{(1)}) \sum_{i=1}^{n_0} \varepsilon_{i,k}^{(0)} w_{i,p}^{(0)} \tag{3.8}$$

同理,对于第二隐含层连接权矩阵 $\boldsymbol{W}^{(2)}$ 第 p 行的调整方程可表示为

$$\begin{aligned} \Delta W_{p,k}^{(2)} &= W_{p,k}^{(2)} - W_{p,k-1}^{(2)} \\ &= \alpha \varepsilon_{p,k}^{(2)} X_k \quad (p = 1, 2, \cdots, n_2) \end{aligned} \tag{3.9}$$

$$\varepsilon_{p,k}^{(2)} = \sigma'_2 (\bar{h}_{p,k}^{(2)}) \sum_{i=1}^{n_1} \varepsilon_{i,k}^{(1)} w_{i,p}^{(1)} \tag{3.10}$$

对于一般情况,设隐含层数为 L,第 r 隐含层连接权矩阵 $\boldsymbol{W}^{(r)}$ 第 p 行的调整方程为

$$\begin{aligned} \Delta W_{p,k}^{(r)} &= W_{p,k}^{(r)} - W_{p,k-1}^{(r)} \\ &= \alpha \varepsilon_{p,k}^{(r)} \hat{\boldsymbol{h}}_k^{(r+1)} \quad (p = 1, 2, \cdots, n_r) \end{aligned} \tag{3.11}$$

$$\varepsilon_{p,k}^{(r)} = \sigma' r (\bar{h}_{p,k}^{(r)}) \sum_{i=1}^{n_r - l_1} \varepsilon_{i,k}^{(r-1)} w_{i,p}^{(r-1)} \tag{3.12}$$

当 $r=L$ 时，$\hat{\boldsymbol{h}}_k^{(L+1)}=X_k$。

由上面的分析可见，输出的局部误差 $\varepsilon_{p,k}^{(0)}$ 决定于输出误差 $e_{p,k}$ 和该层变换函数的偏导数 $\sigma_0'(.)$。隐含层局部误差 $\varepsilon_{p,k}^{(r)}(r=0,1,2)$ 的计算是以高层的局部误差为基础的。即在计算过程中局部误差是由高层向低层反向传播的。

算法 3.1 误差反向传播 BP 算法。

(1) 用小的随机数初始化 W。

(2) 输入一个样本，用现有的 W 计算网络各神经元的实际输出。

(3) 根据式(3.6)、式(3.8)和式(3.10)计算局部误差 $\varepsilon_{p,k}^{(r)}(r=0,1,2)$。

(4) 根据递推计算公式(3.5)、式(3.7)和式(3.9)计算 $\Delta W_{p,k}^{(r)}(r=0,1,2)$。

(5) 输入另一样本，转步骤(2)。

所有训练样本是随机地输入，直到网络收敛且输出误差小于容许值。

上述的 BP 算法存在如下缺点：

(1) 为了极小化总误差，学习速率 α 应选得足够小，但是小的 α 学习过程将很慢；

(2) 大的 α 虽然可以加快学习速度，但又可能导致学习过程的振荡，从而收敛不到期望解；

(3) 学习过程可能收敛于局部极小点或在误差函数的平稳段停止不前。

针对 BP 算法收敛速度慢的问题，研究工作者提出了很多改进方法。在这些方法中，通过学习速率的调整以提高收敛速度的方法被认为是一种最简单、最有效的方法。

3.3 自适应共振理论 ART 模型

视频 11 自适应共振理论 ART 模型

自适应共振理论(Adaptive Resonance Theory，ART)模型是美国波士顿大学的格罗斯伯格(S. Grossberg)在 1976 年提出的。ART 是一种自组织神经网络结构，是无监督的学习网络。当神经网络和环境有交互作用时，对环境信息的编码会自发地在神经网中产生，此时认为神经网络在进行自组织活动。ART 就是这样一种能自组织地产生对环境认识编码的神经网络理论模型。

ART 模型是基于下列问题的求解而提出的：

(1) 对于一个学习系统，要求它有适应性及稳定性，适应性可以响应重要事件，稳定性可以存储重要事件。这种系统的设计问题。

(2) 学习时，原有的信息和新信息如何处理，保留有用知识，接纳新知识的关系如何解决的问题。

(3) 对外界信息与原来存储的信息结合并决策的问题。

格罗斯伯格一直对人类的心理和认识活动感兴趣，他长期埋头于这方面的研究并希望用数学来描述人类这项活动，建立人类的心理和认知活动的一种统一的数学模型和理论。ART 就是在这种理论的核心内容基础上经过提高发展得出的。

ART 模型源于 Helmholtz 无意识推理学说的协作-竞争网络交互模型[26,27]。这个模型如图 3.2 所示。可以看出这个模型由两个协作-竞争模型组成。无意识推理学说认为：原始的感觉信息通过经历过的学习过程不断修改，直到得到一个真实的感知结果为止。从

图 3.2 中协作-竞争网络交互模型可以看出：环境输入信号和自上而下学习期望同时对协作-竞争网络 1 执行输入；而自下而上学习是协作-竞争网络 1 的输出；同时，自下而上学习是协作-竞争网络 2 的输入，而自上而下学习期望则是其输出。真实感知是通过这个协作-竞争网络的学习和匹配产生的。

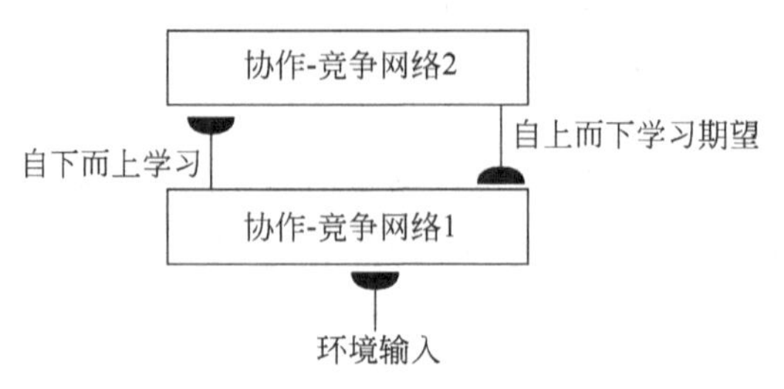

图 3.2 协作-竞争网络交互模型

环境输入信号对自上而下学习期望进行触发，使协作-竞争网络 1 产生自下而上学习的输出。输出发送到协作-竞争网络 2，则产生自上而下学习期望输出，并送回协作-竞争网络 1。这个过程很明显是自上而下学习和自下而上学习的过程，并且这个过程中不断吸收环境输入信息。经过协作-竞争的匹配，最终取得一致的结果；这就是最终感知或谐振感知。协作-竞争网络交互作用有下列基本要求：

(1) 交互作用是非局域性的；

(2) 交互作用是非线性的；

(3) 自上而下的期望学习是非平稳随机过程。

受到协作-竞争网络交互模型的启发，格罗斯伯格提出了 ART 理论模型。他认为对网络的自适应行为进行分析，可以建立连续非线性网络模型，这种网络可以由短期存储 STM 和长期存储 LTM 作用所实现。STM 是指神经元的激活值，即未由 S 函数处理的输出值，LTM 是指权系数。

格罗斯伯格提出的 ART 理论模型具有如下主要优点：

(1) 可以进行实时学习，能适应非平稳的环境。

(2) 对于已经学习过的对象具有稳定的快速识别能力；同时，亦能迅速适应未学习的新对象。

(3) 具有自归一能力，根据某些特征在整体中所占的比例，有时作为关键特征，有时当作噪声处理。

(4) 不需要预先知道样本结果，是无监督学习；如果对环境作出错误反应则自动提高"警觉性"，迅速识别对象。

(5) 容量不受输入通道数的限制，存储对象也不需要是正交的。

ART 的基本结构如图 3.3 所示。它由输入神经元和输出神经元组成。用前向权系数和样本输入来求取神经元的输出，这个输出也就是匹配测度；具有最大匹配测度的神经元的活跃级通过输出神经元之间的横向抑制得到进一步增强，而匹配测度不是最大的神经元的活跃级就会逐渐减弱，从输出神经元到输入神经元之间有反馈连接以进行学习比较。同样，还提供一个用来确定具有最大输出的输出神经元与输入模式进行比较的机制。ART 模型的框如图 3.4 所示。

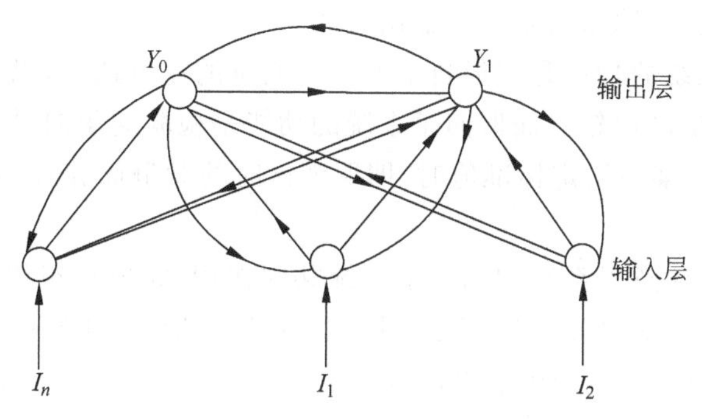

图 3.3　ART 的基本结构

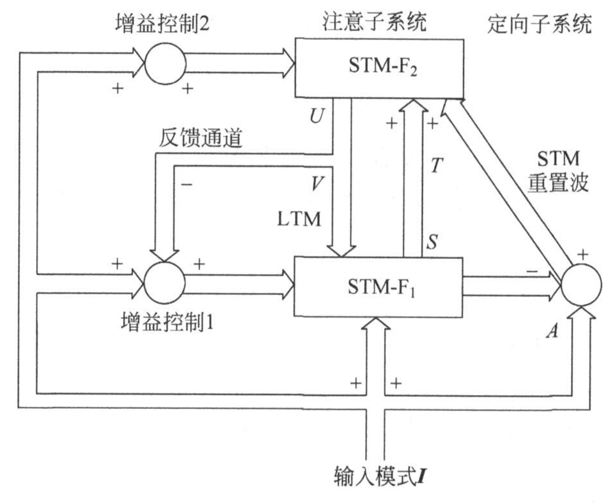

图 3.4　ART 模型的框图

它由两个子系统组成：一个称为注意子系统(attentional subsystem)；一个称为定向子系统(orienting subsystem)，也称调整子系统。这两个子系统是功能互补的子系统。ART模型就是通过这两个子系统和控制机制之间的交互作用来处理熟悉的事件或不熟悉的事件。在注意子系统中，有 F_1、F_2 这两个用短时记忆单元组成的部件，即 STM-F_1 和 STM-F_2。在 F_1 和 F_2 之间的连接通道是长时记忆 LTM。增益控制有两个作用：一个作用是在 F_1 中用于区别自下而上和自上而下的信号；另一个作用是当输入信号进入系统时，F_2 能够对来自 F_1 的信号起阈值作用。调整子系统是由 A 和 STM 重置波通道组成。

注意子系统的作用是对熟悉事件进行处理。在这个子系统中建立熟悉事件对应的内部表示，以便响应有关熟悉事件；这实际上是对 STM 中的激活模式进行编码。同时，在这个子系统中还产生一个从 F_2 到 F_1 的自上而下的期望样本，以帮助稳定已被学习了的熟悉事件的编码。

调整子系统的作用是对不熟悉的事件产生响应。在有不熟悉的事件输入时，孤立的一个注意子系统无法对不熟悉的事件建立新的聚类编码；故而设置一个调整子系统，当有不熟悉的事件输入时，调整子系统马上产生重置波对 F_2 进行调整，从而使注意子系统对不熟悉的事件建立新的表达编码。实际上，当自下而上的输入模式和来自 F_2 的自上而下的引发模式，即期望在 F_1 中不匹配时，调整子系统就会发出一个重置波信号到 F_2，它重新选择 F_2

的激活单元,同时取消 F_2 原来所发出的输出模式。

简言之,注意子系统的功能是完成自下而上的向量的竞争选择,以及完成自下而上向量和自上而下向量的相似度比较。而取向子系统的功能是检验期望向量 $\boldsymbol{V}$ 和输入模式 $\boldsymbol{I}$ 的相似程度;当相似度低于某一给定标准值时,即取消该时的竞争优胜者,转而从其余类别中选取优胜者。

ART 模型就是由注意子系统和调整子系统共同作用,完成自组织过程的。在 ART 模型中,其工作过程采用 2/3 规则。所谓 2/3 规则,就是在 ART 网络中,3 个输入信号中要有 2 个信号起作用才能使神经元产生输出信号。

ART 理论已提出了 3 种模型结构,即 ART1、ART2、ART3。ART1 用于处理二进制输入的信息;ART2 用于处理二进制和模拟信息这两种输入;ART3 用于进行分级搜索。ART 理论可以用于语音、视觉、嗅觉和字符识别等领域。

2008 年,格罗斯伯格等提出了同步匹配自适应共振理论 SMART(synchronous matching adaptive resonance theory)模型[28],以反映大脑是怎样协调多级的丘脑和皮质进程来快速学习、稳定记忆外界的重要信息。同步匹配适应共振理论 SMART 模型,展示了自底向上和自顶向下的通路是如何一起工作并通过协调学习、期望、专注、共振和同步这几个进程来完成上述目标的。

3.4 神经网络集成

1990 年,汉森(L. K. Hansen)和萨拉蒙(P. Salamon)提出了神经网络集成(neural network ensemble)方法。他们证明,可以简单地通过训练多个神经网络并将其结果进行拟合,显著地提高神经网络系统的泛化能力。神经网络集成可以定义为用有限个神经网络对同一个问题进行学习,集成在某输入示例下的输出由构成集成的各神经网络在该示例下的输出共同决定。对神经网络集成的理论分析与其实现方法分为两方面,即对结论生成方法以及对网络个体生成方法。

3.4.1 结论生成方法

汉森和萨拉蒙证明,对神经网络分类器来说,采用集成方法能够有效提高系统的泛化能力。假设集成由 N 个独立的神经网络分类器构成,采用绝对多数投票法,再假设每个网络以 $1-p$ 的概率给出正确的分类结果,并且网络之间错误不相关,则该神经网络集成发生错误的概率 p_{err} 为

$$p_{\text{err}} = \sum_{k>N/2}^{N} \binom{N}{k} p^k (1-p)^{N-k} \tag{3.13}$$

当 $p<1/2$ 时,p_{err} 随 N 的增大而单调递减。因此,如果每个神经网络的预测精度都高于 50%,并且各网络之间错误不相关,则神经网络集成中的网络数目越多,集成的精度就越高,当 N 趋向于无穷时,集成的错误率趋向于 0。在采用相对多数投票法时,神经网络集成的错误率比式(3.13)复杂得多,但是汉森和萨拉蒙的分析表明,采用相对多数投票法在多数情况下能够得到比绝对多数投票法更好的结果。

1995 年，克罗夫(A. Krogh)和弗德尔斯毕(J. Vedelsby)给出了神经网络集成泛化误差计算公式。假设学习任务是利用 N 个神经网络组成的集成对 $f: \mathbf{R}^n \to \mathbf{R}$ 进行近似，集成采用加权平均，各网络分别被赋予权值 w_α，并满足式(3.14)和式(3.15)：

$$w_\alpha > 0 \tag{3.14}$$

$$\sum_\alpha w_\alpha = 1 \tag{3.15}$$

再假设训练集按分布 $p(x)$ 随机抽取，网络 α 对输入 X 的输出为 $V^\alpha(X)$，则神经网络集成的输出为

$$\bar{V}(X) = \sum_\alpha w_\alpha V^\alpha(X) \tag{3.16}$$

神经网络 α 的泛化误差 E^α 和神经网络集成的泛化误差 E 分别为

$$E^\alpha = \int \mathrm{d}x p(x)(f(x) - V^\alpha(x))^2 \tag{3.17}$$

$$E = \int \mathrm{d}x p(x)(f(x) - \bar{V}(x))^2 \tag{3.18}$$

各网络泛化误差的加权平均为

$$\bar{E} = \sum_\alpha w_\alpha E^\alpha \tag{3.19}$$

神经网络 α 的差异度 A^α 和神经网络集成的差异度 $\bar{A}$ 分别为

$$A^\alpha = \int \mathrm{d}x p(x)(V(x) - \bar{V}(x))^2 \tag{3.20}$$

$$\bar{A} = \sum_\alpha w_\alpha A^\alpha \tag{3.21}$$

则神经网络集成的泛化误差为

$$E = \bar{E} - \bar{A} \tag{3.22}$$

式(3.22)中的 $\bar{A}$ 度量了神经网络集成中各网络的相关程度。若集成是高度偏置的，即对于相同的输入，集成中所有网络都会给出相同或相近的输出，此时集成的差异度接近于0，其泛化误差接近于各网络泛化误差的加权平均。反之，若集成中各网络是相互独立的，则集成的差异度较大，其泛化误差将远小于各网络泛化误差的加权平均。因此，要增强神经网络集成的泛化能力，就应该尽可能地使集成中各网络的误差互不相关。

3.4.2 个体生成方法

1997 年，弗洛德(Y. Freund)和沙皮尔(R. E. Schapire)以 AdaBoost 为代表，对 Boosting 类方法进行了分析，并证明此类方法产生的最终预测函数 H 的训练误差满足式(3.23)，其中 ε_t 为预测函数 h_t 的训练误差，$\gamma_t = 1/2 - \varepsilon_t$。

$$\begin{aligned} H &= \prod_t \left[2\sqrt{\varepsilon_t(1-\varepsilon_t)}\right] \\ &= \prod_t \sqrt{1-4\gamma_t^2} \leqslant \exp\left(-2t\sum_t \gamma_t^2\right) \end{aligned} \tag{3.23}$$

从式(3.23)可以看出，只要学习算法略好于随机猜测，训练误差将随 t 以指数级下降。

1996 年，布雷曼(L. Breiman)对 Bagging 进行了理论分析。他指出，分类问题可达到的最高正确率以及利用 Bagging 可达到的正确率分别如式(3.24)和式(3.25)所示，其中 C 表

示序正确的输入集，C'为C的补集，$I(\cdot)$为指示函数(indicator function)。

$$r^* = \int \max_j P(j \mid x) P_X(x) \tag{3.24}$$

$$r_A = \int_{x \in C} \max P(j \mid x) P_x(\mathrm{d}x) + \int_{x \in C'} \left[\sum_j I(\phi_A(x) = j) P(j \mid x)\right] P_X(x) \tag{3.25}$$

显然，Bagging 可使序正确集的分类正确率达到最优，单独的预测函数则无法做到这一点。

视频12
脉冲耦合
神经网络

3.5 脉冲耦合神经网络

近年来，随着生物神经学的研究和发展，艾克霍恩(R. Eckhorn)等通过对小型哺乳动物大脑视觉皮层神经系统工作机理的仔细研究，提出了一种崭新的网络模型——脉冲耦合神经网络(Pulse-Coupled Neural Network，PCNN)模型。PCNN 来源于对哺乳动物猫的视觉皮层神经细胞的研究成果，具有同步脉冲激发现象、阈值衰减及参数可控性等特性。由于其具有生物学特性的背景以及以空间邻近和亮度相似集群的特点，因此在数字图像处理等领域具有广阔的应用前景。将 PCNN 的最新理论研究成果与其他新技术相结合，开发出具有实际应用价值的新算法是当今神经网络研究的主要方向之一。

1952 年，霍奇金(A. L. Hodgkin)与哈斯利(A. F. Huxley)开始研究神经元电化学特性[33]。1987 年，格雷(C. M. Gray)等发现猫的初生视觉皮层有神经激发相关振荡现象[25]。1989 年，艾克霍恩和格雷研究了猫的视觉皮层，提出了具有脉冲同步发放特性的网络模型。1990 年，艾克霍恩根据猫的大脑皮层同步脉冲发放现象，提出了展示脉冲发放现象的连接模型。对猴的大脑皮层进行的试验中，也得到了类似的试验结果。1994 年，约翰逊(J. L. Johnson)发表论文，阐述了 PCNN 的周期波动现象及在图像处理中具有旋转、可伸缩、扭曲、强度不变性。通过对艾克霍恩提出的模型进行改进，形成了脉冲耦合神经网络(PCNN)模型。1999 年，IEEE 神经网络会刊出版了脉冲耦合神经网络专辑；国内也于 20 世纪 90 年代末开始研究脉冲耦合神经网络。

与传统方法相比，源自哺乳动物视觉皮层神经元信息传导模型的脉冲耦合神经网络是一种功能强大的图像处理工具，解决图像处理具体应用问题时能够取得令人满意的性能。

3.5.1 Eckhorn 模型

1990 年，根据猫的视皮层的同步振荡现象，艾克霍恩提出了一个脉冲神经网络模型[18]，如图 3.5 所示。这个模型由许多相互连接的神经元构成，每个神经元包括两个功能上截然不同的输入部分，分别是常规的馈接(feeding)输入和起调制作用的链接(linking)输入。而这两部分的关系并非像传统神经元那样是加耦合的关系，而是乘耦合的关系。

Eckhorn 模型可用如下方程描述：

$$U_{m,k} = F_k(t)[1 + L_k(t)] \tag{3.26}$$

$$F_k(t) = \sum_{i=1}^{N} [w_{ki}^f Y_i(t) + S_k(t) + N_k(t)] \otimes I(V^a, \tau^a, t) \tag{3.27}$$

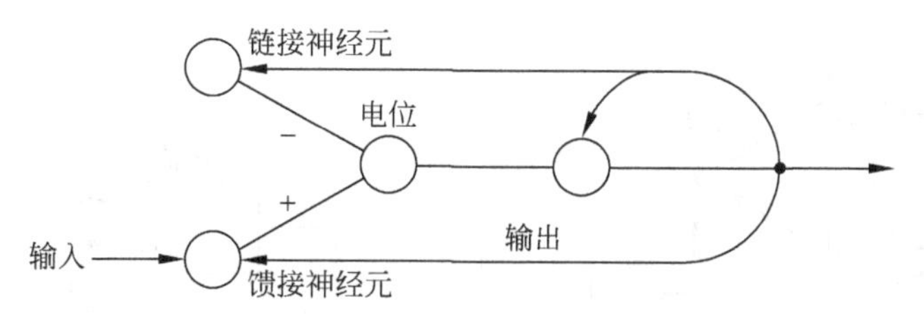

图 3.5　Eckhorn 模型示意图

$$L_k(t)=\sum_{i=1}^{N}[w_{ki}^{l}Y_i(t)+N_k(t)]\otimes I(V^l,\tau^l,t) \tag{3.28}$$

$$Y_k(t)=\begin{cases}1, & U_{m,k}(t)\geqslant\theta_k(t)\\0, & \text{其他}\end{cases} \tag{3.29}$$

这里，一般表示为

$$X(t)=Z(t)\otimes I(v,\tau,t) \tag{3.30}$$

即

$$X[n]=X[n-1]\mathrm{e}^{-t/\tau}+VZ[n],\quad n=1,2,\cdots,N \tag{3.31}$$

其中，N 为神经元的个数，w 为突触加权系数。当外部激励为 S 型时，Y 为二值输出。

3.5.2　脉冲耦合神经网络模型

由于 Eckhorn 模型提供了一个简单有效的方法来研究脉冲神经网络中的动态同步振荡活动，Eckhorn 模型的最大创新在于它引入了第二个感受野（secondary receptive field），即链接域（linking field）。如果去掉链接输入部分，Eckhorn 模型中的神经元模型与常规的神经元模型没什么不同，而正是链接输入的引入，使我们对神经元如何整合输入有了更深入的认识。通过对模型中神经元的电路进行分析，研究人员证明了：神经元的不同输入之间的关系不仅有加耦合的关系，而且有乘耦合的关系。它很快被应用到图像处理领域，而它和它的许多变种模型被一起称为脉冲耦合神经网络（PCNN）。

图 3.6 给出了脉冲耦合神经元的示意图。神经元主要由两个功能单元构成：馈接输入域和链接输入域，分别通过突触连接权值 $\boldsymbol{M}$ 和 $\boldsymbol{K}$ 来与其邻近的神经元相连。两功能单元都要进行迭代运算，迭代过程中按指数规律衰减。馈接输入域多加一个外部激励 S。可以用如下数学公式描述两个功能单元：

$$F_{ij}[n]=\mathrm{e}^{\alpha F\delta_n}F_{ij}[n-1]+S_{ij}+V_F\sum_{kl}\boldsymbol{M}_{ijkl}Y_{kl}[n-1] \tag{3.32}$$

$$L_{ij}[n]=\mathrm{e}^{\alpha L\delta_n}L_{ij}[n-1]+V_L\sum_{kl}\boldsymbol{K}_{ijkl}Y_{kl}[n-1] \tag{3.33}$$

式中，F_{ij} 是第(i,j)个神经元的馈接，L_{ij} 是耦合连接，Y_{kl} 是$(n-1)$次迭代时神经元的输出。两功能单元都要进行迭代运算，迭代过程按指数规律衰减。V_F 和 V_L 分别为 F_{ij}、L_{ij} 的固有电位。这里 $\boldsymbol{M}$ 和 $\boldsymbol{K}$ 为连接权值系数矩阵，表示中心神经元受周围神经元影响的大小，反映邻近神经元对中心神经元传递信息的强弱，$\boldsymbol{M}$ 和 $\boldsymbol{K}$ 有多种取值选择方式，但选择要合适，一般不宜过大。

神经元内部活动项由这两个功能单元按非线性相乘方式共同组成，β 为突触之间的连

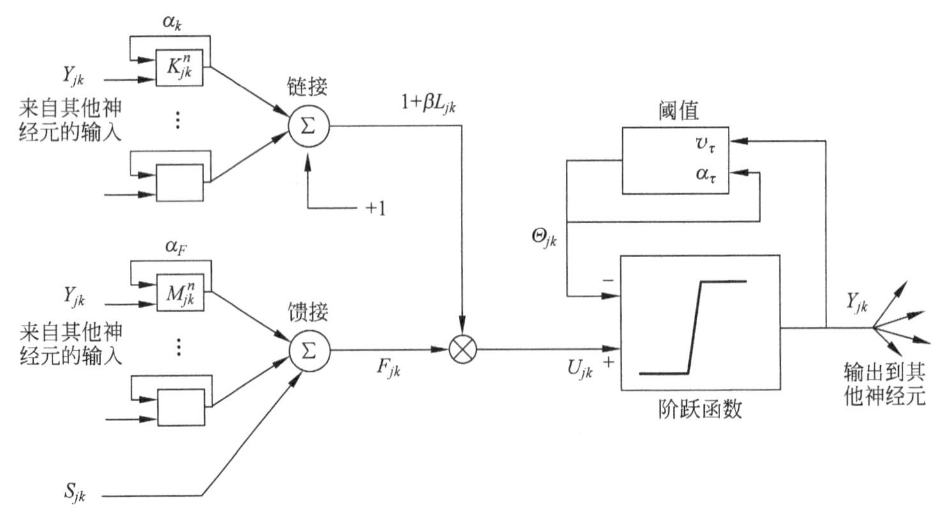

图 3.6 脉冲耦合神经元示意图

接强度系数。神经元内部活动项的数学表达式如下：

$$U_{ij}[n]=F_{ij}[n]\{1+\beta L_{ij}[n]\} \tag{3.34}$$

当神经元内部活动项大于动态阈值$\boldsymbol{\Theta}$时，产生输出时序脉冲序列$\boldsymbol{Y}$，即下式所示：

$$Y_{ij}[n]=\begin{cases}1, & U_{ij}[n]>\Theta_{ij}[n]\\0, & 其他\end{cases} \tag{3.35}$$

动态阈值在迭代过程中衰减，当神经元激发兴奋($\boldsymbol{U}>\boldsymbol{\Theta}$)时，动态阈值立刻增大，然后又按指数规律逐渐衰减，直到神经元再次激发兴奋。这个过程可描述为

$$\Theta_{ij}[n]=\mathrm{e}^{\alpha\Theta\delta n}\Theta_{ij}[n-1]+V_{\boldsymbol{\Theta}}Y_{ij}[n] \tag{3.36}$$

式中，$\boldsymbol{\Theta}$一般取一个比较大的值，相比$\boldsymbol{U}$的均值还大一个数量级。

PCNN 由这些神经元排列(通常是矩阵)而成。$\boldsymbol{M}$和$\boldsymbol{K}$在神经元间传递信息通常是局部的，并符合高斯正态分布，但不必严格要求这样。矩阵$\boldsymbol{F}$、$\boldsymbol{L}$、$\boldsymbol{U}$、$\boldsymbol{Y}$初始化时，设其所有矩阵元素为零。$\boldsymbol{\Theta}$元素的初始值可以是 0，也可以根据实际需要设为某些更大值。任何有激励的神经元都将在第一次循环中激发兴奋，结果将生成一个很大的阈值。接下来需要经过几次循环才能使阈值衰减到足以使神经元再次激发兴奋。后者的情况趋向于围绕这些信息量小的初始循环。

本算法循环计算式(3.32)～式(3.36)，直到用户决定停止。目前 PCNN 本身还没有自动停止的机制。

与传统神经网络相比，PCNN 具有自己鲜明的特色，它具有如下特性：

(1) 变阈值特性。PCNN 中各神经元之所以能动态发放脉冲，是因为它内部的变阈值函数作用的结果。由式(3.36)可见，它是随时间按指数规律衰减的。当神经元的内部行为$\boldsymbol{U}$大于当前的阈值输出值时就发放。对于无连接耦合的 PCNN 来说，每一时刻的发放图对应于该阈值下的二值图像帧。对于存在连接耦合的 PCNN 来说，每一时刻的发放图对应于该阈值下带有捕获功能的二值图像帧。

(2) 捕获特性。PCNN 的捕获过程就是使亮度强度相似的输入神经元能够同步发放脉冲，而同步的结果就好像把低亮度强度提升至先发放的那个神经元对应输入的亮度强度。

这就意味着因捕获可使得某一神经元的先发放，而激励或带动邻近其他神经元提前点火。PCNN 神经元间存在链接但不一定存在影响，存在影响但不一定存在链接，这一现象更加突出了 PCNN 对突发事件的处理能力，表现在由于某种原因（如噪声）使得网络原本已经组织好的有序状态，因某个或某些神经元点火状态的改变而被打破时，网络可自动地适应新的变化，实现对信息的重新组织，进而达到一个新的有序状态。

(3) 动态脉冲发放特性。PCNN 动态神经元的变阈值特性是其动态脉冲发放的根源，如果将由输入信号与突触通道的卷积和所产生的信号称为该神经元的（内部）作用信号，则当作用信号超过阈值时，该神经元被激活而产生高电平，又由于阈值受神经元输出控制，因此该神经元输出的高电平又反过来控制阈值的提高，从而作用信号在阈值以下，神经元又恢复为原来的抑制状态（即低电平）。这一过程在神经元输出上明显地形成一个脉冲发放。

(4) 同步脉冲发放特性。PCNN 每个神经元有一个输入，并与其他神经元的输出有链接。当一个神经元发放时，它会将其信号的一部分送至与其相邻的神经元上。从而这一链接会引起邻近神经元比其原来更快地点火，这就导致了在图像的一个大的区域内产生同步振荡：以相似性集群产生同步脉冲发放，这一性质对于图像平滑、分割、图像自动目标识别、融合等具有重要的应用意义。

(5) PCNN 时间序列。在点火捕获及脉冲传播特性的基础上，PCNN 能够由二进制图像生成一维向量信息：$G[n]=\sum Y_{ij}[n]$。对时间序列信号进行分析，可以达到识别图像的目的。

3.5.3 贝叶斯连接域神经网络模型

与 Eckhorn 模型类似，我们提出的贝叶斯连接域神经网络（Bayesian Linking Field Network，BLFN）模型也是一个由众多神经元构成的网络模型，而且模型中的神经元都包含两类输入：一类是馈接输入，另一类是链接输入，两类输入之间的耦合关系是相乘。与 Eckhorn 模型不同的是：为了解决特征捆绑的问题，我们还引入了噪声神经元模型的思想、贝叶斯方法和竞争机制。

图 3.7 给出了模型中的一个神经元输入耦合方式的示意[90]。由于模型中神经元的输出是发放概率，所以输入的耦合实际上是各个传入神经元的发放概率的耦合。

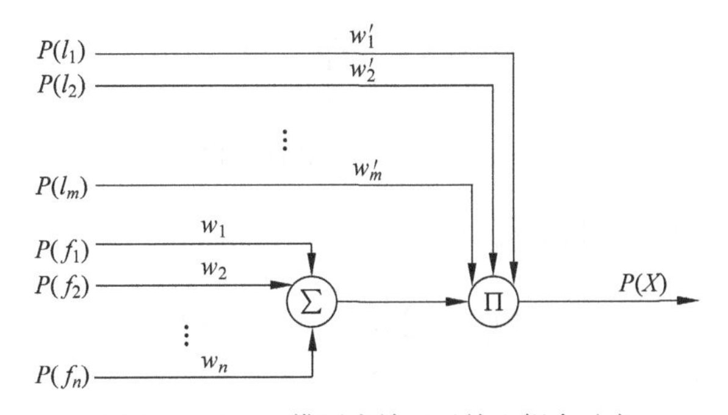

图 3.7 BLFN 模型中神经元输入耦合示意

BLFN 模型是一个由神经元构成的网络，它具有如下特点：

(1) 它采用噪声神经元模型，即每个神经元的输入和输出都是发放概率，而不是脉冲值。

(2) 每个神经元可以包含两部分输入：分别是馈接输入和链接输入。

(3) 神经元之间的连接权反映了它们之间的统计相关性，是通过学习得到的。

(4) 神经元的输出除了受输入影响，还受到竞争的制约。

3.6 超限学习机

单隐层前馈神经网络(Single-hidden Layer Feedforward Neural network，SLFN)之所以能够在很多领域得到广泛应用，是因为它具有如下优点：

(1) 具有很强的学习能力，能够逼近复杂非线性函数；

(2) 能够解决传统参数方法无法解决的问题。

另一方面，它缺乏快速学习方法，也使其很多时候无法满足实际需要。产生这种情况的主要原因是：

(1) 传统的误差反向传播方法主要基于梯度下降的思想，需要多次迭代；

(2) 网络的所有参数都需要在训练过程中迭代确定。

黄广斌等研究了有限集情况下 SLFN 的学习能力，只和隐层节点的数目有关，而和输入层的权值无关。在此基础上，黄广斌提出了超限学习机(Extreme Learning Machine，ELM)[36]，设置合适的隐层节点数，为输入权和隐层偏差进行随机赋值，然后输出层权值通过最小二乘法得到。整个过程一次完成，无须迭代，与 BP 相比速度显著提高。超限学习机的结构如图 3.8 所示。

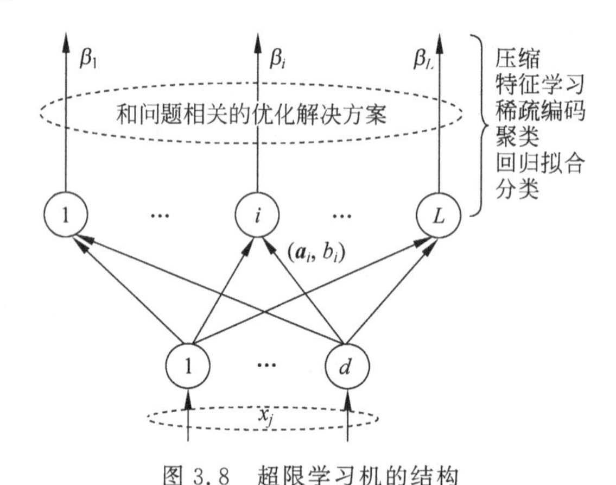

图 3.8 超限学习机的结构

在图 3.8 中，超限学习机的网络输出：

$$f_L(x)=\sum_{i=1}^{L}\beta_i G(\boldsymbol{a}_i,b_i,\boldsymbol{x}) \tag{3.37}$$

超限学习机的特征映射：

$$\boldsymbol{h}(x)=[G(\boldsymbol{a}_1,b_1,\boldsymbol{x}),\cdots,G(\boldsymbol{a}_L,b_L,\boldsymbol{x})] \tag{3.38}$$

隐层节点的输出函数

$$\text{Sigmoid:}\quad G(\boldsymbol{a}_i,b_i,\boldsymbol{x})=g(\boldsymbol{a}_i\cdot\boldsymbol{x}+b_i)$$

RBF： $G(\boldsymbol{a}_i, b_i, \boldsymbol{x}) = g(b_i \| \boldsymbol{x} - \boldsymbol{a}_i \|)$ (3.39)

Fourier Series： $G(\boldsymbol{a}_i, b_i, \boldsymbol{x}) = \cos(\boldsymbol{a}_i \cdot \boldsymbol{x} + b_i)$

3.7 功能柱神经网络模型

自 1957 年莫特卡斯勒(V. B. Mountcastle)发现功能柱结构以来，已有许多研究结果表明，在不同物种(鼠、猫、兔、猴和人等)的视皮层、听皮层、体感皮层、运动皮层以及其他联合皮层中都存在功能柱结构。这些结果表明，功能柱是皮层中一种普遍存在的结构，是结构和生理上的基本单元，这些柱的活动构成了整个大脑皮层活动的基础。

为了深刻地理解功能柱的生物学意义和在信息加工中所起的作用，研究者开展了许多数学建模研究。模型研究中最常见的是采用 Wilson-Cowan 方程来描述功能柱，例如，舒斯特(H. G. Shuster)等模拟视皮层中发现的同步振荡现象；詹森(B. H. Jansen)等提出了耦合功能柱模型，产生了类 EEG 波形和诱发电位；富凯(T. Fukai)设计了功能柱式的网络模型来模拟视觉图样的获取等等。还有一些功能柱模型是描述功能柱振荡活动的相位模型。只有少数模型是基于单神经元的，如：弗朗森(E. Fransén)等把传统网络中的单细胞代换成多细胞构成的功能柱，构建了一个吸引子网络，来模拟工作记忆；汉塞勒(D. Hansel)等根据视皮层朝向柱的结构构建了一个超柱模型，研究其中的同步性和混沌特性，并对朝向选择性的功能柱机理做出解释。

2005 年，瑞士洛桑理工学院的科学家马克拉姆(H. Markram) 与 IBM 公司合作开展蓝脑工程研究[45]，希望复制人类大脑，以达到治疗阿尔茨海默氏症和帕金森氏症的目的。在 2006 年年底，蓝脑工程已经创建了大脑皮质功能柱的基本单元模型。2008 年，IBM 公司使用蓝色基因巨型计算机，模拟具有 5500 万个神经元和 5000 亿个突触的老鼠大脑。

3.8 神经元集群的编码和解码

脑的信息编码的研究由来已久。20 世纪 20 年代，阿德里安(Adrian)提出神经动作电位的概念，他在 20 世纪 30 年代进行的实验工作，为揭示大脑信息处理提供了一些基本线索。从 1949 年赫布(Hebb)提出的经典细胞群假设[31]，到 1972 年巴洛(Barlow)的单个神经元的编码假设，以及 1996 年藤井(Fujii)等提出的动态神经元的集群时空编码假设[23]，不同观点间的争论仍在继续。其中重要问题是：是单个神经元还是神经元集群编码刺激信息？是神经元动作电位出现的明确时间还是电位脉冲的平均发放速率携带信息？由于神经系统的高度复杂性，利用现有的实验手段还不能彻底解决神经元信息编码原理。但是现在已有越来越多的实验结果提示我们，神经系统中信息的编码与处理在很大程度上是在特定的发放频率与发放模式的框架下，通过大量神经元构成的集群编码活动完成的。在神经元集群中，每个神经元的活动特性都有其自身的特点，因而存在一定的差异性。然而，它们通过短暂的相关性活动与其他神经元进行相互协调，以神经元群体的整体活动或神经元活动的动态相关关系为特征，来实现对多种信息的并行处理和传递。

目前集群编码作为大脑信息处理的一种通用模型，主要是基于单个神经元对刺激的反应是充满噪声的并且对刺激值的变化缺乏灵敏性这样的实验事实,因此具有代表性的单个神经元所携带的信息是非常低的。大脑要克服这种局限,就必须将信息分配给拥有大量数目的神经元集群来共同携带关于刺激的精确信息。集群编码的一个关键特性在于其鲁棒性和可塑性,由于信息的编码是在许多神经元共同活动的基础上得以完成的,因此单个神经元的损伤不至于在太大程度上影响编码过程。集群编码还具有其他一些优点,例如可以降低噪声水平,并有助于短时程信息存储的形成等;同时这种编码方式也具有复杂性和非线性等特性。

神经元集群编码的一种方式是经典放电率模型意义下的群体编码。在早期的研究工作中,人们通过单位时间内动作电位的放电次数,对给定刺激作用下神经元的响应进行描述。这个测量值称为放电率,它一般由刺激诱导的放电率的平均响应(典型情况下呈钟形分布)和叠加于其上的噪声部分组成,噪声在每次测量时都有变化。早期人们的注意力主要集中在放电率上,因为该参量较为简单,易于测量且易于理解。虽然不能包含其所代表的各种各样的神经信息,比如刺激强度的大小;虽然仍没有完全了解神经信息是如何通过动作电位来编码的,但是动作电位作为神经信息编码的基本单位是确定的。当然响应的其他方面的特性,譬如动作电位发生的精确时间关系,即放电序列模式对信息编码来说同样具有重要的意义。

考虑在不同噪声水平和神经元相关性的影响下,通过给定刺激条件下观察记录到的神经元活动,建立描述外界刺激与神经元响应间的对应关系的概率模型已成为研究集群编码的普遍方法。基于这种共识,产生了大量分析集群编码与解码的研究。贝叶斯推理法则是研究神经元集群编码与解码的关键,是量化编码与解码行为的重要方法。早在 1998 年,泽梅尔(R. S. Zemel)就给出了贝叶斯原理框架下神经元集群编码与解码活动的概率解释,比较了在外界刺激诱导条件下神经元放电活动的泊松模型、KDE(Kernel Density Estimation)模型与扩展泊松(Extended Poisson)模型的性能,包括编码、解码、似然度与误差分析比较。近年来的理论研究表明大脑中包括编码与解码的神经计算过程类似于贝叶斯推理过程[69];目前贝叶斯方法已被成功用于感知与感觉控制的神经计算理论,并且心理物理学上不断涌现的证据也表明大脑的感知计算是贝叶斯最优的,这也导致了尼尔(D. C. Knill)等将之称为贝叶斯编码假说。从记录到的神经元放电活动中重构外界刺激或刺激的某些特性,贝叶斯推理为揭示这样的解码过程行为提供了可能。葛杨和蒋文新探讨了采用逻辑回归混合模型的贝叶斯推断的一致性。

神经元集群编码与解码是神经信息处理的关键问题,是揭示大脑工作机理的理论框架。它的发展能够促进人们对脑的总体功能的认识,为研究更为复杂的高级认知功能提供基本理论与指导方法。基于贝叶斯原理的编码与解码方法能够从总体上大致揭示神经系统信息处理过程的特性,对脑的工作机理作出客观合理的数学解释。

3.9 小结

神经计算是通过对人脑工作机理的简单模仿,是建立在简化的神经元模型和学习规则基础之上的一种计算范式,特殊的拓扑结构和学习方式产生了多种神经网络模型。本章重点介绍前馈神经网络、自适应共振理论、神经网络集成、脉冲耦合神经网络、超限学习机等。

具有相同感受野并具有相同功能的视皮层神经元，在垂直于皮层表面的方向上呈柱状分布，只对某一种视觉特征发生反应，从而形成了该种视觉特征的基本功能单位。蓝脑工程创建了大脑皮层功能柱的基本单元模型。

神经元集群编码与解码是神经信息处理的关键问题，是揭示大脑工作机理的理论框架。它的发展能够促进人们对脑的总体功能的认识，为研究更为复杂的高级认知功能提供基本理论与方法。

思考题

1. 试述并行分布处理模型的 8 个要素。
2. 描述误差反向传播算法的步骤。
3. 请给出自适应共振理论 ART 模型的框图，并说明定向子系统、注意子系统的功能。
4. 脉冲耦合神经网络(PCNN)模型中的连接域是什么？
5. 什么是功能柱？视皮层中有哪些功能柱？
6. 神经元集群编码与解码有哪些方法？

第4章 心智模型

CHAPTER 4

心智(mind)是人类全部精神活动,包括情感、意志、感觉、知觉、表象、学习、记忆、思维、直觉等。人们用现代科学方法来研究人类非理性心理与理性认知融合运作的形式、过程及规律。建立心智模型的技术常称为心智建模,目的是探索和研究人的思维机制,特别是人脑的信息处理机制。智能科学采用心智模型描述心智是怎样工作的,理解心智的工作机理。重点介绍心智模型CAM(Consciousness And Memory)的机理。

视频13
图灵机

4.1 图灵机

英国科学家图灵(A. M. Turing)于1936年发表著名的《论应用于解决问题的可计算数字》[79]提出了思考原理计算机——图灵机的概念,推进了计算机理论的发展。1945年,图灵到英国国家物理研究所工作,并开始设计自动计算机。1950年,图灵发表题为《计算机能思考吗?》的论文,设计了著名的图灵测验,通过问答来测试计算机是否具有同人类相等的智力。

图灵提出了一种抽象计算模型,用来精确定义可计算函数。图灵机由一个控制器、一条可无限伸延的带子和一个在带子上左右移动的读写头组成。这个在概念上如此简单的机器,理论上却可以计算任何直观可计算的函数。图灵机作为计算机的理论模型,在有关计算机和计算复杂性的研究方面得到了广泛应用。

计算机是人类制造出来的信息加工工具。如果说人类制造的其他工具是人类双手的延伸,那么计算机作为代替人脑进行信息加工的工具,则可以说是人类大脑的延伸。

图灵机是一种无限记忆自动机,如图4.1所示,它由以下几部分组成:

(1) 一条无限长的纸带。纸带被划分为一个接一个的小格子,每个格子上包含一个来自有限字母表的符号,字母表中有一个特殊的符号表示空白。纸带上的格子从左到右依此被编号为0,1,2,…,纸带的右端可以无限伸展。

(2) 一个读写头。该读写头可以在纸带上左右移动,它能读出当前所指的格子上的符号,并能改变当前格子上的符号。

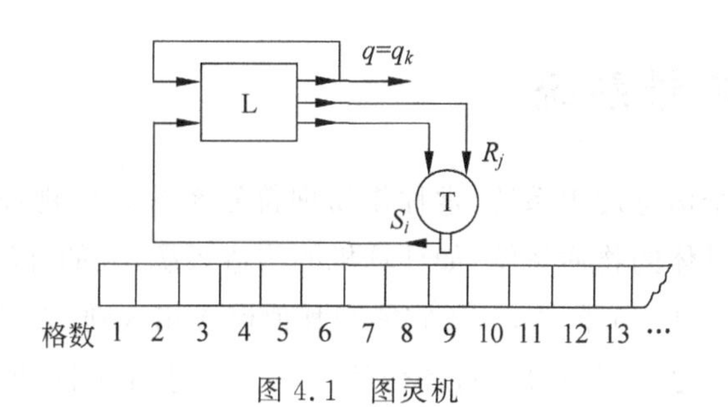

图 4.1 图灵机

(3) 一个状态寄存器。它用来保存图灵机当前所处的状态。图灵机的所有可能状态的数目是有限的,并且有一个特殊的状态,称为停机状态。

(4) 一套控制规则。它根据当前机器所处的状态以及当前读写头所指的格子上的符号来确定读写头下一步的动作,并改变状态寄存器的值,令机器进入一个新的状态。

纸带上的格子可以记录 0 或 1。在带子上方移动一个读写磁头,它是由有限记忆自动机 L 来控制的。自动机 L 按周期工作,关于符号(0 或 1)的信息,由磁头从带子上读出,而馈给 L 的输入。磁头根据在每个周期中从自动机 L 得到的指令而工作,它可以停留不动或向左、向右移动一小格。与此同时,磁头从自动机 L 接收指令,执行收到的指令,它就可以更换记录在磁头下面方格中的符号。

图灵机的工作只取决于带子方格的初始存储和控制自动机的变换算子,这个算子可以表示为转移表的形式。我们用 S_i($S_0=0,S_1=1$)表示磁头读出的符号;用 R_j[R_0(停止)、R_1(左移)、R_2(右移)]表示移动磁头的指令;用 q_k($k=1,2,\cdots,n$)表示控制自动机的状态,表 4.1 为图灵机状态转移表。

表 4.1 图灵机状态转移表

输 入	状 态	
	$S_0=0$	$S_1=1$
q_1	S_0, R_2, q_k	S_1, R_1, q_m
q_2	S_1, R_0, q_s	S_0, R_2, q_1
q_3	S_1, R_1, q_p	S_0, R_2, q_2

从表 4.1 中可以看出,自动机 L 的动作依赖于输入 q 和它的状态 S。对于给定值 q 和 S,将有 q、R、S,这 3 个量的某一组值与之对应。这 3 个量分别指明,磁头应在磁带上记录什么符号 q,移动磁头的指令 R 是什么,自动机 L 将变到什么新状态 S。在自动机 L 的状态 S 中至少应当有这样一个状态 S^*,对于这个状态来说,磁头不改变符号 q,指令 $R=R_0$(停止),而自动机 L 仍处于停止位置 S^*。

图灵机的结构虽比较简单,但在理论上它却能够模拟现代数字计算机的一切运算,实现任何算法,因此可以看作是现代数字计算机的一种数学模型,可以通过对这种模型的研究揭示数字计算机的性质。

4.2 物理符号系统

我们把人看成一个信息加工系统,常称作物理符号系统。用物理符号系统主要是强调所研究的对象是一个具体的物质系统,如计算机的构造系统,人的神经系统、大脑神经元等。所谓符号就是模式;任何一个模式,只要它能和其他模式相区别,它就是一个符号。不同的英文字母就是不同的符号。对符号进行操作就是对符号进行比较,即找出哪几个是相同的符号,哪几个是不同的符号。物理符号系统的基本任务和功能就是辨认相同的符号和区分不同的符号。符号既可以是物理的符号,又可以是头脑中的抽象的符号,还可以是计算机中的电子运动模式,也可以是头脑中的神经元的某种运动方式。纸上的文字是物理符号系统,但这是一个不完善的物理符号系统,因为它的功能只是存储符号,即把字保留在纸上。一个完善的符号系统还应该有更多的功能。

图 4.2 给出了物理符号系统的一种框架[57],它由记忆、一组操作、控制、输入和输出构成。它通过感受器输入,输出是确定部位的修改或建立。那么,它的外部行为就由输出组成,输出的产生是输入的函数。大的环境系统加上物理符号系统就形成封闭系统,因为输出变成后面的输入,或者影响后面的输入。物理符号系统的内部状态由它的记忆和控制的状态构成。它的内部行为是由这些内部状态全部变化构成。

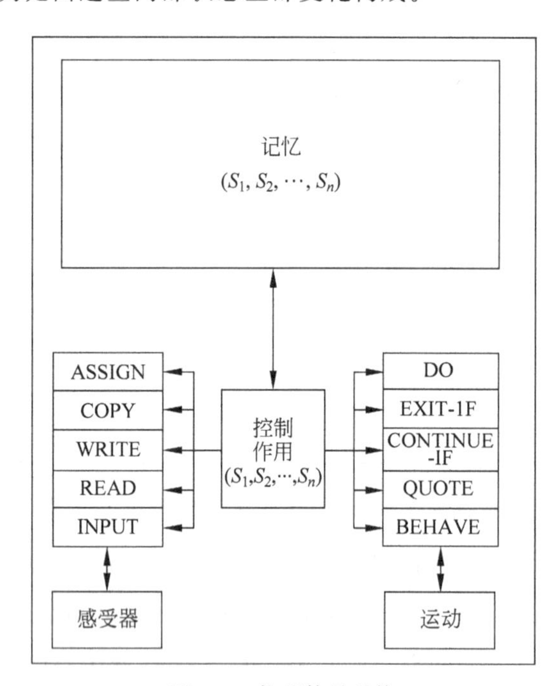

图 4.2 物理符号系统

图 4.2 中,记忆是由一组符号结构$\{E_1,E_2,\cdots,E_m\}$组成,在处理过程中,它们在数量和内容上是变化的。符号结构的内部改变称作表达。为了定义符号结构给出一组抽象符号$\{S_1,S_2,\cdots,S_n\}$。每种符号结构都具有给定的类型和一些不同的作用$\{R_1,R_2,\cdots\}$,每种

作用包括一个符号。采用显式表示可以写成

$$(\text{Type}: T \quad R_1 : S_1, R_2 : S_2, \cdots, R_n : S_n)$$

若用隐式表示，则写成：

$$(S_1, S_2, \cdots, S_n)$$

可以将物理符号系统的功能简化成6种，即

(1) 输入符号。

(2) 输出符号。

(3) 存储符号。

(4) 复制符号。

(5) 建立符号结构：通过找到各种符号之间的关系，在符号系统中形成符号结构。

(6) 条件转移：如果在记忆中已经有了一定的符号系统，再加上外界的输入，就可以继续完成行为。

具备上面6种处理功能的物理符号系统就是一个完整的物理符号系统。人能够输入和输出符号，如用眼睛看、用耳朵听、用手摸等，通过说话、写字、画图等动作输出。人类可以把输入保存在头脑里，叫作记忆。人通过学习接收信息，然后对符号进行不同的组合，得到新的关系，组成新的符号系统，这是第4项和第5项功能，即复制和建立新的结构。一个物理符号系统可以根据原来存储的信息，加上当前的输入而进行一系列活动，这就是条件转移。事实上，现代的计算机都具备物理符号系统的这6种功能。

1976年，纽厄尔和西蒙提出了物理符号系统假设[60]，说明物理符号系统的本质。主要假设内容如下：

(1) 物理符号系统假设——物理系统表现智能行为必要和充分的条件是它是一个物理符号系统。

(2) 必要性意味着表现智能的任何物理系统将是一个物理符号系统的例示。

(3) 充分性意味着任何物理符号系统都可以进一步组织表现智能行为。

(4) 智能行为就是人类所具有的那种智能——在某些物理限制下，实际上所发生的适合系统目的和适应环境要求的行为。

由此可见，既然人具有智能，那么它就是个物理符号系统。人类能够观察、认识外界事物、接受智力测验、通过考试等，这些都是人的智能的表现。人之所以能够表现出智能，就是基于他的信息加工过程。这是由物理符号系统的假设得出的第一个推论。第二个推论是，既然计算机是一个物理符号系统，它就一定能表现出智能，这是人工智能的基本条件。第三个推论是，既然人是一个物理符号系统，计算机也是一个物理符号系统，那么我们就能用计算机来模拟人的活动。我们可以用计算机在形式上来描述人的活动过程，或者建立一个理论来说明人的活动过程。

1981年，纽厄尔以物理符号系统为中心，以纯认知功能为基础建立了纯认知系统模型[58]，如图4.3所示。

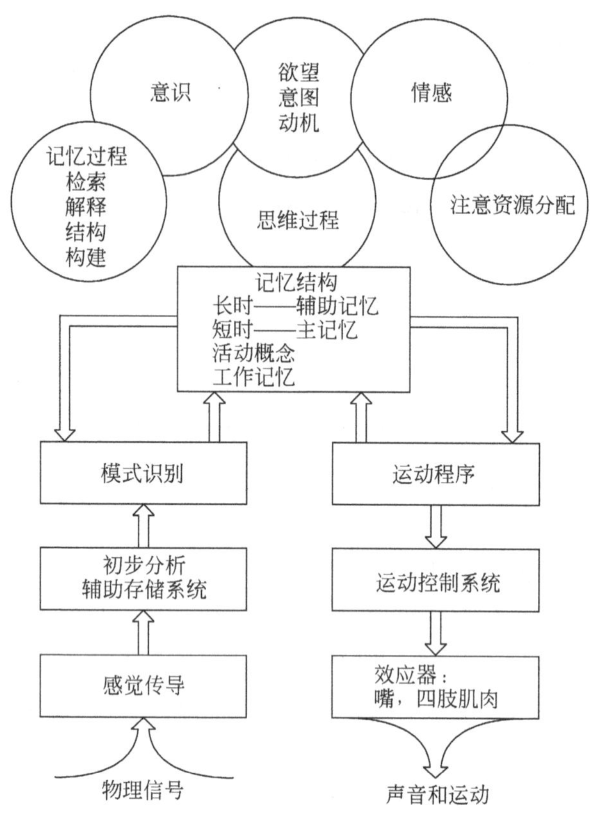

图 4.3　纯认知系统模型

视频 14
ACT 模型

4.3　ACT 模型

美国心理学家安德森(J. A. Anderson)于 1976 年提出系统的整合理论与人脑如何进行信息加工活动的理论模型，简称 ACT(Adaptive Control of Thought)模型，原意为"思维的自适应控制"。安德森将人类联想记忆模型(HAM)与产生式系统的结构相结合，模拟人类高级认知过程的产生式系统，在人工智能的研究中具有重要意义。ACT 模型着重强调高级思维的控制过程，已经发展有下列版本的 ACT 系统。

1978：ACT*

1993：ACT-R

1998：ACT-R 4.0

2001：ACT-R 5.0

2004：ACT-R 6.0

1983 年，安德森在《认知结构》一书中从心理加工活动的各个方面对其基本理论进行阐述，他所提出的 ACT 产生式系统的一般框架由 3 个记忆部分组成：工作记忆、陈述性记忆和程序性记忆(见图 4.4)[2]。

• 工作记忆，它包含当前被激活的那些信息。

图 4.4　ACT 的系统结构

- 陈述性记忆，也就是一个具有不同激活强度且由相互连接的概念所构成的语义网络。
- 程序性记忆，即一系列产生式规则的程序性记忆。

陈述性知识是以组块为单位来表征的。组块类似于图式结构，每一组块能对小组知识进行编码。陈述性知识是能够被报告的，并且不与情境紧密关联，而过程性知识通常是不能被表达的，是自动运用的，而且是有针对性地被应用到特定情境中。被试对象可通过多种方法把信息存储在陈述性记忆中并提取出来。匹配过程是把工作记忆中的材料与产生式的条件相对应，执行过程是把产生式匹配成功所引起的行动送到工作记忆中。在执行前的全部产生式匹配活动也称为产生式应用，最后的操作由工作记忆完成，这些规则就能够得到执行。通过"应用程序"，程序性记忆能被运用到其自身加工之中；通过检查已经存在的产生式，被试能学习到新的产生式。在最大限度上，安德森把技能获得解释成为知识编译，也就是实现陈述性知识到程序性知识的转变过程。知识编译具有两个子过程：程序化与合成。

程序化是指把陈述性知识转化成程序性知识或产生式知识的过程。问题解决者开始时常根据书本知识来解决诸如数学或编程这样的问题。在尝试解决问题的过程中，新手就会用爬山法和手段-目的分析这样的弱方法的组合去产生许多子目标，并且产生陈述性知识。当多次解决问题中的某一事件时，在一个特别的情景下，一段特别的陈述性知识就会被反复地提取出来。这个时候，一个新的产生式规则就形成了。在应用中可以学习到新的产生式，这表明依据 ACT 理论，过程学习是"做中学"的。过程性知识可被描述成一个模式(产生式的 IF 部分)，而被执行的动作被描述为动作(产生式的 THEN 部分)。这种陈述性知识到程序性知识的转化过程，会同时导致被试言语化加工的减少。与此相关的是，问题解决行为的自动化程度会有所提高。

在 ACT-R 中，学习是根据微小知识单元的增长和调整而实现的。这些知识能够组合起来产生复杂的认知过程。在学习过程中，环境扮演了重要的角色，因为它建立了问题对象的结构。这个结构能协助进行组块学习，并促进产生式规则的形成。这一步的重要性在于，它重新强调了作为理解人类认知的分析环境的重要性。但是，自从行为主义消亡、认知革命兴起以来，这一点却被忽视了。

4.4　SOAR 模型

视频 15
SOAR 模型

20 世纪 50 年代末，在对神经元的模拟中提出了用一种符号来标记另一些符号的存储结构模型,这是早期的组块(chunk)概念。在象棋大师的头脑中就保存着在各种情况下对弈经验的存储块。20 世纪 80 年代初,纽厄尔和罗森勃卢姆(P. Rosenbloom)认为,通过获取任务环境中关于模型问题的知识,可以改进系统的性能,组块可以作为对人类行为进行模拟的模型基础。通过观察问题求解过程,获取经验组块,用其代替各个子目标中的复杂过程,可以明显提高系统求解的速度。由此奠定了经验学习的基础。1987 年,纽厄尔和莱德(J. Laird)、罗森勃卢姆提出了一个通用解题结构 SOAR[40],希望能以这个解题结构实现各种弱方法(图 4.5)。

SOAR 是 State,Operator And Result 的缩写,即状态、算子和结果之意,意味着实现弱方法的基本原理是不断地用算子作用于状态,以得到新的结果。SOAR 是一种理论认知模型,它既从心理学角度,对人类认知建模;又从知识工程角度,提出一个通用解题结构。SOAR 的学习机制是由外部专家的指导来学习一般的搜索控制知识。外部指导可以是直接劝告,也可以是给出一个直观的简单问题。系统把外部指导给定的高水平信息转化为内部表示,并学习搜索组块。

产生式记忆器和决策过程形成处理结构。产生式记忆器中存放产生式规则,它进行搜索控制决策分为两个阶段:第一阶段是详细推敲阶段,所有规则被并行地用于工作记忆器,判断优先权,决定哪部分语境进行改变,怎样改变;第二阶段是决策阶段,决定语境栈中要改变的部分和对象。

图 4.5 给出了 SOAR 的框图。SOAR 中的所有成分统称为对象,这些成分包括状态、状态空间、算子和目标。所有这些对象都存放在一个叫 Stock 的库中,因此,库中也划分为这样的 4 个部分。另有一个当前环境,也同样分为 4 个部分。其中每个部分最多存放库中相应部分的一个元素。例如,当前环境的状态部分可以存放库中的一个状态,称为当前状态,等等。当前环境的一个部分也可以不存放任何东西,此时认为该部分无定义。例如,若没有任何算子可作用于当前状态,则当前环境的算子部分成为无定义的。为什么要把状态和状态空间分成两个独立的部分呢?这是因为,在解题过程中有时可能需要改变问题的形式,从而从一个状态空间转移到另一个状态空间。

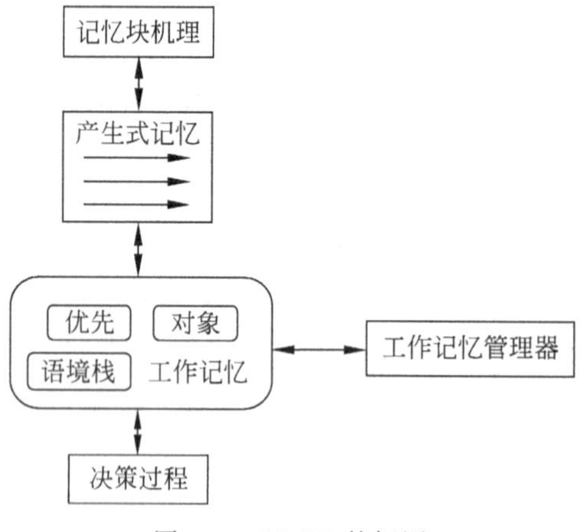

图 4.5 SOAR 的框图

在 SOAR 问题求解过程中,如何利用知识空间的知识非常重要。利用知识控制 SOAR 运行的过程,大体上是一个分析—决策—行动的三部曲。

1. 分析阶段

输入：库中的对象。

任务：从库中选出对象加入当前环境；

增加有关当前环境中对象的信息角色。

控制：反复执行，直至完成。

2. 决策阶段

输入：库中的对象。

任务：赞成，或反对，或否决库中的对象。选择一个新的对象，用它取代当前环境中的同类对象。

控制：赞成和反对同时进行。

3. 执行阶段

输入：当前状态和当前算子。

任务：把当前算子应用于当前状态。

如果因此而产生一个新状态，则把新状态加入库中，并用它取代原来的状态。

控制：这是一个基本动作，不可再分。

SOAR 系统运行过程中，在分析阶段，任务是尽量扩大有关当前对象的知识，以便在决策阶段使用。决策阶段主要是进行投票，投票由规则来实现，它可以看成是同时进行的，各投票者之间不传递信息，不互相影响。票分赞成、反对和否决 3 种。每得一张赞成票加一分，得一张反对票减一分，凡得否决票即绝对无中选的可能。在执行阶段，如果当前环境的每个部分都有定义，则用当前算子作用于当前状态。若作用成功，则用新状态代替旧状态，算子部分成为无定义，重新执行分析阶段。

分析和决策阶段是通过产生式系统来实现的，产生式的形式是

$$C_1 \wedge C_2 \wedge \cdots \wedge C_n \rightarrow A$$

条件 C_i 是否成立取决于当前环境和库中的对象情况，A 是一个动作，它的内容包括增加某些对象的信息量和投票情况等。

每当问题求解器不能顺利求解时，系统就进入劝告问题空间请求专家指导。专家以两种方式给以指导。一种是直接指令方式，这时系统展开所有的算子以及当时的状态。由专家根据情况指定一个算子。指定的算子要经过评估，即由系统建立一个子目标，用专家指定的算子求解。如果有解，则评估确认该算子是可行的，系统便接受该指令，并返回去求证用此算子求解的过程为何是正确的。总结求证过程，从而学到使用专家劝告的一般条件，即组块。

另一种是间接的简单直观形式，这时系统先把原问题按语法分解成树结构的内部表示，并附上初始状态，然后请求专家劝告。专家通过外部指令给出一个直观的简单问题，它应该与原问题近似，系统建立一个子目标来求解这个简单问题。求解完后就得到算子序列，学习机制通过每个子目标求解过程学到组块。用组块直接求解原问题，不再需要请求指导。

SOAR 系统中的组块学习机制是学习的关键[59]。它使用工作记忆单元来收集条件并构造组块。当系统为评估专家的劝告，或为求解简单问题而建立一个子目标时，首先将当时的状态存入工作记忆单元 w-m-e。当子目标得到解以后，系统从 w-m-e 中取出子目标的初始状态，并将删去与算子或求解简单问题所得出的解算子作为结论动作。由此生成产生式

规则,这就是组块。如果子目标与原问题的子目标充分类似,组块就会被直接应用到原问题上,学习策略就把在一个问题上学到的经验用到另一个问题上。

组块形成的过程可以说是依据对于子目标的解释而请示外部指导,然后将专家指令或直观的简单问题转化为机器可执行的形式,这运用了传授学习的方法。最后,求解直观的简单问题得到的经验(即组块)被用到原问题,这涉及类比学习的某些思想。因此可以说,SOAR 系统中的学习是几种学习方法的综合应用。

4.5 心智社会

明斯基于 1985 年出版了《心智社会》一书[54]。他在这本书中指出:智能并非存在于中央处理器中,而是在许多具有专门用途、彼此紧密联结的机器的集体行为中产生的。明斯基指出:心智是由许多称作智能体(agent)的小处理器组成;每个智能体本身只能执行简单的任务,它们并没有心智;当智能体构成社会时,就产生智能。从脑部高度关联的互动机制中,涌现出各种心智现象。丹尼特(D. Dennett)也认为"有许多微不足道的小东西,本身并没有什么意义,但意义正是通过其分布式交互而涌现出来的"。

美国著名机器人专家布鲁克斯(R. A. Brooks)的移动机器人实验室,开发出来的一套分布式控制方法:

(1) 先做简单的事;

(2) 学会准确无误地做简单的事;

(3) 在简单任务的成果之上添加新的活动层级;

(4) 不要改变简单事物;

(5) 让新层级像简单层级那样准确无误地工作;

(6) 重复以上步骤,无限类推。

这套方法就是"众愚成智"的体现。

明斯基在《心智社会》中提出,把意识移植到机器内将可能实现。至少从 20 世纪 30 年代起人们就知道,人脑中存在着电子运动,也就是说,人的记忆甚至个性都可能是以电子脉冲的形式存在的。于是从原则上可能通过某种电子机械设备测定这些脉冲并把它们在另外一个媒介,如记忆库中复制出来。这样,记忆中的"我"作为本质上的"我",可以在计算机里保存,记忆可以被复制、移植和数字化运作,成为真实自我的数字展现。这样,即使在计算机里,"我"仍可以得到同以前完全相同的体验。对自我意识的数字化除了可以设想将之复制后移出外,还可以有一种反向移入的过程,就是将体外的自我意识——可以是他人的自我意识,也可以是经过机器加工处理后的自我意识——移入自我的头脑,从而形成新的自我意识。

视频 16 CAM 心智模型

4.6 CAM 模型

在人的心智中,记忆和意识是最为重要的两个部分。其中记忆存储各种重要信息和知识,意识让人有自我的概念,能根据需求、偏好设定目标,并根据记忆中的信息进行各种认知活动。我们主要基于记忆和意识创建了 CAM 模型[75]。下面重点介绍 CAM 的系统结构和认知周期。

4.6.1 CAM的系统结构

CAM的系统结构如图4.6所示,包括10个主要功能模块。

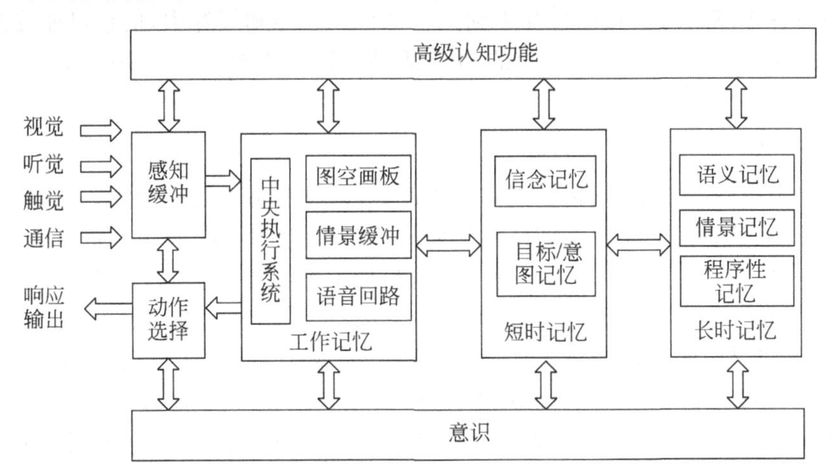

图4.6 CAM的系统结构

1. 视觉

人的感觉器官包括视觉、听觉、触觉、嗅觉、味觉。在CAM模型中重点考虑视觉和听觉。视觉系统使生物体具有视知觉能力。它使用可见光信息构筑机体对周围世界的感知。根据图像发现周围景物中有什么物体和物体在什么地方的过程,也就是从图像得到对观察者有用的符号描述的过程。视觉系统具有将外部世界的二维投射重构为三维世界的能力。需要注意的是,不同物体所能感知的可见光处于光谱中的不同位置。

视觉皮层是指大脑皮层中主要负责处理视觉信息的部分,位于大脑后部的枕叶。人类的视觉皮层包括初级视皮层(V1,亦称纹状皮层)以及纹外皮层(V2、V3、V4、V5等)。初级视皮层位于17区。纹外皮层包括18区和19区。

初级视皮层(V1)的输出信息送到两个渠道,分别称为背侧流和腹侧流。背侧流起始于V1,通过V2,进入背内侧区和中颞区(MT,亦称V5),然后抵达顶下小叶。背侧流常被称为"空间通路",参与处理物体的空间位置信息以及相关的运动控制,例如眼跳和伸取。腹侧流起始于V1,依次通过V2和V4,进入下颞叶。该通路常被称为"内容通路",参与物体识别,例如面孔识别。该通路也与长时记忆有关。

2. 听觉

人们之所以能听到声音、理解言语,依赖于整个听觉通路的完整性,它包括外耳、中耳、内耳、听神经及听觉中枢。听觉通路在中枢神经系统之外的部分称为听觉外周,在中枢神经系统内的部分称为听觉中枢或中枢听觉系统。听觉中枢纵跨脑干、中脑、丘脑的大脑皮层,是感觉系统中最长的中枢通路之一。

声音信息自周围听觉系统传导至中枢听觉系统,中枢听觉系统对声音有加工、分析的作用,像感觉声音的音色、音调、音强、判断方位。还有专门分化的细胞,对声音的开始和结束分别产生反应。传到大脑皮层的听觉信息还与大脑中管理“读”“写”“说”的语言中枢相联系,有效完成我们经常用到的读书、写字、说话等功能。

3. 感知缓存

感知缓存又称感觉记忆或瞬时记忆,是感觉信息到达感官的第一次直接印象。感知缓存只能将来自各个感官的信息保持几十到几百毫秒。在感知缓存中,信息可能受到注意,经过编码获得意义,继续进入下一阶段的加工活动;如果不被注意或编码,它们就会自动消退。

4. 工作记忆

工作记忆由中枢执行系统、视觉空间画板、语音回路和情景缓存构成。中枢执行系统是工作记忆的核心,负责各子系统之间以及它们与长时记忆的联系,并注意资源的协调和策略的选择与计划等。视觉空间画板主要负责存储和加工视觉空间信息,可能包含视觉和空间两个分系统。语音回路负责以声音为基础的信息的存储与控制,包含语音存储和发音控制两个过程,能通过默读重新激活消退的语音表征防止衰退,而且还可以将书面语言转换为语音代码。情景缓存记忆跨区域的联接信息,以便按时间次序形成视觉、空间和口头信息的集成单元,例如,一个故事或者一个电影景物的记忆。情景缓存也联系长时记忆和语义内容。

5. 短时记忆

短时记忆存储信念、目标和意图的内容。它们响应迅速变化的环境条件和智能体的运作方案。知觉的短时记忆存储相关物体的关系编码方案和经验期望编码的预先知识。

6. 长时记忆

长时记忆是信息保持时间长,容量大。长时记忆按其内容不同,可分为语义记忆、情景记忆、程序性记忆。

(1) 语义记忆存储的信息是词、概念、规律,以一般知识作参考系,具有概括性,不依赖于时间、地点和条件,不易受外界因素干扰,比较稳定。

(2) 情景记忆的信息是以个人亲身经历的、发生在一定时间和地点的事件(情景)的记忆,容易受各种因素的干扰。

(3) 程序性记忆是指关于技术、过程或“如何做”的记忆。程序性记忆通常较不容易改变,但可以在不自觉的情况下自动行使,可以只是单纯的反射动作,或是更复杂的一连串行为的组合。程序性记忆的例子包括学习骑脚踏车、打字、使用乐器或是游泳。一旦内化,程序记忆可以是非常持久的。

7. 意识

意识(consciousness)是一种复杂的生物现象,哲学家、医学家、心理学家对于意识的概念各不相同。从智能科学的角度,意识是一种主观体验,是对外部世界、自己的身体及心理过程体验的整合。意识是一种大脑本身具有的“本能”或“功能”,是一种“状态”,是多个脑结构对于多种生物的“整合”。在心智模型中,意识是关注系统的觉知、全局工作空间理论、动机、元认知、注意、内省学习等自动控制的问题。

8. 高级认知功能

脑的高级认知功能包括学习、记忆、语言、思维、决策、情感等。学习是通过神经系统不断接受刺激，获得新的行为、习惯和积累经验的过程，而记忆是指学习得到的行为和知识的保持和再现，是每个人每天都在进行着的一种智力活动。语言和高级思维是人区别于其他动物的最主要因素。决策是指通过分析、比较，在若干种可供选择的方案中选定最优方案的过程，也可能是对不确定条件下发生的偶发事件所做的处理决定。情感是人对客观事物是否满足自己的需要而产生的态度体验。

9. 动作选择

动作选择是指由原子动作构建复杂组合动作，以实现特定任务的过程。动作选择可以分为两个步骤，首先是原子动作选择，即从动作库选择相关的原子操作。然后，使用规划策略，将选定的原子动作组成复杂动作。动作选择机制可以基于尖峰基底神经节模型实现。

10. 响应输出

响应输出中从总体目标开始运动分级，受外周区域输入的情感和动机的影响。基于控制信号，初级运动皮层运动区直接生成肌肉的运动，实现某种内部给定的运动命令。

关于心智模型的详细介绍，请参阅著作 *Mind Computation*[74]。

4.6.2 CAM 认知周期

认知周期是认知水平心理活动的基本步骤。人类的认知是由反复出现的脑事件的级联周期。在心智模型中，每个认知周期感知当前的境况，通过动机阶段参照需要达到的目标，然后构成内部或外部的动作流，响应到达的目标[75]，如图 4.7 所示。CAM 认知周期分为感知、动机、动作规划 3 个阶段。感知阶段是通过感觉输入，实现对环境的觉知过程。使用传入的知觉和工作记忆的信息，作为线索，进行本地联想，自动地检索情景记忆和陈述性记忆。动机阶段侧重于学习者的信念、期望、排序和理解的需要。根据动机的影响因素，如激活比例、机会、动作的连续性、持续性、中断和优惠组合，构建动机系统。动作规划将通过动作选择、规划以达到最终目标。

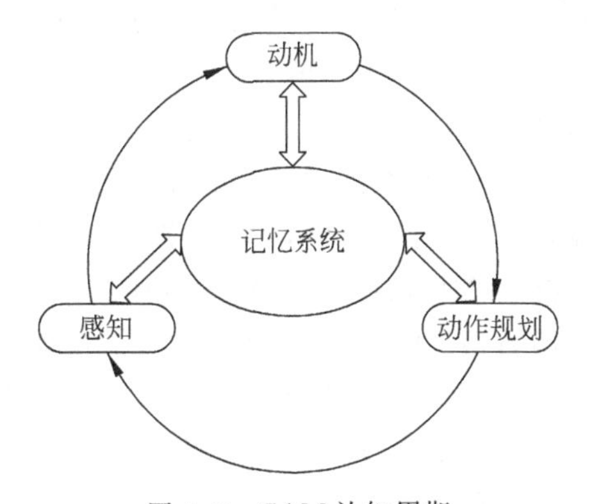

图 4.7 CAM 认知周期

1. 感知阶段

在感知阶段要实现认识或理解环境，组织和解释感觉信息的处理。感官接收到的外部或内部的刺激，是感知阶段产生意义的开端。觉知是事件感觉、感知、意识的状态或能力。在这种意识的水平下，感觉数据可以通过观察者证实，而不一定意味着理解。在生物心理学中，觉知被定义为人类或者动物对外界条件或者事件的感知和认知反应。

2. 动机阶段

在心智模型的动机阶段，根据需要确定显式目标。一个目标列表中包含多个子目标，可以形式化地描述为：

$$G_t = \{G_1^t, G_2^t, \cdots, G_n^t\} \quad 在\ t\ 时刻$$

在心智模型中,动机系统的实现是通过短时记忆系统完成。在 CAM 系统中,信念记忆存储智能体当前的信念,包含了动机知识。愿望是目标或者说是期望的最终状态。意图是智能体选择的需要现在执行的目标。目标/意图记忆模块存储当前的目标和意图信息。在 CAM 中,目标是由子目标组成的有向无环图,执行时分步处理。一个个子目标按照有向无环图所表示的路径完成,当所有的子目标都完成之后,总目标完成。

3. 动作规划阶段

动作规划是由原子操作构建复杂动作以实现特定任务的过程。动作规划可以分为两个步骤:首先是动作选择,即从动作库选择相关的动作;然后使用规划策略使被选的操作组装一起。动作选择是实例化动作流,或可能从以前的动作流中选择一个动作。有很多的选择方法,它们中的大多数基于相似性的标准匹配目标和行为。规划对动作组合提供了一个可扩展的和有效的方法。它允许一个动作组合请求被表示为目标的条件,规定一组约束和偏好。

4.7 大脑协同学

大脑中协同作用的科学研究,最早可以追溯到美国科学家斯佩里发现"裂脑人"不能实现左右脑的合作。以后斯佩里、康德尔和尚格等提出思维的神经回路理论。由于大脑有一千亿个神经元,每个神经元与三万个神经元相联系,形成一百万亿到一千万亿个接触点,因此形成各种不同类型的大量的神经回路。他们提出不同的回路与不同的思维相关。著名的大脑功能定位学说研究了神经元的结构、功能及神经网络的形成,一些神经元只感知个别信息,只有经过复杂的神经元的综合与协同,才能形成知觉。在思维生理学中,研究大脑活动机制,其反映为脑电波,由脑电图、脑磁图的特点和变化可以了解思维。苏联科学家鲁比亚在《神经生理学原理》中提出大脑的 3 个不同功能联合区,它们彼此协作。

哈肯(H. Haken)是协同学的创立者,协同学(即"协同工作之学"——哈肯语)是系统科学和非线性科学的基础理论之一。它把耗散视为自组织的条件,把协同当作自组织的动力,从一个崭新的角度揭示了非平衡态中自组织的形成和发展过程的规律。哈肯特别专注于协同学在脑科学和人工智能等学科中的应用研究,先后发表了《协同计算机和认知——神经网络的自上而下方法》和《大脑工作原理——脑活动、行为和认知的协同学研究》两部最有代表性的专著。前者根据"协同形成结构,竞争促进发展"这一相变过程中的普遍规律,提出了"协同计算机"和"协同神经网络"的新概念,指出模式识别就是模式形成,并描述了自上而下的协同计算机构造方法。后者更直接地将非平衡自组织理论运用于人脑这一最复杂系统机理的探究,提出大脑是一种具有涌现性的复杂自组织巨系统的新见解,并建立了用来详尽阐述以上新见解的大量实验结果的具体模型。正如哈肯教授所说"这些模型皆用一个统一观点——协同学观点——加以表述",我们不妨称之为"大脑协同学认知模型"。哈肯建立的协同学认知模型,运用协同学的一般原理和方法,提出了大脑工作的新见解——大脑是一种具有涌现性的复杂自组织巨系统,从而对大脑功能做出了协同学的解释。

普里高津(Ilya Prigogine)对自组织的研究,以及提出所谓的耗散结构理论是对新的东西如何呈现出来的机理的进一步探讨。在他与尼柯利斯(G Nicolis)合著的《探索复杂性》中他们表达了自己的指导思想：他们所反叛的是传统物理学家对世界的经典认识观点。自牛顿时代以来，可逆性与决定性是物理学家继续经典研究项目的传统理念。但是，无数的科学发现使得人们认识到发生在自然界中的许许多多的基本过程是不可逆的、随机的，那些描述基本相互作用的决定性和可逆性的定律不可能告诉人们自然界的全部真相。研究发现，在远离平衡态的情况下，分子之间可以互相传递信息，这样对处于远离平衡态的世界进行研究，就可以跨越自然科学的范围而进入人文科学的领域。而相互通信就是维纳在构造其理论体系时所用的基本概念之一，通过互传信息实现了控制的产生。基于这些理解和认识，普里高津和尼柯利斯将非线性非平衡态系统的概率分析方法同动力学理论，特别是混沌动力学理论所表达的决定性的系统也可以对初始条件很敏感这一特性相结合，从而解释了在我们所处的环境中还有如此多意想不到的规律性。

哈肯于 1971 年提出协同的概念，1976 年系统地论述了协同理论，发表了《协同学导论》，进一步发展了普里高津对这个问题的研究。他们所考虑都是远离平衡态的相变，但是这种从微观或中观到宏观的转变都是有条件的。协同论认为，千差万别的系统，尽管其属性不同，但在整个环境中，各个系统间存在着相互影响而又相互合作的关系。其中也包括通常的社会现象，如不同单位间的相互配合与协作，部门间关系的协调，企业间相互竞争的作用，以及系统中的相互干扰和制约等。协同论指出，大量子系统组成的系统，在一定条件下，由于子系统的相互作用和协作，这种系统的研究内容，可以概括地认为是研究从自然界到人类社会各种系统的发展演变，探讨其转变所遵守的共同规律。应用协同论方法，可以把已经取得的研究成果，类比拓宽于其他学科，为探索未知领域提供有效的手段，还可以用于找出影响系统变化的控制因素，进而发挥系统内子系统间的协同作用。

哈肯认为宏观是指空间、时间或者功能结构，而这些结构对于所考虑的每一个微观或者中观粒子的性质来说，只不过是一种累加行为而已，是概率的意义上的累加。对于一个描述动力系统的非线性微分方程组来说，采用线性方法进行稳定性分析得出不稳定结果时，在某些条件下可能通过变换变量或方程的方法将变量和方程组的个数缩减为很少的几个，对原动力系统的定性分析完全可以通过分析经过缩减后的方程组得到。哈肯在 1996 年的《大脑工作原理》中系统阐述了他的脑活动和认知的协同学研究结果。大脑功能的传统实验和理论研究以单个细胞为依据，而协同学的注意力集中在整个细胞网络的活动上。表 4.2 给出了他们对有关术语的不同解释。

表 4.2 大脑功能的传统解释与协同学解释

传统解释	协同学解释	传统解释	协同学解释
细胞	细胞网络	编程计算机	自组织的
个体	整体	算法的	自组织的
祖母细胞	细胞集体	序贯的	并行和序贯的
引导细胞	细胞集体	确定性的	确定性事件和偶然事件
定域的	非定域的	稳定的	趋于不稳定点
兴奋印迹	分布信息		

表 4.2 概括了哈肯研究所取得的一些基本结果，也是理解其“大脑协同学”理论的关键点。简言之，“大脑是遵从协同学规律的复杂巨系统，即系统运转在趋于不稳定点处，由序参

量决定宏观模式”,即通过各个部分的相互作用,系统以自组织方式在宏观层次上涌现出全新的属性。这种属性在微观层次的各个细胞中是不存在的。正因如此,哈肯才说:“虽然神经计算机的发展在模拟神经元活动方面确实迈出了非常重要的一步,但我相信,以一般协同学概念为基础的协同计算机,更接近认识脑活动这一目标。”据说,协同计算机的理论设计和模式识别效果,都比神经计算机先进许多。他由此提出了协同计算机的三层网络模型,并强调不应把认知系统看作代表外部环境的内部网络,而应当看作内部——外部网络。同时又指出现代计算机距离能够真正思考还很遥远,而脑研究可为我们提供目前意想不到的洞见,主张人工智能与脑科学之间的协作,这正好印证了其“协同学”的第二重含义:“完全不同的学科之间的协作、碰撞,进而产生一些新的科学思想和概念。”哈肯曾经预言,从长远的观点看,有希望制造出以自组织方式执行程序的协同计算机来模拟人类智能。

4.8 小结

心智是人类全部精神活动,是由心理器官模块组成的系统。通过心智建模,探索和研究人脑的信息处理机制。本章重点介绍图灵机、物理符号系统、ACT 模型、SOAR 模型和 CAM 模型。

在人的心智中,记忆和意识是最为重要的两个模块。其中记忆存储各种重要信息和知识,意识让人有自我的概念。基于这两个模块构建的 CAM 心智模型,具有鲜明的特色,不再局限于基于产生式系统的问题求解,而是着眼于感知、意识、行为的认知周期。

思考题

1. 什么是心智?什么是心智模型?
2. 为什么说图灵机是通用计算模型?
3. 什么是物理符号系统?为什么它是经典人工智能的基础?
4. 请给出 ACT 模型与 SOAR 模型求解问题的基本思路。
5. CAM 心智模型的特色是什么?
6. 为什么说大脑是一种具有涌现性的复杂自组织巨系统?

感知智能

第5章

CHAPTER 5

感知智能是指通过各种感觉器官，诸如视觉、听觉、触觉等，与环境进行交互的感知能力。视觉系统使生物体具有视觉感知能力。听觉系统使生物体具有听觉感知能力。利用大数据、深度学习的研究成果，机器在感知智能方面已越来越接近于人类水平。

5.1 概述

感知是客观外界直接作用于人的感觉器官而产生的。在社会实践中，人们通过眼、耳、鼻、舌、身5个器官接触客观事物的现象。在外界现象的刺激下，人的感觉器官产生了信息流，沿着特定的神经通道传送到大脑，形成了对客观事物的颜色、形状、声音、冷热、气味、疼痛等感觉和印象。

感性认识是客观外界直接作用于人的感觉器官而产生的。感性认识在发展中经历了感觉、知觉、表象3种基本形式。感觉是客观事物的个别属性、特性在人脑中的反映。知觉是各种感觉的综合，是客观事物整体在人脑中的反映，它比感觉全面和复杂。知觉具备选择性、意义性、恒常性以及整体性等特点。在知觉的基础上，产生了表象。表象即印象，是通过回忆、联想使这些印象再现出来。它与感觉、知觉不同，是在过去对同一事物或同类事物多次感知的基础上形成的，具有一定的间接性和概括性。但表象只是概括感性材料的最简单的形式，它还不能揭示事物的本质和规律。

视觉在人类的感觉世界中担负着重要的任务。我们对大部分环境信息作出反应，是经过视觉传入大脑的。它在人类的感觉系统中占主导地位。如果人类用视觉接收一个信息，而另外一个信息是通过另一个感觉器官接收的。如果这两个信息相互矛盾，那么人们所反应的一定是视觉信息。

20世纪80年代，按照马尔的视觉计算理论，计算机视觉分3个层次处理：

(1) 对图像进行边缘检测与图像分割等低层视觉处理。

(2) 求取深度信息、表面朝向等2.5维描述，主要方法有由影调、轮廓、纹理等恢复三维形态，由体视恢复景物的深度信息，由图像序列分析确定物体的三维形状和运动参数，距离图像获取与分析以及结构光方法等。

(3) 根据三维信息对物体进行建模、表示与识别，可采用基于广义圆柱体的方法。另一常用方法是将物体外形表示为平面或曲面块(简称面基元)的集合，每个面基元的参数以及面基元之间的相互关系用属性关系结构来表示，从而将物体识别问题转化为属性关系结构的匹配问题。

1990 年，阿罗莫讷斯(J. Aloimonos)提出定性视觉、主动视觉等。定性视觉方法的核心是将视觉系统看成执行某一任务的更大系统的子系统，视觉系统所要获取的信息，只是完成大系统任务所必需的信息。主动视觉方法则集感知、规划与控制于一体，通过这些模块的动态调用和信息获取过程与处理过程的相互作用，来更有效地完成视觉任务。该方法的核心是主动感知机制的建立，就是根据当前任务、环境状况、阶段处理结果和有关知识，来规划和控制下一步获取信息的传感器类型及其位姿。实现多视点或多传感器的数据融合，也是其关键技术。

听觉过程包括机械→电→化学→神经冲动→中枢信息加工等环节。从外耳的集声至内耳基底膜的运动是机械运动，毛细胞受刺激后引起电变化，化学介质的释放、神经冲动的产生等活动，冲动传至中枢后则是一连串复杂的信息加工过程。

20 世纪 80 年代，有关语音识别和语言理解的研究得到了很大的加强和发展。美国国防部高级研究计划局自 1983 年开始为期十年的战略计算工程项目，其中包括用于军事领域的语音识别和语言理解、通用语料库等。参加单位包括 MIT(麻省理工学院)、卡内基·梅隆大学、贝尔实验室和 IBM 公司等。

IBM 使用离散参数 HMM(隐马尔可夫模型)，构成一些基本声学模型，然后利用固定的有限个基本声学模型构成字(word)模型。这种方法，可以利用较少的训练数据获得较好的统计结果。同时，这种方法可以使训练自动完成。

进入 20 世纪 90 年代，神经网络成为语音识别的一条新途径。人工神经网络(ANN)具有自适应性、并行性、非线性、鲁棒性、容错性和学习特性，在结构和算法上都显示出其实力，它可以联想模式对，将复杂的声学信号映射为不同级别的语音学和音韵学的表示，不必受限于选取的特殊语音参数，而对综合的输入模式进行训练和识别，可把听觉模型融于网络模型之中。

2006 年，辛顿等人提出深度学习[32]。2010 年，辛顿使用深度学习搭配 GPU 的计算，使语音识别的计算速度提升了 70 倍以上。2012 年，深度学习出现了新一波高潮，那年的 ImageNet 大赛(有 120 万张照片作为训练组，5 万张作为测试组，要进行 1000 个类别分组)首次采用深度学习，把过去好几年只有微幅变动的错误率，一下由 26%降低到 15%。而同年微软团队发布的论文中显示，他们通过深度学习将 ImageNet 2012 数据集的错误率降到了 4.94%，比人类的错误率 5.1%还低。2015 年，微软再度拿下 ImageNet 2015 冠军，此时错误率已经降到了 3.57%的超低水平。微软用的是 152 层深度学习网络。

基于视觉、听觉等感知能力的感知智能近年来取得了重要进展，在业界的多项权威测试中，人工智能系统都已经达到甚至超过人类水平，感知智能正迎来它最好的时代。人脸识别、语音识别等感知智能技术如今已运用在图片处理、安防、教育、医疗等多个领域。

视频 17
知觉理论

5.2 知觉理论

知觉理论是指人类系统地对环境信息加以选择和抽象概括的理论。迄今为止，主要建立了 4 种知觉理论：建构理论、格式塔理论、直接知觉理论、拓扑视觉理论。

5.2.1 建构理论

过去的知识经验主要是以假设、期望或因式的形式在知觉中起作用。人在知觉时，接收感觉输入，在已有经验的基础上，形成关于当前的刺激是什么，或者激活一定的知识单元而形成对某种客体的期望。知觉是在这些假设、期望等的引导和规划下进行的。布鲁纳(J.S. Bruner)等发展了建构理论，认为所有感知都受到人们的经验和期望的影响。建构理论的基本假设为：

(1) 知觉是一个活动的、建构的过程，它在某种程度上要多于感觉的直接登记，……其他事件会切入到刺激和经验之中来。

(2) 知觉并不是由刺激输入直接引起的，而是所呈现刺激与内部假设、期望、知识以及动机和情绪因素交互作用的终极产品。

(3) 知觉有时会受到不正确的假设和期望的影响。因而，知觉也会发生错误。

建构理论关于知觉的看法是对记忆的作用赋予极大的重要性。他们认为先前经验的记忆痕迹，加到此时此地被刺激诱导出来的感觉中去，因此就构造出一个知觉象。而且，建构论者主张有组织的知觉基础是从一个人的记忆中选择、分析并添加刺激信息的过程，而不是格式塔论者所主张的大脑组织的天生定律所引起的自然操作作用。

知觉的假设考验说是一种建立在过去经验作用基础上的知觉理论。支持这个理论的还有其他的重要论据。例如，外部刺激与知觉经验并没有一对一的关系，同一刺激可引起不同的知觉，不同的刺激却又可以引起相同的知觉。知觉是定向、抽取特征，与记忆中的知识相对照，然后再定向、再抽取特征并再对照，如此循环，直到确定刺激的意义，这与假设考验说有许多相似之处。

5.2.2 格式塔理论

格式塔心理学诞生于1912年。格式塔心理学家发现的感知组织现象是一种非常有力的关于像素整体性的附加约束，从而为视觉推理提供了基础。格式塔是德文 Gestalt 的译音。英文中常译成 form(形式)或 shape(形状)。格式塔心理学家所研究的出发点是“形”，它是指由知觉活动组织成的经验中的整体。换言之，格式塔心理学家认为任何“形”都是知觉进行了积极组织或构造的结果或功能，而不是客体本身就有的。它强调经验和行为的整体性，反对当时流行的建构主义元素学说和行为主义“刺激-反应”公式，认为整体不等于部分之和，意识不等于感觉元素的集合，行为不等于反射弧的循环。尽管格式塔原理不只是一种知觉的学说，但它却来源于对知觉的研究，而且一些重要的格式塔原理，大多是由知觉研究所提供的。

格式塔派学者们相信大脑中组织之固有和天生的法则。他们辩论说，这些法则就解释了这些重要现象：图形——背景的分化、对比、轮廓线、趋合、知觉组合的原则以及其他组织上的事实。格式塔派学者们认为，在他们所提出的各种知觉因素之后存在着一个“简单性”原则。他们断言，包含着较大的对称性、趋合、紧密交织在一起的单位以及相似的单位的任何模式，对于观察者来说，外表上显得“比较简单”。如果一个构造可以通过一种以上的方式看到，例如，一个线条构成的图画可以看成是扁平的或者看成一个正方块，那么那个“较简单的"方式会更通常一些。格式塔派学者们并没有忽视潜在经验对于知觉的效应,但是他们的首要着重点是放在成为神经系统不可分的内在机制的作用上。因此,他们假设,似动或Φ现象是大脑的天生组织倾向的结果。

单个图形背景的模式一般很少,典型的模式是几个图形有一个共同的背景。一些单个的图形还倾向于被知觉集聚在一起的不同组合。格式塔心理学创始人之一的韦特海姆系统地阐述了如下"组合原则":

(1) 邻近原则。彼此紧密邻近的刺激物比相隔较远的刺激物有较大的组合倾向。邻近可能是空间的,也可能是时间的。按不规则的时间间隔发生的一系列轻拍响声中,在时间上接近的响声倾向于组合在一起。由于邻近而组合成的刺激不必都是同一种感觉形式的;例如,夏天下雨时,雷电交加,我们就把它们知觉为一个整体,即知觉为同一事件的组成部分。

(2) 相似原则。彼此相似的刺激物比不相似的刺激物有较大的组合倾向。相似意味着强度、颜色、大小、形状等这样一些物理属性上的类似。俗话说:"物以类聚,人以群分",就包含这种原则。

(3) 连续原则。人们知觉倾向于知觉连贯或连续流动的形式,即一些成分和其他成分连接在一起,以便有可能使一条直线、一条曲线或者一个动作沿着已经确立的方向继续下去。

(4) 闭合原则。人们知觉倾向于形成一个闭合或更加完整的图形。

(5) 对称原则。人们知觉倾向于把物体知觉为一个中心两边的对称图,导致对称或平衡的整体而不是非对称的整体。

(6) 共方向原则。也有称共同命运原则。如果一个对象中的一部分都向共同的方向去运动,那么这些共同移动的部分就易被感知为一个整体。这个组合原则本质上是相似组合在运动物体上的应用,它是舞蹈设计中的一个重要手段。

在每一种刺激模式中,一些成分都有某种程度的接近、某种程度的类似以及某种程度适合"好图形"的东西。有时组合的一些倾向在同一方向上起作用,有时它们彼此冲突。例如,图5.1给出了格式塔知觉部分组织原则例图。

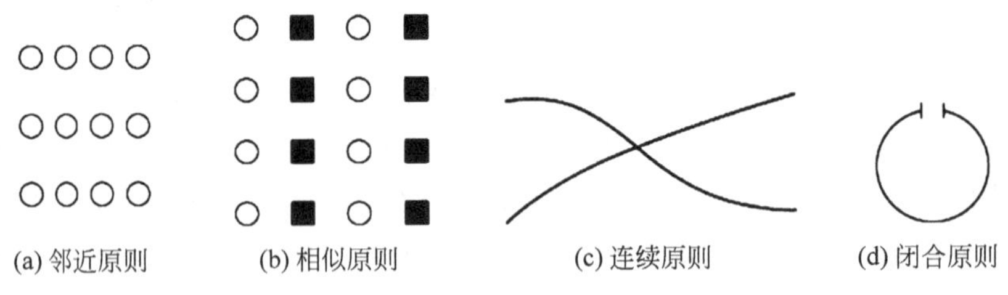

图5.1 格式塔知觉组织原则例图

格式塔心理学家试图根据心脑同形观来解释知觉原则。按照这种心脑同形观,视觉组织经验与大脑中的某一过程严格对应。当我们观察环境时,格式塔心理学家假定大脑中存在一种电场,以帮助产生相对稳定的知觉组织经验。格式塔心理学家主要依赖内省报告或"注视一个图形并从你自己的角度观看"的方法研究知觉。不幸的是,格式塔心理学家对大脑的工作机制知之甚少,而且他们的虚拟生物学解释也没有得到承认。

格式塔理论反映了人类视觉本质的某些方面,但它对感知组织的基本原理只是一种公理性的描述，而不是一种机理性的描述。因此自从 20 世纪 20 年代提出以来未能对视觉研究产生根本性的指导作用，但是研究者对感知组织原理的研究一直没有停止。特别是在 20 世纪 80 年代以后，威特肯(Witkin)、坦丁鲍姆(Tenenbaum)、劳卫(Lowe)、蓬特兰德(Pentland)等人在感知组织的原理以及在视觉处理中的应用等方面取得了新的重要研究成果。

5.2.3 直接知觉理论

美国心理学家吉布森(J. J. Gibson)因其对知觉的研究而闻名于学术界。1950 年，他提出生态知觉理论[24]，认为知觉是直接的，没有任何推理步骤、中介变量或联想。生态知觉理论(刺激物说)与建构理论(假设考验说)相反，主张知觉只具有直接性质，否认已有知识经验的作用。吉布森认为，自然界的刺激是完整的，可以提供非常丰富的信息，人完全可以利用这些信息，直接产生与作用于感官的刺激相对应的知觉经验，根本不需要在过去经验的基础上形成假设并进行考验。根据他的生态知觉理论，知觉是和外部世界保持接触的过程，是刺激的直接作用。他把这种直接的刺激作用解释为感官对之作出反应的物理能量的类型和变量。知觉是环境直接作用的产物这一观点，和传统的知觉理论是相背离的。

吉布森的知觉理论之所以冠以"生态知觉理论"之名，原因在于它强调与生物适应最有关系的环境事实。对吉布森而言，感觉是因演进而对环境的适应，而且环境中有些重要现象，如重力、昼夜循环和天地对比等，在进化史上都是不变的。不变的环境带来稳定性，并且提供了个体生活的参照框架。因此，种系演化的成功依靠正确地反映环境的感觉系统。从生态学的观点来看，知觉是环境向知觉者显露的过程，神经系统并非建构知觉，而是萃取它们。

吉布森认为知觉系统从流动的系列中抽取不变性。他的理论现在称作知觉的生态知觉理论，并形成了一个学派，其主要假设如下：

(1) 刺激眼睛的光线模式是一个光学分布(optic array)；这种结构性的光线包含来自环境中的所有投射到眼睛的视觉信息。

(2) 这种光学分布提供关于空间中目标分布特征的明确的或恒定的信息。这种信息存在多种形式，包括结构极差、光流模式和功能承受性。

(3) 知觉是在很少或没有信息加工参与的情况下，通过共振直接从光学分布中提取各种丰富信息。

吉布森把具有结构的表面的知觉叫作正常的或生态学的知觉。他认为，与他自己的看法相比，格式塔理论主要以特殊情况下的知觉分析为根据，在这种情况中，结构化减少了或者是毫不相干的，就像这张纸的结构与印在上面的内容毫不相干一样。

在构造论理论中，知觉常常是利用来自记忆的信息。而吉布森认为，具有结构表示的高度构造起来的世界提供了足够丰富而精确的信息，观察者可以从中选择，而无须再从过去存储的信息中进行选择。生态知觉理论坚信人们都是用相似的方法去看待世界，高度重视在自然环境中可得到的信息的全面复合的重要性。

吉布森的生态知觉理论具有一定的科学依据。他假设知觉反应是天生的观点与新生动物的深度知觉是一致的，同时也符合神经心理学中视觉皮层单一细胞对特定视觉刺激有所反应的研究结论。但是，他的理论过分强调个体知觉反应的生物性，忽视了个体经验、知识和人格特点等因素在知觉反应中的作用，因而也受到了一些研究者的批评。

建构理论与吉布森范式的区别之一是前者重视自上而下加工在知觉中的作用,而后者强调自下而上加工的重要性。事实上,自上而下加工和自下而上加工对知觉的相对重要性取决于不同因素的影响。当观察条件良好时,视知觉主要由自下而上加工决定,但是当快速呈现刺激或刺激清晰度不够导致观察条件不理想时,视知觉主要涉及自上而下加工过程。与以上分析一致的是,吉布森重点考察优化条件下的视知觉,而建构主义则常常选用一些不太理想的观察条件来进行知觉研究。

间接和直接理论存在很大的区别,因为相关的理论家所追求的目标很不相同。如果考虑针对识别的知觉和针对行动的知觉之间的区别,这一点就会明朗得多。来自认知神经科学和认知神经心理学的证据也支持二者之间存在区别这一观点。这方面的证据表明一条腹侧加工通路更多地参与针对识别的知觉,而一条背侧加工通路更多地参与针对行动的知觉。绝大多数知觉理论家都集中在探讨针对识别的知觉上,而吉布森则强调针对行动的知觉。

5.2.4 拓扑视觉理论

视知觉研究有 200 多年的历史,始终贯穿着"原子论"和"整体论"之争。原子论认为,知觉过程开始于对物体的特征性质或简单组成部分的分析,是从局部性质到大范围性质。而整体论却认为,知觉过程开始于物体的整体性的知觉,是从大范围性质到局部性质。

1982 年,陈霖在《科学》杂志上就知觉过程从哪里开始的根本问题,原创性地提出了"拓扑性质初期知觉"的假说[12]。这是他在视知觉研究领域的独创性贡献,向半个世纪以来占统治地位的初期特征分析理论提出了挑战。与传统的初期特征分析理论根本不同,拓扑性质初期知觉理论从大范围性质到局部性质的不变性知觉的角度,为理解知觉信息基本表达的问题,为理解知觉和认知过程的局部和整体的关系问题,为理解认知科学的理论基础——认知和计算的关系问题,提出了一个理论框架。

一系列视知觉实验表明,视图形知觉有一个功能层次,视觉系统不仅能检测大范围的拓扑性质,而且较之于局部几何性质视觉系统更敏感于大范围的拓扑性质,对由空间相邻关系决定的大范围拓扑性质的检测发生在视觉时间过程的最初阶段。

拓扑学研究的是在拓扑变换下图形保持不变的性质和关系,这种性质和关系就称为拓扑性质。拓扑变换是一对一的连接变换,它可以形象地想象成橡皮薄膜的任意变形,只要不把薄膜剪开或不把薄膜的任意两点粘合起来。一张橡皮薄膜可以任意地变形,可以从一个三角形变成一个正方形,三角形可以变成圆形或任意不规则的图形(见图 5.2),只要不把它剪开。作为一个连通的整体这个性质,即连通性,仍然保持不变的。所以连通性是一种拓扑性质。另外,一个连通的图形中有没有洞或者有几个洞,这种性质也是一种典型的拓扑性质。

图 5.2 拓扑变换和拓扑性质的图示

依据人的直觉经验，圆、三角形和正方形看起来是很不相同的图形，但是从拓扑学的角度来看，它们都是拓扑等价的、相同的。而圆和环，由于一个含有一个洞，另一个不含有洞，它们是拓扑不同的。尽管在通常的视觉观察的条件下，从人们在心理学上相似性的角度来说，人们会觉得圆和环与圆和三角形、正方形相比要相像一些，但是如果视觉系统具有初期提取拓扑性质的功能，那么应当预计，在不能把圆和三角形、正方形区别开来的短暂呈现的条件下却仍然有可能把圆和环区别开来。图 5.3 表示了用于这类实验的 3 组刺激图形。它们分别是实心正方形和实心圆、实心三角形和实心圆、环和实心圆。参与实验者被要求注视每幅图的中心的黑点，然后每幅图被呈现短暂的 5ms，并且在撤去之后立即呈现另一幅空白的没有图形的蔽掩刺激，来干扰视觉系统对在此以前呈现的图形的知觉。参与实验者被要求回答的问题并不是被呈现的在注视点两旁的图形是什么样的图形，而是被呈现的两个图形是一样的或是不一样的。

实验的结果也表示在图 5.3 中。主要的实验发现是，视觉系统确实更敏感于拓扑性质的差异，也就是敏感于具有一个洞的环和没有洞的实心圆的差别。对圆和环一组刺激图形的正确报告率，要显著高于圆和三角形的正确报告率与圆和正方形的正确报告率。而且，拓扑性质等价的两对图形：圆和三角形与圆和正方形，它们的正确报告率的区别却没有达到统计意义，从而作为对照实验加强了视觉系统对圆和环的差别的敏感就是对它们之间的拓扑差异敏感的假设。这个同日常经验不一致却跟拓扑学的解释一致的实验，提供了一个支持拓扑结构假设的较为直接和令人信服的证据。

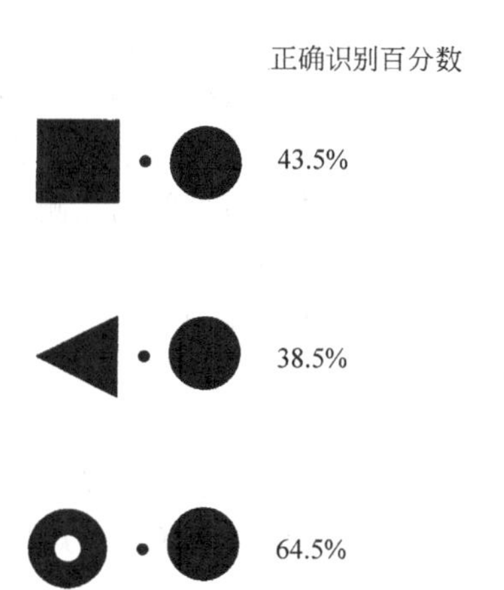

图 5.3 视觉系统对拓扑差异的敏感性

2005 年，陈霖在 *Visual Cognition* 第四期上发表了长达 88 页的重大主题论文[13]，对拓扑视觉理论概括为：知觉组织的拓扑学研究基于一个核心思想和包括两方面。核心思想是，知觉组织应该从变换(transformation)和变换中的不变性(invariance)知觉的角度来理解。两方面是，第一方面强调形状知觉中的拓扑结构，即知觉组织的大范围性质能够用拓扑不变性来描述；第二方面进一步强调早期拓扑性质知觉，即拓扑性质知觉优先于局部特征性质的知觉。"优先"有两个严格的含义：第一，由拓扑性质决定的整体组织是知觉局部几何性质的基础；第二，基于物理连通性的拓扑性质知觉先于局部几何性质的知觉。

5.3 视觉感知

视频 18
视觉感知

5.3.1 视觉通路

视觉系统使生物体具有视觉感知能力。它使用可见光信息构筑机体对周围世界的感知。根据图像发现周围景物中有什么物体和物体在什么地方的过程，也就是从图像得到对观察者有用的符号描述的过程。视觉系统具有将外部世界的二维投射重构为三维世界的能力。需要注意的是,不同物体所能感知的可见光处于光谱中的不同位置。

光线进入眼到达视网膜。视网膜是脑的一部分,它是由处理视觉信息的几种类型的神经元组成的。它紧贴在眼球的后壁上,厚度只有0.5mm左右。包括3级神经元:第一级是光感受器,由无数视杆细胞和视锥细胞组成;第二级是双极细胞;第三级是神经节细胞。由神经节细胞发出的轴突形成视神经。这3级神经元构成了视网膜内视觉信息传递的直接通道。

视网膜内有4种光感受器:视杆细胞和3种视锥细胞。在每一种感受器内都含有一种特殊的色素。当一个这样的色素分子吸收了一个光量子以后,它会在细胞内触发一系列的化学变化;与此同时释放出能量,导致电信号的产生和突触化学递质的分泌。视杆细胞的视色素称"视紫红质",其光谱吸收曲线的峰值波长为500nm。3种视锥细胞色素的光谱吸收峰值分别在430nm、530nm和560nm,分别对蓝、绿、红3种颜色最敏感。

视神经在进入脑中枢前以一种特殊的方式形成交叉。从两眼鼻侧视网膜发出的纤维交叉到对侧大脑半球;从颞侧视网膜发出的纤维不交叉,投射到同侧大脑半球。其结果是:从左眼颞侧视网膜来的纤维和从右眼鼻侧来的纤维汇聚成左侧视束,投射到左侧外侧膝状体;再由左外侧膝状体投射到左侧大脑半球,与相应脑区对应的是右侧半个视野。相反,从左眼鼻侧视网膜来的纤维和从右眼颞侧视网膜来的纤维汇聚成右侧视束,投射到右侧外膝状体;再由右侧外膝状体投射到右侧半球,相应脑区对应于左侧半个视野。脑两个半球的视皮层通过胼胝体的纤维互相连接。这种相互连接,使从视野两边得来的信息混合起来。

视皮层本身的神经元主要有两种:星形细胞和锥体细胞。星形细胞的轴突与投射纤维形成联系。锥体细胞呈三角形,尖端朝表层,向上发出一个长的树突,基底则发出几个树突作横向联系。

视皮层和其他皮层区一样,包括6个细胞层次,由表及里用罗马数字Ⅰ~Ⅵ来代表。皮层神经元的突起(树突和轴突)的主干都沿与皮层表面相垂直的方向分布;树突和轴突的分枝则横向分布在不同层次内。不同皮层区之间由轴突通过深部的白质进行联系,同一皮层区内由树突或轴突在皮层内的横向分枝来联系。

近年来,视皮层的范围已扩大到顶叶、颞叶和部分额叶在内的许多新皮层区,总数达25个。另外还有7个视觉联合区,这些皮层区兼有视觉和其他感觉或运动功能。所有视区加在一起占大脑新皮层总面积55%。由此可见视觉信息处理在整个脑功能中所占有的分量。研究各个视区的功能分工、等级关系以及它们之间的相互作用,是当前视觉研究的一个前沿课题。确定一个独立的视皮层区的依据是:

(1) 有独立的视野投射图,该区与其他皮层区之间有相同的输入和输出神经联系;

(2) 该区域内有相似的细胞筑构;

(3) 有不同于其他视区的功能特性。

韦尼克(Wernicke)和美国神经心理学家格什温德(N. Geschwind)认为,视觉的神经通路如图5.4所示。根据他们的模型,视觉信息由视网膜传至外侧膝状体,从外侧膝状体传至初级视皮层(17区),然后传至一个更高级的视觉中枢(18区),并由此传至角回,然后至Wernicke区。在Wernicke区,视觉信息转化为该词的语声(听觉)表象。声音模式形成后,经弓状束传至Broca区。

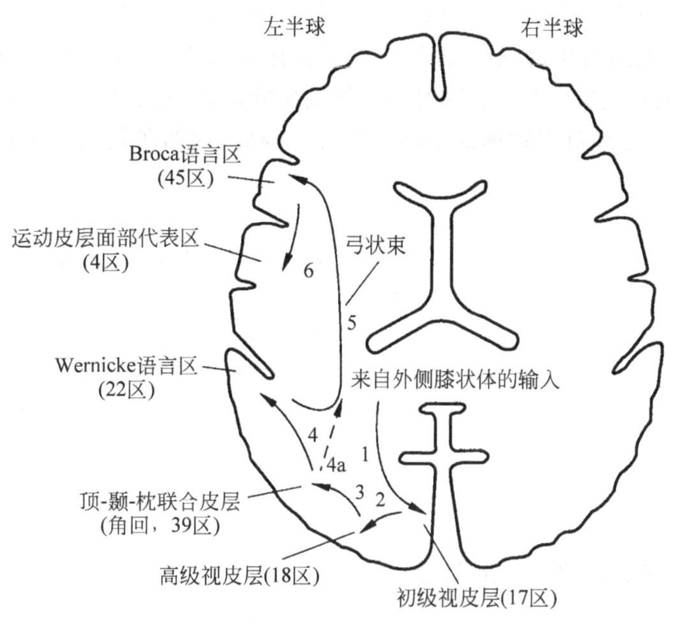

图 5.4 视觉的神经通路

视皮层中 17 区被称为第一视区(V1)或纹状皮层。它接受外侧膝状体的直接输入，因此也称为初级视皮层。对视皮层的功能研究大多数是在这一级皮层进行的。除了接受外侧膝状体直接投射的 17 区之外，和视觉有关的皮层还有纹前区(18 区)和纹外区(19 区)。根据形态和生理学的研究，17 区不投射到侧皮层而仅射到 18 区，18 区向前投射到 19 区，但又反馈到 17 区。18 区内包括 3 个视区，分别称为 V2、V3 和 V3A，它们的主要输入来自 V1。Vl 和 V2 是面积最大的视区。19 区深埋在上颞沟后壁，包括第四(V4)和第五视区(V5)。V5 也称作中颞区，已进入颞叶范围。颞叶内其他与视觉有关的皮层区还有内上额区、下颞区。顶叶内有顶枕区，腹内顶区，腹后区和 7a 区。枕叶以外的皮层区可能属于更高的层次。为什么要这样多的代表区？是不是不同代表区检测图形的不同特征(如颜色、形状、亮度、运动、深度等)？或是不同代表区代表处理信息的不同等级？会不会有较高级的代表区把图形的分离特征整合起来，从而给出图形的生物学含义？是不是有专门的代表区负责存储图像(视觉学习记忆)或主管视觉注意？这些在一个更长的时间内都将是视觉研究有待解决的问题。

视皮层神经元对光点刺激的反应很弱，只有在感受野内用适当方位(朝向)的光点给以刺激才能引起兴奋。根据皮层神经元感受野结构的不同，休贝尔(Hubel)和维塞勒(Wiesel)对猫和猴的视皮质中单一神经元的激发模式进行的研究，发现有 4 种类型视皮层神经元——简单细胞、复杂细胞、超复杂细胞和极高度复杂细胞。

知觉恒常性是指人能在一定范围内不随知觉条件的改变而保持对客观事物相对稳定特性的组织加工的过程。它是人们知觉客观事物的一个重要的特性。

视觉感知主要有两个功能：一是目标知觉，即它是什么？二是空间知觉，即它在哪里？已有确实的证据表明，不同的大脑系统分别参与上述两种功能。如图 5.5 所示，腹部流从视网膜开始，沿腹部经过侧膝体(LGN)、初级视网皮层区域(V1、V2、V4)、下颞叶皮层(IT)，最终到达腹外侧额叶前部皮层(VLPFC),主要处理物体的外形轮廓等信息,即主要负责物体识别;背部流从视网膜开始,沿背部流经过侧膝体(LGN)、初级视皮层区域(V1、V2)、中颞叶区(MT)、后顶叶皮层(PP),最后到达背外侧额叶前部皮层(DLPFC),主要处理物体的空间位置信息等,即处理负责物体的空间定位等。因此,这两条信息流也被称为 what 通路和 where 通路。

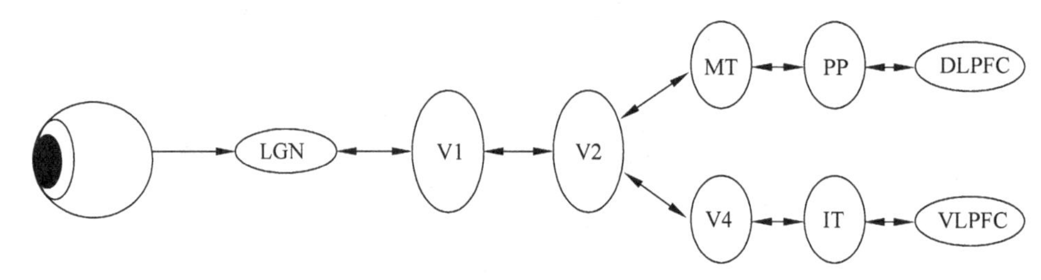

图 5.5 视觉感知通路

5.3.2 马尔的视觉计算理论

马尔(D. Marr)在 20 世纪 70 年代末、20 世纪 80 年代初创立了视觉的计算理论,使视觉的研究前进了一大步[47]。马尔的视觉计算理论立足于计算机科学,系统地概括了心理物理学、神经生理学、临床神经病理学等方面已取得的所有重要成果,是迄今为止最系统的视觉理论。马尔理论的出现对神经科学的发展和人工智能的研究产生了深远的影响。

马尔认为视觉是一个信息处理过程。这个过程根据外部世界的图像产生对观察者有用的描述。这些描述依次由许多不同但固定的、每个都记录了外界的某方面特征的表象(representation)所构成或组合而成。一种新的表象之所以提高了描述能力,是因为新的表象表达了某种信息,而这种信息将便于对信息作进一步解释。按这种逻辑来思考可得到这样的结论:即在对数据作进一步解释以前需要关于被观察物体的某些信息,这就是所谓的本征图像。然而,数据进入我们的眼睛是要以光线为媒介的。灰度图像中至少包含关于照明情况、观察者相对于物体位置的信息。因此,按马尔的方法,首先要解决的问题是如何把这些因素分解开。他认为低层视觉(即视觉处理的第一阶段)的目的就是要分清哪些变化是由哪些因素引起的。大体上来说,这个过程要经过两个步骤来完成。第一步是获得表示图像中变化和结构的表象。这包括检测灰度的变化、表示和分析局部的几何结构、以及检测照明的效应等处理。第一步得到的结果被称为初始简图(Primal Sketch)的表象。第二步对初始简图进行一系列运算得到能反映可见表面几何特征的表象,这种表象被称为二维半(2.5D)简图或本征图像。这些运算中包括由立体视觉运算提取深度信息,根据灰度影调、纹理等信息恢复表面方向,由运动视觉运算获取表面形状和空间关系信息等。这些运算的结果都集成到本征图像这个中间表象层次。这个中间表象已经从原始的图像中去除了许多的多义性,是纯粹地表示了物体表面的特征,其中包括光照、反射率、方向、距离等。根据本征图像表示的这些信息可以可靠地把图像分成有明确含义的区域(这称为分割),从而可得到比线条、区域、形状等更为高层的描述。这个层次的处理称为中层视觉处理(intermediate processing)。马尔视觉理论中的下一个表象层次是三维模型,它适用于物体的识别。这个层次的处理涉及物体,并且要依靠和应用与领域有关的先验知识来构成对景物的描述,因此被称为高层视觉处理。

马尔的视觉计算理论虽然是首次提出的关于视觉的系统理论，并已对计算机视觉的研究起到了巨大的推动作用，但还远未解决人类视觉的理论问题，在实践中也遇到了严重困难。对此现在已有不少学者提出改进意见。

马尔首先研究了解决视觉理解问题的策略。他认为视觉是一个信息处理问题。它需要从3个层次来理解和解决：

(1) 计算理论层次——研究对什么信息进行计算和为什么要进行这些计算。

(2) 表示和算法层次——实际执行由计算理论所规定的处理，输入输出如何表示？以及将输入变换到输出的算法。

(3) 硬件实现——实现由表示和算法层次所考虑的表示，实现执行算法，研究完成某一特定算法的具体机构。

例如，傅里叶变换是属于第一层的理论，而计算傅里叶变换的算法，如快速傅里叶变换算法是属于第二个层次的。至于实现快速傅里叶算法的阵列处理机就属于硬件执行的层次。可以认为视觉是一个过程，这个过程从外部世界的图像产生对观察者有用的描述。这些描述依次地由许多不同的、但是固定的、每个都记录了景物的某个方面的表示法所构成或组合而成。因此选择表示法对视觉的理解是至关重要的。根据马尔所提出的假设，视觉信息处理过程包括3个主要表示层次：初始简图、二维半简图和三维模型。根据某些心理学方面的证据，人类视觉系统的表示法如图5.6所示。

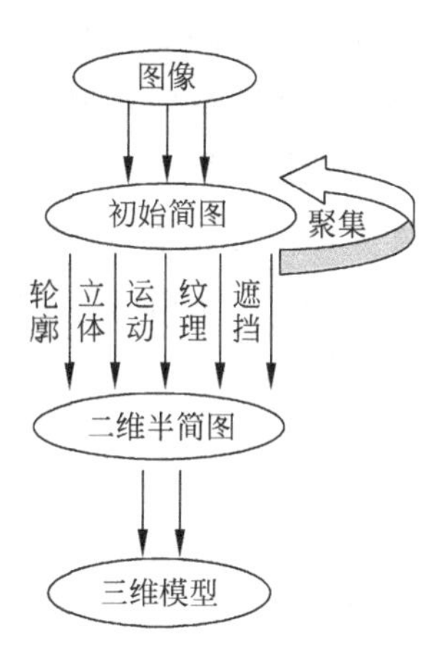

图5.6　人类视觉系统的表示法

1. 初始简图

在灰度图像中，包含两种重要的信息：图像中存在的灰度变化和局部的几何特征。初始简图是一种基元表示法，它可以完全而清楚地表示这些信息。初始简图所包含的大部分信息集中在与实际的边缘以及边缘的终止点有关的急剧的灰度变化上。每个由边缘引起的灰度变化，在初始简图上都有相应的描述。这样的描述包括：与边缘有关的灰度变化率，总的灰度变化、边缘的长度、曲率以及方向。粗略地说，初始简图是以勾画草图的形式来表示图像中的灰度变化的。

2. 二维半简图

图像中的灰度受多种因素的影响，其中主要包括光照条件、物体几何形状、表面反射率以及观察者的视角等。因此，先要分清上述因素的影响，也就是对景物中物体表面作更充分的描述，才能着手建立物体的三维模型，这就需要在初始简图与三维模型之间建立一个中间表示层次，即二维半简图。物体表面的局部特性可以用所谓的内在特性来描述。典型的内在特性包括表面方向、观察者到表面的距离、反射和入射光照、表面的纹理和材料特性。内在图像由图像中各点的某项单独的内在特性值，以及关于这项内在特性在什么地方产生不连续的信息所组成(见表5.1)。二维半简图可以看成是某些内在图像的混合物。简言之，二维半简图完全而清楚地表示关于物体表面的信息。

表 5.1　二维半简图

信息源	信息类型	信息源	信息类型
立体视觉	视差,因而可得到 $\delta\gamma$、$\Delta\gamma$ 和 S	其他遮挡线索	$\Delta\gamma$
方向选择性	$\Delta\gamma$	表面方向轮廓	ΔS
从运动恢复结构	γ、$\delta\gamma$、$\Delta\gamma$ 和 S	表面纹理	可能有 γ
光源	γ 和 S	表面轮廓	$\Delta\gamma$ 和 S
遮挡轮廓	$\Delta\gamma$	影调	δs 和 Δs

注：γ 表示相对深度(按垂直投影),就是观察者到表面点的距离；$\delta\gamma$ 表示 γ 的连续或小的变化；$\Delta\gamma$ 表示 γ 的不连续点；S 表示局部表面方向；δs 表示 S 的连续或小的变化；ΔS 表示 S 的不连续点。

在初始简图和二维半简图中,信息经常是以和观察者联系在一起的坐标为参考表示的,因此这种表示法被称为是以观察者为中心的表示法。

3. 三维模型

在三维模型表象中,以一个形状的标准轴线为基础的分解最容易得到。在这些轴线中,每条轴线都和一个粗略的空间关系相联系；这种关系对包含在该空间关系范围内的主要的形状组元轴线提供了一种自然的组合方式。用这种方法定义的模块称为三维模型。所以,每一个三维模型具有：

(1) 一根模型轴,指的是能确定这一模型的空间关系的范围的单根轴线。它是表象的一个基元,能粗略地告诉我们被描述的整体形状的若干性质,例如,整体形状的大小信息和朝向信息。

(2) 在模型轴所确定的空间关系机含有主要组元轴的相对空间位型和大小尺寸可供选择。组元轴的数目不宜太多,它们的大小也应当大致相同。

(3) 一旦和组元轴相联系的形状组元的三维模型被构造出来,那么就可以确定这些组元的名称(内部关系)。形状组元的模型轴对应于这个三维模型的组元轴。

在图 5.7 中,每一个方框都表示一个三维模型,模型轴画在方框的左侧,组元轴则画在右侧。人体三维模型的模型轴是一基元,它把整个人体形状的大体性质(大小和朝向)表达清楚。对应于躯干、头部、肢体的 6 根组元轴各自可以和一个三维模型联系起来,这种三维模型包含着进一步把这些组元轴分解成更小的组元构型的附加信息。尽管单个三维模型的结构很简单,但按照这种层次结构把几个模型组合起来,就能在任意精确的程度上构成两种能抓住这一形状的几何本质的描述。我们把这种三维模型的层次结构称为一个形状的三维模型描述。

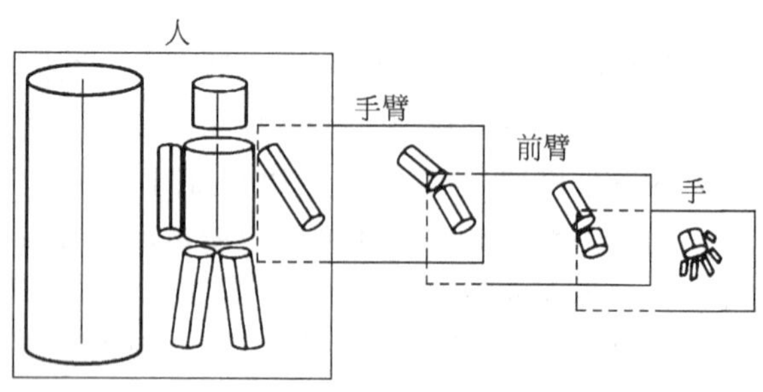

图 5.7　人的三维模型

三维表示法可完全而清楚地表示有关物体形状的信息。采用广义柱体的概念虽然很重要，却很简单。一个普通的圆柱可以看成是一个圆沿着通过它的中心线移动而形成的。更一般的情况，一个广义柱体是二维的截面沿着称为轴线移动而成。在移动过程中，截面与轴之间保持固定的角度。截面可以是任何形状，在移动过程中它的尺寸可能是变化的，轴线也不一定是直线。

5.3.3 图像理解

图像理解（Image Understanding，IU）就是对图像的语义理解，用计算机系统解释图像，实现类似人类视觉系统理解外部世界的对象，理解图像中的目标、关系、场景，能回答该图像的“语义”内容的问题，例如，画面上有没有人？有几个人？每个人在做些什么？图像理解一般可以分为4个层次：数据层、描述层、认知层和应用层。各层的主要功能如下：

（1）数据层——获取图像数据，这里的图像可以是二值图、灰度图、彩色的和深度图等。主要涉及图像的压缩和传输。数字图像的基本操作，如平滑、滤波等一些去噪操作亦可归入该层。该层的主要操作对象是像素。

（2）描述层——提取特征，度量特征之间的相似性（即距离）；采用的技术有子空间方法（Subspace），如ISA、ICA、PCA。该层的主要任务就是将像素表示符号化（形式化）。

（3）认知层——图像理解，即学习和推理（Learning and Inference）；该层是图像理解系统的“发动机”。该层非常复杂，涉及面很广，正确的认知（理解）必须有强大的知识库作为支撑。该层操作的主要对象是符号。具体的任务还包括数据库的建立。

（4）应用层——根据任务需求实现分类、识别、检测，设计相应的分类器、学习算法等。

图像理解的主要研究内容包括目标识别、高层语义分析以及场景分类等。

1. 目标识别

让计算机识别判断场景中有什么物体，在哪儿，解决what-where问题，这是计算机视觉的主要任务，也是图像理解的基本任务。场景中的“目标”通常可视为具有较高显著度并符合局部感知一致性的区域，目标识别的过程也是计算机对场景中的物体进行特征分析和概念理解的过程。通常，目标识别的整个过程包括了目标判断、目标分类和目标定位，目标判断分析场景中是否存在指定类别的目标；目标分类分析划定的目标区域是何种类别；目标定位确定目标在场景中的位置，定位中的目标检测基于区域表述，用规则形状（矩形或圆）标记目标区域，而像素级别的目标定位则通过视觉分割从场景中提取完整的目标区域。

2. 高层语义分析

图像理解是通过计算机对输入场景的计算、分析和推理将场景的相应目标和区域进行语义化标记输出的过程，因此高层语义分析对图像理解的实现具有重要作用，由于对目标和场景进行了认知上的概念划分，因此只要有足够的训练学习均可将其进行简单的名称语义化描述。更通常的语义化描述则涉及通用的概念模型描述，并建立区域特征与语义单词的概率对应关系，体现了数据和知识概念转换，研究侧重于视觉的中低层数据特征的分析提取和概率关系建模，一定程度上实现了自动的语义标记。

由于样本获取和概念描述的多义性等影响，图像语义化研究仅仅处于初始阶段，主要以检索语义化为主。各种语义化的标记过程对概念区域的描述非常有限，对于数据和知识的对应关系通常设计模型进行参数化学习和概率分析,最大后验概率得到的对应关系就是最终语义化的结果。也可通过建立知识模型对匹配推理得到的结果进行语义化标记。

3. 场景分类

场景分类是图像理解中对整体场景的判断和解释。2006 年,MIT 首次召开了场景理解研讨会(Scene Understanding Symposium,SUNS),明确了场景分类将会是图像理解一个新的有前途的研究热点。目前,对场景分析的研究集中于视觉心理学和生理学,快速场景感知试验证明人无须感知场景中的目标便可通过空间布局分析语义场景内容,对场景理解仅需很短的时间便可获取到大量的信息,从眼睛获取到的视觉感知信号,通过脑皮层视神经"V1 区→V2 区→V4 区→IT 区→AIT 区→PFC 区"的传输通道进行信息分析与过滤,具有视觉选择性和不变性双重特性。

5.3.4 知觉恒常性

知觉恒常性是指人能在一定范围内不随知觉条件的改变而保持对客观事物相对稳定特性的组织加工的过程。它是人们知觉客观事物的一个重要的特性。

大小恒常性(size constancy)即大小知觉恒常性。人对物体的知觉大小不完全随视象大小而变化,它趋向于保持物体的实际大小。大小知觉恒常性主要是过去经验的作用,例如,同一个人站在离我们 3m、5m、15m、30m 的不同距离处,他在我们视网膜上折视象随距离的不同而改变着(服从视角定律)。但是,我们看到这个人的大小却是不变的,仍然按他的实际大小来感知。例如,在图 5.8 中,我们看到了庞佐错觉(Ponzo illusion),图中央看起来大小不一的两个线条实际上是一样长的。庞佐错觉是因为两条趋近的线条造成了深度线索而产生的,不同深度的大小相同的图像通常显得大小不同。

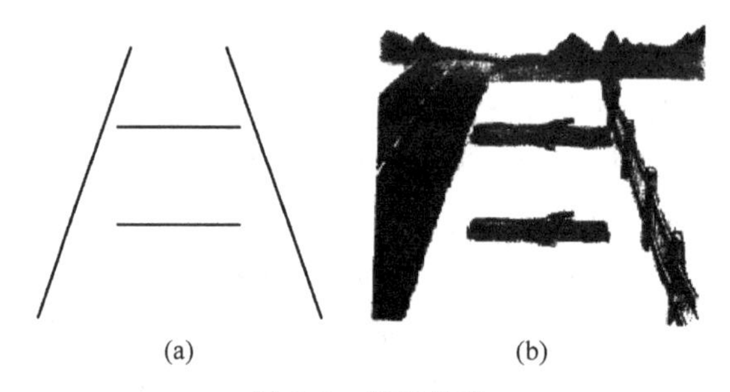

图 5.8 庞佐错觉

注:我们通常会认为图(a)中上面的线比下面的线长,图(b)中上面的木头比下面的木头长,事实上两条线和两根木头长短一样。这是因为在现实的三维世界中,上面的线和木头会更长。

形状恒常性(form constancy)即形状知觉恒常性。人从不同角度观察物体,或者物体位置发生变化时,物体在视网膜上的投射位置也发生了变化,但人仍然能够按照物体原来的形状来知觉(见图 5.9)。例如,房间门被打开时,它在视网膜上的视像形状与实际形状不完全一样,但看到门的形状仍是不变的。形状恒常性表明,物体的形状知觉具有相对稳定的特性。人的过去经验在形状恒常性中起重要作用。

颜色恒常性(color constancy)即颜色知觉恒常性。在不同的照明条件下,人们一般可

图 5.9　形状知觉

正确地感知事物本身固有的颜色，而不受照明条件的影响。例如，不论在黄光还是在蓝光的照射下，人们总是把红旗知觉为红色的，而不是黄色的或是蓝色的。黑林认为颜色知觉的恒常倾向是由于记忆色的影响。颜色恒常性可保证人对外界物体的稳定的辨认，具有明显的适应意义。

距离恒常性（distance constancy）又称距离的不变性，是指物体与知觉者的距离发生变化时，物体在网膜上造像的大小也发生相应的变化，但人知觉到的距离有保持原来距离的趋势的特性。

明度恒常性（brightness constancy）在不同照明条件下，人知觉到的明度不因物体的实际亮度的改变而变化，仍倾向于把物体的表面亮度知觉为不变。明度知觉恒常性是因人们考虑到整个环境的照明情况与视野内各个物体反射率的差异，如果周围环境的亮度结构遭受不正常的变化，明度恒常性就会被破坏。通常采用匹配法来研究明度常性，用邵勒斯比率来计算明度恒常性系数。

5.4　听觉感知

视频 19
听觉感知

听觉过程包括机械→电→化学→神经冲动→中枢信息加工等环节。从外耳的集声至内耳基底膜的运动是机械运动，毛细胞受刺激后引起电变化，化学介质的释放、神经冲动的产生等活动，冲动传至中枢后则是一连串复杂的信息加工过程。

5.4.1　听觉通路

言语听觉比我们想象的要复杂得多，部分原因是口语速率最高达每秒 12 个音素（基本口语单位）。我们能理解的口语速度最多为每分钟 50～60 个语音。在正常口语中，音素会出现重叠现象，同时存在一种协同发音现象，即一个语音片断的产生会影响到后一个片断的产生，而线性问题是指协同发音引起言语知觉困难的现象。与线性问题相关的问题是非恒定性问题。这一问题是因任何给定的语音成分（如音素）的声音模式并不是恒定不变的而引起的，而是它受到前后一个或多个语音成分的影响。这对辅音来说更是如此，因为它们的声音模式常常依赖于紧随其后的元音而定。

口语一般由连续变化的声音模式以及少数停顿组成。这与由独立声音构成的言语知觉形成鲜明对比。言语信号的连续性特征会产生分割问题，即决定一个连续的声音流怎样被分割成词汇。

从耳蜗到听觉皮质的听觉系统是所有感觉系统通路中最复杂的一种。听觉系统的每个水平上发生的信息过程和每一水平的活动都影响较高水平和较低水平的活动。在听觉通路中，从脑的一边到另一边有广泛的交叉（见图 5.10）。

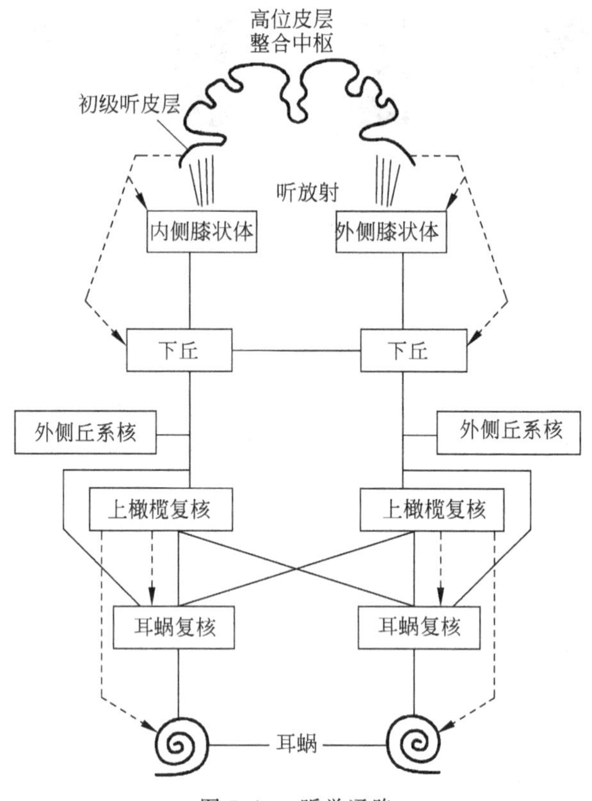

图 5.10 听觉通路

进入耳蜗神经核后,第八对脑神经听觉分支纤维终止于耳蜗核的背侧和腹侧。从两个耳蜗核分别发出纤维系统,从背侧耳蜗发出的纤维越过中线,然后经外侧丘系上升到皮质。外侧丘系最后终止于中脑的下丘,从腹侧耳蜗核发出的纤维,首先与同侧和对侧的上橄榄体复合体以突触联系,上橄榄体是听觉通路中的第一站,在这里发生两耳的相互作用。

上橄榄体复合体是听觉系统中令人感兴趣的中心,它由几个核组成,其中最大的是内侧上橄榄体和外侧上橄榄体。根据几种哺乳动物的比较研究,发现这两种核的大小与动物的感觉能力之间的相互关联,Harrison 和 Irving 指出这两种核有不同的机能。他们指出,内侧上橄榄体和关联到眼球运动的声音定位有关,凡具有高度发展的视觉系统以及能注视声音的方向而作出反应的动物,内侧上橄榄核都有着显著的外形。另一方面,他们推论外侧上橄榄体与独立于视觉系统以外的声音定位有关。具有敏锐的听觉但视觉能力有限的动物,都有显著的外侧上橄榄核。蝙蝠和海豚的视觉能力有限,但有极其发达的听觉系统,完全没有内侧上橄榄核。

从上橄榄复合体出发的纤维上升经过外侧丘系到达下丘。从下丘系将冲动传达到丘脑的内侧膝状体。连接这两个区域的纤维束,叫作下丘臂。从内侧膝状体,听觉反射的纤维将冲动传导至颞上回(41 区和 42 区),即听觉皮质区。

1988 年,伊里斯(A. W. Ellis)和杨(A. W. Young)提出了一个口语单词加工的模型(见图 5.11)[21]。这个模型包括 5 个成分:

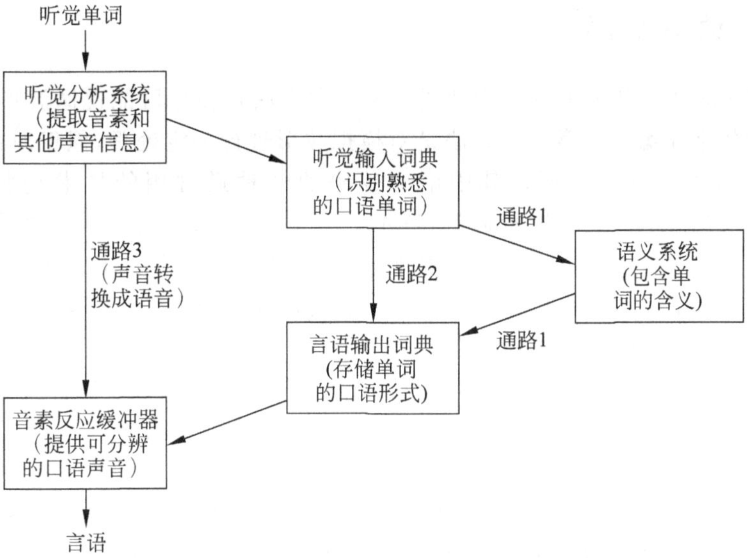

图 5.11　口语通路模型

(1) 听觉分析系统——用于从声波中提取音素和其他声音信息。

(2) 听觉输入词典——包含听者知道的关于口语单词的信息,但不包含语义信息。这个词典的目的就是通过恰当地激活词汇单元来识别熟悉单词。

(3) 语义系统——词义被存储于语义系统之中。

(4) 言语输出词典——用于提供单词的口语形式。

(5) 音素反应缓冲器——负责提供可分辨的口语声音。

这些成分可以各种方式组合起来,因此在听到一个单词至说出它之间存在 3 条不同的通路。

(1) 通路 1。

这条通路利用听觉输入词典、语义系统和言语输出词典。它代表了无脑损伤人群正常识别和理解熟悉单词的认知通路。如果一个脑损伤患者只能利用这条通路(也许加上通路 2)的话,那么他将能够正确地说出熟悉的单词。然而,在说出不熟悉的单词或非词时将出现严重困难,因为这类材料没有存储于听觉输入词典之中。在这种情况下,患者需要使用通路 3。

(2) 通路 2。

如果患者能够使用通路 2,但通路 1 和通路 3 受到严重损伤,那么他们应该能够重复熟悉单词,但不能理解这些单词的含义。此外,患者也应该存在对非词的认知障碍,因为通路 2 不能处理非词信息。最后,由于这些患者将使用输入词典,所以他们应该能够区分词与非词。

(3) 通路 3。

如果一个患者只损伤通路 3,那么他或她将展示在知觉和理解口语熟悉单词方面的完好的能力,但在知觉和重复不熟悉的单词和非词时会出现障碍。这种情况临床上称为听觉性语音失认。然而,他阅读非词语的能力完好。

5.4.2 语音编码

语音数字化的技术基本可以分为两类：第一类方法是在尽可能遵循波形的前提下，将模拟波形进行数字化编码；第二类方法是对模拟波形进行一定处理，但仅对语音和收听过程中能够听到的语音进行编码。其中语音编码的 3 种最常用的技术是脉冲编码调制(PCM)、差分 PCM(DPCM)和增量调制(DM)。通常，公共交换电话网中的数字电话都采用这 3 种技术。第二类语音数字化方法主要与用于窄带传输系统或有限容量的数字设备的语音编码器有关。采用该数字化技术的设备一般被称为声码器，声码器技术现在开始展开应用，特别是用于帧中继和 IP 上的语音。

除压缩编码技术外，人们还应用许多其他节省带宽的技术来减少语音所占带宽，优化网络资源。ATM 和帧中继网中的静音抑制技术可将连接中的静音数据消除，但并不影响其他信息数据的发送。语音活动检测(SAD)技术可以用来动态地跟踪噪声电平，并为这个噪声电平设置一个公用的语音检测阈值，这样就使得语音/静音检测器可以动态匹配用户的背景噪声环境，并将静音抑制的可听度降到最小。为了置换掉网络中的音频信号，这些信号不再穿过网络，舒适的背景声音在网络的任一端被集成到信道中，以确保话路两端的语音质量和自然声音的连接。语音编码方法归纳起来可以分成三类：波形编码、信源编码、混合编码。

1. 波形编码

波形编码比较简单，编码前采样定理对模拟语音信号进行量化，然后进行幅度量化，再进行二进制编码。解码器作数/模变换后再由低通滤波器恢复出现原始的模拟语音波形，这就是最简单的脉冲编码调制(PCM)，也称为线性 PCM。可以通过非线性量化，前后样值的差分、自适应预测等方法实现数据压缩。波形编码的目标是让解码器恢复出的模拟信号在波形上尽量与编码前原始波形相一致，也即失真要最小。波形编码的方法简单，数码率较高，在 32～64kb/s 时音质优良，当数码率低于 32kb/s 的时候音质明显降低，在 16kb/s 时音质非常差。

2. 信源编码

信源编码又称为声码器，是根据人声音的发声机理，在编码端对语音信号进行分析，分解成有声音和无声音两部分。声码器每隔一定时间分析一次语音，传送一次分析的编码有/无声和滤波参数。在解码端根据接收的参数再合成声音。声码器编码后的码率可以做得很低，如 1.2kb/s、2.4kb/s，但是也有其缺点。首先是合成语音质量较差，往往清晰度尚可而自然度欠缺，难以辨认说话人是谁；其次是复杂度比较高。

3. 混合编码

混合编码是将波形编码和声码器的原理结合起来，数码率约在 4～16kb/s，音质比较好，最近有个别算法所取得的音质可与波形编码相当，复杂程度介乎于波形编码器和声码器之间。

上述的三大语音编码方案还可以分成许多不同的编码方案。语音编码属性可以分为 4 类，分别是比特速率，时延、复杂性和质量。比特速率是语音编码很重要的一方面。比特速率的范围可以是从保密的电话通信的 2.4～64kb/s 的 G.711PCM 编码和 G.722 宽带(7kHz)语音编码器。

5.4.3 语音识别

自动语音识别(Automatic Speech Recognition,ASR)是实现人机交互尤为关键的技术,让计算机能够"听懂"人类的语音,将语音转化为文本。自动语音识别技术经过几十年的发展已经取得了显著的成效。近年来,越来越多的语音识别智能软件和应用走入了大家的日常生活,苹果的Siri、微软的小娜(Cortana)、百度度秘(Duer)、科大讯飞的语音输入法和灵犀等都是其中的典型代表。随着识别技术及计算机性能的不断进步,语音识别技术在未来社会中必将拥有更为广阔的前景。

1. 发展历程

以1952年贝尔实验室研制的特定说话人孤立词数字识别系统为起点,语音识别技术已经历了60多年的持续发展。其发展历程可大致分为以下4个阶段。

1) 20世纪50年代至70年代

该阶段是语音识别的初级阶段,主要研究孤立词识别。在动态时间规整技术、线性预测编码技术、向量量化技术等取得进展。IBM公司的杰利内克(F. Jelinek)等在20世纪70年代末提出n-gram统计语言模型,并成功地将trigram模型应用于TANGORA语音识别系统中。此后美国卡内基·梅隆大学采用bigram模型应用于SPHINX语音识别系统,大大提高了识别率。此后一些著名的语音识别系统也相继采用了bigram,trigram统计语言模型。

2) 20世纪80年代至90年代中期

识别算法从模式匹配技术转向基于统计模型的技术,更多地追求从整体统计的角度来建立最佳的语音识别系统。最典型的为隐马尔可夫模型(Hidden Markov Model,HMM)在大词汇量连续语音识别系统中的成功应用。美国国防部高级研究计划局(Defense Advanced Research Projects Agency,DARPA)自1983年开始进行为期十年的战略计算工程项目,其中包括用于军事领域的语音识别和语言理解、通用语料库等。参加单位包括MIT(麻省理工学院)、卡内基·梅隆大学贝尔实验室和IBM公司等。20世纪80年代末,美国卡内基·梅隆大学用VQ-HMM实现了语音识别系统SPHINX,这是世界上第一个高性能的非特定人、大词汇量、连续语音识别系统,开创了语音识别的新时代。至20世纪90年代中期,语音识别技术进一步成熟,并出现了一些很好的产品。该阶段可以认为是统计语音识别技术的快速发展阶段。

3) 20世纪90年代中期至21世纪初

该阶段语音识别研究工作更趋于解决在真实环境应用时所面临的实际问题。美国国家标准技术局和美国国防部高级研究计划局组织了大量的语音识别技术评测,极大地推动了该技术的发展。在此阶段,基于高斯混合模型(Gaussian Mixture Model,GMM)和HMM的混合语音识别框架成为领域内主流技术。而区分度训练技术的提出,进一步提升了系统性能。此外,为提升系统的鲁棒性及实用性,语音抗噪技术、说话人自适应训练(Speaker Adaptive Training,SAT)等技术被相继提出。该阶段可看作是GMM-HMM混合语音识别技术趋于成熟并应用的阶段。

4) 21世纪初至今

该阶段的特点是基于深度学习的语音识别技术成为主流,以2011年提出的上下文相关-深度神经网络-隐马尔可夫框架为变革开始的标志。基于链接时序分类(Connectionist Temporal Classification,CTC)搭建过程简单,且在某些情况下性能更好。2016 年,谷歌提出 CD-CTC-SMBR-LSTM-RNNS,标志着传统的 GMM-HMM 框架被完全替代。声学建模由传统的基于短时平稳假设的分段建模方法变革到基于不定长序列的直接判别式区分的建模。由此,语音识别性能逐渐接近实用水平,而移动互联网的发展同时带来了对语音识别技术的巨大需求,两者相互促进。与深度学习相关的参数学习算法、模型结构、并行训练平台等成为该阶段的研究热点。该阶段可看作是深度学习语音识别技术高速发展并大规模应用的阶段。

我国语音识别研究工作起步于 20 世纪 50 年代,而研究热潮是从 20 世纪 80 年代中期开始。在"863 计划"的支持下,我国开始了有组织的语音识别技术的研究。语音识别正逐步成为信息技术中人机接口的关键技术,研究水平也从实验室逐步走向实用。

2. 语音识别系统的结构

语音识别系统包含 4 个主要模块:信号处理、解码器、声学模型、语言模型(见图 5.12)。

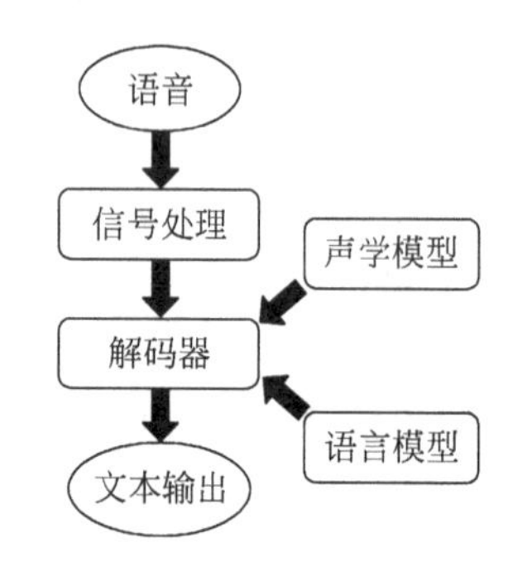

图 5.12 语音识别系统框架

信号处理模块输入为语音信号,输出为特征向量,随着远场语音交互需求越来越大,前端信号处理与特征提取在语音识别中的位置越来越重要。一般而言,主要过程为首先通过麦克风阵列进行声源定位,然后消除噪声。通过自动增益控制将收音器采集到的声音放到正常幅值。通过去噪等方法对语音进行增强,然后将信号由时域转换到频域,最后提取适用于 AM 建模的特征向量。

声学模型对声学和发音学知识进行建模,其输入为特征抽取模块产生的特征向量,输出为某条语音的声学模型得分。声学模型是对声学、语音学、环境的变量,以及说话人性别、口音的差异等的知识表示。声学模型的好坏直接决定整个语音识别系统的性能。

语言模型则是对一组字序列构成的知识表示,用于估计某条文本语句产生的概率,称为语言模型得分。模型中存储的是不同单词之间的共现概率,一般通过从文本格式的语料库中估计得到。语言模型与应用领域和任务密切相关,当这些信息已知时,语言模型得分更加精确。

解码器根据声学模型和语言模型,将输入的语音特征向量序列转化为字符序列。解码器将所有候选句子的声学模型得分和语言模型得分融合在一起,输出得分最高的句子作为最终的识别结果。

3. 基于深度神经网络的语音识别系统

基于深度神经网络的语音识别系统框架如图 5.13 所示。相比传统的基于 GMM-HMM 的语音识别系统,其最大的改变是采用深度神经网络替换模型对语音的观察概率进行建模。最初主流的深度神经网络是最简单的前馈型深度神经网络(Feedforward Deep Neural Network,FDNN)。DNN 与 GMM 相比,优势在于:

(1) 使用 DNN 估计 HMM 的状态的后验概率分布不需要对语音数据分布进行假设;

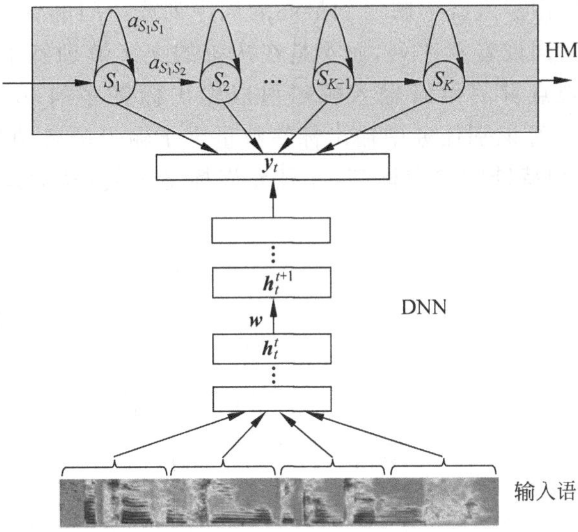

图 5.13　基于深度神经网络的语音识别系统框架

(2) DNN 的输入特征可以是多种特征的融合，包括离散或者连续的；

(3) DNN 可以利用相邻的语音帧所包含的结构信息。

考虑到语音信号的长时相关性，一个自然而然的想法是选用具有更强长时建模能力的神经网络模型。于是，循环神经网络(Recurrent Neural Network，RNN)近年来逐渐替代传统的 DNN 成为主流的语音识别建模方案。如图 5.14 所示，相比前馈型神经网络 DNN，循环神经网络在隐层上增加了一个反馈连接，也就是说，RNN 隐层当前时刻的输入有一部分是前一时刻的隐层输出，这使得 RNN 可以通过循环反馈连接看到前面所有时刻的信息，这赋予了 RNN 记忆功能。这些特点使得 RNN 非常适合用于对时序信号的建模。而长短时记忆模块(Long-Short Term Memory，LSTM) 的引入解决了传统简单 RNN 梯度消失等问题，使得 RNN 框架可以在语音识别领域实用化并获得了超越 DNN 的效果，目前已经使用在业界一些比较先进的语音系统中。除此之外，研究人员还在 RNN 的基础上做了进一步改进，图 5.15 是当前语音识别中的主流 RNN 声学模型框架，主要包含两部分：深层双向 RNN 和链接时序分类 CTC 输出层。其中双向 RNN 对当前语音帧进行判断时，不仅可以利用历史的语音信息，还可以利用未来的语音信息，从而进行更加准确的决策；CTC 使得训练过程无需帧级别的标注，实现有效的“端对端”训练。

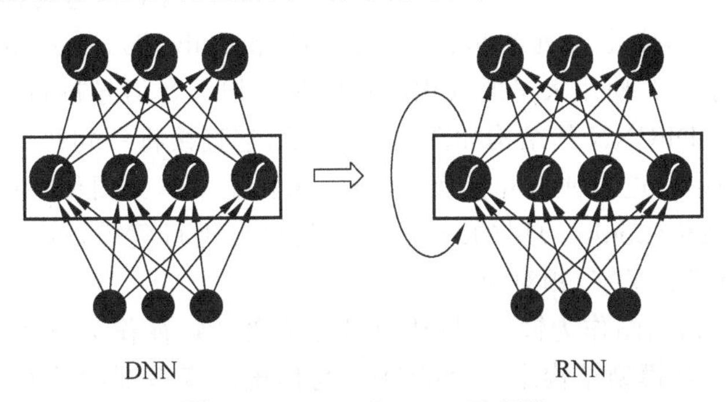

图 5.14　DNN 和 RNN 示意图

语音识别的任务是将输入波形映射到最终的词序列或中间的音素序列。声学模型真正应该关心的是输出的词或音素序列,而不是在传统的交叉熵训练中优化的一帧一帧的标注。为了应用这种观点并将语音输入帧映射成输出标签序列,引入了链接时序分类CTC方法。为了解决语音识别任务中输出标签数量少于输入语音帧数量的问题,链接时序分类CTC引入了一种特殊的空白标签,并且允许标签重复,从而迫使输出和输入序列的长度相同。

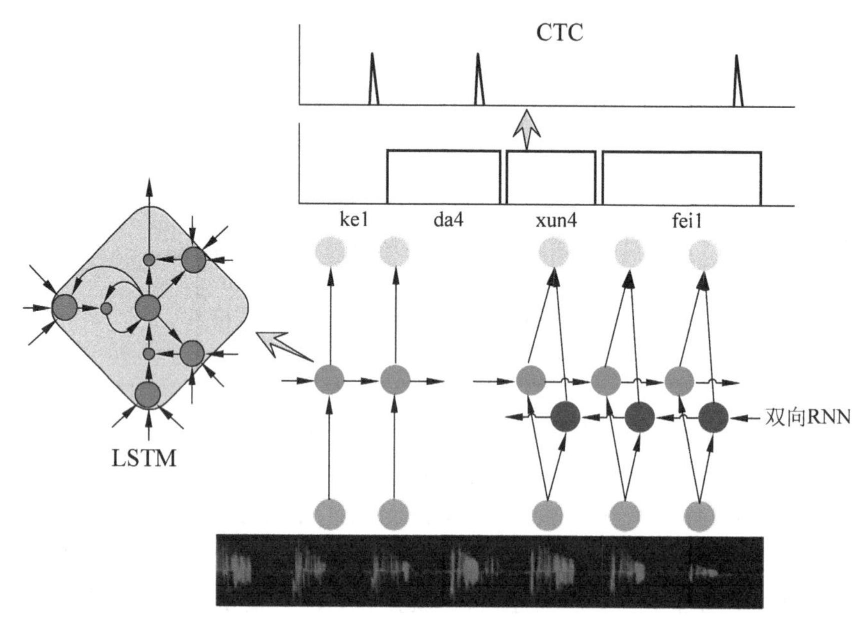

图5.15 基于RNN-CTC的主流语音识别系统框架

链接时序分类CTC的一个重要特点是我们可以选择大于音素的输出单元,比如音节和词。这说明输入特征可以使用大于10ms的采样率构建。链接时序分类CTC提供了一种以端到端的方式优化声学模型的途径。用端到端的语音识别系统直接预测字符而非音素,也就不再需要使用的词典和决策树了。

早在2012年,卷积神经网络CNN就被用于语音识别系统,但始终没有大的突破。最主要的原因是没有突破传统前馈神经网络采用固定长度的帧拼接作为输入的思维定式,从而无法看到足够长的语音上下文信息。另外一个缺陷是只将CNN视作一种特征提取器,因此所用的卷积层数很少,一般只有一或二层,这样的卷积网络表达能力十分有限。

科大讯飞研发了深度全序列卷积神经网络(Deep Fully Convolutional Neural Network,DFCNN)的语音识别框架,使用大量的卷积层直接对整句语音信号进行建模,更好地表达了语音的长时相关性。DFCNN的结构如图5.16所示,它直接将一句语音转化成一幅图像作为输入,即先对每帧语音进行傅里叶变换,再将时间和频率作为图像的两个维度,然后通过非常多的卷积层和池化(pooling)层的组合,对整句语音进行建模,输出单元直接与最终的识别结果(比如音节或者汉字)相对应。

DFCNN直接将语谱图作为输入,与其他以传统语音特征作为输入的语音识别框架相比具有天然的优势。从模型结构来看,DFCNN与传统语音识别中的CNN做法不同,它借鉴了图像识别中效果最好的网络配置,每个卷积层使用3×3的小卷积核,并在多个卷积层

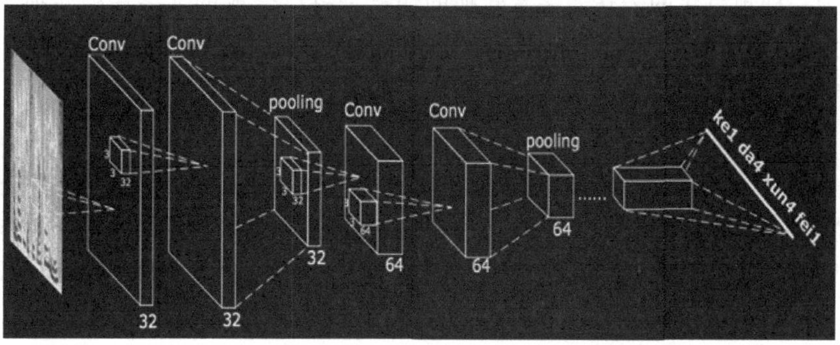

图 5.16 DFCNN 示意图

之后再加上池化层，这大大增强了 CNN 的表达能力，与此同时，通过累积非常多的这种卷积池化层对，DFCNN 可以看到非常长的历史和未来信息，这就保证了 DFCNN 可以出色地表达语音的长时相关性，相比 RNN 网络结构在鲁棒性上更加出色。最后，从输出端来看，DFCNN 还可以和近期热门的 CTC 方案完美结合以实现整个模型的端到端训练，且其包含的池化层等特殊结构可以使得以上端到端训练变得更加稳定。

在与其他多个技术点结合后，科大讯飞 DFCNN 的语音识别框架在内部数千小时的中文语音短信听写任务上，与目前业界最好的语音识别框架双向 RNN-CTC 系统相比获得了 15%的性能提升，同时结合科大讯飞的 HPC 平台和多 GPU 并行加速技术，使得训练速度也优于传统的双向 RNN-CTC 系统。DFCNN 的提出开辟了语音识别的一片新天地。

5.4.4 语音合成

语音合成即让计算机生成语音的技术，其目标是让计算机能输出清晰、自然、流畅的语音。按照人类言语功能的不同层次，语音合成也可以分成 3 个层次，即从文字到语音的合成、从概念到语音的合成、从意向到语音的合成。这 3 个层次反映了人类大脑中形成说话内容的不同过程，涉及人类大脑的高级神经活动。目前成熟的语音合成技术只能够完成从文字到语音(Text-To-Speech，TTS)的合成，该技术也常常被称作文语转换技术。

典型的文字到语音合成系统如图 5.17 所示，该系统可以分为文本分析模块、韵律预测模块和声学模型模块，下面对 3 个模块进行简要的介绍。

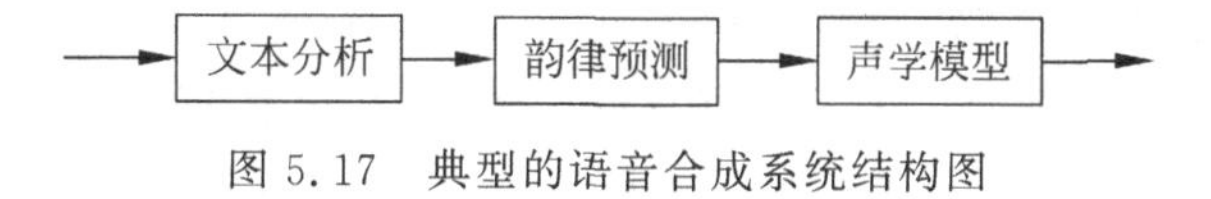

图 5.17 典型的语音合成系统结构图

1. 文本分析模块

文本分析模块是语音合成系统的前端。它的作用是对输入的任意自然语言文本进行分析，输出尽可能多语言相关的特征和信息，为后续的系统提供必要的信息。它的处理流程依次为：文本预处理、文本规范化、自动分词、词性标注、字音转换、多音字消歧、字形到音素(Grapheme to Phoneme，G2P)、短语分析等。文本预处理包括删除无效符号、断句等。其中，文本规范化的任务就是将文本中的非普通文字(如数学符号、物理符号等)字符识别出来,并转化为一种规范化的表达。字音转换的任务是将待合成的文字序列转换为对应的拼音序列。多音字消除歧义是解决一字多音的问题。G2P 是为了处理文本中可能出现的未知读音的字词,这在英文或其他单词以字母组成的语言中经常出现。

2. 韵律预测模块

韵律是指实际话流中的抑扬顿挫和轻重缓急,例如,重音的位置分布及其等级差异,韵律边界的位置分布及其等级差异,语调的基本骨架及其与声调、节奏和重音的关系等等。由于这些特征需要通过不止一个音段上的特征变化得以实现,通常也称之为超音段特征。韵律表现是一个很复杂的现象,对韵律的研究涉及语音学、语言学、声学、心理学等多个领域。韵律预测模块则接收文本分析模块的处理结果,预测相应的韵律特征,包括停顿、句重音等超音段特征。韵律模块的主要作用是保证合成语音拥有自然的抑扬顿挫节奏,提升语音的自然度。

3. 声学模型模块

声学模型的输入为文本分析模块提供的文本相关特征和韵律预测模块提供的韵律特征,输出为自然语音波形。目前主流的声学模型采用的方法可以概括为两种:一种是基于时域波形的拼接合成方法,声学模型模块首先对基频、时长、能量和节奏等信息建模,并在大规模语料库中根据这些信息挑选最合适的语音单元,然后通过拼接算法生成自然语音波形;另一种是基于语音参数的合成方法,声学模型模块根据韵律和文本信息的指导来得到语音的声学参数,如谱参数、基频等,然后通过语音参数合成器来生成自然语音波形。

语音合成系统的声学模型从所采用的基本策略来看,可以分为基于发音器官的模型和基于信号的模型两大类。前者试图对人类的整个发音器官进行直接建模,通过该模型进行语音的合成,该方法也被称为基于生理参数的语音合成。后者则是基于语音信号本身进行建模或者直接进行基元选取拼接合成。相比较而言,基于信号模型的方法具有更强的应用价值,因而得到了更多研究者和工业界的关注。基于信号模型的方法有很多,主要包括基于基元选取的拼接合成和统计参数语音合成。

5.5 人脸识别

人脸识别技术是指利用分析比较的计算机技术识别人脸。人脸识别技术是基于人的脸部特征,对输入的人脸图像或者视频流,首先判断其是否存在人脸,如果存在人脸,则进一步给出每个脸的位置、大小和各个主要面部器官的位置信息,并依据这些信息,进一步提取每个人脸中所蕴含的身份特征,并将其与已知的人脸进行对比,从而识别每个人脸对应的身份。

人脸识别技术识别过程一般分 3 步:

(1) 首先建立人脸的面像档案。用摄像机采集单位人员的人脸的面像文件或获取他们的照片形成面像文件,并将这些面像文件生成面纹(Faceprint)编码存储起来。

(2) 获取当前的人体面像。用摄像机捕捉的当前出入人员的面像,或获取照片输入,并将当前的面像文件生成面纹编码。

(3) 用当前的面纹编码与档案库存的比对。将当前的面像的面纹编码与档案库存中的面纹编码进行检索比对。上述的"面纹编码"方式是根据人脸部的本质特征工作的。这种面纹编码可以抵抗光线、皮肤色调、面部毛发、发型、眼镜、表情和姿态的变化,具有高可靠性,从而使它可以从百万人中精确地辨认出某个人。人脸的识别过程,利用普通的图像处理设备就能自动、连续、实时地完成。

人脸识别系统主要包括4个组成部分,即人脸图像采集、人脸预处理、特征提取、特征比对(见图5.18)。

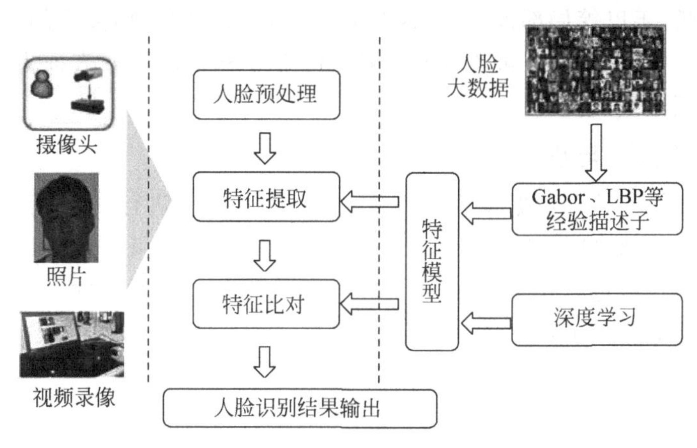

图5.18 人脸识别系统

1. 人脸图像采集及检测

人脸图像采集:不同的人脸图像都能通过摄像镜头采集下来,比如静态图像、动态图像、不同位置、不同表情等方面都可以得到很好的采集。当用户在采集设备的拍摄范围内时,采集设备会自动搜索并拍摄用户的人脸图像。

人脸检测:人脸检测在实际中主要用于人脸识别的预处理,即在图像中准确标定出人脸的位置和大小。人脸图像中包含的模式特征十分丰富,如直方图特征、颜色特征、模板特征、结构特征及哈尔特征等。人脸检测就是把其中有用的信息挑出来,并利用这些特征实现人脸检测。

主流的人脸检测方法基于以上特征采用Adaboost学习算法。Adaboost算法是一种用来分类的方法,它把一些比较弱的分类方法合在一起,组合出新的很强的分类方法。

人脸检测过程中使用Adaboost算法挑选出一些最能代表人脸的矩形特征(弱分类器),按照加权投票的方式将弱分类器构造为一个强分类器,再将训练得到的若干强分类器串联组成一个级联结构的层叠分类器,有效地提高了分类器的检测速度。

2. 人脸图像预处理

对于人脸的图像预处理是基于人脸检测结果,对图像进行处理并最终服务于特征提取的过程。系统获取的原始图像由于受到各种条件的限制和随机干扰,往往不能直接使用,必须在图像处理的早期阶段对它进行灰度校正、噪声过滤等图像预处理。对于人脸图像而言,其预处理过程主要包括人脸图像的光线补偿、灰度变换、直方图均衡化、归一化、几何校正、滤波以及锐化等。

3. 人脸图像特征提取

人脸识别系统可使用的特征通常分为视觉特征、像素统计特征、人脸图像变换系数特征、人脸图像代数特征等。人脸特征提取是针对人脸的某些特征进行的。人脸特征提取,也称人脸表征,它是对人脸进行特征建模的过程。人脸特征提取的方法可分为两大类:一种是基于知识的表征方法;另一种是基于代数特征或统计学习的表征方法。

基于知识的表征方法主要是根据人脸器官的形状描述以及它们之间的距离特性来获得有助于人脸分类的特征数据,其特征分量通常包括特征点间的欧氏距离、曲率和角度等。人脸由眼睛、鼻子、嘴、下巴等局部构成,对这些局部和它们之间结构关系的几何描述,可作为识别人脸的重要特征,这些特征被称为几何特征。基于知识的人脸表征主要包括基于几何特征的方法和模板匹配法。

4. 人脸图像匹配与识别

提取的人脸图像的特征数据与数据库中存储的特征模板进行搜索匹配,设定一个阈值,若相似度超过这一阈值,则把匹配得到的结果输出。人脸识别就是将待识别的人脸特征与已得到的人脸特征模板进行比对,根据所提取特征的相似程度对人脸对应的身份信息进行判断。这一过程又分为两类:一类是确认,是一对一进行图像比较的过程;另一类是辨认,是一对多进行图像匹配对比的过程。

人脸识别技术被广泛用于政府、军队、银行、社会福利保障、电子商务、安全防务等领域。例如,电子护照及身份证,这是规模最大的应用。国际民航组织(ICAO)已确定,从2010年4月1日起,其118个成员国家和地区,人脸识别是其首推识别模式,该规定已经成为国际标准。美国已经要求和它有出入免签证协议的国家在2006年10月26日之前必须使用结合了人脸指纹等生物特征的电子护照系统,到2006年底,已经有50多个国家实现了这样的系统。

视频20
对话系统

5.6 对话系统

对话系统(dialog system)是指以完成特定任务为主要目的的人机交互系统。在现有的人与人之间对话的场景下,对话系统能帮助提高效率、降低成本,比如客服与用户之间的对话。

这里列出几个对话系统的具体应用。许多人很熟悉Siri,每个iOS上都有。Cortana和Siri类似,是微软推出的个人助理应用,主要用于Windows系统中。亚马逊的Echo是最近很火的智能音箱,用户可以通过语音交互获取信息、商品和服务。

图5.19给出了语音对话系统的结构,由5个主要部分组成:

(1) 自动语音识别(Automatic Speech Recognition,ASR)将原始的语音信号转换成文本信息;

(2) 自然语言理解(Natural Language Understanding,NLU)将识别出来的文本信息转换为机器可以理解的语义表示;

(3) 对话管理(Dialog Management,DM)基于对话的状态判断系统应该采取什么动作,这里的动作可以理解为机器需要表达什么意思;

(4) 自然语言生成(Natural Language Generation,NLG)将系统动作转变成自然语言文本;

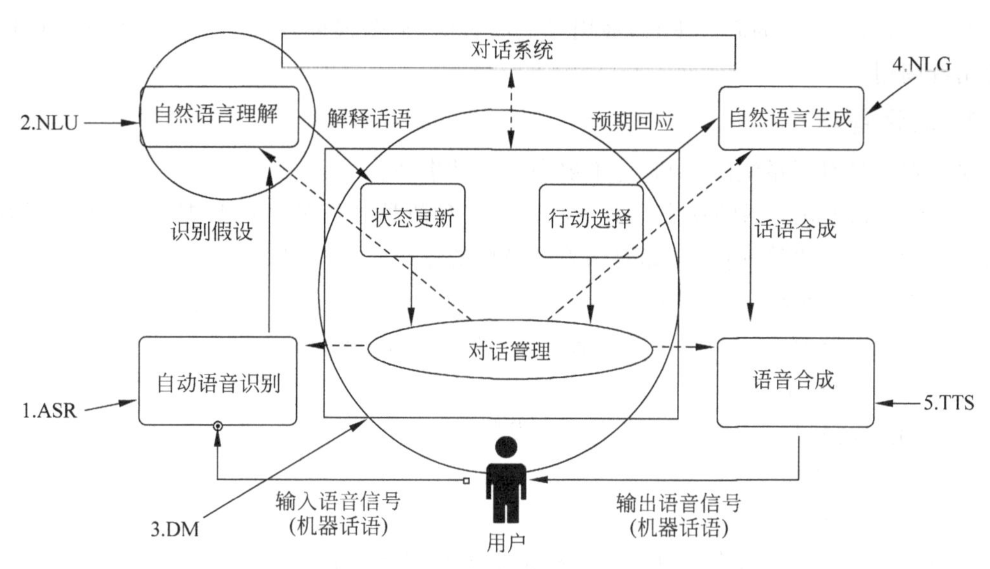

图 5.19 语音对话系统的结构

(5) 语音合成(Text to Speech,TTS)将自然语言文本变成语音输出给用户。

前面已经介绍了语音识别和语音合成技术,下面重点介绍对话系统中自然语言理解、对话管理和自然语言生成。

1. 自然语言理解

自然语言理解的目标是将文本信息转换为可被机器处理的语义表示。因为同样的意思有很多种不同的表达方式,对机器而言,理解一句话里每个词的确切含义并不重要,重要的是理解这句话表达的意思。为了让机器能够处理,我们用语义表示来表示自然语言的意思。语义表示可以用意图+槽位的方式来描述。意图即这句话所表达的含义,槽位即表达这个意图所需要的具体参数,用槽(slot)-值(value)对的方式表示。

下面介绍自然语言理解几种方法。第一种是基于规则的方法,大致的思路是定义很多语法规则,即表达某种特定意思的具体方式,然后根据规则去解析输入的文本。这个方法的好处是非常灵活,可以定义各种各样的规则,而且不依赖训练数据。当然缺点也很明显,就是在复杂的场景下需要很多规则,而这些规则几乎无法穷举。因此,基于规则的对话理解只适合在相对简单的场景,适合快速地做出一个简单可用的语义理解模块。当数据积累到一定程度,就可以使用基于统计的方法了。

基于统计的自然语言理解使用数据驱动的方法来解决意图识别和实体抽取的问题。意图识别可以描述成一个分类问题,输入是文本特征,输出是它所属的意图分类。传统的机器学习模型,如 SVM、Adaboost 都可以用来解决该问题。

实体抽取可以描述成一个序列标注问题,输入是文本特征,输出是每个词或每个字属于实体的概率。传统的机器学习模型,如 HMM、CRF 都可以用来解决该问题。如果数据量够大,也可以使用基于神经网络的方法来进行意图识别和实体抽取,通常可以取得更好的效果。

自然语言理解是所有对话系统的基础,目前有一些公司将自然语言理解作为一种云服务提供,方便其他产品快速的具备语义理解能力。比如 Facebook 的 wit. ai、Google 的 api. ai 和微软的 luis. ai,都是类似的服务平台,使用者上传数据,平台根据数据训练出模型并提供接口供使用者调用。

2. 对话管理

对话管理是对话系统的大脑,它主要完成两件事情:

(1) 维护和更新对话的状态。对话状态是一种机器能够处理的数据表征,包含所有可能会影响到接下来决策的信息,如对话管理模块的输出、用户的特征等。

(2) 基于当前的对话状态,选择接下来合适的动作。举一个具体的例子,用户说"帮我叫一辆车回家",此时对话状态包括对话管理模块的输出、用户的位置、历史行为等特征。在这个状态下,系统接下来的动作可能有几种:

① 向用户询问起点,如"请问从哪里出发";

② 向用户确认起点,如"请问从公司出发吗";

③ 直接为用户叫车,"马上为你叫车从公司回家"。

常见的对话管理方法有 3 种。第一种是基于有限状态机,将对话过程看成是一个有限状态转移图。对话管理每次有新的输入时,对话状态都根据输入进行跳转。跳转到下一个状态后,都会有对应的动作被执行。基于有限状态机的对话管理,优点是简单易用,缺点是状态的定义以及每个状态下对应的动作都要靠人工设计,因此不适合复杂的场景。

第二种对话管理采用部分可见的马尔可夫决策过程。所谓部分可见,是因为对话管理的输入是存在不确定性的,对话状态不再是特定的马尔可夫链中特定的状态,而是针对所有状态的概率分布。在每个状态下,系统执行某个动作都会有对应的回报。基于此,在每个对话状态下,选择下一步动作的策略即为选择期望回报最大的那个动作。这个方法有以下几个优点:

(1) 只需定义马尔可夫决策过程中的状态和动作,状态间的转移关系可以通过学习得到;

(2) 使用强化学习可以在线学习出最优的动作选择策略。当然,这个方法也存在缺点,即仍然需要人工定义状态,因此在不同的领域下该方法的通用性不强。

第三种对话管理方法是基于神经网络的深度学习方法。它的基本思路是直接使用神经网络去学习动作选择的策略,即将对话理解的输出等其他特征都作为神经网络的输入,将动作选择作为神经网络的输出。这样做的好处是:对话状态直接被神经网络的隐向量所表征,不再需要人工去显式地定义对话状态。对话策略优化采用强化学习技术,决定系统要采取的行动指令。

3. 自然语言生成

自然语言生成模块是根据对话管理模块输出的系统行动指令,生成对应的自然语言回复并返回给用户。解决回复生成问题的方法目前主要分为两种,即基于检索的方法和基于生成的方法。检索式方法通常是在一个大的回复候选集中选出最适合的来回答用户提出的问题,虽然其保证了回复的流畅性和自然性,但其高度依赖于候选集的大小和检索方法的效果,有时候得不到理想的结果。生成式方法则借助于循环神经网络(RNN)通过对对话的学习来生成新的回复,不仅能够有效解决长距离依存问题,而且借助深度学习能够自行选择特征的机制，能够采用端到端的方式在任务数据上直接优化，在对话系统任务中回复生成取得好的效果。

5.7 小结

感知是客观外界直接作用于人的感觉器官而产生的。在社会实践中，人们通过眼、耳、鼻、舌、身5个器官接触外界客观事物，使我们可以解释周围的环境。本章重点介绍视觉和听觉感知，它们包含了独特的通路和加工，以将外部刺激转换为可以被大脑解释的神经信号。

大脑的很大一部分都被用来表征从不同感官的感受器获得的信息。视皮质是由许多不同的区域所组成，每一区域完成专门的加工功能。声波从鼓膜开始，在毛细胞和耳蜗的基底膜中得到加工。信息随后被传送到丘脑的内侧膝状体，并达到初级听皮质。

通过感知智能，实现初级类脑计算，使机器能听、说、读、写，能方便地与人沟通，突破语义处理的难关。机器可以像人一样，理解各种媒体，诸如文本、语音、图形、图像、视频、动画等，所蕴含的语义内容。

思考题

1. 建构理论与直接知觉的不同之处是什么？
2. 请给出视觉基本神经通路模型。
3. 马尔视觉信息处理过程包括哪几个表示层次？
4. 试阐述听觉通路的工作原理。
5. 请给出人脸识别的主要步骤。
6. 概述语音对话系统的主要构成及其功能。

第6章 语言认知

CHAPTER 6

语言是人类最重要的交际工具，是人们进行沟通交流的各种表达符号。语言是抽象思维的“载体”，是产生人类思维的主要推动力量。语言认知将把心理语言模型和神经科学结合起来，阐明大脑如何通过处理口头和书面输入来获取语义，了解人类语言理解的神经模型。

视频21
心理词典

6.1 心理词典

语言是最复杂、最系统、应用又最广泛的符号系统。语言符号不仅表示具体的事物、状态或动作，而且也表示抽象的概念。单词表征中的一个中心概念是心理词典(mentallexicon)——关于语义(单词的含义)、句法(单词是如何组合成句子的)和词形(它们的拼写和发音模式)信息的心理记忆。大多数语言心理学理论都认可心理词典在语言加工中的重要作用。但是一些理论提出一个语言理解和表达兼备的心理词典，另外一些模型却将词汇输入和输出区分开来。另外，基于视觉的正字法和基于声音的语音形式的表征在任何一个模型中都要考虑到。我们知道大脑中存在一个(或几个)关于单词存储的记忆模块，那么这些记忆模块是怎么组织起来形成概念的？

心理词典和一般的大学词典不一样，心理词典是以特异性信息网络的形式组织起来。在文献[9]中列维特(W. Levelt)等提出特异性信息网络在所谓的词素(lexeme)水平上以单词的形式存在，在词元(lemma)水平上以单词的语法特性的形式存在。在词元水平上，单词的语义特性也被表征出来了。这种语义信息定义了概念水平。在这种概念水平下，使用某一特定的单词是适当的。例如，这个词是代表了一个有生命的物体(活着的生物)还是一个非生命物体。这些特性是通过词元水平和概念水平之间的“感觉”连接来传达的。单词的语义知识是在概念水平表征的。概念水平超出了我们关于单词的语言知识。单词的语义知识与纯语言知识是不相同的。当我们想到那些只有一种形式的表征，但有两种或更多不相关语义的单词时(如单词 bank)，这种区别就很明显了。为了提取单词“bank”的意思，你需要语境信息来确定预期的意思是“河岸”还是“银行”。图6.1给出了一个词汇网络片段的例子。

语义记忆对语言理解和表达有重要意义，因此与心理词典有明显联系，这一点从图6.1可以看出。但是语义记忆和心理词典并不必然是同一个东西。可以说概念或语义表征反映了我们关于真实世界的知识。这些表征可以通过我们的思想和意图或者通过我们对单词和句子、对图片和相片以及对真实世界中事件、物体和状态的感知来被激活。虽然很多研究都考查过概念和语义表征的特性，但是关于概念在大脑中如何以及在哪里表征的问题尚无定论。

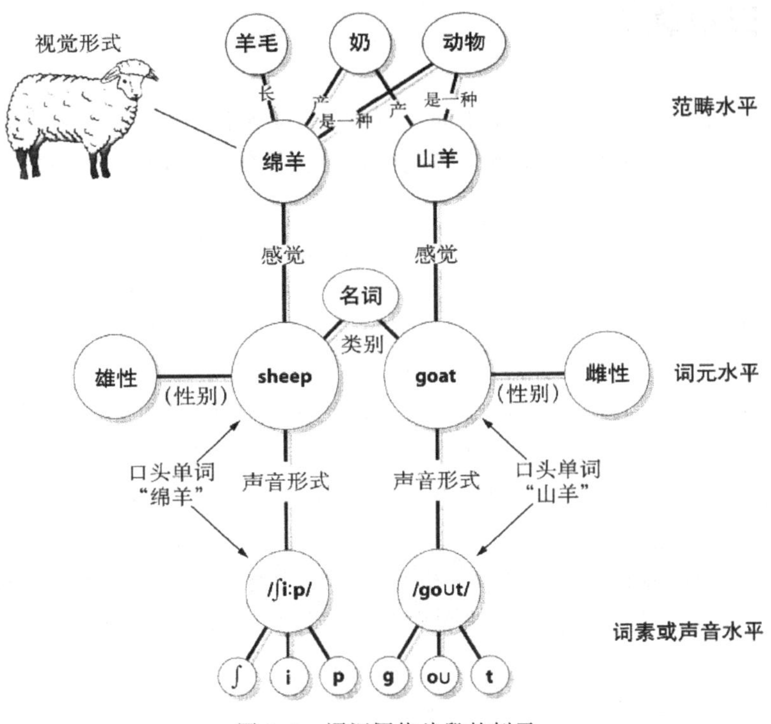

图 6.1　词汇网络片段的例子

1975 年，柯林斯(A. M. Collins)和洛夫特斯(E. F. Loftus)提出了非常有影响的语义网络模型，单词的含义在其中得以表征出来。在这个网络中，概念节点表征单词，而单词之间相互联系。图 6.2 展示了一个语义网络的例子。节点之间的连接强度和距离由单词之间的语义关系和关联关系决定。例如，表征单词 Sports Car 的节点与表征单词 Automobile 的节点之间有接近且强烈的连接。

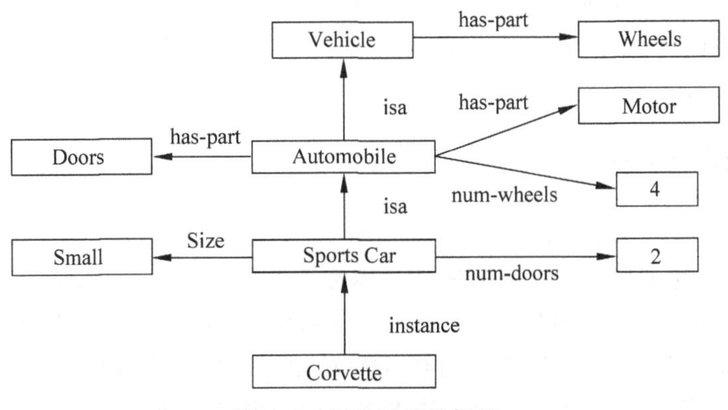

图 6.2　语义网络的例子

总体说来,单词意义是怎样被表征的还是一个有争议的问题。然而,大家都同意,单词含义的心理记忆对一般的语言理解和表达是很重要的。来自脑损病人和脑功能成像研究的证据解释了心理词典和概念知识是如何组织的。

视频22
口语输入和书面输入

6.2 口语输入

口语的输入信号与书面语言非常不同。对一个读者来说,显而易见,在页面上的字母是重要的物理信号,然而,一个听者会遭遇环境中各种各样的声音,并需要将相关语音信号与其他的"噪声"加以识别和区分。

口语的重要组成单位是音素(phoneme),这是表达不同意义的最小语音单位。听者的大脑必须解决语音信号所带来的困难,其中一些困难与信号的变异性有关。音素通常不是以单独的信息小组块形式出现的,因此对听者来说这又造成了额外的困难。换句话说,它们缺乏分割。然而在书面语言中,物理的边界将单词与单词、句子和句子分割开来,而这些边界通常在语音中是缺乏的。当你读英文文章时,会发现每个单词之间都用空格隔开了,而且每个句子都是以一个句点结尾的。这些物理线索帮你区别单词和句子。相对而言,语音的单词界限是含糊的。除了单词内的停顿外,口头句子通常都缺乏单词间的明晰间隔。

听者接受的听觉输入存在大量变异。在口头语言中,不可能存在物理信号和记忆表征一对一的联系,所以听觉输入的感知觉分析必须将这个因素考虑在内。面对如此多变的物理信号,大脑是如何从语音中提取其含义的呢?究竟什么才是语音输入表征的抽象单元问题。

一些研究者提出,这些表征是建立在输入信号的频谱特性上的。这些频谱特性视不同的声音而不同。这些由频谱分析得出的特征可能形成一个语音表征,而语音表征可能是音素表征的提取编码。但是其他人提出了不同的表征单元,如音素本身、音节以及讲述者计划对音素发音的方式。另外一些理论家都拒绝接受存在离散的单元来表征语音信号这种观点。

听者从语音节奏和讲述者嗓音的音高所获得的音韵信息有助于将语音流分解成有意义的部分。语音节奏来自单词持续时间长短和单词间停顿位置的变化。音韵在所有口语中都是明显的,但是其在讲述者提问或强调时最为明显。当提问时,讲述者在问句结尾处会提高声音的频率;而当强调发言中的某个部分时,讲述者会在讲述该部分时提高声音的响度并在其后加入一个停顿。

6.2.1 语音编码

语音数字化的技术基本可以分为两类:第一类方法是在尽可能遵循波形的前提下,将模拟波形进行数字化编码;第二类方法是对模拟波形进行一定处理,但仅对语音和收听过程中能够听到的语音进行编码。其中语音编码的3种最常用的技术是脉冲编码调制(PCM)、差分PCM(DPCM)和增量调制(DM)。通常,公共交换电话网中的数字电话都采用这3种技术。第二类语音数字化方法主要与用于窄带传输系统或有限容量的数字设备的语音编码器有关。采用该数字化技术的设备一般被称为声码器,声码器技术现在开始展开应用，特别是用于帧中继和 IP 上的语音。

除压缩编码技术外，人们还应用许多其他节省带宽的技术来减少语音所占带宽，优化网络资源。ATM 和帧中继网中的静音抑制技术可将连接中的静音数据消除，但并不影响其他信息数据的发送。语音活动检测(Voice Activity Detection，VAD)技术可以用来动态地跟踪噪声电平，并为这个噪声电平设置一个专用的语音检测阈值，这样就使得语音/静音检测器可以动态匹配用户的背景噪声环境，并将静音抑制的可听度降到最小。为了置换掉网络中的音频信号，这些信号不再穿过网络，舒适的背景声音在网络的任一端被集成到信道中，以确保话路两端的语音质量和自然声音的连接。语音编码方法归纳起来可以分成三大类：波形编码、信源编码、混合编码。

1. 波形编码

波形编码比较简单，编码前采样定理对模拟语音信号进行量化，然后进行幅度量化，再进行二进制编码。解码器进行数/模变换后再由低通滤波器恢复出现原始的模拟语音波形，这就是最简单的脉冲编码调制(PCM)，也称为线性 PCM。可以通过非线性量化、前后样值的差分、自适应预测等方法实现数据压缩。波形编码的目标是让解码器恢复出的模拟信号在波形上尽量与编码前原始波形相一致，也即失真要最小。波形编码的方法简单，数码率较高，在 32～64kb/s 范围内音质优良，当数码率低于 32kb/s 时音质明显降低，16kb/s 时音质非常差。

2. 信源编码

信源编码又称为声码器，是根据人声音的发生机理，在编码端对语音信号进行分析，分解成有声音和无声音两部分。声码器每隔一定时间分析一次语音，传送一次分析的编码有/无声和滤波参数。在解码端根据接收的参数再合成声音。声码器编码后的数码率可以做得很低，如 1.2kb/s、2.4kb/s，但是也有其缺点。首先是合成语音质量较差，往往清晰度可以但自然度欠缺，难以辨认说话人是谁；其次是复杂度比较高。

3. 混合编码

混合编码是将波形编码和声码器的原理结合起来，数码率约为 4～16kb/s，音质比较好，最近有个别算法所取得的音质与波形编码相当，复杂程度介于波形编码器和声码器之间。

上述三大语音编码方案还可以分成许多不同的编码方案。语音编码属性可以分为 4 类，分别是比特速率、时延、复杂性和质量。比特速率是语音编码很重要的一方面。比特速率的范围可以从保密的电话通信的 2.4kb/s 到 G.711PCM 编码和 G.722 宽带(7kHz)语音编码器的 64kb/s。

6.2.2 韵律认知

韵律是所有自然口语的共同特征，在言语交流中起着非常重要的作用，它通过对比组合音段信息，使说话者的意图得到更好的表达和理解。对人工合成语言来说，韵律控制模型的完善程度，决定了合成语言的自然度。韵律认知日益受到语言学界和言语工程学界的重视。深入全面地理解自然语言的韵律特征无论对语音学研究，还是对提高语音合成的自然度和识别语音的准确性来说，都是至关重要的。语音流信息包括音段信息和韵律信息。音节等音段信息通过音色来表达，韵律信息则通过韵律特征来表达。

言语研究最初为集中探讨句法和语义加工过程，把韵律搁在了一边。一直到了20世纪60年代，才开始对韵律的系统研究。

1. 韵律特征

韵律特征主要包含3方面：重音、语调和韵律结构(指韵律成分的边界结构)。由于它可以覆盖两个或两个以上音段，所以常被称为超音段特征。韵律结构是一个层级结构，对它的成分有各种划分方法，一般公认有3个层级，从小到大依次是韵律词、韵律短语和语调短语。

1) 汉语的重音

(1) 词重音和语句重音。

(2) 语句重音的类型。

(3) 语句重音的位置分布及等级差异。

汉语韵律重音是复杂的。在播音员播音时，大量采用对比手段，包括音高的对比和时长的对比。

2) 汉语的语调

语调构造由语势重音配合而形成。它是一种语音形式，通过信息聚焦来实施超语法的功能语义。节奏从语言的树形关系出发，按照表达的需要，利用有声形态有限的分解度来安排节奏重音，形成多层套叠的节奏单元。语势重音和节奏重音分别调节声调音域的高音线和低音线。把语调构造各部分的音域特征综合在一起，可以区分出不同的语调类型来，因此语调是声调音域再调节的重要因素，而声调音域是功能语调和口气语调最重要的有声依据。

汉语语调的基本骨架可以分为调冠、调头、调核、调尾4部分。语调构造典型的有声表现如下：

(1) 调头和调核中有较强的语势重音，调冠里只有轻化音节，调尾里一般没有太强的语势重音。

(2) 调核之后声调音域的高音线下移，形成明显的落差。

(3) 调核后一音节明显轻化。调核为上声本调时，后一音节轻化并被明显抬高，高音线落差在其后出现。

大量事实可以说明，在非轻的音节组合中，高音点的高低是跟着语势改变的。在前强后弱的组合中，后一音节的高音点下移，随着语势差别的扩大，后一个音节还可能轻化。当后边出现较强语势的时候，高音点又可能恢复到一定的音高。

在陈述方式下，高音线下落的过程很快完成，因此调尾一开始或一两个音节后，高音线就已经下移到最低水平。这是高音线的骤落形式。在疑问方式下，高音线下落是逐步完成的，也就是说，调尾几个音节的高音线呈缓缓下降的曲线形式，这是高音线的渐落形式。高音线和低音线是两种独立的因素，因此陈述语调是高音线骤落形式和低音线下延形式两种特征的组合，不是音域因素单一自由度的调节形式。同样，疑问语调是高音线渐落形式和低音线上敛两种特征的组合。从中分出两个自由度，会有4种基本组合。语音事实表明，除了陈述和疑问外，高音线骤落和低音线上敛是普通的祈使语调，全句高音线渐落和低音线下延是一种重要的感叹语调。4种功能语调还有各种变体，以上描述是很粗略的。除了功能语调外，各种口气语调和其他语调现象与全句或局部的音域调节有关。

语调标记：

(1) 高音线无标——骤降语调。调核后高音线骤降，调核后可能出现轻化音节。

(2) 高音线有标——渐降语调。调核后高音线渐降，调核后也能出现轻化音节。许多研究都认为，上声调核后出现骤降或渐降的滞后现象。

(3) 低音线无标——下延语调。低音线有较大起落，向下延伸。

(4) 低音线有标——上敛语调。低音线起落变小，向上收敛，尤以调核和调尾最显著。

通常的疑问语调是强上敛，祈使语调是弱上敛。可能还有其他未知特征。口气语调的分类与功能语调一致，包含相似声学特征、增加带宽特征。它们是高音线和低音线的细微调节。“口气”的意蕴跟功能语调的基本功能（语义）相关。

3) 韵律结构

(1) 韵律词：反映汉语节奏的两音节或三音节组，在韵律词内部不能停顿，在韵律词边界不一定有停顿但是可以有停顿。

(2) 韵律词组：一般为两个或三个联系比较紧密的韵律词，在韵律词组内部的韵律词之间通常没有可感知的停顿，而在韵律词组尾一定有一个可以感知的停顿，但从语图上不一定能观察到明显的静音段。

(3) 韵律短语：由一个或几个韵律词组成，韵律短语之间通常有比较明显的停顿，从语图上一般也可以观察到明显的静音段。在音高图上低音线的渐降是韵律短语的重要特点。

(4) 语调短语：由一个或几个韵律短语组成。语调短语可以是单句，或复合句中的子句，多为标点符号所隔离。在语调短语后一般有个比较长的停顿。

从上面的定义可以看出，4 个韵律单元存在着包含关系，即语调短语边界一定是韵律短语边界，韵律短语边界一定是韵律词组边界，而韵律词组边界只能落在韵律词边界上。但是韵律词组边界不一定是词典词边界，词典词边界也不一定是韵律词边界。

2. 韵律建模

人在不同的语境下会有不同的韵律特征，语境与韵律特征之间具有很强的相关性。韵律特征参数分布受语境信息的影响，这种影响又满足一定的概率关联关系，而不是一个简单的函数映射。从概率的角度，对于一个已知的语句参数，与之相对应的韵律特征参数，为所有韵律特征参数中出现概率最大的一组。

3. 韵律标注

韵律标注是对语音信号中具有语言学功能的韵律特征进行的定性描写。标注语句中有语言学功能的声调变化、语调模式、重音模式和韵律结构，受轻重音影响的音高变化属于标音内容，而元音内在音高变化和音节间声调协同发音不属于标注内容。不标注宜于定量描写的韵律现象。韵律标注一般是分层的，音段切分是韵律标注的基础，所以是必不可少的一层。其他层次的标注，要依据实际应用的需求和标注的语音特性确定。

从工程应用的角度看，韵律标注是对语音进行音系的描写，它与语言学层和语音层均有关系，言语工程通过标注的结果，很容易对语言学信息或语音信息的对应关系进行建模。所以，韵律标注在语音口语识别和基于数据驱动的语音合成系统中，起着越来越大的作用。

韵律标音系统是分音层的，每个音层标记不同的韵律或与之相关的现象。一般来说，可以有以下几层信息，使用者可以依据个人需要，选择标注层级。

(1) 音节层：标记普通语音节的拼音形式，如普通话用 1、2、3、4 分别表示 4 个声调，轻声用 0 表示。声调标在拼音之后。

(2) 实际发音标注层：标注声母、韵母和声调的实际发音。我们采用 IPA 的机读符号系统 SAMPA-C 标注。

(3) 语调层：语调构造是由韵律结构和重音结构决定的，即重音结构和韵律结构确定之后，语调曲线就可以确定了。研究表明，语调变化主要是声调调域(range)和调阶(register)的改变，声调变化主要是音高特征的改变。调域受说话人的心理状态、语气、韵律结构等因素的影响会发生改变，所以语调标注应该能够反映调域的扩大和缩小以及调阶的变化和整个语调曲线的变化趋势或叫高低音线的变化趋势。

音段标注就是把话语中的每个语音单元(包括音节、声韵乃至更小的语音单元)逐一进行切分，然后对它们的音色特征分别给予细致如实的描写。汉语音段标注可以分层次进行。音段的扩展标注主要是在正则发音的基础上对语音的实际发音进行标注，将音段和超音段上的音变现象标注出来，所以采用与 IPA 对应的汉语机读音段标注系统 SAMPA-C。对于口语语料，还应该标记副语言学和非语言学现象。

SAMPA 是目前国际上通行的可机读语音键盘符号系统，在语料库的音段标注中广泛使用。在汉语普通话的语音音段标注中已制定出一套可行的 SAMPA-C 符号系统。这里希望将这个系统扩大，包括汉语中的各种方言。因此首先要确定建立 SAMPA-C 的原则。

(1) 依据 SAMPA 符号系统，制定汉语相应的符号。

(2) 对汉语特殊语音现象增加附加符号。

(3) 一个开放性的系统，随着对语音现象的认识提高，可以增加新的符号或修订不适用的符号。

SAMPA-C 主要是对汉语进行音段标注，首先给出了汉语的辅音、元音、声调和音变等标注符号系统。然后把普通话的符号系统列举出来，另外对广州方言、上海方言和福州方言这几种主要方言也给出声韵调符号系统，其他方言可以按照这个模式不断补充进来。

4. 韵律生成

韵律生成一开始是作为单词产生的音韵编码过程的一部分受到关注的。随着研究手段的发展，短语和句子产生过程中的韵律生成也得到了研究。这些研究主要是从信息加工的角度进行的。韵律产生的相关模型有 Shattuck-Hufnagel 的扫描复制模型、Dell 的联结主义模型，这两个模型没有专门论述韵律产生。迄今为止，最全面的韵律产生模型是由列维特(W. J. M. Levelt)等人提出来的韵律编码和加工模型[43]。

列维特认为在口语句子的产生过程中，所有阶段的加工都是并行的、递增的。韵律编码包括许多过程，一些在词的范畴进行加工，另一些在句子的范畴进行加工。在一个句子的句法结构展开的同时，词汇的语音规划也产生了。词汇的通常分成两部分：词元(包含语义和句法特征)的提取和词素(包含词形及音韵形式)的提取。后者由词形-韵律提取阶段执行，它用词元作为输入来提取相应的词形和韵律结构。所以韵律特征的生成不需要知道音段信息。这些词形和韵律信息被用在音段提取阶段提取词的音段内容(词所包含的音素及其在音节中的位置)，然后韵律和音段二者结合在一起。

在最后一个阶段，韵律产生器执行话语语音规划，产生句子的韵律和语调模式。其中韵律的产生包括两个主要步骤：

（1）产生韵律词、韵律短语和语调短语等韵律单元。

（2）产生韵律结构的节律栅。

最后用节律仍未表示重音和时间模式。第一步即韵律单元的产生是这样进行的：词形-韵律提取阶段的加工结果与连接成分组合，成为韵律词。通过扫描句子句法结构，再综合各种相关信息，然后把语法短语的扩展成分包含进来，组成一个韵律短语。而说话者在语流某个点上的停顿，产生语调短语。第二步，在句子韵律结构和单个词的节律栅的基础上，韵律产生器最终构建出整个话语的节律栅。

5. 韵律生成的认知神经科学机制

列维特等用元分析法分析了 58 个脑功能成像研究结果[44]，总结出词汇产生过程中脑区的激活呈左侧化趋势，包括后额下回（Broca 区）、颞上回中部、颞中回、后颞上回、后颞中回（Wernicke 区）和左丘脑。视觉和概念上的引入过程涉及枕叶、腹侧颞叶和额前区（0～275ms）；接着激活传至 Wernicke 区，单词的音韵代码存储在该区，这种信息传播至 Broca 区和（或）颞左中上叶，进行后音韵编码（275～400ms）；然后进行语音编码，这一过程与感觉运动区和小脑有关，激活感觉运动区进行发音（400～600ms）。

2002 年迈耶（J. Mayer）等人用 fMRI 研究正常人韵律产生过程中的大脑活动，发现左右半球的前头骨-前头盖底的相对较小且不重叠的区域与韵律产生有关。语言学韵律的产生仅激活左半球，而情感韵律的产生则仅仅激活右半球。

6.3 书面输入

在书面输入中，有 3 种不同的书写方式来符号化单词：字母的、音节的和会意的。许多西方语言（如英语）使用字母系统，符号与音素接近。然而，使用字母系统的语言在字母与发音对应的紧密程度上各有不同。一些语言，如芬兰语和西班牙语，有一种紧密的对应关系，即浅显正字法。相对而言，英语常常缺乏字母与发音之间的对应关系，意味着英语有着相对深层的正字法。

日语有着不同的书写系统。日文书写系统中片假名使用音节系统，每个符号反映了一个音节。日文只有大约 100 个独特的音节，音节系统是可能的。汉语是会意系统，每个词或词素都用到一个独特的符号。在汉语中，汉字能够表示整个词素。然而，汉字也表示音素，所以汉语并不是一个纯会意系统。在书写中存在这个表征系统的原因是汉语是一种音调语言。根据元音音高或音调的升降，相同的词能够表示不同的意思。这种音调变化在只能代表语音或音素的系统中会很难表示。

3 种书写系统象征了言语的不同方面（音素、音节和词素或单词），但是它们使用的都是强制性符号。无论使用哪一种书写系统，阅读者都必须能够分析符号的原始特征或形状。对于拼音文字系统，这个加工就相当于对横线、竖线、闭合曲线、开放曲线、交叉和其他的基本形状进行视觉分析。

1959 年，塞尔弗里奇（O. G. Selfridge）提出"妖魔模型"（Pandemonium model）[70]。这个模型以特征分析为基础，将模式识别过程分为 4 个层次，每个层次都有一些"妖魔"来执行某个特定的任务,这些层次顺序地进行工作,最后达到对模式的识别。妖魔模型的结构如图 6.3 所示。

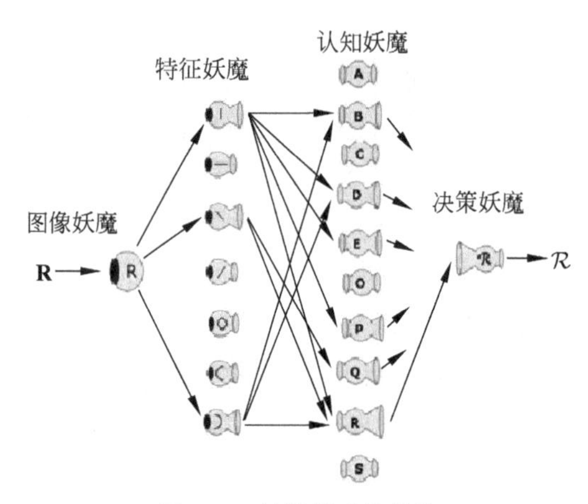

图 6.3 妖魔模型的结构

从图 6.3 中可以看出,第一个层次是由"图像妖魔"对外部刺激进行编码,形成刺激的图像。然后由第二个层次的"特征妖魔"对刺激的图像进行分析,即将它分解为各种特征;在分析过程中,每个特征妖魔的功能是专一的,只寻找它负责的那一种特征,如字母的垂直线、水平线、直角等,并且需要就刺激是否具有相应的特征及其数量作出明确的报告。第三个层次的"认知妖魔"始终监视各种特征妖魔的反应,每个认知妖魔各负责一个模式(字母),它们都从特征妖魔的反应中寻找各自负责的那个模式的有关特征,当发现了有关的特征时,它们就会喊叫,发现的特征愈多,喊叫声也愈大。最后,"决策妖魔"(第四个层次)根据这些认知妖魔的喊叫,选择喊叫声最大的那个认知妖魔所负责的模式,作为所要识别的模式。例如,在识别字母时,首先由图像妖魔分别报告所具有的一条垂直线、两条水平线、一条斜线、一条不连续的曲线和 3 个直角。这时一直注视特征妖魔工作的许多认知妖魔开始寻找与自己有关的特征,其中 P、D 和 R 这 3 个妖魔都会喊叫,然而只有 R 妖魔的叫喊声最大,因为 R 妖魔的全部特征与前面所有特征妖魔的反应完全符合,而 P 妖魔和 D 妖魔则有与之不相符合的特征,所以决策妖魔就判定 R 为所要识别的模式。

1981 年,麦克莱兰(J. McClelland)和鲁梅哈特(D. Rumelhart)提出了另一个对视觉字母识别很重要的模型[49]。这个模型假设了 3 个水平的表征:单词字母特征层、字母层和单词表征层。这个模型具有一个很重要的特征:它允许自上而下的更高认知水平的单词层信息,影响发生在低水平字母层和特征层表征的早期加工。这个模型与塞尔弗里奇的模型针锋相对。在塞尔弗里奇的模型中,信息流动是严格地自下而上的,从图像妖魔到特征妖魔,到认知妖魔,最后到决策妖魔。这些模型之间的这个区别实际上就是模块化和交互化理论之间的关键区别。

1983 年,福多(J. A. Fodor)出版了《心智的模块性》一书[22],正式提出了模块理论。福多认为模块化结构的输入系统应该有以下特征:

(1) 领域特异性。输入系统接收来自不同感觉系统的信息,用特异于系统的编码加工这些信息。例如,语言输入系统将视觉输入转化成语音或口语声音表征。

(2) 信息封装。加工是严格朝一个方向进行的,不完整的信息是不能够被传递的。在语言加工中不存在自上而下的影响。

(3) 功能定位。每个模块是在一个特定脑区中实施功能的。

交互式观点挑战了所有这些假设。但是对模块结构理论最重要的反对意见是更高水平的认知加工能够通过系统反馈来影响更低水平的认知加工，而模块理论认为不同的子系统只能够以自下而上的方式相互交流。

这两个模型的另外一个重要的区别是：在麦克莱兰和鲁梅哈特模型中，加工能够平行发生，因此几个字母可以同时被加工；然而，在塞尔弗里奇模型中，每次只能以序列方式加工一个字母。图6.4显示字母识别的联结主义网络片段。3个不同层的节点分别表示字母特征、字母和单词。每一层的节点能通过外显(箭头)或内隐(线条)联结起来，影响其他层节点的激活水平。麦克莱兰和鲁梅哈特模型允许层与层之间既有兴奋性联系也有抑制性联系[49]。例如，如果读者读到单词trip，然后所有与单词trip的字母和特征相匹配的，与单词trip本身相匹配的表征层将被相继激活。但是当单词节点trip被激活后，它会向低一些的层发送抑制信号，而与单词trip不匹配的字母和特征会被抑制。麦克莱兰和鲁梅哈特的联结主义模型在模拟词优效应时做得非常好。当3种类型的视觉刺激被短暂呈现给被试者时，我们可在实验中观察到这种效应。刺激可能是一个单词(trip)、一个非词(Pirt)或一个字母(t)。被试者的任务是说出他们看到的字母串包含t还是k。相比在非词中，当这个字母在一个真词中呈现时被试者会表现得更好。有趣的是，字母在词中比其以单独字母呈现的效果要好。这个结果表明，单词可能不是在逐个字母的基础上被觉知的。麦克莱兰和鲁梅哈特模型可以解释词优效应。根据他们的模型，单词的自上而下的信息既能够激活也能够抑制字母激活，从而帮助了字母识别。

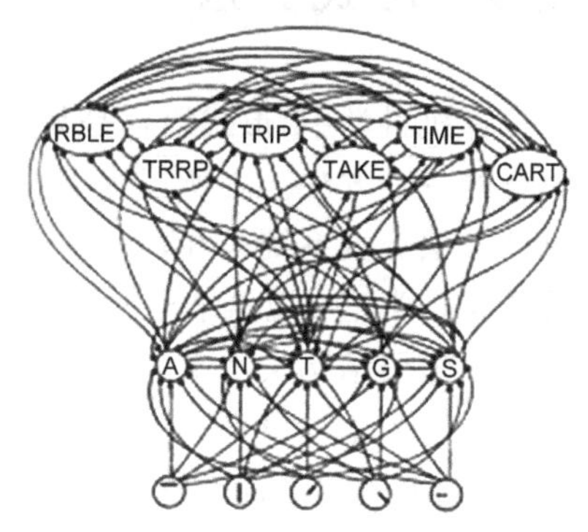

图6.4 字母识别的联结主义网络

词汇加工的过程主要包括词汇通达、词汇选择和词汇整合。词汇通达是指知觉分析的输出结果激活了心理词典中的词形表征(包括语义和句法属性)这样一个加工过程。在大多数情况下，词汇通达过程对于视觉和听觉形式会有所区别。而且，对语言理解者来说，在两种情况下解码输入信号使之能够连接心理词典中的词形表征存在着各自独特的挑战。对书面输入来说，存在这样一个问题：如何既能阅读那些不能直接由拼写转换成声音的单词，又能阅读没有匹配单词形式的假词？阅读假词不可能是词形直接映射到正字法输出的结果，因为根本不存在这种映射。因此，为了读假词lonocel，我们需要将字母转换成它们对应的音素。另一方面，如果我们想大声读出单词colonel，假如直接将它转换成对应的音素，则会读错。为了防止这样的错误，应该使用一条从正字法单元到词形表征的直接通路。这一观察使得研究者提出了阅读的双通路模型：一个从正字法到词形的直接通路和一个在把书写输入映射到词形之前就被转换成语音的间接通路或合成通路。

科尔希特(M. Coltheart)等于1993年提出从阅读文字到单词表征的直接路径，然而从整个单词的正字法输入到心理词典的单词表征可能是以两种方式完成或是双通路：形音转换，即所谓的间接通路，书面输入直接到心理词典，即直接通路。

塞登伯格(M. S. Seidenberg)和麦克莱兰于1989年提出了一个只需运用语音信息的单

通路计算机模型。在这个模型中,书面输入单元和语音单元之间会连续交互作用,而信息反馈则允许模型学习单词的正确发音。这个模型在真词处理上非常成功,但是在读假词时不是很擅长,而这对一般人而言是没有困难的事情。

视频23 形式文法

6.4 形式文法

在计算机科学中,形式语言是某个字母表上一些有限长字串的集合,而形式文法是描述这个集合的一种方法。之所以命名为形式文法,是因为它与人类自然语言中的文法相似。最常见的文法分类系统是乔姆斯基于1950年发展的乔姆斯基谱系,这个分类谱系把所有的文法分成4种类型:短语结构文法、上下文有关文法、上下文无关文法和正规文法。任何语言都可以由短语结构文法来表达,余下的3类文法对应的语言类分别是递归可枚举语言、上下文无关语言和正规语言[15]。依照排列次序,这4种文法类型依次拥有越来越严格的产生式规则,所能表达的语言也越来越少。尽管表达能力比短语结构文法和上下文有关文法要弱,但由于能高效率地实现,上下文无关文法和正规文法成为4类文法中最重要的两种文法类型。

1. 短语结构文法

短语结构文法是一种非受限文法,也称为0型文法,是形式语言理论中的一种重要文法。一个四元组 $G=(\Sigma,V,S,P)$,其中 Σ 是终结符的有限字母表,V 是非终结符的有限字母表,$S(\in V)$是开始符号,P 是生成式的有限非空集,P 中的生成式都为 $\alpha\to\beta$ 的形式,这里 $\alpha\in(\Sigma\cup V)^*V(\Sigma\cup V)^*$,$\beta\in(\Sigma\cup V)^*$。因对 α 和 β 不加任何限制,故也称其为无限制文法。0型文法生成的语言类与图灵机接受的语言类相同,称为0型语言类(常用 L_0 表示)或递归可枚举语言类(常用 Lre 表示)。

对短语结构文法中的生成式作某些限制,即得到上下文有关文法、上下文无关文法和正规文法。

2. 上下文有关文法

上下文有关文法是形式语言理论中的一种重要文法。一个四元组 $G=(\Sigma,V,S,P)$,其中 Σ 是终结符的有限字母表,V 是非终结符的有限字母表,$S(\in V)$是开始符号,P 是生成式的有限非空集,P 中的生成式都为 $\alpha A\beta\to\alpha\gamma\beta$ 的形式,这里 $A\in V$,$\alpha,\beta\in(\Sigma\cup V)^*$,$\gamma\in(\Sigma\cup V)^+$。上下文有关文法又称为1型文法。其生成式的直观意义是:在左有 α,右有 β 的上下文中,A 可以被 γ 所替换。上下文有关文法所生成的语言称为上下文有关语言或1型语言。常用 L_1 表示1型语言类。

若文法 $G=(\Sigma,V,S,P)$的所有生成式都为 $\alpha\to\beta$ 的形式并且 $|\alpha|\leqslant|\beta|$,其中 $\alpha\in(\Sigma\cup V)^*V(\Sigma\cup V)^*$,$\beta\in(\Sigma\cup V)^+$,则称 G 为单调文法。单调文法可简化使 P 中任意生成式的右侧长最大为2,即若 $\alpha\to\beta\in P$,则 $|\beta|\leqslant 2$。已经证明:单调文法所生成的语言类与1型语言类,即上下文有关语言类相同。因此,有的文献把单调文法的定义作为上下文有关文法的定义。

例如,$G=(\{a,b,c\},\{S,A,B\},S,P)$,其中 $P=\{S\to aSAB/aAB, BA\to AB, aA\to ab, bA\to bb, bB\to bc, CB\to cc\}$,显然,$G$ 是单调文法,因而也是上下文有关文法。它所生成的语

言 $L(G)=\{a^nb^nc^n \mid n\geqslant 1\}$是上下文有关语言。

上下文有关文法的标准型为：$A\rightarrow\xi$，$A\rightarrow BC$，$AB\rightarrow CD$，其中 $\xi\in(\Sigma\cup V)$，$A,B,C,D\in V$。上下文有关语言类与线性有界自动机接受的语言类相同。1 型语言对运算的封闭性以及关于判定问题的一些结果参见短语结构文法中的表 1 和表 2。特别要指出的是，1 型语言对补运算是否封闭是迄今未解决的一个问题。

3. 上下文无关文法

上下文无关文法是形式语言理论中一种重要的变换文法，在乔姆斯基分层中称为 2 型文法，生成的语言称为上下文无关语言或 2 型语言，在程序设计语言的语法描述中有重要应用。

上下文无关文法(简称 CFG)可以化为两种简单的范式之一，即任一上下文无关语言(简称 CFL)可用如下两种标准 CFG 的任意一种生成：其一是乔姆斯基范式，它的产生式均取 $A\rightarrow BC$ 或 $A\rightarrow a$ 的形式；其二是格雷巴赫范式，它的产生式均取 $A\rightarrow aBC$ 或 $A\rightarrow\alpha$ 的形式。其中 $A,B,C\in V$，是非终结符；$a\in\Sigma$，是终结符；$\alpha\in\Sigma^*$，是终结符串。

由于上下文无关文法被广泛地应用于描述程序设计语言的语法，因此更重要的是从机械执行语法分解的角度取上下文无关文法的子文法，最重要的一类就是无歧义的上下文无关文法，因为无歧义性对于计算机语言的语法分解至关重要。在无歧义的上下文无关文法中最重要的子类是 LR(k)文法，它只要求向前看 k 个符号即能作正确的自左至右语法分解。LR(k)文法能描述所有的确定型上下文无关语言，但是对于任意的 $k>1$，由 LR(k)文法生成的语言必可由一等价的 LR(1)文法生成。LR(0)文法生成的语言类是 LR(1)文法生成的语言类的真子类。

4. 正规文法

正规文法来源于 20 世纪 50 年代中期乔姆斯基对自然语言的研究，是乔姆斯基短语结构文法分层里的 3 型文法。正规文法类是上下文无关(2 型)文法类的真子类，已应用于计算机程序语言编译器的设计、词法分析等。

正规表达式递归地定义为，设 Σ 为有限集，

(1) $\varnothing$，ε 和 $a(\forall a\in\Sigma)$是 Σ 上的正规表达式，它们分别表示空集、空字集$\{\varepsilon\}$和集合$\{a\}$；

(2) 若 α 和 β 是 Σ 上的正规表达式，则 $\alpha\cup\beta$，$\alpha\cdot\beta=\alpha\beta$ 和 α^* 也是 Σ 上的正规表达式，它们分别表示字集$\{\alpha\}$，$\{\beta\}$，$\{\alpha\}\cup\{\beta\}$，$\{\alpha\}\{\beta\}$和$\{\alpha\}^*$，(运算符 $\cup$，$\cdot$，$*$ 分别表示并、连接和星(乘幂闭包$\{\alpha\}^*=\{\overset{\infty}{\underset{i=0}{\Upsilon}}\alpha^i\}$)，优先顺序为 $*$，$\cdot$，$\cup$；

(3) 只有有限次使用(1)和(2)确定的表达式才是 Σ 上的正规表达式，只有 Σ 上的正规表达式所表示的字集才是 Σ 上的正规集。

6.5 扩充转移网络

1970 年，美国人工智能专家伍兹(W. Woods)研究了一种语言自动分析的方法，叫作扩充转移网络(Augmented Transition Networks，ATN)[84]。ATN 是在有限状态文法的基础上，作了重要的扩充之后研制出来的。有限状态文法可以用状态图来表示，但这种文法的功

能仅在于生成。如果从分析句子的角度出发,我们也可以用状态图来形象地表示一个句子的分析过程,这样的状态图叫作有限状态转移图(FSTD)。一个 FSTD 由许多个有限的状态以及从一个状态到另一个状态的弧所组成,在弧上只能标以终极符号(即具体的词)和词类符号(如< Verb >、< Adj >、< Noun >等),分析从开始状态出发,按着有限状态转移图中箭头所指的方向,一个状态一个状态地扫描输入词,看所输入的词与弧上的标号是否相配,如果扫描到输入句子的终点,FSTD 进入最后状态,那么,FSTD 接受了输入句子,分析也就完成了(见图 6.5)。

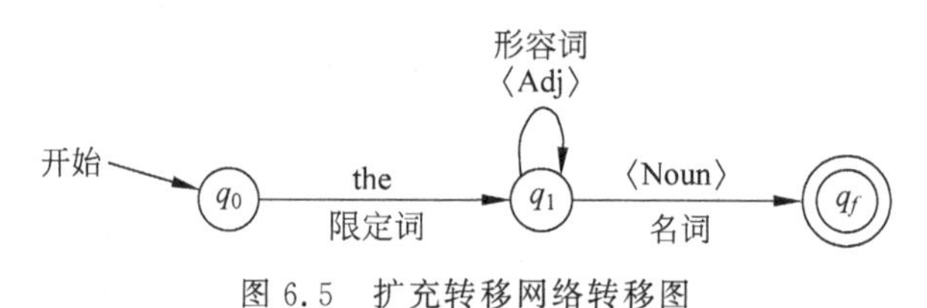

图 6.5 扩充转移网络转移图

ATN 也有一些局限性,它过分地依赖于句法分析,限制了它处理某些含语义但不完全合语法的话语的能力。

6.6 语言理解

1. 概述

在自然语言信息处理中,基于规则的分析方法可以称为“理性主义”。理性主义的基本出发点是追求完美,企图以思辨去百分之百地解决问题。美国著名的语言学家乔姆斯基(N. Chomsky)在 20 世纪 60 年代提出了标准理论,70 年代提出了扩展标准理论,80 年代提出了管辖与约束理论(Government and Binding Theory),90 年代提出了最简方案(Minimalist Program),一直进行普遍语法(Universal Grammar)的研究。

与“理性主义”相对的是“经验主义”的研究思路,主要是指针对大规模语料库的研究。语料库是大量文本的集合。对语料库的研究分成 3 方面:工具软件的开发、语料库的标注、基于语料库的语言分析方法。采集到以后未经处理的生语料不能直接提供有关语言的各种知识,只有通过词法、句法、语义等多层次的加工才能使知识获取成为可能。加工的方式就是在语料中标注各种记号,标注的内容包括每个词的词性、语义项、短语结构、句型和句间关系等。随着标注程度的加深语料库逐渐熟化,成为一个分布的、统计意义上的知识源。利用这个知识源可以进行许多语言分析工作,如根据从已标注语料中总结出的频度规律可以给新文本逐词标注词性,划分句子成分等。

语料库提供的知识是用统计强度表示的,而不是确定性的,随着规模的扩大,旨在覆盖全面的语言现象。但是对于语言中基本的确定性的规则仍然用统计强度的大小去判断,这与人们的常识相违背。这种“经验主义”研究中的不足要靠“理性主义”的方法来弥补。两类方法的融合也正是当前自然语言处理发展的趋势。

美国认知心理学家奥尔森(G. M. Olson)提出语言理解的判别标准:

(1) 能成功地回答语言材料中的有关问题,就是说,回答问题的能力是理解语言的一个标准。

(2) 在给予大量材料之后,有做出摘要的能力。

(3) 能够用自己的语言,即用不同的词语来复述这个材料。

(4) 从一种语言转译到另一种语言。

自然语言理解系统的发展可以分为第一代系统和第二代系统两个阶段。第一代系统建立在对词类和词序分析的基础之上,分析中经常使用统计方法;第二代系统则开始引进语义甚至语用和语境的因素,统计技术处于次要地位。

第一代自然语言理解系统出现 4 种类型:特殊格式系统、以文本为基础的系统、有限逻辑系统和一般演绎系统。

1970 年以来,出现了第二代自然语言理解系统,这些系统绝大多数是程序演绎系统,大量地进行语义、语境以至语用的分析。其中比较有名的是 SHRDLU 系统、MARGIE 系统等。

2. 基于规则的分析方法

从语言学和认知学的观念出发,建立一组语言学规则,使机器可以按照这组规则来正确理解它面对的自然语言。基于规则的方法是一种理论化的方法。在理想条件下,规则形成完备系统,能够覆盖所有语言现象,于是利用基于规则的方法就可以解释和理解一切语言问题。

自然语言理解系统都不同程度地涉及句法(syntax)、语义学(semantic)和语用学(pragmatics)。句法是把词联结成短语、子句和句子的规则,句法分析是上述 3 个领域中迄今解决得最好的一个。大多数自然语言理解系统都包含一个句法分析程序,生成句法树(见图 6.6)一类的表示来反映输入语句的句法结构,以备进一步分析。图 6.6 给出了"事实证明张三是正确的"的句法树。

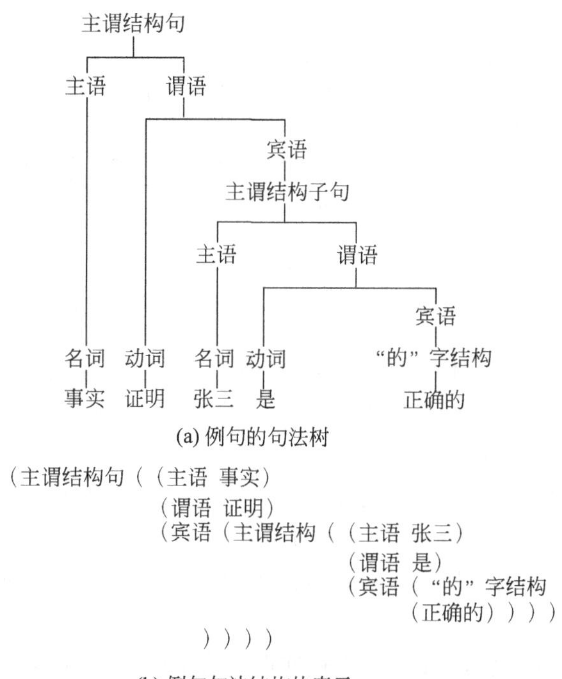

图 6.6 两种句法结构表示法

考虑到一些句法歧义的句子的存在，考虑到许多词在不同的语境(context)中往往可以充当不同的词类，所以单纯依靠句法分析还往往不能获得正确的句法结构信息。因此有必要借助于某种形式的语义学分析。语义学考虑的是词义以及由词组成的短语、子句和语句所表达的概念。例如：

(1) 他在家("在"是动词)。

(2) 他在家睡觉("在"是介词)。

(3) 他在吃饭("在"是副词)。

同一个"在"字，在不同的语境中可以分别充当不同的词类，而且含义也不同。这些例子可以说明即使在句法分析的过程中，为了尽快地获得正确的分析，往往需要某些语义信息，甚至外部世界知识的干预。在对待句法与语义学分析问题上，目前大体上有以下两种不同的做法：

(1) 将句法分析与语义学分析分离的串行处理(如图 6.7(a)所示)。传统的语言学家主张把句法分析和语义分析完全分离开来。但许多著名的自然语言理解系统，如维诺格拉德(T. Winograd)的 SHRDLU 系统等，都允许在对输入语句进行句法分析的过程中调用语义学的解释因函数来辅助分析(如图 6.7(a)中的虚线所示)。尽管如此，它们都将产生某种形式的句法树来作为句法分析的结果。

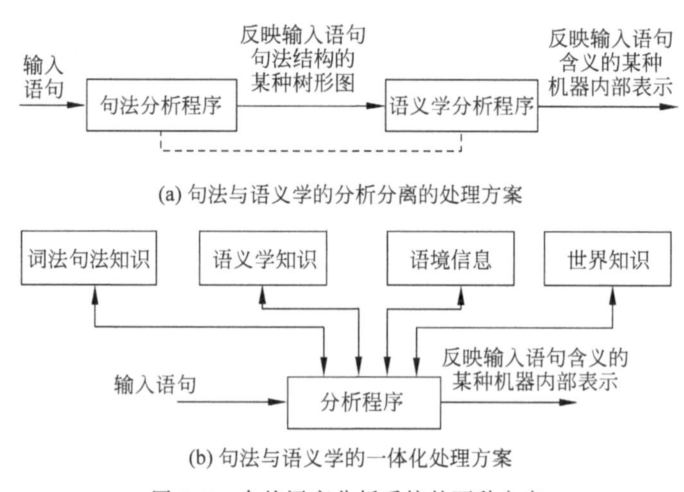

图 6.7 自然语言分析系统的两种方案

(2) 句法与语义学的一体化处理方案，如图 6.7(b)所示。这是以耶鲁大学教授香克为代表的人工智能学派多年来竭力提倡的一种处理方案。这种方案的特点是取消了相对独立的句法分析模块，因而也不再生成反映输入语句句法结构的中间结果。他们的指导思想是尽可能早地在分析中综合引用包括句法、语义学、语境和世界知识在内的各种知识源。他们在分析中不是完全不要句法知识，只是不过分依赖于句法分析而已。不少心理学家也曾论证这种一体化的分析方案更接近人对语言的理解机制。这种方案的代表作是该学派的 ELI 和 CA 等英语分析系统。

1972 年，维诺格拉德将语言学方法和推理方法结合，恰当地处理了语法、语义和语用学的相互作用，在 PDP10 计算机上成功地开发了自然语言处理系统 SHRDLU。语法信息是一个抽象的信息层次；语义信息是语法信息与其相应客体互相关联的结果；语用信息则是语法信息、语义信息与认识主体相互关联的结果，因而是最具体的层次。SHRDLU 系统是一个人类语言理解的一种比较有生命力的理论模型，引起了很多研究者的兴趣[83]。

SHRDLU 系统包括一个分析程序、一部英语的系统语法、一个语义分析程序以及一个问题求解器。系统用 LISP 语言和 MICRO-PLANNER 语言写成，后者是一种基于 LISP 的程序语言。系统的设计建立在这样一种信念的基础上，即为了理解语言，程序必须以一种整体的观念来处理句法、语义和推理。计算机系统只有能够理解它所讨论的主题，才能合理地研究语言、系统，给出关于一个特殊领域的详尽模型。而且还有一个关于它自身智力的简单模型，例如它能回忆和讨论它的计划和行动。系统中知识是以过程的方式表示的，而不是以规则表格或模式来表示的。它通过对于句法、语义和推理的专门过程来体现，由于每份知识都可以是一个过程，它便能够直接调用系统中的任何其他知识，因此 SHRDLU 系统有能力达到当时前所未有的性能水平。

3. 基于语料的统计模型

语料库语言学研究自然语言机读文本的采集、存储、标注、检索、统计等。目的是通过对客观存在的大规模真实文本中的语言事实进行定量分析，支持语言学研究和鲁棒的自然语言处理系统的开发。其应用领域包括语言文字的计量分析、语言知识获取、作品风格分析、词典编纂、全文检索系统、自然语言理解系统以及机器翻译系统等。

现代语料库语言学的起源可追溯到 20 世纪 50 年代美国布罗菲尔德(L. Bloomfield)后期的结构主义语言学时代，那时的语言学家在科学的实证主义和行为主义观点影响下，认为语料库是一个规模足够大的语言数据库。20 世纪 60 年代初，在美国布朗大学建立了现代美国英语的布朗语料库，标志着语料库语言学第二个时期的开始。以键盘方式录入的布朗语料库和 20 世纪 70 年代创建的现代英国英语的 LOB 语料库被称为第一代语料库，它们的库容量都是 100 万词次。20 世纪 80 年代，光学字符识别(OCR)技术取代了语料的人工键盘录入方式，使语料库规模迅速增长。这一时期建立的语料库有 COBUILD 语料库，2000 万词次；Longman/Lancaster 英语语料库，3000 万词次，它们属于第二代语料库。进入 20 世纪 90 年代，由于词处理编辑软件和桌面印刷系统的普及，数量巨大的机读文本已成为语料库取之不竭的资源，随之出现的是规模达(1～10)亿词次的第三代语料库。如美国计算语言学学会倡议的 ACL/DCI 语料库、英国的牛津文本档案库等。

语料库的规模及其选材分布原则是重要的，因为它们将直接影响到统计数据的可靠性和适用范围。但是作为语料库语言学研究的支撑环境来说，语料的加工深度对语料库的作用关系更重大。以汉语为例，原始的“生”语料只能用来进行字频(包括若干相邻字同现的频率)和句长等统计，提供简单的关键字检索(KWIC)。为了实现词语一级的统计和检索，就必须给原始语料加上分词标记。在后继的加工过程中，还可以对语料进行词性、句法关系和语义项等不同层次的标注，使库存语料逐步由“生”变“熟”。随着语料所携带的各类信息日趋丰满，语料库将最终成为名副其实的语言知识库。

语料库语言学研究的主要内容包括：

(1) 基本语料库的建设；

(2) 语料加工工具的研究，包括自动分词系统、词性标注系统、句法分析系统、义项标注系统和话语分析系统等；

(3) 通过语料加工建立起各种带有标注信息的“熟”语料库；

(4) 从语料库中获取语言知识的技术与方法。

当前,世界上已建立了包括各种语言的几百个语料库,它们是各国研究人员从事语言学研究和自然语言处理系统开发的重要资源。与此同时,有关语料库建设和利用的话题已成为国际学术刊物和会议的重要内容。自 1989 年起,全世界已进入第三代机器翻译系统的研究,其主要标志就是在基于规则的传统方法中引入了语料库方法,其中包括统计方法、基于实例的方法以及通过语料加工使语料库转化成语言知识库等。

为了使汉语语料库具有普遍性、实用性和时代性,作为共享的基础设施,提供自然语言处理的重要资源,应该建设由精加工语料库、基础语料库和网络语料库构成的多层次的汉语语料库。那么建设语料库的研究重点将转向如何获取 3 个层次语料库的资源并有效地利用它们。精加工语料库能够为各种语言研究提供好的、大量的语言处理规范和实例。基础语料库是一个覆盖面广、规模大的生语料库,通过它可以提供更翔实的语言分析数据。网络语料库是能够实现动态更新的语言资源,包含很多新词语、新搭配和新用法,可以用于网络语言、新词语、流行语的跟踪研究,也可以用来观察语言的用法模式随时间的变化情况。可以用通过基于互联网的多层次汉语语料库克服传统语料库中数据稀疏和语料更新问题。在语料库规模上自底向上逐渐减少,但质量上(加工深度)逐渐提高。精加工语料库维持在 1000 万词次规模,而基础语料库在 1 亿词次以上比较合理,底层网络语料库是在线的开放的资源。

4. 机器学习方法

机器学习是根据生理学、认知科学等对人类学习机理的了解,建立人类学习过程的计算模型或认知模型;发展各种学习理论和学习方法,研究通用的学习算法并进行理论上的分析;建立面向任务的具有特定应用的学习系统。这些研究目标相互影响、相互促进。目前机器学习方法广泛用于语言信息处理中的文本分类、文本聚类、全文检索。

视频 24
机器翻译

6.7 机器翻译

机器翻译又称为自动翻译,是利用计算机将一种自然语言(源语言)转换为另一种自然语言(目标语言)的过程。机器翻译概念于 1947 年被提出,随后成为人工智能研究的核心问题。

机器翻译的发展经历了一条曲折的道路。大体上说,20 世纪 50 年代初到 60 年代中为大发展时期。但是由于当时对机器翻译的复杂性认识不足而产生了过分的乐观情绪。20 世纪 60 年代中到 70 年代初,由于遇到了困难而处于低潮时期。20 世纪 80 年代机器翻译开始复兴,注意力几乎都集中在人助自动翻译上,人助工作包括译前编辑(或受限语言),翻译期间的交互式解决问题,译后编辑等。几乎所有的研究活动都致力于在传统的基于规则和“中间语言”模式的基础上进行语言分析和生成方法的探索,这些方法都伴有人工智能类型的知识库。在 20 世纪 90 年代早期,机器翻译研究被新兴的基于语料库的方法向前推进,出现新的统计方法的引入以及基于记忆的机器翻译等。2006 年谷歌翻译正式上线运行,2011 年百度翻译上线。各大公司陆续推出了自己的翻译系统。2013 年神经机器翻译系统推出,整个机器翻译领域呈现出蓬勃发展、遍地开花的大好局面。

统计机器翻译和神经机器翻译的基本原理都是基于已有的大规模句子级双语对照语料进行模型训练，建立最优的翻译模型，最终实现从一种语言到另一种语言的翻译。通常情况下，用于训练模型的语料规模越大，模型性能表现就越好。

6.7.1 统计机器翻译

机器翻译的一般过程包括源语文输入、识别与分析、生成与综合和目标语言输出。当源语言文本通过键盘或扫描器或话筒输入计算机后，计算机首先对一个单词逐一识别，再按照标点符号和一些特征词（往往是虚词）识别句法和语义。然后查找机器内存储的词典和句法表、语义表，把这些加工后的语言文本信息传输到规则系统中去。从源语言文本输入的字符系列的表层结构分析到深层结构，在机器内部就得到一种类似乔姆斯基语法分析的“树形图”。在完成对源语言文本进行识别和分析之后，机器翻译系统要根据存储在计算机内部的双语词典和目的语的句法规则，逐步生成目标语言的深层次结构，最后综合成通顺的语句，也就是从深层又回到表层。然后将翻译的结果以文字形式输送到显示屏或打印机，或经过语音合成后用喇叭以声音形式输出目标语言。图 6.8 给出了基于规则的转换式机器翻译流程图。

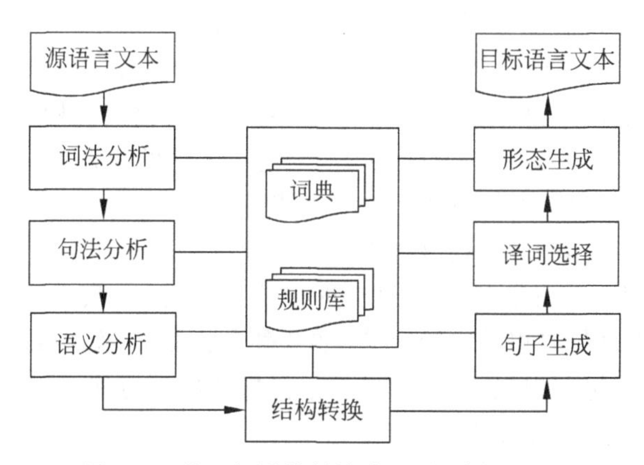

图 6.8 基于规则的转换式机器翻译流程图

6.7.2 神经机器翻译

2013 年，基于神经网络模型的机器翻译（简称“神经机器翻译”）方法被提出，机器译文的质量得到大幅提升，并且很多开源工具被相继公布，机器翻译技术研究和系统推广应用均出现了前所未有的盛况。

2016 年 9 月，谷歌研究团队宣布开发谷歌神经机器翻译系统 GNMT（Google Neural Machine Translation）[85]。谷歌神经机器翻译系统使用了深度学习的大型人工神经网络，通过使用数百万更广泛的来源来推断出最相关的翻译，提高翻译的质量，然后将结果重新排列并组成基于人类语言的语法翻译。2016 年 11 月，谷歌翻译停止使用其自 2007 年 10 月以来一直使用的专有统计机器翻译（SMT）技术，开始使用神经机器翻译（GNMT）。2016 年，GNMT 尝试翻译 9 种语言，包括英语、法语、德语、西班牙语、葡萄牙语、汉语、日语、韩语和土耳其语。

GNMT 系统改进了以前的谷歌翻译系统，GNMT 系统可以处理"零点翻译"，即直接将一种语言翻译成另一种语言（例如汉语到日语）。以前谷歌翻译会先将源语言翻译成英文，然后将英文翻译成目标语言，而不是直接从一种语言翻译成另一种语言。

以 GNMT 系统为代表的神经机器翻译的发展，为今后人机结合的翻译提供了必要的保障。GNMT 系统和英语专业学生的翻译水平的共同提高，必然会为译文质量和效率的提升打下扎实的基础。

6.7.3 记忆机器翻译

记忆机器翻译是日本学者长尾真于 20 世纪 90 年代初首先提出来的。该方法是以基于案例推理（Case-Based Reasoning，CBR）为理论基础。在 CBR 中，把当前所面临的问题或情况称为目标案例，而把记忆的问题或情况称为源案例。简单地讲，基于案例推理就是由目标案例的提示而获得记忆中的源案例，并由源案例来指导目标案例求解的一种策略。因此，记忆机器翻译的大致思路是：预先构造由双语对照的翻译单元对组成的语料库，然后翻译过程选择一个搜索和匹配算法，在语料库中寻找最优匹配单元对，最后根据例句的译文构造出当前所翻译单元的译文。

假设要翻译源语言文本 S，那么需要从事先已存好的双语语料库中找到与 S 相近的翻译实例 S'，再根据 S' 的参考译文 T' 来类比构造出 S 的译文 T。一般的记忆机器翻译系统包括候选实例模式检索、语句相似度计算、双语词对齐和类比译文构造等几个步骤。如何根据源语言文本 S 找出其最相近的翻译实例 S'，是基于实例的翻译方法的关键问题。到目前为止，研究人员还没有找到一种简单通用的方法来计算句子之间的相似度。此外，评价句子相似度问题还需要许多人类工程学、语言心理学等知识来做保障。

记忆机器翻译方法几乎不需要对源语言进行分析和理解，只需要一个比较大的句对齐双语语料库，因此其知识获取相对比较容易，结合翻译记忆技术，系统能从零知识自举。如果语料库中有与被翻译句子相似的句子，那么记忆机器翻译方法可以得到很好的译文，而且句子越相似，翻译效果越好，译文质量越高。

记忆机器翻译方法，还有一个优点就是，实例模式的知识表示能够简洁方便地表示大量人类语言的歧义现象，而这种歧义现象是精确规则难以处理的。

然而，基于记忆的机器翻译方法的缺点也是显而易见的。当没有找到足够相似的句子时，翻译将宣布失败，这就要求语料库必须覆盖广泛的语言现象，例如像卡内基·梅隆大学的 PanEBMT 系统，其语料库中包含了 280 多万条英法双语句对，尽管建立 PanEBMT 系统的研究人员同时还想了许多其他办法，但对于开放文本测试，PanEBMT 的翻译覆盖面只有 70%左右。此外，建立一个高质量的大型双语句对齐语料库不是一件容易的事，尤其对于那些小语种语对。

Trados（塔多思）是桌面级计算机辅助翻译软件，基于翻译记忆库和术语库技术，为快速创建、编辑和审校高质量翻译提供了一套集成的工具 Trados。Trados GmbH 公司由胡梅尔（J. Hummel）和克尼普豪森（I. Knyphausen）在 1984 年成立于德国斯图加特。该公司在 20 世纪 80 年代晚期开始研发翻译软件，并于 20 世纪 90 年代早期发布了第一批 Windows 版本软件，如 1992 年的 MultiTerm 和 1994 年的 Translator's Workbench。1997 年，得益于微软采用 Trados 进行其软件的本土化翻译，公司在 20 世纪 90 年代末期已成为桌面翻译记忆软件行业领头羊。Trados 在 2005 年 6 月被 SDL 收购。

记忆机器翻译的研究的一个主要方面就是应着力于研究在规模相对小的案例模式库的条件下,如何提高翻译系统翻译的覆盖面,或者说在保持系统翻译效果的前提下,如何减小案例模式库的规模。为了达到这个目的,就需要从案例模式库中自动提取尽可能多的语言学知识,包括语法知识、词法知识和语义知识等,并研究其相应的知识表示等。

6.8 语言神经模型

6.8.1 失语症

脑损伤会导致失语症的语言障碍。失语症很常见,卒中后大约 40%会引起至少最初若干个月重症期内的失语。然而,很多病人会持续失语,在口语和书面语言的理解和产生方面长期存在问题。原发性失语症和继发性失语症是不同的。原发性失语症是由言语加工机制本身的问题造成的。继发性失语症是由记忆损伤、注意障碍或知觉问题道成的。一些研究者只把病人的问题是由语言系统损伤引起的才归为失语症。19 世纪的研究者认为,特定位置的脑损毁将导致特定功能损失。

通过对失语病人的研究,布洛卡(P. Broca)得出结论,产生口语的区域在左半球额叶下回。这个区域后来被称为 Broca 区。在 19 世纪 70 年代,韦尼克(C. Wernicke)治疗的两个病人说话流利,但说出的是无意义的声音、词和句子,而且他们在理解话语时有严重困难。韦尼克检查发现颞上回后部区域发现了损伤。因为听觉加工发生在附近,即颞横回内的颞上回前部,所以韦尼克推测这个更靠后的区域参与单词的听觉记忆,也就是单词的听觉记忆区。该区域后来被称为 Wernicke 区。韦尼克认为,因为这个区域已经失去了与词相关的记忆,所以这个区域的损伤导致了语言理解困难,他指出,无意义话语是病人无法监控他们自己的语词输出的结果。韦尼克的发现是通过观察脑损伤导致的语言障碍而获得的第二条重要信息。它确立了影响长达 100 年之久的关于脑和语言关系的主流观点:左半球额叶下外侧的 Broca 区损伤造成口语产生困难,即表达性失语症,而左半球顶叶下外侧后部和颞叶上皮质,包括缘上回、角回、颞上回后部区域损伤阻碍语言的理解,即接收性失语症。图 6.9 给出了人脑的语言区分布。

图 6.9 给出了左半球主要沟回及与语言功能相关的区域。Wernicke 语言区位于颞上回后部,靠近听觉皮质。Broca 语言区靠近运动皮质的面部代表区。连接 Wernicke 区和 Broca 区的通路称为弓状束。在模型 B 中,给出左半球的 Brodmann 分区。41 区为初级听皮质,22 区为 Wernicke 语言区,45 区为 Broca 语言区,4 区为初级运动皮质。根据最初的模型,人们听到一个词,信息自耳蜗基底膜经过听神经传至内侧膝状体,继而传至初级听皮质(Brodmann 41 区),然后至高级听皮质(42 区),再向角回(39 区)传递。角回是顶-颞-枕联合皮质的一个特定区域,被认为与传入的听觉、视觉和触觉信息的整合有关。由此,信息传至 Wernicke 区(22 区),进而又经弓状束传至 Broca 区(45 区)。在 Broca 区,语言的知觉被翻译为短语的语法结构,并存储着如何清晰地发出词的声音的记忆。然后,关于短语的声音模式的信息被传至控制发音的运动皮质面部表示区,从而使这个词能清晰地说出。

在布洛卡时代,大多数研究的重点都放在单词水平分析上,几乎没有考虑句子水平加工

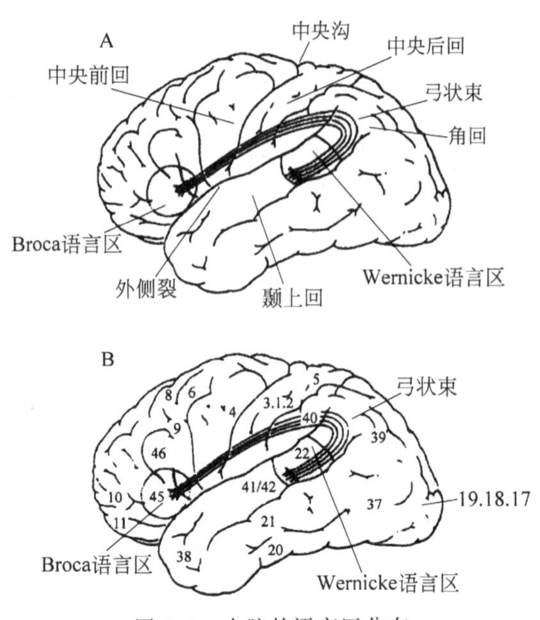

图 6.9 大脑的语言区分布

缺失。这种观点认为对词的记忆是关键。Broca 区被认为是词的动作记忆的位置；Wernicke 区是与词的感觉记忆有关的区域。这些想法导致了 3 个大脑中心，即产生区、理解区和概念区交互作用行使语言功能的观点。

6.8.2 语言功能区

语言作为人脑的一种高级皮质功能备受关注。自 1861 年布洛卡发现 Broca 区后，神经语言学研究一直是脑科学研究中最热门的领域。一个多世纪以来，对语言的科学性研究已得出两条基本结论：一是脑的不同部位在语言中完成不同的功能；二是不同的脑区损伤产生不同的言语障碍。随着神经功能影像技术及电生理监测技术的进展，脑语言的功能区研究取得了较大的进展。

脑语言的功能区可分为运动性语言中枢和感觉性语言中枢，运动性语言中枢在额下回的后部(Brodmann 的 44、45 区，简写为 BA44、45)，即 Broca 区。该区也称为前说话区，常常描述为额下回后 1/3。用于计划和执行说话，病变损伤该区会导致运动性失语，主要表现为口语表达障碍。辅助运动区 SMA 也称为上语言区，位于中央前回下肢运动区前方，后界为中央前沟，内侧界为扣带沟，外侧延伸至邻近的半球凸面，其前侧与外侧无明显界线。SMA 和初级运动区、运动前区扣带以及前额皮质背外侧、小脑、基底节、顶叶感觉联系区相互联系。这一复杂的解剖功能系统用于发动和控制运动功能和语言表达。进一步地，将 SMA 分为 SMA 前区和 SMA 固有区，分别参与复杂运动的准备和执行。

优势半球运动前区皮质 PMC 描述为初级运动皮质(Brodmann 4 区)、前方额叶无颗粒皮质区(Brodmann 6 区)。该区又分为两个亚区：腹侧 PMC(中央前回前部 Brodmann 6 区的腹侧部分)和被侧 PMC(中央前沟前方的额上、中回后部 Brodmann 6 区的被侧部)。研究发现腹侧 PMC 涉及发音，被侧 PMC 涉及命名。神经功能影像研究进一步支持优势半球

PMC 参与不同的语言成分，如阅读任务、复述单词及命名工具图片等。

在其下方额中回后部又有一书写中枢(BA8)。感觉性语言中枢可分为听觉性语言中枢和视觉性语言中枢，这两者之间无明确的界限，即 Wernicke 区。Wernicke 区也称为后说话区，一般指的是优势半球颞上回后部，但也有学者认为该区包括 Brodmann 41 和 42 区后方的颞上回、颞中回后部以及属于顶下小叶的缘上回和角回(BA22、39)。Wernicke 区与躯体感觉(Brodmann 5、7 区)、听区(Brodmann 41、42 区)和视区(Brodmann 18、19 区)皮质有着密切的联系，用于分析和识别语言的感觉刺激。该区病变产生感觉性失语，表现为患者的声调和语调均正常，与人交谈时不能理解别人说的话，答话语无伦次或答非所问，使听者难以理解。

颞叶中部和内侧部是一复杂的多功能区，具有广泛的视觉和听觉功能。电刺激研究发现，左颞叶中部和内侧部在听觉语言中起重要作用。刺激该处能引起失语性异常，该处病变可引起与语言有关的轻微障碍，包括找词困难、命名缺陷等。

颞底语言区位于优势半球梭状回，距离颞极 3～7cm，是一个 Wernicke 区之外的独立区域。其下方的白质纤维束和 Wernicke 区下方的白质纤维束有直接联系。在电刺激研究中发现颞叶下部皮质的语言作用，主要是感觉性和表达性语言缺失。电刺激颞底语言区后 80%的患者出现命名和理解障碍。

随着研究的深入，相继发现了另外一些与语言有关的脑区。左侧颞叶下后部由于其来自大脑前和后动脉的双重供血，因此不易形成缺血损伤模型，被以往损伤灶模型研究所遗漏。后来发现这个区域与词汇的检索有关，被称为基底颞叶语言区。

基底神经节具有语言的皮质下整合中枢的作用，它不仅调节运动、协调锥体系功能，同时支持条件反射、空间扣觉及注意转换等较简单的认知和记忆功能，且有证据表明，基底神经节可能参与和语言有关的启动效应、逻辑推理、语义处理、言语记忆及语法记忆等复杂的认知和记忆功能，有对语言过程进行加工、整理和协调的作用。其他研究还发现，除经典的语言功能区外，左侧顶上小叶、两侧梭状回、左侧枕下回、两侧枕中回、辅助运动区及额下回等都参与了语言的处理。

从心理学的角度来看，语言需要的记忆方式主要有 3 种，即音韵、拼字和语义，即大脑中存在语言的音、形、义的加工。语言感觉传入可通过听、视和触觉(盲文)，其传出途径可为发音、书写和绘图。不同的刺激方式可能会激活不同的功能区，如视、听和触觉功能区等；被试对象的不同的反应方式又可激活一些脑区，如运动区、小脑等，这些区域的激活有时会干扰语言功能区的准确定位。目前，对语言的语义、音韵和拼字研究使得对脑的语言功能区又有了更精细的划分。

6.8.3 经典定位模型

沃尼科、布洛卡和与他们同时期的研究者推动了语言定位于解剖上相互连接的结构，进而形成大脑的整个语言系统这样一种观点。有时候这被称为语言的经典定位模型或语言的连接模型。这种观点在 20 世纪 60 年代经美国神经心理学家格施温德重新发展后，在整个 20 世纪 70 年代都占有统治地位。请注意格施温德的连接模型与后来由麦克莱兰和鲁梅哈特这些研究者发展出来的，并通过计算机模拟实现的交互或称联结主义模型是不同的。在后面这类模型中，加工过程的交互特征起到了非常重要的作用，而且，与格施温德的模型不同,这类模型的功能表达被假设是分布式而非局部定位式的。为避免混淆,我们把格施温德的模型称为经典定位主义模型。

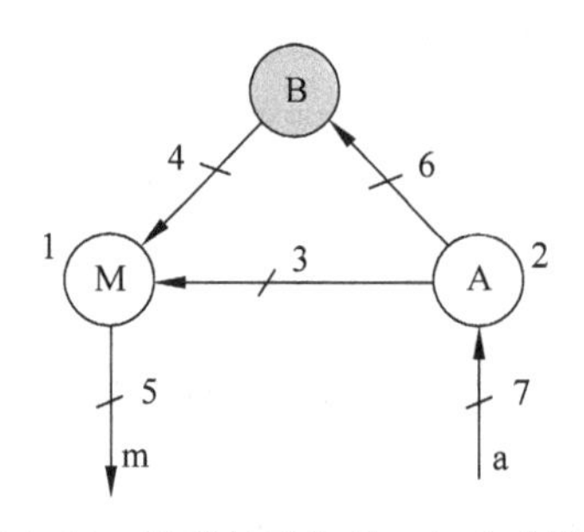

图 6.10 语言加工的 Geschwind 模型

图 6.10 给出了由格施温德于 19 世纪 80 年代首先提出的一个经典定位模型。这个模型中,针对听觉或口语语言加工的 3 个主要中心在图 6.10 中被标为 A、B 和 M。Wernicke 区(即 A 区)代表语音词典。这个区域记忆关于单词声音的永久信息。Broca 区(即 M 区)是计划和组织口语交谈的区域。概念记忆在 B 区。在 19 世纪的语言模型中,概念是广泛分布于大脑中,但相对较新的 Wernicke-Lichtheim-Geschwind 模型则把概念定位在更为离散的几个区域。例如,在这个模型中,缘上回和角回被认为是加工感觉输入特性(听觉、视觉、触觉)和单词特征的区域。

这个语言的经典定位模型认为语言信息定位在由白质束互相连接的各独立脑区。语言加工被认为激活了这些语言表征并且涉及语言区之间的表征传递。这个想法是很简单的。根据经典定位模型,听觉语言的信息流是这样的:听觉输入在听觉系统被转换,然后信息传递到以角回为中心的顶颞枕联合皮质,再传递到 Wernicke 区,并在这里可以从语音信息中提取出单词表征。信息流从 Wernicke 区经过弓状束(白质神经束)到达 Broca 区,这里是语法特征记忆之所,同时短语结构可以在这里得到分配。接着单词表征激活概念中心相关的概念。这样,听觉理解就发生了。在口语产生过程中,除了概念区激活的概念在 Wernicke 区产生单词的语音表征,并被传递到 Broca 区来组织口语发音动作外,其他过程都是类似的。

在图 6.10 中,A、B 和 M 区之间的连线上有横断标记。这些连线代表了大脑中相互连接的 Wernicke 区、Broca 区和概念中心之间的白质纤维。损毁这些纤维被认为将分离这些区域。损毁 A、B 和 M 中心本身将造成特异性语言障碍。因此,如果 Wernicke-Lichtheim-Geschwind 模型是正确的,那么我们可以从脑损伤的形式预期语言缺陷的形式,即由该模型预测语言障碍。实际上,各种各样的失语症都符合模型的预测,因此这个模型还是相当不错的。图 6.11 是关于语言信息神经处理的一个较为理想的模型[48]。

一些现存的证据支持 Wernicke-Lichtheim-Geschwind 模型的基本观点,但是认知和脑成像研究表明,该模型过于简单化。语言功能涉及多个脑区以及这些脑区之间复杂的相互联系,并非由 Wernicke 区至 Broca 区及它们间的联系所能概括,模型仍然存在一些明显缺陷:

(1) 在计算机断层扫描(CT)和磁共振成像(MRI)的神经成像技术出现之前,损毁的定位很粗劣,而且有时还依赖很难获得的尸检信息或基于其他较好定义的并发症状。

(2) 尸检研究以及神经成像数据中,定义损伤部位的方式差异变化。

(3) 损毁本身差异也很大,例如,前脑损伤有时也会导致 Wernicke 失语症。

(4) 在分类时病人常常可归类不止一个诊断类别。例如,Broca 失语症就有若干成分。

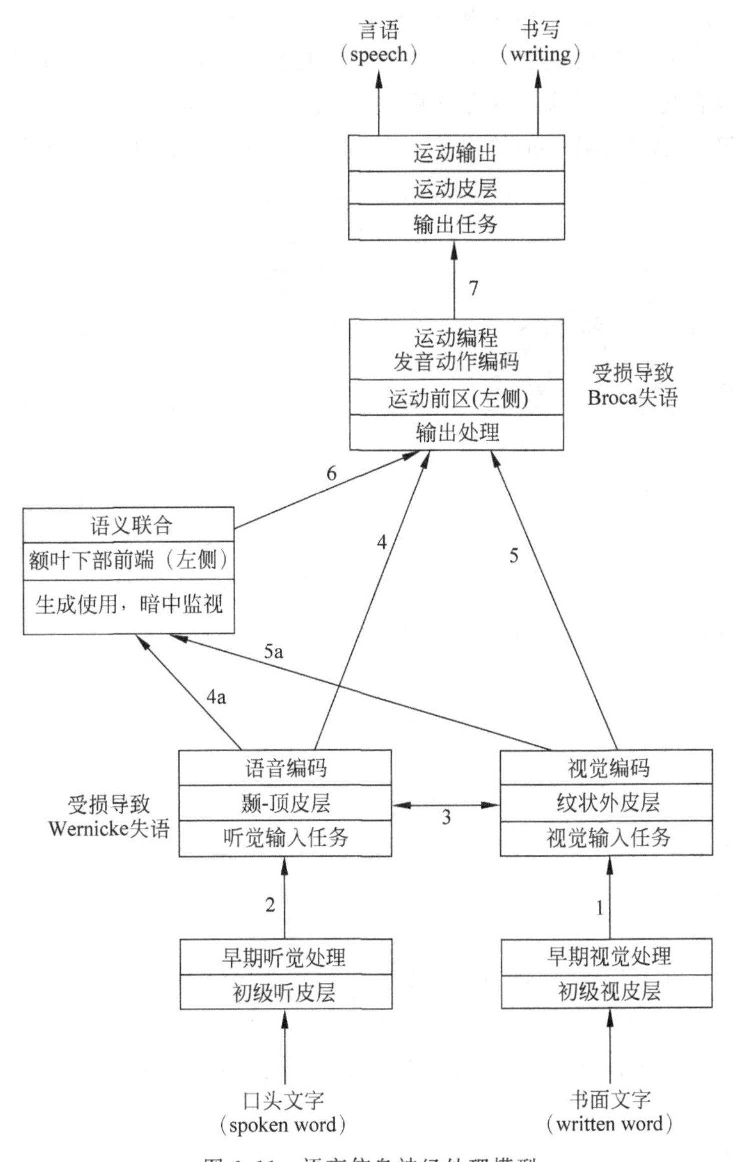

图 6.11 语言信息神经处理模型

6.8.4 记忆-整合-控制模型

新一代的神经模型不同于经典的 Wernicke-Lichtheim-Geschwind 模型，新模型将心理语言学的各种发现与大脑中可能的神经回路联系起来了。在这些模型中，语言的神经回路仍被认为包括由布洛卡和韦尼克确定的传统语加工区域，但这些区域不再像经典模型被认为的那样是语言特异性的，而且它们也不是只在语言加工中起作用。此外，大脑中别的一些区域也成为语言加工回路的一部分，但并不一定要特异于正常语言加工。

2005 年，哈古尔特(P. Hagoort)提出了一个综合近来脑和语言研究成果的新语言神经模型[29]。他指出了语言加工的 3 种功能性成分以及它们在大脑中的可能表征(见图 6.12)：

(1) 记忆。在心理词典或长时记忆中存储和提取词汇信息。

(2) 整合。将提取的语音、语义和句法信息整合成一个整体性的输出表征。在语言理解时,对语音、语义和句法信息的加工可以是平行操作的,或者说是同时进行的;并且各种信息之间是可以有交互作用的。整合过程让 Hagoort 模型成为一个基于约束原则的交互模型。弗里德里希(A. Friederici)给出了一个更加模块化的语言加工神经模型实例。

(3) 控制。将语言和行动关联起来,如在双语转换中。

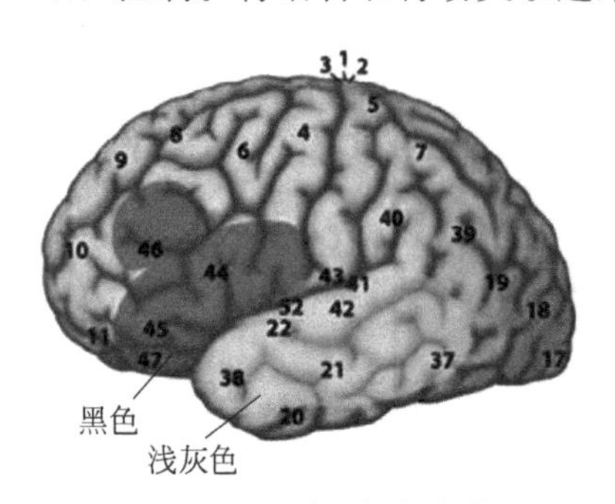

图 6.12　记忆-整合-控制模型

如图 6.12 所示,颞叶对记忆和提取单词表征尤为重要。模型的 3 个部分分别用颜色标记,覆盖在具有 Brodmann 分区标记的左半球上:记忆部分在左侧颞叶用浅灰色标记;整合部分在左侧额上回用黑色标记;控制成分在外侧额叶皮质用灰色标记。单词的语音和音位特征记忆在以颞上回(包括 Wernicke 区)后部为中心扩展到颞上沟(STS)这部分区域,而语义信息则是分布在左侧颞中回和颞下回的不同区域中。

联合和整合语音、词汇-语义和句法信息加工过程涉及额叶的许多区域,包括 Broca 区或左侧额下回。但是,正如 Hagoort 神经模型所揭示的,Broca 区肯定不是一个语言产生模块,也不是句法分析的所在地。而且,Broca 区也不太可能像最初所定义的只执行某一种功能。

当人们进行实际交流,如在交谈时需要交替说话时,该模型的控制成分就显得尤为重要。关于语言理解中认知控制的研究还不是很多,但那些在其他任务中涉及认知控制的脑区,如扣带前回和背外侧前额叶皮质(即 Brodmann 46/9 区)对语言理解中的认知控制同样也起作用。

人类的语言系统太复杂,大脑的生物学机制究竟怎样实现如此丰富的语言产生和语言理解呢?还有太多问题需要研究。但把心理语言模型、神经科学和心智计算结合起来,共同阐明语言这种人类心理能力的神经编码,语言研究的未来充满希望。

6.9　小结

语言在心理功能中是独特的,因为只有人类才拥有真正的语言系统。本章从心理词典入手,介绍所存储的信息包括语义和句法信息,还有词形信息。语义信息描述客观世界的意义。句法信息描述单词怎样组成一个句子。词形描述关于单词的拼写以及发音模式的信息。

语言输入包括口语输入和书面输入。语言理解有基于规则的分析方法称之为理性主义,与理性主义相对的是经验主义,主要是基于大规模语料库的分析方法。

本章介绍了机器翻译的主要技术。基于神经网络模型的机器翻译方法使译文质量得到大幅提升,并且很多开源工具被相继公布,机器翻译技术研究和系统推广应用均出现了前所未有的盛况。

思考题

1. 什么是语言认知？自然语言处理的过程有哪些层次？各层次的功能如何？
2. 概述乔姆斯基的4类形式文法。
3. 机器翻译的一般过程包括哪些步骤？试述每个步骤的主要功能。
4. 请说出神经机器翻译的关键技术。
5. 脑语言的功能区可分为运动性语言中枢和感觉性语言中枢，请扼要介绍对语言的语义、音韵和拼字的影响。

第7章 学习

CHAPTER 7

人类通过学习来提高和改进自己的能力。学习的基本机制是设法把成功的表现行为转移到另一类似的新情况中去。人的认识能力和智慧才能就是在毕生的学习中逐步形成、发展和完善的。任何具有智能的系统必须具备学习的能力。学习能力是学习的方法与技巧，是人类智能的根本特征。

7.1 概述

1973年，西蒙对学习下了一个比较好的定义："系统为了适应环境而产生的某种长远变化，这种变化使得系统能够更有成效地在下一次完成同一或同类的工作。"学习是一个系统中所发生的变化，它可以是系统作业的长久性的改进，也可以是有机体在行为上的持久性的变化。在一个复杂的系统中，由学习引起的变化是多方面的，也就是说，在同一个系统中可能包含着不同形式的学习过程，它的不同部分会有不同的改进。人在学习中获得新的产生式，建立新的行为。

学习的原理是学习者必须知道最后的结果，即其行为是否能得到改善。最好他还能得到关于在他的行为中哪些部分是满意的，哪些部分是不满意的信息。对于学习结果的肯定的知识本身就是一种报酬或鼓励，它能产生或加强学习动机。关于学习结果的信息和动机的共同作用在心理学中叫作强化，其关系如下：

强化 = 结果的知识 + 报酬

（信息）　（动机）

强化不一定是外在的，它也可以是内部的。强化可以是积极的，也可以是消极的。学习时必须有一个积极的学习动机。强化能给学习动机以支持。老师在教育中要注意学习材料的选择，以吸引学生的注意，激励他们的学习。学习材料如果太简单，学生的精力不容易集中，容易产生厌烦情绪；学习材料如果太复杂，学生不容易理解，也会产生疲劳。可见，在学习中影响学习动机的因素是多方面的，其中包括学习材料的性质和构成等。

这里提出了一种学习系统模型（见图7.1）。椭圆形表示信息单元，长方形表示处理单元，箭头表示学习系统中数据流的方向。

影响学习系统最重要的因素是提供系统信息的环境，特别是这种信息的水平和质量。环境对学习单元提供信息。学习单元利用这些信息改善知识库。执行单元利用知识库执行

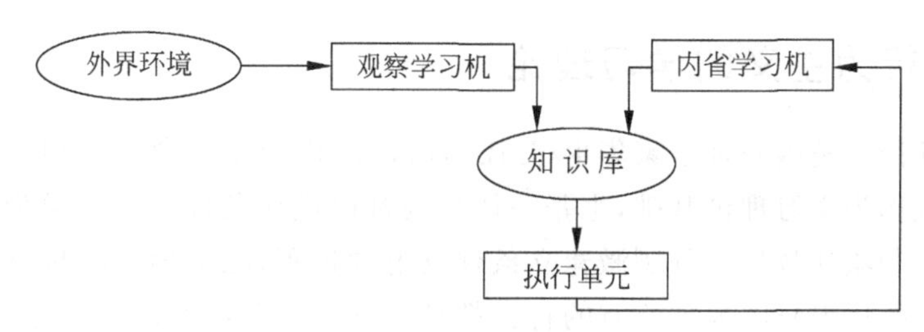

图 7.1 学习系统模型

它的任务。最后,执行任务时所获得的信息可以反馈给学习单元。若是人的学习,则通过内省学习机产生学习的效用信息,反馈给学习单元。

一百多年来,心理学家在探讨学习理论的过程中,由于各自的哲学基础、理论背景、研究手段的不同,自然形成了各种不同的理论观点,并形成了各种不同的理论派别,主要包括行为学派、认知学派和人本主义学派。

7.2 行为学习理论

有些心理学家应用刺激与反应的关系,把学习解释为习惯的形成,认为通过练习使某一刺激与个体的某种反应建立一种前所未有的关系,此种刺激反应间联结的过程,就是学习。因此,此种理论称为刺激反应论,或称为行为学派。行为学习理论强调可观察的行为,认为行为的多次的愉快或痛苦的后果改变了个体的行为。巴甫洛夫经典条件反射学说、华生的行为主义观点、桑代克的联结主义、斯金纳的操作条件反射学说以及班图拉的社会学习理论可作为行为派的代表学说。

另外有些心理学家不同意"学习即习惯形成"的看法,他们特别强调理解在学习过程中的作用。他们认为,学习是个体在其环境中对事物间关系认知的过程。因此,这种理论被称为认知论。

7.2.1 条件反射学习理论

俄国生理学家巴甫洛夫(I. van Pavlov)是经典条件反射学说的创立者。巴甫洛夫在研究狗的消化生理现象时。把食物呈现在狗面前,并测量其唾液分泌。通常狗吃食物时才会分泌唾液。然而,巴甫洛夫偶然发现狗尚未吃到食物,只是听到送食物的饲养员的脚步声,便开始分泌唾液。巴甫洛夫没有放过这一现象,他做了一个实验。先给狗听一个铃声,狗没有反应,然而在给狗铃声之后紧接着呈现食物,并经反复多次结合后,单独听铃声而没有食物,狗也"学会"了分泌唾液。铃声与无条件刺激(食物)的多次结合从一个中性刺激变成了一个条件性刺激,引起了分泌唾液的条件性反应,巴甫洛夫将这一现象称作条件反射,即经典条件反射。巴甫洛夫认为条件反射的生理机制是暂时神经联系的形成,并认为学习就是暂时神经联系的形成。

巴甫洛夫的经典条件反射学说的影响是巨大的。在俄国,以巴甫洛夫的经典条件反射学说为基础的理论在相当长的时间内在心理学界占有统治地位。在美国,行为派的心理学家华生、斯金纳等均受到巴甫洛夫的条件反射学说的影响。

7.2.2 行为主义的学习理论

行为主义理论由美国心理学家华生(J. B. Watson)于1913年创立。他将巴甫洛夫的经典条件反射学说作为学习理论基础,主张一切行为都以经典条件反射学说为基础。他认为学习就是以一种刺激代替另一种刺激建立条件反射的过程,除了出生时具有的集中条件反射(如打喷嚏、膝跳反射)外,人类所有的行为都是通过条件反射建立新的刺激-反应联结(即S-R联结)而形成的。解释构成行为的基础是个体表现于外的反应,而反应的形成与改变是经由制约作用的过程。重视环境对个体行为的影响,不承认个体自由意志的重要性,故而被认为是决定论。在教育上主张奖励与惩罚兼施,不重视内发性的动机,强调外在控制的训练价值。

行为学派盛行在美国,影响扩及全世界,20世纪20年代至50年代,心理学界几乎成为行为主义的天下。行为主义也称为行为心理学。行为主义演变到后来,因对行为解释的观点不同,又有激进行为主义(radical behaviorism)与新行为主义(neo-behaviorism)之分。

7.2.3 联结学习理论

自19世纪末至20世纪初,桑代克(Thorndike)的学习理论在美国心理学界居于领导地位。桑代克是动物心理学研究的先驱,从1896年开始,他在哈佛大学用小鸡、猫、狗、鱼等动物为实验研究的对象,系统地研究动物的学习行为,从而提出了学习心理学中最早也是最为完整的学习理论。通过科学的实验方法,他发现在学习环境中,个体的学习是经由一种"尝试与错误偶然成功"的方式。在这种方式下,个体经过对刺激的多次反应,使两者间建立一种联结或结合。桑代克认为学习的实质在于形成情境与反应之间的联结,因此,这种学习理论被称为联结论。

情境(以S代表)有时也称为刺激,包括外界情境和思想、情感等大脑内部情境。反应(以R代表)包括"肌肉与腺体的活动"和"观念、意志、情感或态度"等内部反应。所谓联结,就是结合、关系、倾向,指的是某种情境只能唤起某种反应,而不能唤起其他反应的倾向。用"→"作为引起或导致的符号。联结的公式为S→R。

情境与反应之间是因果关系。它们之间是直接的联系,不需要任何中介。桑代克认为联结即本来(本能)的结合,是先天决定的原本趋向。他把联结的观点搬运到人类的学习上,认为人类所有的思想、行为和活动都能分解为基本的单位刺激和反应的联结。人与动物学习的区别在于"动物的学习过程全属盲目""无须以观念为媒介",而人的学习是以观念为媒介,是有意识的。但二者的本质区别仅在于简单与复杂、联结数量的多少,动物学习的规律依然适用于人类的学习。

刺激与反应间的联结受以下3个原则的支配:

(1) 练习的多寡;

(2) 个体自身的准备状态;

(3) 反应后的效果。

这3个原则就是桑代克的著名的学习三定律——练习律、准备律、效果律。练习律是指个体对某一刺激反应时,练习的次数愈多,则刺激与反应间的联结愈强。准备律是指当学习者有准备而给以活动就感到满意，即动机原则。动机是指引起个体活动，维持该种活动，并导致该种活动朝向某一目标进行的一种内在过程。效果律是联结论的核心，其主要内容在于强调刺激反应间联结的强弱要靠反应后的效果来决定。若反应后使个体获得满足，则刺激反应间的联结加强；反之，若得到的是烦恼的效果，则刺激反应间的联结便减弱。

桑代克的学习理论是教育心理学史上第一个较为完整的学习理论。他运用实验而不是思辨的方法研究学习是一大进步。他的学习理论引起了有关学习理论的学术争论，推动了学习理论的发展。联结说的提出也有利于确立学习理论体系中的核心地位，相应地，也有利于教育心理学学科体系的建立，推动了教育心理学的发展。

联结说以本能作为学习的基础，以情境与反应的联结公式作为解释学习的最高原则，是遗传决定论和本能主义的；它抹杀了人的学习的社会性，尤其是取消了人的学习的意识性和能动性，未能揭示人的学习的实质以及人的学习与动物学习的本质区别，是机械主义的。试错说以尝试和错误概括所有的学习过程，忽视了认知、观念、理解在学习过程中的作用，不符合学习的实际。但试错说直至今日仍被看成学习的一种形式，特别是在运动技能的学习和社会行为的学习中起着重要作用。桑代克提出的学习规律有些简单，不能完善到说明学习的根本规律，不过也有部分的真理性，即使现在来看，其中的一些规律对于学习活动仍具有指导意义。

7.2.4 操作学习理论

操作学习理论是美国新行为主义心理学家斯金纳(B. F. Skinner)在《语言行为》中提出的言语学习理论。这一理论以对动物进行的操作性条件反射实验为基础，认为儿童获得言语主要靠后天学习，也与学习其他行为一样，是通过操作性条件反射来实现的。

斯金纳认为条件反射有两种，即巴甫洛夫的经典性条件反射和操作性条件反射。巴甫洛夫的经典条件反射是应答性(或刺激性)条件反射过程，是先由已知刺激物引起的反应，是强化物和刺激物相结合的过程，强化是为了加强刺激物的作用。斯金纳的操作性条件反射是反应型条件反射的过程，没有已知的刺激，是由有机体本身自发出现的反应，是强化物和反应相结合的过程，强化是为了增强反应。

斯金纳认为一切行为都是由反射构成的。反射有两种，行为也必然有两种，即应答性行为和操作行为。因此，学习也分为两种，即反射学习和操作学习。斯金纳更重视操作学习，他认为操作行为更能代表人在实际中的学习情况，认为人的学习几乎都是操作学习。因此，行为科学最有效的研究途径是研究操作行为的形成及其规律。

斯金纳认为强化是操作行为形成的重要手段。强化在斯金纳的学习理论中占有极其重要的地位，是其学习理论的基石和核心，有人称他的学习理论为强化理论或强化说。操作学习的基本规律是：如果一个操作发生后，接着呈现一个强化刺激，则这个操作的强度(反应发生的概率)就增加。一般认为学习和行为的变化是强化的结果，控制强化就能控制行为。强化是塑造行为和保持行为强度的关键。塑造行为的过程就是学习过程。教育就是塑造行为。只要安排好强化程序，就可以随意地塑造人和动物的行为。

1954年，斯金纳在《学习科学与教学的艺术》(*The science of learning and the art of teaching*)中根据他的强化理论，对传统教学进行了批评，指出：

(1) 传统教学在控制学生行为的手段上是消极的，多为负强化(如发脾气、惩罚、训斥等)。

(2) 行为和强化之间的时间间隔太长。

(3) 缺乏连续的强化程序。

(4) 强化太少。传统教学的最主要缺点就是强化太少。一个教师要对一个班几十名学生提供足够数量的强化机会是做不到的。

由此，斯金纳强烈主张改变传统的班级教学，实行程序教学和机器教学。根据操作性条件反射原理把学习的内容编制成"程序"安装在机器上，学生通过机器上的程序显示进行学习。后来还发展了不用教学机器，只使用程序教材的程序进行学习。

程序学习的过程是将要学习的大问题分解成若干小问题，按一定顺序呈现给学生，要求学生一一回答，然后学生可得到反馈信息。问题相当于条件反射形成过程中的"刺激"，学生的回答相当于"反应"，反馈信息相当于"强化"。程序学习的关键是编制出好的程序。为此，斯金纳提出了编制程序的5条基本原理(原则)。

(1) "小步子"原则：把学习的整体内容分解成由许多片段知识所构成的教材，把这些片段知识按难度逐渐增加排成序列，使学生循序渐进地学习。

(2) 积极反应原则：要使学生对所学内容作出积极的反应，否认"虽然没有表现出反应，但是的确明白"的观点。

(3) 及时强化(反馈)原则：对学生的反应要及时强化，使其获得反馈信息。

(4) 自定步调原则：学生根据自己的学习情况，自己确定学习的进度。

(5) 较低的错误率：使学生尽可能每次都作出正确的反应，使错误率降到最低限度。

斯金纳认为程序教学有如下优点：循序渐进；学习速度与学习能力一致；及时纠正学生的错误，加速学习；利于提高学生学习的积极性；培养学生的自学能力和习惯。程序学习并非尽善尽美。由于它主要是以掌握知识为目标的个体化学习方式，因此，人们对它的非议主要有3方面：使学生学习比较刻板的知识；缺少班集体中的人际交往，不利于儿童社会化；忽视了教师的作用。

视频25 认知学习理论

7.3 认知学习理论

与行为主义学习理论相对立，源自于格式塔学派的认知学习理论，经过一段时间的沉寂之后，再度复苏，从20世纪50年代中期之后，随着布鲁纳、奥苏伯尔等一批认知心理学家的大量创造性工作的开展，学习理论的研究自桑代克之后又进入了一个辉煌时期。他们认为，学习就是面对当前的问题情境，在内心经过积极的组织，从而形成和发展认知结构的过程，强调刺激反应之间的联系是以意识为中介的，强调认知过程的重要性。因此，使认知学习论在学习理论的研究中开始占据主导地位。

认知是指认识的过程以及对认识过程的分析。美国心理学家吉尔伯特(G. A. Gilbert)认为：认知是一个人了解客观世界时所经历的几个过程的总称。它包括感知、领悟和推理等几个比较独特的过程，这个术语含有"意识到"的意思。认知的构造已成为现代教育心理学家试图理解的学生心理的核心问题。认知学派认为学习在于内部认知的变化，学习是一个比S-R联结要复杂得多的过程。他们注重解释学习行为的中间过程，即目的、意义等，认为这些过程才是控制学习的可变因素。认知派学习理论的主要贡献是：

(1) 重视人在学习活动中的主体价值，充分肯定了学习者的自觉能动性。

(2) 强调认知、意义理解、独立思考等意识活动在学习中的重要地位和作用。

(3) 重视人在学习活动中的准备状态。即一个人学习的效果，不仅取决于外部刺激和个体的主观努力，还取决于一个人已有的知识水平、认知结构、非认知因素。准备是任何有意义学习赖以产生的前提。

(4) 重视强化的功能。认知学习理论把人的学习看成是一种积极主动的过程，因而很重视内在的动机与学习活动本身带来的内在强化的作用。

(5) 主张人的学习的创造性。布鲁纳提倡的发现学习论就强调学生学习的灵活性、主动性和发现性。它要求学生自己观察、探索和实验，发扬创造精神，独立思考，改组材料，自己发现知识、掌握原理原则，提倡一种探究性的学习方法。强调通过发现学习来使学生开发智慧潜力，调节和强化学习动机，牢固掌握知识并形成创新的本领。

认知学习理论的不足之处是没有揭示学习过程的心理结构。学习心理是由学习过程中的心理结构，即智力因素与非智力因素两大部分组成的。智力因素是学习过程的心理基础，对学习起直接作用；非智力因素是学习过程的心理条件，对学习起间接作用。只有使智力因素与非智力因素紧密结合，才能使学习达到预期的目的。而认知学习理论对非智力因素的研究是不够重视的。

格式塔学派的学习理论、托尔曼的认知目的理论、皮亚杰的图式理论、维果斯基的内化论、布鲁纳的认知发现理论、奥苏伯尔的有意义学习理论、加涅的信息加工学习理论以及建构主义的学习理论均可作为认知派的代表性学说。认知主义学习理论的代表人物是皮亚杰、纽厄尔等。

7.3.1 格式塔学派的学习理论

格式塔学派又名完形学派，1912 年产生于德国，代表人物有韦特海默、考夫卡、苛勒。这一学派的学习理论是研究知觉问题时，针对桑代克的学习理论提出来的。他们强调经验和行为的整体性，反对行为主义的“刺激-反应”公式，于是他们重新设计了动物的学习实验。

苛勒(K. Kohler)于 1913—1917 年在一个岛屿上进行黑猩猩的学习实验。在一个典型的实验中，把黑猩猩关在笼中，笼外放有香蕉和一长一短的两根木杆。黑猩猩在笼内不能直接够到香蕉。黑猩猩用“手”够香蕉失败后，停止活动，四处张望，若有所思。之后，它突然起身，用短杆取得长杆，再用长杆够到了香蕉。这一系列动作是一气呵成的。由此，苛勒认为，黑猩猩对问题的解决是由于突然领悟(即顿悟)而实现的，学习不是逐步试错的过程，而是对知觉经验的重新组织，是对情境关系的顿悟。

格式塔学派的基本观点：

(1) 学习是组织一种完形。

完形学派认为，学习是组织一种完形。完形(或称“格式塔”)指的是事物的式样和关系的认知。学习过程中问题的解决，是由于对情境中事物关系的理解而构成一种完形来实现的。学习即黑猩猩在实验情境中发现关系(木杆是获得香蕉的工具)，从而弥合缺口，构成完形。完形学派认为，无论是运动的学习、感觉的学习、感觉运动的学习和观念的学习，都在于发生一种完形的组织，并非各部分间的联结。

(2) 学习是通过顿悟实现的。

完形学派认为学习的成功和实现完全是由于“顿悟”的结果，即突然地理解了，而不是

“试错”“尝试与错误”。顿悟是对情境全局的知觉，是对问题情境中事物关系的理解，也就是完形的组织过程。

完形学派用来证明学习过程是领悟而非试错的主要证据是：

① 从不能到能之间突然转变；

② 学到的东西能良好地保持，而不是重复出现错误。

他们指出，由于桑代克所设置的问题情境不明确，从而导致了盲目的尝试错误学习。

对完形学派学习理论的评价如下：

(1) 完形学派学习理论具有辨证的合理因素，主要表现在它肯定了意识的能动作用，强调了认知因素(完形的组织)在学习中的作用。由此弥补了桑代克学习理论之缺陷，认为刺激与反应之间的关系是间接的，不是直接的，是以意识为中介的。完形学派对试错说的批判，也促进了学习理论的发展。

(2) 完形学派在肯定顿悟的同时，否定试错的作用，是片面的。试错与顿悟是学习过程的不同阶段，或不同的学习类型。试错往往是顿悟的前奏，顿悟又往往是试错的必然结果，二者不是相互排斥、对立的，而应是相互补充的。完形学派的学习理论不够完整，也不够系统，其影响在当时远不及桑代克的联结说。

7.3.2 认知目的理论

托尔曼(E. C. Tolman)认为自己是一名行为主义者。他对各派采取兼容并包的态度，以博采众家之长而著称。他既欣赏联结派的客观性和测量行为方法的简便，又受到格式塔整体学习观的影响。他的学习理论有很多名称，如符号学习说、学习目的说、潜伏学习说、期待学习说。他坚持主张理论要用完全客观的方法来检验。然而许多人认为他是研究动物学习行为最有影响的认知主义者。受格式塔学派的影响，他强调行为的整体性。他认为整体行为是指向一定目的的，而有机体对环境的认知是达到目的的手段。他不同意把情境(刺激)与反应之间看成是直接的联系，即 S-R。他提出“中介变量”的概念，认为中介变量是介于实验变量和行为变量之间并把二者联系起来的因素。具体地说，中介变量就是心理过程，由心理过程把刺激与反应联结起来。因此 S-R 的公式应为 S-O-R，O 即代表中介变量。他的学习理论就是从上述观点出发，通过对动物学习行为全过程的考察而提出的。

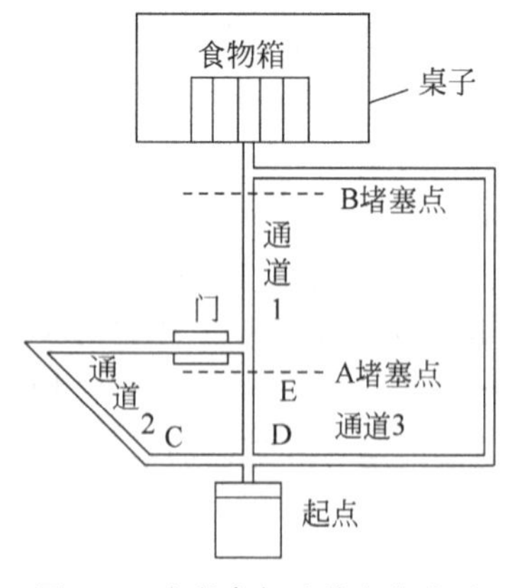

图 7.2 白鼠高架迷津方位实验

托尔曼于 1930 年设计并进行了白鼠高架迷津方位实验(见图 7.2)。在这种迷津中设置了白鼠通向食物箱的长短不等的 3 条通道。

首先让白鼠在迷津内经过探索，熟悉这 3 条通道，然后将白鼠放进起点箱内，观察它们的行为。结果发现，白鼠首先选择通向食物距离最短的通道 1，当通道在 A 处堵塞时，它们便在通道 2 和通道 3 中选择了较短的通道 2；而通道 2 必经的 B 处也被堵塞时，它们才不得不选择较漫长的通道 3。

托尔曼认知目的理论的基本观点：

(1) 学习是有目的的。

托尔曼认为动物学习是有目的的，其目的就是获得食物。他不同意桑代克等人认为学习是盲目的观点。动物在迷津中的试错行为是受目标指引的，是指向食物的。他认为学习就是期望的获得。期望是个体关于目标的观念。个体通过对当前的刺激情境的观察和已有的过去经验而建立起对目标的期望。

(2) 对环境条件的认知是达到目的的手段或途径。

托尔曼认为有机体在达到目的的过程中，会遇到各式各样的环境条件，他必须认知这些条件，才能克服困难，达到目的。所以，对环境条件的认知是达到目的的手段或途径(托尔曼用"符号"代表有机体对环境条件的认知)。学习不是简单地、机械地形成运动反应，而是学习达到目的的符号，形成"认知地图"。所谓认知地图，是指动物在头脑中形成的对环境的综合表象，包括路线、方向、距离，甚至时间关系等信息。这是一个较模糊的概念。

总之，目的和认知是托尔曼学习理论中的两个重要中介变量，所以其学习理论也称为认知目的理论。

托尔曼认知目的理论中重视行为的整体性、目的性，提出中介变量的概念，重视在刺激与反应之间的心理过程，强调认知、目的、期望等在学习中的作用，应给予肯定。托尔曼理论中的一些术语，如"认知地图"没有明确地界定；对人类的学习与动物的学习也没有从本质上进行区分，因而是机械主义的，这使得他的理论不能成为一个完整的、合理的体系。

7.3.3 认知发现理论

布鲁纳(T. S. Bruner)是美国当代著名的认知心理学家。1960 年，他同乔治·米勒一起创建了哈佛大学认知研究中心，是美国认知学说的主要代表人物。

布鲁纳的认知学习理论受完形说、托尔曼的认知目的理论思想和皮亚杰发生认识论思想的影响，认为学习是一个认知过程，是学习者主动地形成认知结构的过程。而布鲁纳的认知学习理论与完形说及托尔曼的理论又是有区别的。其中最大的区别在于完形说及托尔曼的学习理论是建立在对动物学习进行研究的基础上的，所谈的认知是知觉水平上的认知，而布鲁纳的认知学习理论是建立在对人类学习进行研究的基础上的，所谈的认知是抽象思维水平上的认知。其基本观点主要表现在 3 方面。

1. 学习是主动地形成认知结构的过程

认知结构是指一种反映事物之间稳定联系或关系的内部认识系统，或者说，是某一学习者的观念的全部内容与组织。人的认知活动按照一定的顺序形成，发展成对事物结构的认识后，就形成了认知结构，这个认知结构就是类目及其编码系统。布鲁纳认为，人是主动参加获得知识的过程的，是主动对进入感官的信息进行选择、转换、存储和应用的。也就是说，人是积极主动地选择知识的，是记住知识和改造知识的学习者，而不是知识的被动接受者。布鲁纳认为，学习是在原有认知结构的基础上产生的，不管采取怎样的形式，个人的学习都是通过把新得到的信息和原有的认知结构联系起来，去积极地建构新的认知结构的。

布鲁纳认为学习包括这 3 种几乎同时发生的过程，这 3 种过程是新知识的获得、知识的转化和知识的评价。这 3 种过程实际上就是学习者主动地建构新认知结构的过程。

2. 强调对学科的基本结构的学习

布鲁纳非常重视课程的设置和教材建设，他认为，无论教师选择教什么学科，务必要使学生理解学科的基本结构,即概括化了的基本原理或思想,也就是要求学生以有意义地联系起来的方式去理解事物的结构。布鲁纳之所以重视学科的基本结构的学习,是受他的认知观和知识观的影响的。他认为,所有的知识都是一种具有层次的结构,这种具有层次结构性的知识可以通过一个人发展的编码体系或结构体系(认知结构)表现出来。人脑的认知结构与教材的基本结构相结合会产生强大的学习效益。如果把一门学科的基本原理弄通了,则有关这门学科的特殊课题也不难理解了。

在教学中,教师的任务就是为学生提供最好的编码系统,以保证这些学习材料具有最大的概括性。布鲁纳认为,教师不可能给学生讲遍所有事物,要使教学真正达到目的,教师就必须使学生能在某种程度上获得一套概括了的基本思想或原理。对学生来说,这些基本思想或原理就构成了一种最佳的知识结构。知识的概括水平越高,知识就越容易被理解和迁移。

3. 通过主动发现形成认知结构

布鲁纳认为,教学一方面要考虑人的已有知识结构、教材的结构,另一方面要重视人的主动性和学习的内在动机。他认为,学习的最好动机是对所学材料的兴趣,而不是奖励竞争之类的外在刺激。因此,他提倡发现学习法,以便使学生更有兴趣、更有自信地主动学习。

发现法的特点是关心学习过程胜于关心学习结果。具体知识、原理、规律等让学习者自己去探索、去发现,这样学生便会积极主动地参加到学习过程中去,通过独立思考,改组教材。"学习中的发现确实影响着学生,使之成为一个'构造主义者'。"学习是认知结构的组织与重新组织。他既强调已有知识经验的作用,也强调学习材料本身的内在逻辑结构。

布鲁纳认为发现学习的作用有以下几点:

- 提高智慧的潜力。
- 使外来动因变成内在动机。
- 学会发现。
- 有助于对所学材料保持记忆。

因此,认知发现说是值得特别重视的一种学习理论。认知发现说强调学习的主动性,强调已有认知结构、学习内容的结构、学生独立思考等的重要作用。这些对于培育现代化人才是有积极意义的。

7.3.4 信息加工学习理论

加涅(R. M. Gagne)是美国佛罗里达州立大学的教育心理学教授。他的学习理论是在行为主义和认知观点相结合的基础上,在20世纪70年代之后,运用现代信息论的观点和方法,通过大量实验研究工作建立起来的。他认为学习过程是信息的接收和使用过程。学习是主体和环境相互作用的结果,学习者的内部状况与外部条件是相互依存、不可分割的统一体。

加涅认为,学习是学习者神经系统中发生的各种过程的复合。学习不是刺激反应间的一种简单联结,因为刺激是由人的中枢神经系统以一些完全不同的方式来加工的,了解学习也就在于指出这些不同的加工过程是如何起作用的。在加涅的信息加工学习论中,学习的发生同样可以表现为刺激与反应,刺激是作用于学习者感官的事件,而反应则是由感觉输入及其后继的各种转换而引发的行动,反应可以通过操作水平变化的方式加以描述。但刺激与反应之间,存在着“学习者”“记忆”等学习的基本要素。学习者是一个活生生的人,他们拥有感官,通过感官接受刺激;他们拥有大脑,通过大脑以各种复杂的方式对来自感官的信息进行转换;他们有肌肉,通过肌肉动作显示已学到的内容。学习者不断接收到各种刺激,被组织进各种不同形式的神经活动中,其中有些被存储在记忆中,在做出各种反应时,这些记忆中的内容也可以直接转换成外显的行动。加涅将学习过程看作是信息加工流程。1974年,他描绘出一个典型的学习结构模式图(见图 7.3)。

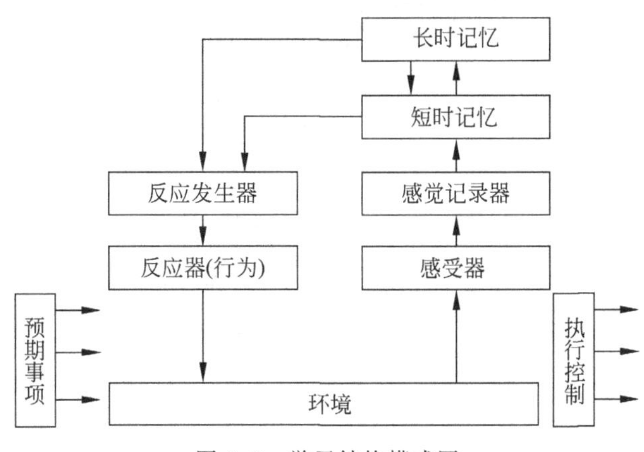

图 7.3　学习结构模式图

加涅的学习结构模式分为两部分。

第一部分是中间的结构叫操作记忆,是一个信息流。来自环境的刺激作用于学习者的感受器,然后到达感觉记录器,信息在这里经过初步的选择处理,停留的时间还不到一秒钟,便进入短时记忆,信息在这里也只停留几秒钟,然后进入长时记忆。以后当需要回忆时,信息从长时记忆中提取而回到短时记忆中,然后到达反应发生器,信息在这里经过加工便转化为行为,作用于环境,这样就发生了学习。

第二部分是两边的结构,包括预期事项(期望)和执行控制两个环节。预期环节起着定向的作用,使学习活动沿着一定方向进行。执行环节起调节、控制作用,使学习活动得以实现。第二部分的功能是使学习者引起学习、改变学习、加强学习和促进学习,同时使信息流激化、削弱或改变方向。

加涅根据信息加工理论提出了学习过程的基本模式,认为学习过程就是一个信息加工的过程,即学习者对来自环境刺激的信息进行内在的认知加工的过程,并具体描述了典型的信息加工模式。认为学习可以区别出外部条件和内部条件,学习过程实际上就是学习者头脑中的内部活动,与此相应,把学习过程划分为 8 个阶段:动机产生阶段、了解阶段、获得阶段、保持阶段、回忆阶段、概括阶段、操作阶段、反馈阶段(见图 7.4)。

(1) 动机产生阶段,与之相应的心理过程是期望。学习要先有动机,动机可以与学习者的期望建立联系。期望是目标达到时所能得到的报酬、结果或奖励,是完成任务的动力,能给学习者指明方向和道路。

(2) 了解阶段,与之相应的心理过程是注意、选择性知觉。加涅认为注意是一个短暂的内部状态,对学习有定势作用,也起着执行控制作用。教学要引起学生的这种注意,通过口

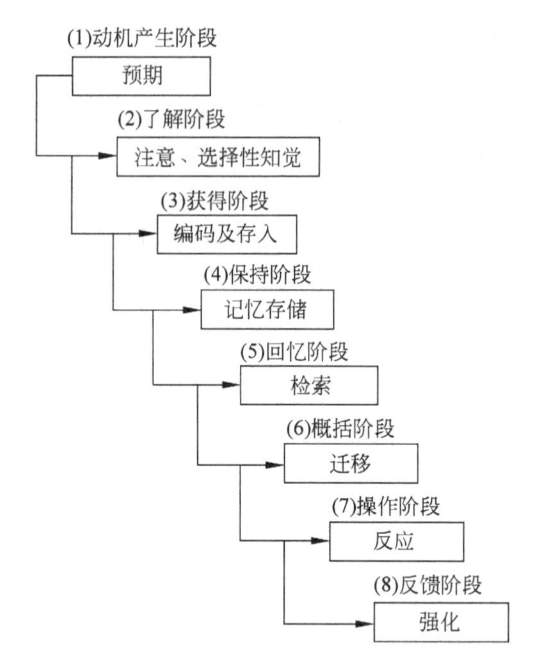

图 7.4 加涅的 8 个学习阶段及其相应的心理过程图

头指导语把学生的注意力引向学习有关的某一方面,可使学生有选择地知觉其所处情况中的某些刺激。

(3) 获得阶段,与之相应的心理过程是编码、存入。在这一阶段,所学知识到达短时记忆,并转入长时记忆。编码就是对获得的信息进行加工整理,以便和原有信息相联系并形成系统,存入长时记忆。

(4) 保持阶段,与之相应的心理过程是记忆存储。知识到达长时记忆后,还要对材料继续加工,使之能永久保持。

(5) 回忆阶段,与之相应的心理过程是检索。回忆是指能将所学材料准确地重现出来,是通过检索实现的。检索是在外部刺激作用下,按一定方向进行的寻找过程。

(6) 概括阶段,与之相应的心理过程是迁移。对学习材料进行总结、整理、归纳,形成体系或结构,并能将知识和技能应用到各种新的情境中,其实质为学习迁移。

(7) 操作阶段,与之相应的心理过程是反应。学习者将学习付诸行动,通过新作业和新操作的完成,表现出学习者学到了什么。

(8) 反馈阶段,与之相应的心理过程是强化。在这一阶段,学习者完成了新作业并意识到自己已达到预期目标,从而使第一阶段所建立的预期和动机在最后阶段得到证实和强化。加涅认为,强化主宰着人类的学习。

加涅认为新的学习一定要适合学习者当时的认知发展水平,即学习者已经发展形成认知结构。认为学习要在学习者内在认知结构和新输入的信息之间建立起相互联系和相互配合的新结构。学习的理想条件是要把新输入的信息与学习者已有认知结构之间所存在的矛盾或差距给以适当调整。这样,新信息就能纳入已有认知结构中,并建立新的认知结构。新的认知结构又作为高一级学习的基础,这样使认知结构得到逐级发展和提高。

所谓指导,是指教师要给学生以最充分的指导,使学生沿着规定的学习程序,引导学生一步一步地循序渐进地进行学习。指导法是加涅依据对教学目标和能量的理解而提出来的。他认为教学的主要目标是发展能量(即能力),而发展能量的关键在于掌握大量有组织的知识,即一个金字塔型的知识系统。教学目标确定之后,教师首先应进行任务分析,任务分析是自上而下进行的。为使学生获得终极行为,学生需要学会做哪一些事?必须表现出什么起点行为?这样就构成了层次学习图。

加涅的学习理论注重学习的内部条件和学习的层次,重视系统知识的系统教学及教师循序渐进的指导作用,为控制教学提供了一定的依据。他的理论直接涉及课堂教学,因而对实际教学有积极的意义和一定的参考价值。加涅运用信息论、控制论的观点和方法对学习问题进行有意义的探索。他试图兼收行为主义和认知派学习理论中的一些观点来建立自己的学习理论,反映了西方学习理论发展的一种趋势。他的学习理论,把能力(他所说的能量)仅仅归结为大量有组织的知识,具有一定的片面性,忽视了思维和智力技能的作用及其培养。

7.3.5　建构主义的学习理论

建构主义(constructivism)是学习理论中行为主义发展到认知主义以后的进一步发展,即向着与客观主义更为对立的另一方面发展。建构主义的核心观点认为:第一,认识并非主体对于客观实在的、简单的、被动的反映(镜面式反映),而是一个主动的建构过程,即所有的知识都是建构出来的;第二,在建构的过程中主体已有的认知结构发挥了特别重要的作用,而主体的认知结构亦处在不断的发展之中。皮亚杰和维果斯基是建构主义的先驱者。尽管皮亚杰高度强调每个个体的新创造;而维果斯基更关心知识的工具(即文化和语言)的传递,但在基本方向上,皮亚杰和维果斯基都是建构主义者。

建构主义认为学习是学习者运用自己的经验去积极地建构富有意义的理解,而不是去理解那些用已经组织好的形式传递给他们的知识。学习者对外部世界的理解是他或她自己积极的建构的结果,而不是被动地接受其他人呈现给他们的东西。建构主义者认为知识是个体对现实世界建构的结果。根据这种观点,学习发生于对规则和假设的不断创造,以解释观察到的现象。而当学习者对现实世界的原有观念与新的观察之间出现不一致,原有观念失去平衡时,便产生了创造新的规则和假设的需要。可见,学习活动是一个创造性的理解过程。相对于一般的认识活动而言,学习主要是一个"顺应"的过程,即认知结构的不断变革或重组,而认知结构的变革或重组又正是新的学习活动与认知结构相互作用的直接结果。按照建构主义的观点,"顺应"或认知结构的变革或重组正是主体主动的建构活动。建构主义强调学习者的积极主动性、强调新知识与学习者原有知识的联系、强调将知识应用于真实的情境中而获得理解。美国心理学家维特罗克(M. C. Wittrock)提出的学生学习的生成过程模式较好地说明了学习的这种建构过程。维特罗克认为学习的生成过程是学习者原有的认知结构即已经存储在长时记忆中的事和脑的信息加工策略,与从环境中接收的感觉信息(新知识)相互作用,主动地选择信息并注意信息,以及主动地建构信息的意义的过程。

学生的学习是在学校这样一个特定的环境中,在教师的直接指导下进行的,是一种文化继承的行为,即学习这一特殊的建构活动具有明显的社会性质,是一种高度社会化的行为。学习并非一种孤立的个人行为,适当的环境不仅是学习的一个必要条件,而且也在很大程度上决定了智力的发展方向。

根据建构主义的基本立场,教师和学生以及学生和学生之间的相互作用对学习活动有重要影响。小组合作学习近年来受到普遍的重视,因为它为更充分地实现“社会相互作用”提供了现实的可能性。正是基于这样的认识,人们提出了“学习共同体”的概念,即认为学习活动是由教师和学生组成的共同体共同完成的。也就是说,学习不能看作是孤立的个人行为,而是“学习共同体”的共同行为,或者说共同行为与个人行为之间存在着一种相互依赖、相互促进的辩证关系。此外,还应看到整体性的社会环境和文化传统对于个人的学习活动亦有十分重要的影响。

传统的认知派学习理论认为,学习的结果是形成认知结构——高度结构化的知识,是按概括水平的高低分层次排列的。

建构主义认为学生学习的结果是建构围绕着关键概念的网络结构知识,包括事实、概念、概括化以及有关的价值、意向、过程知识、条件知识等。其中关键概念是结构性知识,而网络的其他方面含有非结构性知识。因此,建构主义学习理论认为,学习的结果既包括结构性知识,也包括非结构性知识,并且认为这是高级学习的结果。

斯皮罗(Spiro)等人认为学习可以分为初级学习和高级学习。初级学习是学习的低级阶段,在该阶段,学生知道一些重要的概念和事实,在测验中能将所学的东西按原样“再生”出来,这里所涉及的内容主要是结构良好的领域(well-structured domain)。高级学习要求学生把握概念的复杂性,并广泛而灵活地运用到具体情境中,这时所涉及的是大量结构不良领域(ill-structured domain)的问题。概念的复杂性和概念实例间的差异性是结构不良领域的两个主要特点。斯皮罗认为,结构不良领域是普遍存在的,只要将知识运用到具体情境中去,都有大量结构不良的特征。因此,在解决实际问题时,往往不能靠简单地提取某个概念原理,而是要通过多个概念原理以及大量经验背景的共同作用而实现。

建构主义学习理论是学习理论的一种新的发展。该理论强调学习过程中的积极主动性、对新知识的意义的建构性和创造性的理解,强调学习是社会性质,重视师生之间以及学生与学生之间的社会相互作用对学习的影响。将学习分为初级学习和高级学习,强调学生通过高级学习建构网络结构知识,并在教学目标、教师的作用、促进教学的条件以及教学方法和设计等方面提出了一系列新颖而富有创见的主张,这些观点和主张对于进一步认识学习的本质,揭示学习的规律,深化教学改革都具有积极意义。

建构主义学习理论是在吸收各种学习理论观点的基础上形成和发展起来的,其中一定观点的论述往往有失偏颇,甚至相互对立,这在一定程度上暴露了该理论的不足之处,有待进一步的发展和完善。

7.4 人本学习理论

人本主义心理学是 20 世纪 50—60 年代在美国兴起的一种心理学思潮,其主要代表人物是马斯洛(A. Maslow)和罗杰斯(C. R. Rogers)。人本主义的学习与教学观深刻地影响了世界范围内的教育改革,是与程序教学运动、学科结构运动齐名的 20 世纪三大教学运动之一。

人本主义心理学家认为,要理解人的行为,就必须理解行为者所知觉的世界,即要知道从行为者的角度来看待事物。在了解人的行为时,重要的不是外部事实,而是事实对行为者的意义。如果要改变一个人的行为,首先必须改变他的信念和知觉。当他看问题的方式不同时，他的行为也就不同了。换言之，人本主义心理学家试图从行为者，而不是从观察者的角度来解释和理解行为。下面介绍人本主义学习理论代表人物——罗杰斯的学习理论。

罗杰斯认为，可以把学习分成两类。一类学习类似于心理学上的无意义音节的学习。罗杰斯认为这类学习只涉及心智，是一种"在颈部以上"发生的学习。它不涉及感情或个人意义，与完整的人无关。另一类是意义学习。它不是指那种仅仅涉及事实累积的学习，而是指一种使个体的行为、态度、个性以及在未来选择行动方针时发生重大变化的学习。这不仅仅是一种增长知识的学习，而且是一种与每个人各部分经验都融合在一起的学习。

罗杰斯认为，意义学习主要包括4个要素：

(1) 学习具有个人参与(personal involvement)的性质，即整个人(包括情感和认知两方面)都投入学习活动；

(2) 学习是自动自发的(self-initiated)，即便在推动力或刺激来自外界时，但要求发现、获得、掌握和领会的感觉是来自内部的；

(3) 全面发展，也就是说，它会使学生的行为、态度、人格等获得全面发展；

(4) 学习是由学生自我评价的(evaluated by the learner)，因为学生最清楚这种学习是否满足自己的需要、是否有助于得到他想要知道的东西、是否明了自己原来不甚清楚的某些方面。

罗杰斯认为，促进学生学习的关键不在于教师的教学技巧、专业知识、课程计划、视听辅导材料、演示和讲解、丰富的书籍等等，而在于教师和学生之间特定的心理气氛因素。那么，好的心理气氛因素包括什么呢？罗杰斯给出了自己的解释。

(1) 真实或真诚：教师作为学习的促进者，表现真我、没有任何矫饰、虚伪和防御；

(2) 尊重、关注和接纳：教师尊重学习者的意见和情感，关心学习者的方方面面，接纳作为一个个体的学习者的价值观念和情感表现；

(3) 移情性理解：教师能了解学习者的内在反应，了解学生的学习过程。

在这种心理气氛下进行的学习，是以学生为中心的，教师是学习的促进者、协作者或者说是伙伴、朋友，学生才是学习的关键，学习的过程就是学习的目的所在。

总之，罗杰斯等人本主义心理学家从他们的自然人性论、自我实现论出发，在教育实际中倡导以学生经验为中心的"有意义的自由学习"，对传统的教育理论造成了冲击，推动了教育改革运动的发展。这种冲击和促进表现在：突出情感在教学中的地位和作用，形成了一种以情感作为教学活动的基本动力的新的教学模式；以学生的"自我"完善为核心，强调人际关系在教学过程中的重要性；把教学活动的重心从教师引向学生，把学生的思想、情感、体验和行为看作教学的主体，从而促进了个性化教学的发展。

可以看到，人本主义学习理论中的许多观点都是值得我们借鉴的。比如，教师要尊重学生、真诚地对待学生；让学生感到学习的乐趣，自动自发地积极参与到教学中；教师要了解学习者的内在反应，了解学生的学习过程；教师作为学习的促进者、协作者或者说是学生的伙伴、朋友，等等。但是，我们也需要看到，罗杰斯过分否定教师的作用，这是不太正确的。在教学中，我们既要强调学生的主体地位，也不能忽视教师的主导作用。

7.5 观察学习理论

班图拉(A. Bandura)对心理学的杰出贡献在于他发掘了前人所忽视的学习形式——观察学习,给予观察学习以应有的重视和地位。他提出的观察学习模式同经典条件反射和操作条件反射一起被称为解释学习的三大工具。观察学习理论有时也称为社会学习理论。班图拉的学习理论不回避人的行为的内部原因,相反地,它重视符号、替代、自我调节所起的作用。因此,班图拉的社会学习论被称为认知行为主义。

班图拉在观察学习的研究中,注重社会因素的影响,改变了传统学习理论重个体、轻社会的思想倾向,把学习心理学的研究同社会心理学的研究结合在一起,对学习理论的发展做出了独树一帜的贡献。班图拉吸收认知心理学的研究成果,把强化理论与信息加工理论有机地结合起来,改变了传统行为主义重刺激-反应和轻中枢过程的思想倾向,使解释人的行为的理论参照点发生了重要的转变。由于他强调学习过程中的社会因素和认知过程在学习中的作用,因而在方法论上,班图拉必然注重以人为被试对象的实验。改变了行为主义以动物为实验对象,把由动物实验中得出的结论推广到人类学习现象的错误倾向。班图拉认为,儿童通过观察其生活中重要人物的行为而学得社会行为,这些观察以心理表象或其他符号表征的形式存储在大脑中,来帮助他们模仿行为。班图拉的这一理论接受了行为主义理论家们的大多数原理,但是更加注意线索对行为、对内在心理过程的作用,强调思想对行为和行为对思想的作用。他的观点在行为派和认知派之间架起一座桥梁,并对认知-行为治疗做出了巨大的贡献。

班图拉的概念和理论建立在丰富坚实的实验验证资料的基础上,其实验方法比较严谨,结论比较有说服力。其理论框架具有开放性,在坚持行为主义立场的同时,积极吸取现代认知心理学的研究成果与研究方法,并受人本主义心理学若干思想的启发,涉及观察学习、交互作用、自我调节、自我效能等重大课题,突出了人的主动性、社会性,得到心理学界的广泛赞同。他认为个体、环境和行为是相互影响、彼此联系的。三者影响力的大小取决于当时的环境和行为的性质。在社会认知理论中,行为和环境都是可以改变的,但都不是行为改变的决定因素,例如攻击性强的儿童期望其他儿童对他产生敌意反应,这种期望使该儿童的攻击行为更有攻击性,从而又强化了该儿童的最初期望。

观察学习不要求必须得到强化,也不一定产生外显行为。班图拉把观察学习分为以下4个过程。

1. 注意过程

注意并觉知榜样情景的各个方面。观察者比较容易观察那些与他们自身相似的或者被认为是优秀的、热门的和有力的榜样。有依赖性的、自我满意度低的或焦虑的观察者更容易产生模仿行为。强化的可能性或外在的期望影响着个体决定观察谁、观察什么。

2. 保持过程

记住他们从榜样情景了解的行为,所观察的行为在记忆中以符号的形式表征,个体使用两种表征系统——表象和言语。个体存储他们所看到的感觉表象,并且使用言语编码记住这些信息。

3. 复制过程

复制从榜样情景中所观察到的行为。个体将符号表征转换成适当的行为，个体必须：

（1）选择和组织反应要素；

（2）在信息反馈的基础上精炼自己的反应，即自我观察和矫正反馈。

自我效能感是影响复制过程的一个重要因素。所谓自我效能感，即一个人相信自己能成功地执行产生一个特定的结果所要求的行为。如果学习者不相信自己能掌握一个任务，他们就不能继续做一个任务。

4. 动机过程

因表现所观察到的行为而受激励。强化非常重要，但并不是因为它增强行为，而是因为它提供了信息和诱因，强化的期望影响使观察者注意榜样行为，激励观察者记住可以模仿的、有价值的行为，并对其编码。

除了这种直接强化外，班图拉还提出了另外两种强化方式：替代性强化和自我强化。替代性强化指观察者因看到榜样受强化而受到的强化。例如，当教师强化一个学生的助人行为时，班上其他学生也将花一定时间互帮互助。此外，替代性强化还有一个功能，就是情绪反应的唤起。例如当电视广告上某明星因穿某种衣服或使用某种洗发水而具有迷人风度时，如果你感受到或体验到明星因受到注意而感觉到的愉快，对于你就是一种替代性强化。自我强化依赖于社会传递的结果。社会向个体传递某一行为标准，当个体的行为表现符合甚至超过这一标准时，他就对自己的行为进行自我奖励。此外，班图拉还提出了自我调节的概念。班图拉假设，人们能观察他们自己的行为，并根据自己的标准进行判断，并由此强化或惩罚自己。

7.6 内省学习

内省是指对一个人自己的思想或情感进行考察，即自我观察；也指对自己在受控制的实验条件下进行的感觉和知觉经验所做的考察。内省与外观是相对的。外观是对自身以外的情况进行的研究和观察。内省法是早期心理学的一种研究方法，它根据被试者[①]报告或描述自己的体验来研究心理现象和过程。内省学习则是将内省概念引入机器学习中，即通过检查和关心智能系统自身的知识处理和推理方式，从失败或低效中发现问题，形成修正自身的学习目标，由此改进自身处理问题方法的一种学习方式。

具备内省能力的学习系统也将提高学习效率。内省学习能使系统在分析执行任务成功和失败的基础上决定它的学习目标，而不是依靠系统设计者或用户给学习系统提供一个学习目标或目标概念。系统能明确地决定在什么地方出错时需要学习什么。换言之，内省学习系统能够理解在执行系统的运行中的失败及与之相关的系统推理和知识方面的原因。系统具有检查自己的知识和推理能力的本领，这样才能有效地学习。如果没有这种内省的愿望，则学习是低效的。因此，对于有效学习，内省是必要的。

内省学习可分为 4 个子问题：

---

① 被试对象，即参与某项研究的对象。

(1) 有标准决定在什么时候检查推理过程,即监视推理过程;

(2) 根据标准确定失败推理是否发生;

(3) 确定已检出失败的最终原因;

(4) 改变推理过程以免以后的类似失败。

为了能发现和解释推理失败,内省学习系统需要能访问到关于系统推理过程直到当前时刻的知识。它需要粗略的或明确的关于领域内的结果和本身内部推理过程的期望。它需要能够在推理过程和问题解决执行过程中发现期望失败,还能够用根本推理失败解释期望失败并决定以后怎样改变推理过程来改正错误。

1. 内省学习一般模型

图 7.5 为内省学习的一般模型。模型除了包括判定失败、解释失败和修正失败这 3 个过程以外,还包括知识库、推理踪迹、推理期望和监视协议等内容。监视协议规范怎样对系统推理过程进行监视。它规定在什么位置进行监视、如何监视以及系统控制权的转换。知识库包含系统推理相关知识,它不仅是系统推理的基础,同时也是判定和解释失败的依据。推理踪迹记录了系统推理过程,它专门用于内省学习,也是判定、解释和修正失败的重要依据。推理期望模型是系统推理过程的理想模型,它提供了推理期望的标准,是判定失败的主要依据。知识智能系统的内省学习单元依据监视协议,利用已有的背景知识、推理期望模型和推理踪迹检查当前状态是否发生期望失败。出现期望失败有两种情况:一种是当有一个关于推理过程的当前理想状态的模型期望与当前实际推理过程不符;另一种是在系统发生灾难性失败而不能继续。如果推理单元没有发现期望失败,这意味着所有期望都和实际过程相符,系统将被通知一切正常,并重新获得控制权。如果发现了一个失败,那么推理单元将利用背景知识、推理踪迹和理想期望模型,查找失败的初始原因,解释失败。在一个失败被发现时,可得到的信息可能不足以诊断和修正这个失败。因此,内省学习单元可能暂停它的解释和修正任务并允许系统继续工作,直到有足够多的信息。当具备必需的信息时,解释和修正任务将从暂停的地方重新开始。失败的解释可为内省推理单元修正失败提供线索。解释失败后,将生成修正失败的学习目标,修正失败模块将依据学习目标形成修正方案。当修正完成,或者发现不可能修正时,系统将重新获得控制权。

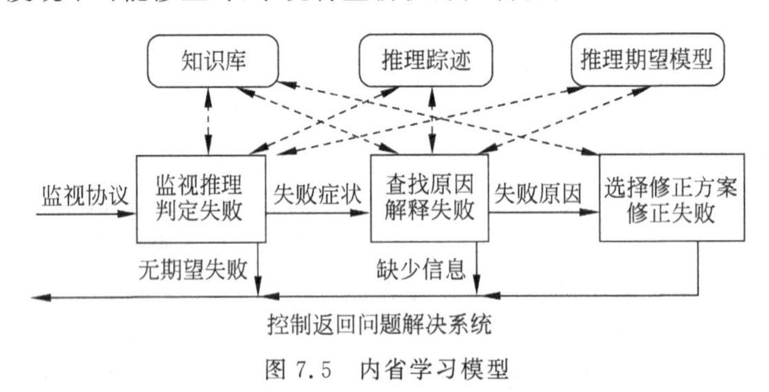

图 7.5 内省学习模型

2. 内省学习的元推理

元推理是关于推理的推理。因为内省学习的一个主要目标是依据推理失败或执行失败的结果,修正推理过程,所以通过从根本层次表示推理是内省学习的一个基础条件。引入元推理需要达到两个目标：第一个目标是记录系统推理过程，形成推理踪迹；第二个目标是解释推理过程，提供推理失败的因果链。最终目的是为监视推理过程提供表示方式，为解释和修正推理失败提供必要的信息。

实现元推理的表示可用外部和内部两种方式。外部方式是对系统推理过程建立单独理想推理模型，在推理的不同阶段设计不同的评价标准，监督推理过程。内部方式是采用具备元解释功能的表示方式，从系统内部实现对推理过程的记录，并对异常进行解释。

3. 失败分类

失败分类是内省学习系统的一个要素。它是判定失败的基础，同时它也为解释失败和形成修正学习目标提供重要线索。失败分类在某种程度上还决定了内省学习的能力。所以一个内省学习系统必须建立一个合理的失败分类。失败分类要考虑两个重要因素：一个方面是失败分类的粒度，另一个方面是失败分类与失败解释及内省学习目标(修正失败)的关联性。对失败分层分类可以消除分类过细或过粗的矛盾。在失败分类中，可以抽象描述失败，还可以依据推理过程的不同阶段再分类，这样不仅可以包括一些不可预知的情况，增加系统内省的适应性，而且可以依据不同阶段，加快失败对照过程。细类可以较详细地描述失败，这样可以为失败解释提供有价值的线索。适当处理失败分类和失败解释的关联性也将提高系统内省能力。系统不仅需要依据失败症状方便地推出失败原因，形成内省学习目标；还需要有处理各种不同问题的能力即适应性。失败解释同样可分为不同层次，抽象级和详细级或者多个层次。而失败分类的层次性也有助于形成合理的失败症状与失败解释的关系。

失败由推理过程划分。推理过程分为索引案例、检索案例、调整案例、再检索案例、执行案例、保存案例等阶段，失败也相应分阶段划分。失败分类的方法分为失败共性法和推理过程模块法。失败共性法是从失败的共同特征入手进行分类。例如，将缺少输入信息归纳为输入失败，将推理机不能推理或构造出一个问题的解决方案归为构造失败，将知识的错误归为知识矛盾，推理性的错误归为推理失败，等等。共性法是从系统整体方面考虑失败的分类。这种方法适合分布式环境下的内省学习。而模块法是将推理过程分为若干模块，按模块来划分失败。例如，将基于案例推理分为检索、调整、评估、保存等若干模块，检索失败是指在检索过程中出现异常。模块法适合推理过程模块化的系统，如模型选择等。在某些情况下，两种方法也可以结合运用。

4. 内省过程中的基于案例推理

基于案例推理和基于模型推理是实现内省学习的重要手段。同时内省学习也可以改进基于案例推理过程。在基于案例推理中，把当前所面临的问题或情况称为目标案例，而把记忆中的经验或情况称为源案例。内省学习过程中的一个主要环节是依据失败特征，查找失败原因。基于案例推理适用于这种匹配过程。内省不仅关注执行失败或者推理失败，还应涵盖低效的执行或者推理过程。内省学习系统除了发现错误以外，还需要对推理进行评价。从期望的角度看，判定失败也可称为监督与评价。将期望值归为监督与评价的标准，同时可以提出评估因子进行定量评估，监督是针对推理的过程，而评价针对推理结果。基于案例推理检索、调整、评价和保存的一系列过程实现判定失败和解释失败可以提高判定和解释效率，因此基于案例推理是一条有效途径。

在 Meta-AQUA 系统中,从检错到形成学习目标这一过程就是一个基于案例推理的过程。系统通过失败症状查找失败原因并由此形成学习目标。另一方面,将内省学习应用于基于案例推理的不同模块(如检索和评价过程),则扩展了基于案例推理系统的适应能力和准确性。基于案例推理系统中案例评价是一个重要步骤,定量内省的案例评价可以使案例能依据用户偏好自动改变案例权值,提高案例检索效率。

视频 26
强化学习

7.7 强化学习

7.7.1 强化学习模型

强化学习不是通过特殊的学习方法来定义的,而是通过在环境中和响应外界环境的动作来定义的。任何处理这种交互的学习方法都是一个可接受的强化学习方法。强化学习也不是监督学习,在有关机器学习的介绍中可以看出来。在监督学习中,"教师"用实例来直接指导或者训练学习程序。在强化学习中,通过训练和误差反馈,学习在环境中完成目标的最佳策略。

强化学习技术从控制理论、统计学、心理学等相关学科发展而来,最早可以追溯到巴甫洛夫的条件反射实验。但直到 20 世纪 70 年代末,强化学习技术才在人工智能、机器学习和自动控制等领域中得到广泛研究和应用,并被认为是设计智能系统的核心技术之一。

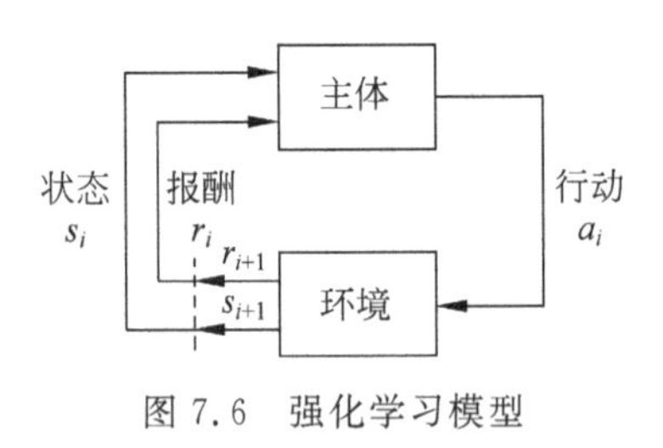

图 7.6 强化学习模型

强化学习的模型如图 7.6 所示,通过智能体与环境的交互进行学习。智能体与环境的交互接口包括行动(action)、奖励(reward)和状态(state)。交互过程可以表述为如下形式:每一步,智能体都会根据策略选择一个行动执行,然后感知下一步的状态和即时奖励,通过经验再修改自己的策略。智能体的目标就是最大化长期奖励。

强化学习系统接受环境状态的输入 s,根据内部的推理机制,系统输出相应的行为动作 a。环境在系统动作作用 a 下,变迁到新的状态 s'。系统接受环境新状态的输入,同时得到环境对于系统的瞬时奖励反馈 r。对于强化学习系统来讲,其目标是学习一个行为策略 π: $S \to A$,使系统选择的动作能够获得环境奖励的累计值最大。换言之,系统使式(7.1)最大化,其中 γ 为折扣因子。在学习过程中,强化学习技术的基本原理是:如果系统某个动作导致环境中正的奖励,那么系统以后产生这个动作的趋势便会加强;反之,系统产生这个动作的趋势便减弱。这与生理学中的条件反射原理是接近的。

$$\sum_{i=0}^{\infty} \gamma^i r_{t+i} \quad 0 < \gamma \leqslant 1 \tag{7.1}$$

如果假定环境是马尔可夫型的,则顺序型强化学习问题可以通过马尔可夫决策过程建模。下面首先给出马尔可夫决策过程的形式化定义。

马尔可夫决策过程由四元组 $< S, A, R, P >$ 定义。包含一个环境状态集 S,系统行为集合 A,奖励函数 R 和状态转移函数 P。记 $R(s,a,s')$ 为系统在状态 s 采用 a 动作使环境状态转移到 s' 获得的瞬时奖励值;记 $P(s,a,s')$ 为系统在状态 s 采用 a 动作使环境状态转移到s'的概率。

马尔可夫决策过程的本质是：当前状态向下一状态转移的概率和奖励值只取决于当前状态和选择的动作，而与历史状态和历史动作无关。因此，在已知状态转移概率函数P和奖励函数R的环境模型知识下，可以采用动态规划技术求解最优策略。而强化学习着重研究在P函数和R函数未知的情况下，系统如何学习最优行为策略。

为解决这个问题，图7.7中给出了强化学习4个关键要素（即策略π，状态值函数V，奖励函数r和一个环境的模型）之间的关系。四要素自底向上呈金字塔结构。策略定义在任何给定时刻学习智能体的选择和动作的方法。这样，策略就可以通过一组产生式规则或者一个简单的查找表来表示。如前所述，特定情况下的策略可能也是广泛搜索，查询一个模型或计划过程的结果，它也可以是随机的。策略是学习智能体中重要的组成部分，因为它在任何时刻都足以产生动作。

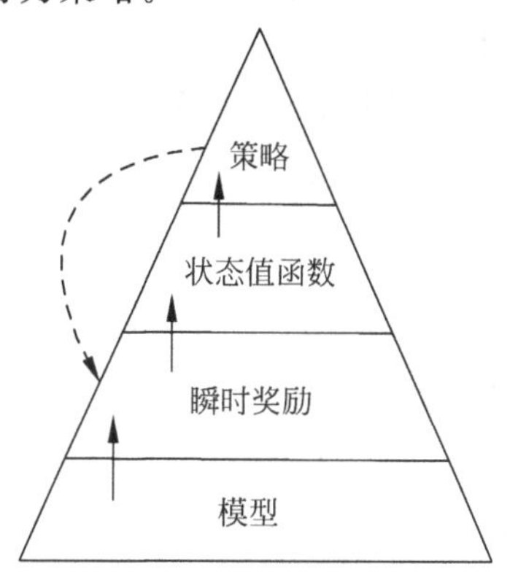

图7.7 强化学习四要素

奖励函数R_t定义了在时刻t问题的状态/目标关系。它把每个动作或更精细的每个状态-响应对映射为一个奖励量，以指出那个状态完成目标的愿望的大小。强化学习中的智能体有最大化总的奖励的任务，这个奖励是它在完成任务时得到的。

赋值函数V是环境中每个状态的属性，它指出了这个状态继续下去的动作系统可以期望的奖励。奖励函数用来度量状态-响应对的“立即”的期望值，而赋值函数指出环境中一个状态的长期的期望值。一个状态从它自己内在的品质和下一步状态的品质来得到期望值，即在这些状态下的奖励。

如果没有奖励函数，就没有值，估计值的唯一目的是获取更多的奖励。但是，在做决定时，这个值最使我们感兴趣，因为该值是带来最高的回报的状态及状态的综合。但是，确定值比确定奖励困难。奖励由环境直接给定，而值是由估计得到的，然后随着时间推移，根据成功和失败情况重新估计值。事实上，强化学习中最重要也是最难的方面是创建一个有效的确定值的方法。

强化学习的环境模型是抓住环境行为方面的一个机制。模型让我们在没有实际试验它们的情况下估计未来可能的动作。基于模型的计划是强化学习案例的一个新的补充，因为早期的系统趋向于基于纯粹的一个智能体的试验和误差来产生奖励和值参数。

系统所面临的环境由环境模型定义，但由于模型中P函数和R函数未知，系统只能够依赖于每次试错所获得的瞬时奖励来选择策略。但由于在选择行为策略的过程中，要考虑到环境模型的不确定性和目标的长远性，因此在策略和瞬时奖励之间构造值函数（即状态的效用函数），用以选择策略。

$$R_t = r_{t+1} + \gamma r_{t+2} + \gamma^2 r_{t+3} + \cdots = r_{t+1} + \gamma R_{t+1} \tag{7.2}$$

$$\begin{aligned} V^\pi(s) &= E_\pi\{R_t \mid s_t = s\} = E_\pi\{r_{t+1} + \gamma V(s_{t+1}) \mid s_t = s\} \\ &= \sum_a \pi(s,a) \sum_{s'} P_{ss'}^a [R_{ss'}^a + \gamma V^\pi(s')] \end{aligned} \tag{7.3}$$

首先通过式(7.2)构造一个返回函数 R_t,用于反映系统在某个策略 π 指导下的一次学习循环中,从 s_t 状态往后所获得的所有奖励的累计折扣和。由于环境是不确定的,系统在某个策略 π 指导下的每一次学习循环中所得到的 R_t 有可能是不同的。因此,在 s 状态下的值函数要考虑不同学习循环过程中所有返回函数的数学期望。因此在 π 策略下,系统在 s 状态下的值函数由式(7.3)定义,它反映了系统遵循 π 策略后所能获得的期望的累计奖励折扣和。

根据 Bellman 最优策略公式,在最优策略 π^* 下,系统在 s 状态下的值函数由式(7.4)定义。

$$V^*(s)=\max_{a\in A(s)}E\{r_{t+1}+\gamma V^*(s_{t+1})\mid s_t=s,a_t=a\}=\max_{a\in A(s)}\sum_{s'}P_{ss'}^a[R_{ss'}^a+\gamma V^*(s')] \tag{7.4}$$

在动态规划技术中,在已知状态转移概率函数 P 和奖励函数 R 的环境模型知识的前提下,从任意设定的策略 π_0 出发,可以采用策略迭代的方法[式(7.5)和式(7.6)]逼近最优的 V^* 和 π^*。其中,式(7.5)和式(7.6)中的 k 为迭代步数。

$$\pi_k(s)=\arg\max_a\sum_{s'}P_{ss'}^a[R_{ss'}^a+\gamma V^{\pi_{k-1}}(s')] \tag{7.5}$$

$$V^{\pi_k}(s)\leftarrow\sum_a\pi_{k-1}(s,a)\sum_{s'}P_{ss'}^a[R_{ss'}^a+\gamma V^{\pi_{k-1}}(s')] \tag{7.6}$$

由于在强化学习中,P 函数和 R 函数未知,系统无法直接通过式(7.5)和式(7.6)进行值函数计算,因而实际中常采用逼近的方法进行值函数的估计,其中最主要的方法之一是蒙特卡罗(Monte Carlo)采样,如式(7.7)。其中 R_t 是指当系统采用某种策略 π,从 s_t 状态出发获得的真实的累计折扣奖励值。保持 π 策略不变,在每次学习循环中重复使用式(7.7),则该式将逼近式(7.3)。

$$V(s_t)\leftarrow V(s_t)+\alpha[R_t-V(s_t)] \tag{7.7}$$

结合蒙特卡罗方法和动态规划技术,式(7.8)给出了强化学习中时间差分学习(Temporal Difference,TD)的值函数迭代公式。

$$V(s_t)\leftarrow V(s_t)+\alpha[r_{t+1}+\gamma V(s_{t+1})-V(s_t)] \tag{7.8}$$

7.7.2 Q 学习

在 Q 学习中,Q 是状态-动作对到学习到的值的一个函数。对所有的状态和动作:

$$Q:(\text{state}\times\text{action})\rightarrow\text{value}$$

对 Q 学习中的一步:

$$Q(s_t,a_t)\leftarrow(1-c)\times Q(s_t,a_t)+c\times[r_{t+1}+\gamma\max_a Q(s_{t+1},a)-Q(s_t,a_t)] \tag{7.9}$$

其中 c 和 γ 都小于或等于 1,r_{t+1} 是状态 s_{t+1} 的奖励。

在 Q 学习中,回溯从动作节点开始,将下一个状态的所有可能动作和它们的奖励最大化。在完全递归定义的 Q 学习中,通过回溯树的底部节点中一个从根节点开始的动作和它们的后继动作的奖励的序列可以到达的所有终端节点。联机的 Q 学习,从可能的动作向前扩展,不需要建立一个完全的世界模型。Q 学习还可以脱机执行。可以看到,Q 学习是一种时序差分的方法。

算法 7.1 Q 学习算法。

```
Initialize  Q(s,a) arbitrarily
Repeat (for each episode)
  Initialize s
  Repeat (for each step of episode)
  Choose a from s using policy derived from Q (e.g.,ε-greedy)
    Take action a,observer r,s'
      Q(s,a)←Q(s,a) + α[r + γmax_a' Q(s',a') - Q(s,a)]
      s←s'
Until s is terminal
```

7.8 深度学习

视频 27
深度学习

深度学习通过组合低层特征形成更加抽象的高层表示属性类别或特征,以发现数据的分布式特征表示。含多隐层的多层感知器就是一种深度学习结构。深度学习是机器学习研究中的一个新的领域,其核心思想在于模拟人脑的层级抽象结构,通过无监督的方式分析大规模数据,发掘大数据中蕴藏的有价值信息。深度学习应大数据而生,给大数据提供了一个深度思考的大脑。

深度学习的概念由 Hinton 等人于 2006 年提出。基于深度置信网络(DBN)的非监督贪心逐层训练算法为解决深层结构相关的优化难题带来希望。随后人们提出多层自动编码器深层结构。杨立昆等人提出的卷积神经网络是第一个真正多层结构的学习算法,它利用空间相对关系减少参数数目以提高训练性能。

卷积神经网络是一种多阶段、全局可训练的人工神经网络模型,它可以从经过少量预处理、甚至原始的数据中学习到抽象的、趋于本质的和高阶的特征,在车牌检测、人脸检测、手写体识别、目标跟踪等领域得到了广泛的应用。

卷积神经网络在二维模式识别问题上,通常表现得比多层感知器好,原因在于卷积神经网络在结构中加入了二维模式的拓扑结构,并使用 3 种重要的结构特征(局部接受域、权值共享和子采样)来保证输入信号的目标平移、放缩和扭曲在一定程度上的不变性。卷积神经网络主要由特征提取和分类器组成,特征提取包含多个卷积层和子采样层,分类器一般使用一层或两层全连接神经网络。卷积层具有局部接受域结构特征,子采样层具有子采样结构特征,这两层都具有权值共享结构特征。图 7.8 是一个用于手写体识别的卷积神经网络的结构示意图。

在图 7.8 中,卷积神经网络共有 7 层:一个输入层、两个卷积层、两个子采样层和两个全连接层。输入层的每个输入样本包含 $32\times32=1024$ 个像素。C1 为卷积层,包含 6 个特征图,每个特征图包含 $27\times27=729$ 个神经元。C1 上每个神经元通过 5×5 的卷积核与输入层相应 5×5 的局部接受域相连,卷积步长为 1,所以 C1 层共包含 $6\times729\times(5\times5+1)=113\,724$ 个连接。每个特征图包含 5×5 个权值和一个偏置,所以 C1 层共包含 $6\times(5\times5+1)=156$ 个可训练参数。

S1 为子采样层,包含 6 个特征图,每个特征图包含 $14\times14=196$ 个神经元。S1 上的特

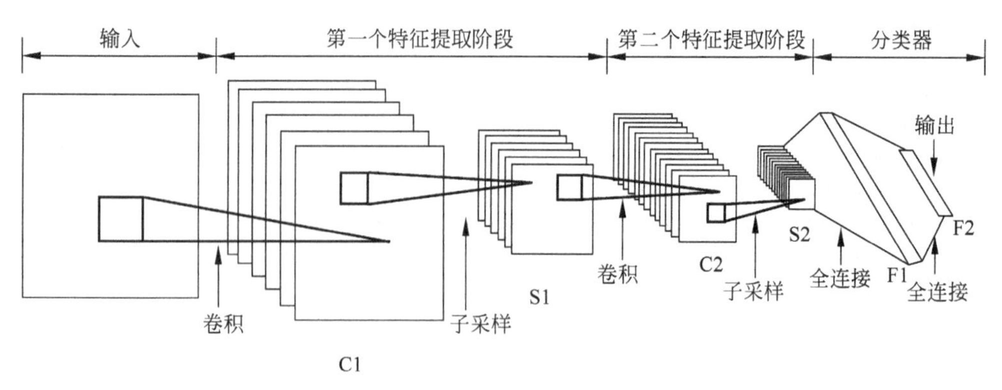

图 7.8 手写体识别的卷积神经网络的结构示意图

征图与 C1 层上的特征图一一对应,子采样窗口为 2×2 的矩阵,子采样步长为 1,所以 S1 层共包含 6×196×(2×2+1)=5880 个连接。Sl 上的每个特征图含有一个权值和一个偏置,所以 S1 层共有 12 个可训练参数。

C2 为卷积层,包含 16 个特征图,每个特征图包含 10×10=100 个神经元。C2 上每个神经元通过 k 个($k\leqslant 6$,6 为 S1 层上的特征图个数)5×5 的卷积核与 S1 上 k 个特征图中相应 5×5 的局部接受域相连。使用全连接的方式时,$k=6$。所以实现的卷积神经网络 C2 层共包含 41 600 个连接。每个特征图包含 6×5×5=150 个权值和一个偏置,所以 C2 层共包含 16×(150+1)=2416 个可训练参数。

S2 为子采样层,包含 16 个特征图,每个特征图包含 5×5 个神经元,S2 共包含 400 个神经元。S2 上的特征图与 C2 层上的特征图一一对应,S2 上特征图的子采样窗口为 2×2,所以 S2 层共包含 16×25×(2×2+1)=2000 个连接。S2 上的每个特征图含有一个权值和一个偏置,所以 S2 层共有 32 个可训练参数。

F1 为全连接层,包含 120 个神经元,每个神经元都与 S2 上 400 个神经元相连,所以 Fl 包含连接数与可训练参数都为 120×(400+1)=48 120。F2 为全连接层,也是输出层,包含 10 个神经元、1210 个连接和 1210 个可训练参数。

从图 7.8 可以看出,卷积层特征图数目逐层增加,一方面是为了补偿采样带来的特征损失;另一方面,由于卷积层特征图是由不同的卷积核与前层特征图卷积得到,即获取的是不同的特征,这就增加了特征空间,使提取的特征更加全面。

卷积神经网络在有监督的训练中多使用误差反向传播(BP)算法,采用基于梯度下降的方法,通过误差反向传播不断调整网络的权值和偏置,使训练集样本整体误差平方和最小。BP 训练算法可以分为 4 个过程:网络初始化、信息流的前向传播、误差反向传播、权值和偏置更新。在误差反向逐层传递过程中,还需计算权值和偏置的局部梯度改变量。

在训练阶段的开始,需要为各层神经元随机初始化权值。权值的初始化对网络的收敛速度有很大影响,所以如何初始化权值是非常重要的。权值的初始化与网络选取的激活函数有关,为了加快收敛速度,权值尽量选择激活函数变化最快的部分,初始化的权值太大或太小都将导致权值的变化量很小。

在信息流的前向传播中,卷积层首先提取输入中的初级基本特征,形成若干特征图,然后子采样层降低特征图的分辨率。卷积层和子采样层交替完成特征提取之后，这时，网络获取了输入中的高阶的不变性特征。然后，这些高阶的不变性特征前向反馈到全连接神经网络，由全连接神经网络对这些特征进行分类。经过全连接神经网络隐藏层和输出层信息变换和计算处理，就完成了一次学习的正向传播处理过程，最终结果由输出层向外界输出。

当实际输出与期望输出不符合时，网络进入误差反向传播阶段。误差从输出层传递到隐层，从隐层再传递到特征提取阶段的子采样层和卷积层。各层神经元都获取到自己的输出误差之后，开始计算每个权值和偏置的局部改变量，最后进入权值更新阶段。

7.9 学习计算理论

视频28 学习计算理论

学习计算理论主要研究学习算法的样本复杂性和计算复杂性。对于建立机器学习科学，学习计算理论非常重要，否则无法识别学习算法的应用范围，也无法分析不同方法的可学习性。收敛性、可行性和近似性是本质问题，它们要求学习的计算理论给出一种令人满意的学习框架，包括合理的约束。这方面的早期成果主要是基于哥尔德(E M Gold)框架。在形式语言学习的上下文中，哥尔德引入收敛的概念，有效地解决了从实例学习的问题。学习算法允许提出许多假设，无须知道什么时候它是正确的，只要确认某点中的计算是正确的假设。由于哥尔德算法的复杂性很高，因此这种方法并没有在实际学习中得到应用。

基于哥尔德学习框架，萨皮罗(E. Y. Shapiro) 提出了模型推理算法研究形式语言与其解释之间的关系，也就是形式语言的语法与语义之间的关系。模型论把形式语言中的公式、句子理论和它们的解释——模型，当作数学对象进行研究。萨皮罗模型推理算法只要输入有限的事实就可以得到一种理论输出。

1984年，瓦伦特(L. G. Valiant)提出一种新的学习框架。它仅要求与目标概念具有高概率的近似，而并不要求目标概念精确的辨识。豪斯勒(Haussler)应用 Valiant 框架分析了变形空间和归纳偏置问题，并给出了样本复杂性的计算公式。瓦伦特的大概近似正确(Probably Approximately Correct，PAC)机器学习计算理论，仅要求学习算法产生的假设能以较高的概率很好地接近目标概念，并不要求精确地辨识目标概念。由于提出了机器可学习理论，瓦伦特荣获2010年图灵奖。

7.10 小结

任何智能系统必须具备学习的能力，这种能力是人类智能的根本特征。长期以来，心理学家在探讨学习理论的过程中，由于各自的哲学基础、理论背景、研究手段的不同，自然形成了各种不同的理论观点和学派，主要包括行为学派、认知学派、人本主义学派和观察学习学派。

机器学习利用计算机模拟或实现人类的学习行为，以获取新的知识或技能，重新组织已有的知识结构使之不断改善自身的性能。机器学习是人工智能的核心内容之一，是使计算机具有智能的重要途径。本章概要介绍了机器内省学习、强化学习和深度学习。

学习计算理论主要研究学习算法的样本复杂性和计算复杂性，对于建立机器学习科学，学习计算理论非常重要。本章简单介绍了哥尔德框架、萨皮罗的模型推理、瓦伦特的学习框架。瓦伦特的“大概近似正确”学习框架已经成为机器学习的独特基础。

思考题

1. 学习的定义是什么？试画出学习系统模型，并说明各部分的主要功能。
2. 概述行为学习理论的主要观点。
3. 概述认知学习理论的主要观点。
4. 什么是人本学习理论和观察学习理论？
5. 什么是内省学习？试画出内省学习的一般模型。
6. 什么是强化学习模型？请给出Q学习算法。
7. 什么是深度学习？阐述卷积神经网络的基本结构。
8. 试讨论瓦伦特的“大概近似正确”学习框架的实质和理论意义。

记　忆

第8章

CHAPTER 8

记忆是人脑对经历过的事物的识记、保持、再现或再认，它是进行思维、想象等高级心理活动的基础。由于记忆，人才能保持过去的反应，使当前的反应在以前反应的基础上进行，使反应更全面、更深入。有了记忆，人才能积累经验，扩大经验。记忆是心理在时间上的持续。有了记忆，人们才能把先后的经验联系起来，使心理活动成为一个发展的过程，使一个人的心理活动成为统一的过程，并形成心理特征。记忆是反映机能的一个基本方面。

8.1　记忆系统

视频29
记忆系统

记忆是在人脑中积累、保存和提取个体经验的心理过程，借用信息加工的术语，就是人脑对外界输入的信息进行编码、存储和提取的过程。人们感知过的事物、思考过的问题、体验过的情感和从事过的活动，都会在人们头脑中留下不同程度的印象，这就是"记"的过程；在一定的条件下，根据需要这些存储在头脑中的印象又可以被唤起，参与当前的活动，得到再次应用，这就是"忆"的过程。从向脑内存储到再次提取出来应用，这个完整的过程总称为记忆。

记忆包括3个基本过程：信息进入记忆系统——编码，信息在记忆中存储——保持，信息从记忆中提取出来——提取。编码是记忆的第一个基本过程，它把来自感官的信息变成记忆系统能够接收和使用的形式。一般来说，我们通过各种感觉器官获取的外界信息，首先要转换成各种不同的记忆代码，即形成客观物理刺激的心理表征。编码过程需要注意力的参与。注意力使编码有不同的加工水平，或采取不同的表现形式。例如对于一个汉字，你可以注意它的字形结构、发音或含义，形成视觉代码、声音代码或语义代码。编码的强弱直接影响着记忆的长短。当然，强烈的情绪体验也会加强记忆效果。总之，如何对信息进行编码直接影响到记忆的存储和以后的提取。一般情况下，对信息采用多种方式编码会收到更好的记忆效果。

已经编码的信息必须在头脑中得到保存，在一段时间后才可能被提取。但信息的保存并不都是自动的，在大多数情况下，为了日后的应用，我们必须想办法努力将信息保存下来。已经存储的信息还可能受到破坏，出现遗忘。心理学家研究记忆主要关心的就是影响记忆存储的因素，以便与遗忘做斗争。

保存在记忆中的信息，只有在被提取出来加以应用，才有意义。提取有两种表现方式：回忆和再认。日常所说"记得"指的就是回忆。再认较容易，原因是原刺激呈现在眼前，你有各种线索可以利用,需要的只是确定它的熟悉程度。有一些学习过的材料无法回忆或者再认出来,它们是否在头脑里完全消失了呢? 不是的。记忆痕迹并不会完全消失,用再学习可以很好地证明这一点。即让被试对象先后两次学习同一份材料,每次达到同样的熟练水平,再次学习所需要的练习次数或时间必定要少于初次学习,两次所用时间或次数之差就间接表征了记忆保存的数量。

根据记忆的内容,可以把记忆分成四种:

(1) 形象记忆。以感知过的事物形象为内容的记忆叫作形象记忆。这些具体形象可以是视觉的,也可以是听觉的、嗅觉的、触觉的或味觉的形象,如人们对看过的一幅画、听过的一首乐曲的记忆就是形象记忆。这类记忆的显著特点是保存事物的感性特征,具有典型的直观性。

(2) 情绪记忆。以过去体验过的情绪或情感为内容的记忆。如学生对接到大学录取通知书时的愉快心情的记忆等。人们在认识事物或与人交往的过程中,总会带有一定的情绪色彩或情感内容,这些情绪或情感也作为记忆的内容而存储进大脑,成为人们心理内容的一部分。情绪记忆往往是一次形成而经久不忘的,对人的行为具有较大的影响。情绪记忆的印象有时比其他形式的记忆印象更持久,即使人们对引起某种情绪体验的事实早已忘记,但情绪体验仍然保持着。

(3) 逻辑记忆。以思想、概念或命题等形式为内容的记忆。如对数学定理、公式、哲学命题等内容的记忆。这类记忆是以抽象逻辑思维为基础的,具有概括性、理解性和逻辑性等特点。

(4) 动作记忆。以人们过去的操作性行为为内容的记忆。凡是人们头脑里所保持的做过的动作及动作模式,都属于动作记忆。这类记忆对于人们动作的连贯性、精确性等具有重要意义,是动作技能形成的基础。

以上 4 种记忆形式既有区别,又紧密联系在一起。如动作记忆中具有鲜明的形象性;逻辑记忆如果没有情绪记忆,其内容是很难长久保持的。

根据记忆操作的时间长短,人类记忆有 3 种类型:感觉记忆、短时记忆和长时记忆。三者的关系可以由图 8.1 表示出来。来自环境的信息首先到达感觉记忆。如果这些信息被注意到,它们则进入短时记忆。正是在短时记忆中,个体把这些信息加以改组和利用并作出反应。为了分析存入短时记忆的信息,你会调出存储在长时记忆中的知识。同时,短时记忆中的信息如果需要保存,也可以经过复述存入长时记忆。在图 8.1 中,箭头表明信息流在 3 种存储模型中的运行方向。

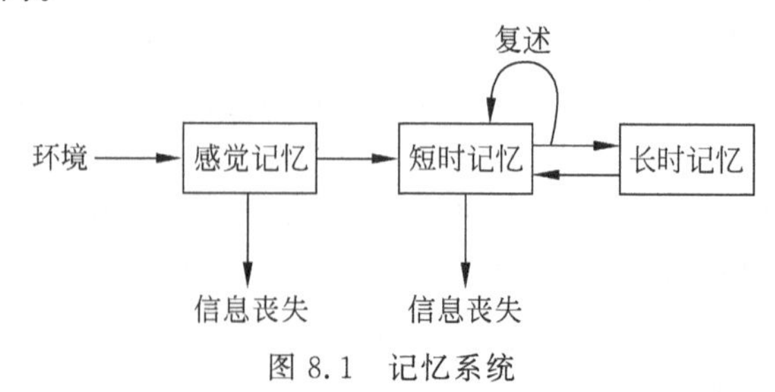

图 8.1 记忆系统

阿特金森(R. Atkinson)和谢夫林(R. M. Shiffrin)在 1968 年对其记忆系统模型进行扩充,扩展的模型如图 8.2 所示。可以看出,记忆系统的模型主体由感觉记忆(感觉登记)、短时记忆(短时存储)和长时记忆(长时存储)3部分构成,不同的是,其中加入了控制过程这一内容,并认为控制过程对3种存储过程都起作用。该模型还有一个值得关注的要点就是它对长时记忆信息的认识。模型认为长时记忆中的信息是不会消失的,其信息是不消退的自寻地址库。

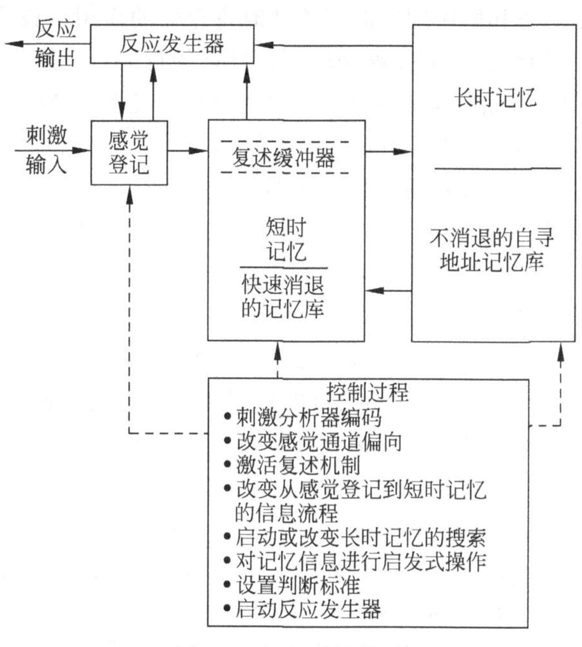

图 8.2 记忆系统模型

8.1.1 感觉记忆

感觉记忆又称感觉寄存器或瞬时记忆,是感觉信息到达感官的第一次直接印象。感觉寄存器只能将来自各个感官的信息保持几十到几百毫秒。在感觉寄存器中,信息可能受到注意,经过编码获得意义,继续进入下一阶段的加工活动;如果不被注意或编码,它们就会自动消退。

各种感觉信息在感觉寄存器中以其特有的形式继续保存一段时间并起作用,这些存储形式就是视觉表象和声音表象,称视象和声象。表象可以说是最直接、最原始的记忆。表象只能存在很短的时间,如最鲜明的视象也不过持续几十秒。感觉记忆具有下列特征:

(1) 记忆非常短暂;

(2)有能力处理像感受器在解剖学和生理学上所能操纵的同样多的物质,从而刺激能量;

(3) 以相当直接的方式对信息编码。

目前关于感觉记忆的研究主要在听觉和视觉通道上进行。视觉的感觉记忆被称为图像记忆(iconic memory),听觉的感觉记忆被称为声象记忆(echoic memory)。

8.1.2 短时记忆

在感觉记忆中经过编码的信息,进入短时记忆后经过进一步的加工,再从这里进入可以长久保存的长时记忆。信息在短时记忆中一般只保持 20～30s,但如果加以复述,便可以继续保存。复述保证了它的延缓消失。短时记忆中存储的是正在使用的信息,在心理活动中具有十分重要的作用。首先,短时记忆扮演着意识的角色,使我们知道自己正在接收什么以及正在做什么。其次,短时记忆使我们能够将许多来自感觉的信息加以整合,构成完整的图像。再次,短时记忆在思考和解决问题时起着暂时寄存器的作用。最后,短时记忆保存着当前的策略和意愿。这一切使得我们能够采取各种复杂的行为直至达到最终的目标。正因为发现了短时记忆的这些重要作用,在当前大多数研究中将之改称为工作记忆。与感觉记忆中可用的大量信息对比,短时记忆的能力是相当有限的。如果给被试者一个数字串,例如 6-8-3-5-9,他能立即背出来。如果是 7 个以上数字的数字串,一般人就不能很顺利地背出来。1956 年,美国心理学家米勒(George A. Miller)明确提出,短时记忆容量为 7±2 个组块(chunk)。组块是指将若干较小单位联合而成的、较大的单位的信息(也指这样组成的单位)进行加工。组块既是过程,也是单位。

知识经验与组块:组块的作用在于减少适时记忆中的刺激单位,而增加每一单位所包含的信息。人的知识经验越丰富,组块中所包含的信息越多。与组块相似,但它不是意义分组,各成分之间不存在意义联系。为了能记忆较长的数字串,把数字分组,从而有效地减少数字串中独立成分的数量,是一种有效的办法。这种组织称作组块,在长时记忆中发挥巨大的作用。

有人曾经指出,刺激信息是根据它的听觉特性存储在短时记忆中的。这就是说,即使是凭视觉接收的信息,将按听觉的声学的特性编码。例如看到一组字母 B-C-D,你是根据它们的读音[bi:]-[si:]-[di:]编码,而不是根据它们的字形编码。

人类的短时记忆编码也许具有强烈的听觉的性质,但也不能排除其他性质的编码。不会说话的猴子也能够做短时记忆的工作。例如,给它们看过图形的一个样本以后不久,它们会在两个彩色几何图形中挑选出一个。

图 8.3 给出了短时记忆复述缓冲器。短时记忆由若干槽构成。每一个槽相当于一个信息通道。来自感觉记忆的信息单元分别进入不同的槽。缓冲器的复述性加工有选择地将槽中的信息进行复述。被复述的槽中的信息将进入长时记忆中;而没有被复述的槽中的信息将被清除出短时记忆区而丧失。

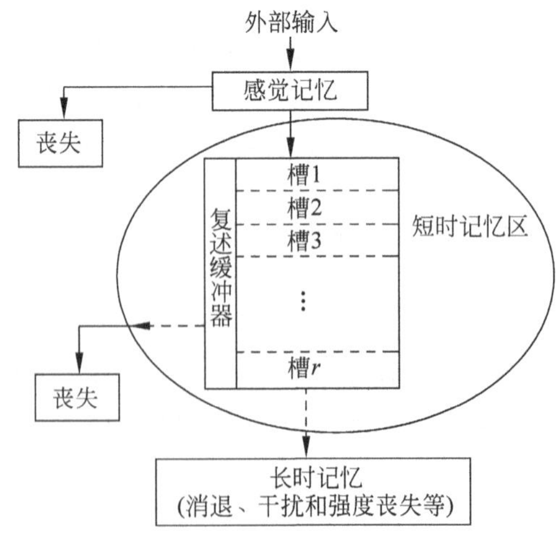

图 8.3 短时记忆复述缓冲器

各个槽中的信息保持的时间是不一样的。信息在槽中保持的时间越长,越有可能进入长时记忆中,也越有可能被来自感觉记忆的新的信息冲挤掉。相对而言,长时记忆才是一个真正的信息存储库,但其中的信息也有可能因消退、干扰和强度丧失等原因而产生遗忘。

短时记忆信息的提取过程是相当复杂的。它涉及许多问题,并且引出不同的假说,迄今没有一致的看法。

8.1.3 长时记忆

长时记忆是指保持时间在一分钟以上的信息存储。关于长时记忆的容量、存储、恢复及持续时间,都要用实验说明。对于记忆持续时间的测量结果是不确定的。因为注意力不稳定,所以保持时间就短;如果加以复述,保持时间就可以很长。长时记忆的容量是无限的。每个组块的存入时间需要 8s。长时记忆里的东西要先转入短时记忆,然后才能恢复和应用。长时记忆的恢复,第一个数字花费 2s,以后每个数字花费 200～300s。可以用不同位数的数字来做实验,如使用 34、597、743218 这 3 个数字,测量恢复不同位数的数字所需要的时间。实验结果表明,恢复两位数字用 2200ms,3 位数字用 2400ms,6 位数字用 3000ms。

长时记忆可以分为程序性记忆和陈述性记忆。程序性记忆是保持有关操作的技能,主要由知觉运动技能和认知技能组成。陈述性记忆存储用符号表示的知识,反映事物的实质。程序性记忆和陈述性记忆都是反映某个人现在的经验和行动受到以前的经验和行动的影响的记忆,这一点是相同的。同时,它们之间又有区别。第一,程序性记忆中表示的方法只有一种,要进行技能的研究;陈述性知识的表示可以是各种各样的,与行动完全不同。第二,是关于知识的真假问题,熟练的过程没有真假之分;真假问题只是出现在对世界的认识以及自身与世界的关系的知识方面。第三,习得两种信息的形式不同。程序性信息必须通过一定的练习,而陈述性信息只要一次机会的习得。最后一点不同是,熟练的行动是“自动”执行的,陈述性信息的表达要给以额外注意。

陈述性记忆更进一步分为情景记忆和语义记忆。前者是存储个人发生的事件和经验的记忆形式。后者是存储个人理解的事件的本质的知识,即记忆关于世界的知识。两种记忆的差别示于表 8.1 中。

表 8.1 情景记忆和语义记忆的差别

区分特性	情景记忆	语义记忆
信息		
输入源	感觉	理解
单位	事件、情景	事实、观念概念
体制化	时间的	概念的
参照	自己	万物(世界)
真实性	个人的信念	社会的一致

续表

区分特性	情景记忆	语义记忆
操作		
记忆内容	经验的	符号
时间的符号化	有,直接的	无,间接的
感情	较重要	并不那么重要
推理能力	小	大
文脉依存性	大	小
被干涉性	大	小
存取	按意图	自动的
检索方法	按时间或场所	按对象
检索结果	记忆结构变化	记忆结构不变
检索原理	协调的	开放式
想起内容	被记忆的过去	被表示的知识
检索报告	觉得	知道
发展顺序	慢	快
小儿健忘症	受到障碍	不受障碍
应用		
教育	无关系	有关系
通用性	小	大
人工智能	不清理	非常好
人类智能	无关系	有关系
经验证据	忘却	言语分析
实验室课题	特定的情景	一般的知识
法律证词	可以,目击者	不行,鉴定人
记忆丧失	有关系	无关系
杰恩斯(J. Jaynes)二分心理	无	有

情景记忆(episodic memory)是加拿大心理学家图尔文(Endel Tulving)提出来的。1983年,图尔文出版了专著 *Elements of Episodic Memory*[78],专门讨论情景记忆的原理。情景记忆的基本单位是个人的回忆行为。这种回忆行为开始于事件或情景生成的经验的主观再现(想起经验),或者变换到保持信息的其他形式,或者采用两者的结合。关于回忆,有许多构成要素和构成要素间的关系。构成要素分两类:一类是观察可能的事件,另一类是假说的构成概念。这种构成要素是情景记忆的要素。情景记忆的要素可以分成两类,即编码和检索。编码是关于某时某种情况的经验的事件的信息,指出变换到记忆痕迹的过程。检索要素主要与检索方式和检索技术有关。图8.4给出了情景记忆的要素及其关系。

奎连(Quillian)于1968年提出的语义记忆是认知心理学中的第一个语义记忆模型。在认知心理学方面,安得森(Anderson)和鲍威(Bower)、鲁梅哈特(Rumelhart)和诺尔曼(Norman)都提出过基于语义网络的各种记忆模型。在语义记忆模型中,基本单元是概念,每个概念具有一定的特征。这些特征实际上也是概念,不过它们是说明另一些概念的。在一个语义网中,信息被表示为一组节点,节点通过一组带标记的弧彼此相连;带标记的弧代表节点间的关系。图8.5是一个典型的语义网络。我们用ISA链接表示概念节点之间

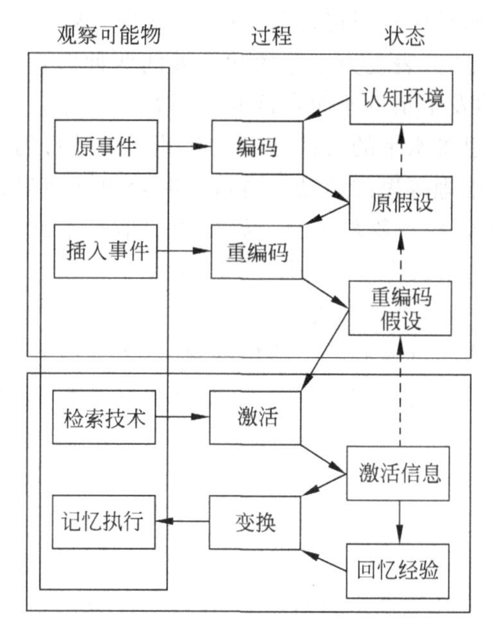

图 8.4 情景记忆的要素及其关系

的层次关系，有时还用 ISA 链接把表示具体对象的节点与其相关概念关联起来。ISPART 链接整体与部分的概念节点。例如，在图 8.5 中，椅子(chair)是座位(seat)的一部分。

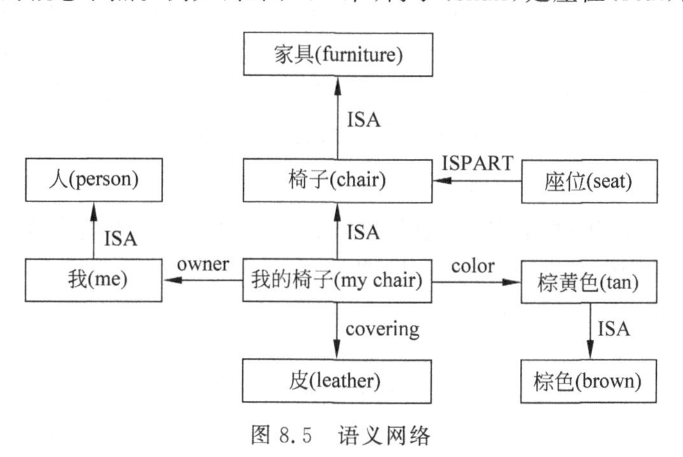

图 8.5 语义网络

从信息编码的角度将长时记忆分为两个系统，即表象系统和言语系统。表象系统以表象代码来存储关于具体的客体和事件的信息。言语系统以言语代码来存储言语信息。两个系统彼此独立又互相联系。因此，人们也把其理论称为两种编码说或双重编码说。

长时记忆的信息提取有两种基本形式，即再认和回忆。

1. 再认

再认(recognition)是指对感知过、思考过或体验过的事物，当它再度呈现时，人们仍能认识的心理过程。再认与回忆没有本质的区别，但再认比回忆简单和容易。从个体心理发展来看，再认比回忆出现得较早。孩子生后半年内，便可再认，而回忆的发展却要晚一些。日本学者清水曾用图画材料研究了小学生再认与回忆能力的发展。结果表明，幼儿园及小学低年级儿童的再认成绩明显优于回忆,而到五六年级时,两者的差别就逐渐趋向接近了。再认有感知和思维两种水平,并表现为压缩的和开展的两种形式。感知水平的再认往往以压缩的形式表现出来,它的发生是迅速而直接的。例如,对一首熟悉的歌人们只要听见几个旋律就能立即确认无疑。思维水平的再认是以展开的形式进行的,它依赖于某些再认的线索,并包含了回忆、比较和推理等思维活动。再认有时会出现错误,对熟悉的事物不能再认或认错对象。发生错误的原因是多方面的。如接受的信息不准确;对相似的对象不能分化;有的错误则是由于情绪紧张或疾病等原因造成的。

再认是否迅速和准确,会受到主客观方面许多因素的影响。重要的因素有以下几方面:

(1) 再认依赖于材料的性质和数量。相似的材料,再认时容易发生混淆,如披与被、己与已等。材料的数量对再认也有影响。研究发现,在再认英文单词时,每增加一个词,再认时间就要增加 38%。

(2) 再认依赖于时间间隔。再认的效果随再认时间的间隔而变化。间隔越长,效果越差。

(3) 再认依赖于思维活动的积极性。对于不熟悉的材料进行再认时,积极的思维活动可以帮助进行比较、推论、提高效果。例如,对一位多年不见的老朋友,可能记不起来了,这时根据现有线索,回忆过去的生活情景,有助于进行再认。

(4) 再认依赖于个体的期待。再认的速度和准确性不仅取决于对刺激信息的提取,而且依赖于主体的经验、定势和期待等。

(5) 再认依赖于人格特征。心理学家威特金(Witkinet)等人将人分为场依存性和场独立性。经过实验证实,具有场独立性的人不易受周围环境的影响,而具有场依存性的人易受周围环境的影响。这两种人,在识别镶嵌图形,即从复杂图形中识别简单图形时,有明显的差异。一般地说,场独立性的人比场依存性的人有较好的再认成绩。

2. 回忆

回忆是人们过去经历过的事物的形象或概念在人的头脑中重新出现的过程。例如,考试时,人们根据考题回忆起学习过的知识;节日的情景,使人们想起远方的亲人。

在回忆过程中,人们所采取的策略,将直接影响回忆的进程和效果。

(1) 联想是回忆的基础。客观世界的各种事物不是孤立的,而是相互联系和相互制约的。人脑对客观事物的反映,在头脑中所保存的知识经验也不是孤立的和零散的,而是彼此有一定的联系的,这样人们在回忆某一事物时,也会连带地回忆起其他有关的事物。例如,想到"阴天"就会想到"下雨";想到一个朋友的名字,就会想到他的音容笑貌;等等。这种由一个事物想到另一个事物的心理活动称为联想。联想具有以下几个规律:

① 接近律。时间、空间相近的事物容易形成联想。例如,人们看到"颐和园"就会想到"昆明湖""万寿山""十七孔桥";背诵外文单词时由形会联想到它的音和义;由元旦会想到春节等。

② 相似律。形式相似和性质相似的事物容易形成联想。例如,人们提起春天,就会想到生机与繁荣;从苍松翠柏就会想到意志坚强;等等。

③ 对比律。事物间相反的特征也容易形成联想。例如,人们可能由白想到黑;由高想到矮;等等。

④ 因果律。事物间的因果关系也容易形成联想。例如,人们看到阴天就会想到下雨;

看到冰雪就会想到寒冷；等等。

（2）定势和兴趣直接影响回忆的方向和效果。定势对回忆有很大的影响，由于个人的心理准备状态不同，同一个刺激物可以使人回忆起不同的内容，产生不同的联想。另外，兴趣和情感状态也可以使人们对某一类事物的联想处于优势。

（3）双重提取。寻找关键支点是回忆的重要策略。在回忆过程中，借助表象和词语的双重线索可以提高回忆的完整性和准确性。例如，问“家里有几扇窗户”，首先在头脑中出现家中的窗户的形象，然后再提取窗户的数目，效果较好。在回忆中，寻找回忆材料的关键点，也有利于信息的提取。例如，回忆英文字母表，如果问字母表B后面的字母是什么？大部分人都能回忆起来，如果问J后面的字母是什么，回答就比较困难。在这种情况下，有的人从A开始通读字母表，知道J后面的字母是K；而更多的人只从G或H开始，因为G在整个字母表上，形象比较突出，可能成为记忆材料的关键点。

（4）暗示回忆和再认有助于信息的提取。在回忆比较复杂的和不熟悉的材料时，呈现与回忆内容有关的上下文线索，将有助于材料的迅速恢复。若暗示与回忆内容有关的事物，也能帮助回忆。

（5）与干扰作斗争。在回忆过程中，经常会发生提取信息的困难，这可能是由于干扰所引起的。例如，考试时，有人明知考题的答案，但是由于当时情绪紧张，一时想不起来，这种明明知道而当时又回忆不起来的现象叫“舌尖现象”，即话到嘴边又说不出来。克服这种现象的简便方法是当时停止回忆，经过一段时间后再进行回忆，要回忆的事物便可能油然而生。

8.2　工作记忆

视频30
工作记忆

1974年，巴德勒（A. D. Baddeley）等在模拟短时记忆障碍的实验基础上提出了工作记忆的概念[6]。传统的Baddeley模型认为工作记忆由语音回路、视觉空间画板两个附属系统和中枢执行系统组成。语音回路负责以声音为基础的信息的存储与控制，包含语音存储和发音控制两个过程，能通过默读重新激活正在消退的语音表征从而防止衰退，而且还可以将书面语言转换为语音代码。视觉空间画板主要负责存储和加工视觉空间信息，可能包含视觉和空间两个分系统。中枢执行系统是工作记忆的核心，负责各子系统之间以及它们与长时记忆的联系、注意资源的协调和策略的选择与计划等。大量行为研究和神经心理学上的许多证据表明了三个子成分的存在，有关工作记忆的结构和作用形式的认识也在不断丰富和完善。

1. 工作记忆模型

工作记忆模型大致可分成两类。一类是欧洲传统的工作记忆模型，其突出代表就是Baddeley多成分模型，强调把工作记忆模型分成多种具有独立资源的附属系统，突出通道特异性加工和存储。另一类是北美传统的工作记忆模型，以ACT-R模型为代表，强调工作记忆模型的整体性，突出一般性的资源分配和激活。前者的研究主要集中在工作记忆模型的存储成分，即语音回路和视空画板。如巴德勒明确指出，应该在探讨更复杂的加工问题之前，先把比较容易操作的短时存储问题研究清楚。而北美传统注重探讨工作记忆模型在复杂认知任务中的作用,如阅读和言语理解。因此北美传统所指的工作记忆模型类似于欧洲传统中一般性的中央执行系统。现在两种研究传统正越来越多地相互认同一些东西,并在各自的理论建构上产生相互影响。如情境缓冲区的提出与 Barnard“认知交互模型”中的命题表征系统很相似。因此,两大研究传统已表现出一定的整合和统一趋势。

巴德勒近年来有关工作记忆最大的发展是在传统模型的基础上,增加了一个新的子系统,即情境缓冲区[7]。巴德勒认为,传统的模型没有注意到不同类型的信息是怎样整合起来的,而且其整合结果是怎样保持的,因此不能解释在随机的单词记忆任务中,被试者只能即时回忆出 5 个单词左右,但如果根据散文内容进行记忆,则能够回忆出 16 个左右的单词。情境缓冲区是一个能用多种维度代码存储信息的系统,为语音回路、视觉空间画板和长时记忆之间提供了一个暂时信息整合的平台,通过中央执行系统将不同来源的信息整合成完整连贯的情境。情境缓冲区与语音回路、视觉空间画板并列,受中央执行系统控制。虽然不同类型信息的整合本身由中央执行系统完成,但是情境缓冲区能保存其整合结果,并支持后续的整合操作。该系统独立于长时记忆,但却是长时情境学习中的一个必经阶段。情境缓冲区可用于解释系列回忆中的列表间位置干扰的问题、言语和视觉空间过程间的相互影响问题、记忆组块问题和统一的意识经验问题等。新增情境缓冲区之后的四成分模型如图 8.6 所示。

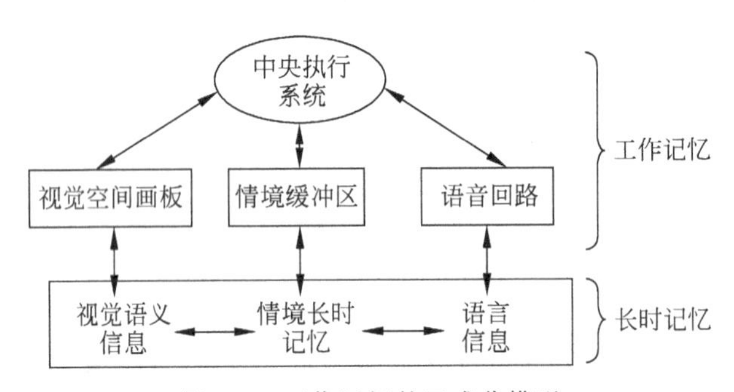

图 8.6 工作记忆的四成分模型

罗夫特(Lovett)等的 ACT-R 模型则可用于解释大量个体差异方面的研究数据。该模型把工作记忆资源看成一种注意激活,叫作源激活。源激活从当前的注意焦点扩散到与当前任务相关的记忆节点,并保存那些处于可获得状态的节点。ACT-R 是一个产生式系统,根据产生式规则的激活进行信息加工;强调加工活动对目标信息的依赖性,当前目标越强烈,相关信息的激活水平就越高,信息加工就越迅速准确。该模型认为工作记忆容量的个人差异实际上反映了“源激活”总量的差异,用参数 W 表示。而且这种源激活具有领域普遍性和单一性,语言和视觉空间信息的源激活基于相同的机制。该模型的明显缺陷在于只是用一个参数去说明复杂认知任务中的个体差异,因为工作记忆的个体差异还可能与加工速度、认知策略、已有知识技能有关,但 ACT-R 模型强调工作记忆的单一性,以详细阐明共同结构作为主要任务,能弥补强调工作记忆多样性的模型的不足。

2. 工作记忆和推理

工作记忆与推理关系密切,工作记忆在推理中基本上有两个作用:一是保持信息;二是在工作记忆中形成初步的心理特征,中央执行系统的表征形式比两个子系统更加抽象。

工作记忆是推理的核心，推理是工作记忆能力的总和。

根据工作记忆系统的概念，研究工作记忆各成分和推理之间关系一般采用“双重任务”实验范式。双重任务指的是同时进行两种任务：一个是推理任务，另一个是可以干扰工作记忆各成分的任务，称为次级任务。干扰中央执行系统的活动是要求被试对象随机产生字母或数字，或者利用声音吸引被试对象的注意并做出相应行动，干扰语音回路采取的方法是要求被试对象不断地发音，例如“the，the…”或者按一定顺序数数，比如按 1、3、6、8 顺序数数等；对视觉空间初步加工系统干扰任务是持续的空间活动，比如被试不看键盘，按一定顺序盲打。所有的次级任务都要保证一定的速率和正确率，并且与推理任务同时进行。双重任务的原理是两个任务同时竞争同一有限的资源。例如，对语音回路的干扰使得推理任务和次级任务同时占用工作记忆子系统语音回路的有限资源，在这种条件下，如果推理的正确率下降，时间延长，就可以确定语音回路参与推理过程。有一系列的研究表明次级任务对工作记忆各成分的干扰是有效的。

吉尔霍利(Gilhooly)等研究了演绎推理和工作记忆的关系。实验之一，发现呈现句子的方式会影响演绎推理的正确率，在视觉方式下的正确率比听觉方式时高，这是因为视觉方式对记忆的负荷低于听觉方式。实验之二，采用的是双重实验范式和视觉同时呈现句子的条件下，发现当有记忆负荷，即对中央执行系统进行干扰的情况下，演绎推理最容易受到影响和损害，次之是语音回路，视空加工系统最少参与。这表明在演绎推理中的表征是一种更为抽象的形式，符合推理的心理模型理论，导致了中央执行系统参与推理活动。有可能语音回路也起了作用，因为与推理任务同时进行的语音活动减慢了，表明两种任务可能在竞争同一有限资源。在此实验中，吉尔霍利等人发现被试对象在演绎推理中可能运用一系列的策略，可以根据推理结果来推测被试对象使用的哪种策略。次级任务不同，被试对象使用的策略也可能不同，其对记忆的负荷也就不同；增加任务的负荷也会引起策略的变化，因为变化策略后对记忆的负荷也就降低了。1998 年吉尔霍利等人又用序列视觉呈现句子的方式采用双重任务实验范式研究工作记忆各成分和演绎推理的关系。序列呈现句子的方式比同时呈现句子的方式要求更多的存储空间。结果发现视觉空间系统和语音回路都参与了演绎推理，而且中央执行系统仍然在其中起着重要的作用。从以上结果可以得出结论，无论是序列呈现方式还是同时呈现方式，中央执行系统都参与了演绎推理；当记忆负荷增加时，有可能视觉空间系统和语音回路也参与推理过程。

3. 工作记忆的神经机制

经过多年来，特别是近十年来脑科学的研究进展，已经发现思维过程涉及两类不同的工作记忆：一类用于存储言语材料(概念)，采用言语类编码；另一类用于存储视觉或空间材料(表象)，采用图形编码。进一步的研究表明，不仅概念和表象有各自不同的工作记忆，而且表象本身也有两种不同的工作记忆。事物的表象有两种：一种是表征事物的基本属性，用于对事物进行识别的表象，一般称之为“属性表象”或“客体表象”；另一种是用于反映事物空间结构关系(与视觉定位有关)的表象，一般称之为“空间表象”，或“关系表象”。空间表象不包含客体内容的信息，只包含确定客体空间位置或空间结构关系所需的特征信息。这样，就有 3 种不同的工作记忆。

(1) 存储言语材料的工作记忆(简称言语工作记忆)：适用于时间逻辑思维；

(2) 存储客体表象(属性表象)的工作记忆(简称客体工作记忆)：适用于以客体表象

(属性表象)作为加工对象的空间结构思维,即通常所说的形象思维;

(3) 存储空间表象(关系表象)的工作记忆(简称空间工作记忆):适用于以空间表象(关系表象)作为加工对象的空间结构思维,即通常所说的直觉思维。

当代脑神经科学的研究成果已经证明,这三种工作记忆以及它们各自对应的思维加工机制,均可在大脑皮层中找到各自对应的区域(尽管有些工作记忆的定位目前还不很准确)。根据目前脑科学研究的新进展,布朗大学的布隆斯腾(S E Blumstein)指出,言语功能并不是定位在一个狭小的区域上,按传统观念,言语功能只涉及左脑的 Broca 区和 Wernicke 区,而是广泛地分布于左脑外侧裂周围区域上,并向额叶前部和后部延伸,包括布洛卡区、紧邻脸运动皮层的下额叶和左侧中央前回(但不包括额极和枕极)。其中 Broca 区受损将影响言语表达功能,Wernicke 区受损将影响言语理解功能。但是和言语理解与表达有关的加工机制并不仅仅限于这两个区。用于暂存言语材料的工作记忆一般都认为是在"左前额叶",但具体是在左前额叶中的哪一部位,目前尚未精确定位。

与言语工作记忆相比,客体工作记忆与空间工作记忆的定位情况要准确得多。1993 年,密西根大学心理系的钟尼兹(J Jonides)等人运用当代研究脑科学的最先进测量技术之一正电子发射断层显像(Positron Emission Tomography,PET),对客体表象与空间表象的生成过程作了深入研究,得到了关于这两种表象生成机制与工作记忆定位的、富有价值的成果。PET 是通过发射正电子的同位素作为标记物,将其引入脑内某一局部区域参与已知的生化代谢过程,然后用计算机断层扫描技术,将标记物参与代谢过程的代谢率以立体成像形式表达出来,因此具有定位准确、对大脑无损伤,适合于大量被试进行测试的优点。

8.3 遗忘理论

记忆是一种高级心理过程,受许多因素影响。旧联想主义者只是从结果推论原因,没有给予科学的论证。而艾宾浩斯(H. Ebbinghaus)则冲破冯特(W. Wundt)认为不能用实验方法研究记忆等高级心理过程的禁区,从严格控制原因来观察结果,对记忆过程进行定量分析,为此他专门创造了无意义音节和节省法。

旧联想主义者之间争论虽多,但对联想本身的机制结构从不进行分析。艾宾浩斯用字母拼成无意义的音节作为实验材料,这就使联想的内容结构划一,排除了成年人用意义联想对实验的干扰。这是一项创造性工作,对记忆实验材料的数量化是一种很好的手段和工具。例如,他先把字母按一个元音和两个辅音拼成无意义的音节,构成 zog、xot、gij、nov 等共 2300 个音节,然后由几个音节合成一个音节组,由几个音节组合成一项实验的材料。由于这样的无意义音节只能依靠重复的诵读来记忆,这就创造出各种记忆实验的材料单位,使记忆效果一致,便于统计、比较和分析。例如,研究不同长度的音节组(7 个、12 个、16 个、32 个、64 个音节的音节组等等)对识记、保持效果的影响以及学习次数(或过度学习)与记忆的关系等。

为了从数量上检测每次学习(记忆)的效果,艾宾浩斯又创造了节省法。它要求被试者把识记材料一遍一遍地诵读,直到第一次(或连续两次)能流畅无误地背诵出来为止,并记下诵读到能背诵所需要的重读次数和时间。然后过一定时间(通常是 24 小时)再学再背,看看需要读多少次数和时间就能背诵,把第一次和第二次的次数和时间比较,看看节省了多少次数和时间，这就叫作节省法或重学法。节省法为记忆实验创造了一个数量化的统计标准。例如，艾宾浩斯的实验结果证明：7个音节的音节组，只要诵读一次即能成诵，这就是后来被公认的记忆广度。12个音节的音节组需要读16.6次才能成诵，16个音节的音节组则要30次才能成诵。如果识记同一材料，诵读次数越多，记忆越巩固，以后(第二天)再学时节省下的诵读时间或次数就越多。

为了使学习和记忆尽量少受旧的和日常工作经验的影响，他应用了无意义音节作为学习、记忆的材料。他以自己做被试对象，把识记材料学到恰能成诵，过了一定时间，再行重学，以重学时节约的诵读时间或次数，作为记忆的指标。他一般以10～36个音节作为一个字表。在七八年间先后学了几千个字表。他的研究成果《记忆》发表于1885年。表8.2给出了他的实验结果中的一例。利用实验结果可以画成一条曲线，一般称为遗忘曲线(见图8.7)。

表8.2 不同时间间隔后的记忆成绩

时间间隔	重学节省诵读时间百分数	时间间隔	重学节省诵读时间百分数
20分钟	58.2	3日	27.8
1小时	44.2	6日	25.4
8小时	35.8	31日	21.1
1日	33.7		

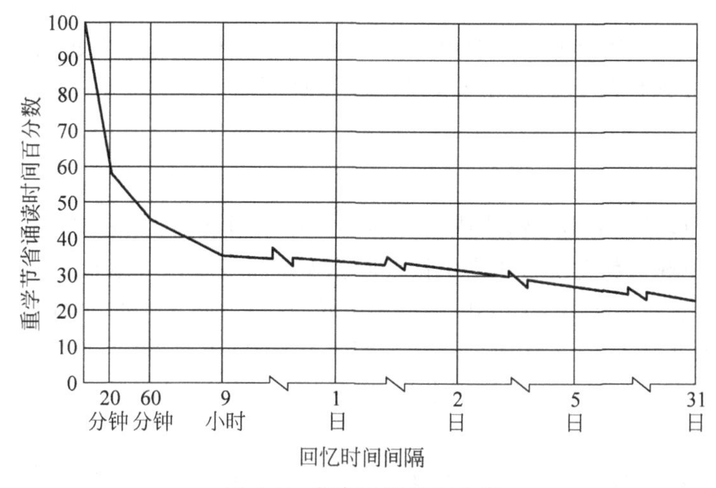

图8.7 艾宾浩斯遗忘曲线

从艾宾浩斯的遗忘曲线中可以看到，一个明显的结果是，遗忘的过程是不均衡的——在第一小时内，保存在长时记忆中的信息迅速减少，然后，遗忘的速度逐渐变慢。在艾宾浩斯的研究中，甚至在距初学31日以后，对所记的信息仍然有所保存。艾宾浩斯的开创性研究引发了两个重要的发现。一个是描述遗忘进程的遗忘曲线。心理学家后来用单词、句子甚至故事等各种材料代替无意义音节进行了研究，结果发现，不管要记的材料是什么，遗忘曲线的发展趋势都与艾宾浩斯的结果相同。艾宾浩斯的第二个重要发现是揭示了在长时记忆中的保存能够持续多长时间。通过研究发现，在长时记忆中信息可以保留数十年。因此，儿童时期学过的东西，即使多年没有使用，一旦有机会重新学习，都会较快地恢复到原有水平。如果不再使用，可能被认为是完全忘记，但事实上遗忘绝不是完全彻底的。

遗忘和保持是记忆矛盾的两方面。记忆的内容不能保持或者提取时有困难就是遗忘,如识记过的事物,在一定条件下不能再认和回忆,或者再认和回忆时发生错误。遗忘有各种情况：能再认不能回忆叫不完全遗忘；不能再认也不能回忆叫完全遗忘；一时不能再认或重现叫临时性遗忘；永久不能再认或回忆叫永久性遗忘。

对遗忘的原因,有各种不同的看法,归纳起来有下述4种。

1. 衰退说

衰退理论认为,遗忘是记忆痕迹得不到强化而逐渐减弱,以致最后消退的结果。这种说法易为人们所接受。因为一些物理的、化学的痕迹有随时间而衰退甚至消失的现象。在感觉记忆和短时记忆的情况下,未经注意或重述的学习材料,可能由于痕迹衰退而遗忘。但衰退说很难用实验证实,因为在一段时间内保持量的下降,可能由于其他材料的干扰,而不是痕迹衰退的结果。有些实验已证明,即使在短时记忆的情况下,干扰也是造成遗忘的重要原因。

2. 干扰说

干扰理论认为,长时记忆中信息的遗忘主要是因为在学习和回忆时受到了其他刺激的干扰。一旦干扰被解除,记忆就可以恢复。干扰又可分前摄干扰与倒摄干扰两种。前摄干扰指已学过的旧信息对学习新信息的抑制作用,倒摄干扰指学习新信息对已有旧信息回忆的抑制作用。一系列研究表明,在长时记忆里,信息的遗忘尽管有自然消退的因素,但主要是由信息间的相互干扰造成的。一般说来,先后学习的两种材料越相近,干扰作用越大。对于不同内容的学习如何进行合理安排,以减少彼此干扰,在巩固学习效果方面是值得考虑的。

3. 压抑说

压抑理论认为,遗忘是由于情绪或动机的压抑作用引起的,如果这种压抑被解除了,记忆就能恢复。这种现象首先是由弗洛伊德在临床实践中发现的。他在给精神病人施行催眠术时发现,许多人能回忆起早年生活中的许多事情,而这些事情平时是回忆不起来的。他认为,这些经验之所以不能回忆,是因为回忆它们时,会使人产生痛苦、不愉快和忧愁,于是便拒绝它们进入意识,将其存储在无意识中,也就是被无意识动机所压抑。只有当情绪联想减弱时,这种被遗忘的材料才能回忆起来。在日常生活中,由于情绪紧张而引起遗忘的情况,也是常有的。例如,考试时,由于情绪过分紧张,致使一些学过的内容,怎么也想不起来。压抑说考虑到个体的需要、欲望、动机、情绪等在记忆中的作用,这是前面两种理论所没有涉及的。因此,尽管它没有实验材料的支持,也仍然是值得重视的一种理论。

4. 提取失败

有的研究者认为,存储在长时记忆中的信息是永远不会丢失的,我们之所以对一些事情想不起来,是因为在提取有关信息的时候没有找到适当的提取线索。例如,我们常常有这样的经验,明明知道对方的名字,但就是想不起来。提取失败的现象提示我们,从长时记忆中提取信息是一个复杂的过程,而不是一个简单的"全或无"的问题。如果没有关于某一件事的记忆,即使给很多的提取线索我们也想不出来。但同样,如果没有适当的提取线索,我们也无法想起曾经记住的信息。这就像在一个图书馆中找一本书,不知道它的书名、著者和检索编号,虽然它就放在书库中,我们也很难找到它。因此,在记忆一个词义的同时,尽量记住单词的其他线索，如词形、词音、词组和语境等，会帮助我们在造句时想起这个词。

在平常进行阅读时，信息的提取非常迅速，几乎是自动化过程。但有些时候，信息的提取需要借助于特殊的提取线索。提取线索使我们能够回忆起已经忘记的事情，或再认出存储在记忆中的东西。当回忆不起一件事情时，应该从多方面去寻找线索。一个线索对提取的有效性主要依赖于以下条件：

(1) 与编码信息联系的紧密程度。在长时记忆中，信息经常是以语义方式组织的，因此，与信息意义紧密联系的线索往往更有利于信息的提取。例如，触景生情，我们之所以浮想联翩是因为故地的一草一木都紧密地与往事联系在一起，它们激发了昔日的回忆。

(2) 情境和状态的依存性。一般来说，当努力回忆在某一环境下学习的内容时，人们往往能够回忆出更多的东西。因为事实上我们在学习时，不仅会对要记的东西予以编码，也会将许多发生在同时的环境特征编入长时记忆。这些环境特征在以后的回忆中就成为有效的提取线索。环境上的相似性有助于或有碍于记忆的现象叫作情境依存性记忆。

同外部环境一样，学习时的内在心理状态也会被编入长时记忆，作为一种提取线索，叫作状态依存性记忆。例如，如果一个人在饮酒的情况下学习新的材料，而且测试也在饮酒的条件下进行，回忆结果一般会更好些。在心情好的情况下，人们往往回忆出更多美好的往事；而当人们心绪不佳时，往往更多记起的是倒霉事。

(3) 情绪的作用。个人情绪状态和学习内容的匹配也影响记忆。在一项研究中，让一组被试者阅读一个包含有各种令人高兴和令人悲伤事件的故事，然后在不同条件下让他们回忆。结果显示当人感到高兴时，回忆出来的更多的是故事中的快乐情境，而在悲哀时则相反。有研究表明，心境一致性效应既存在于对信息的编码中，也包含在对信息的提取里。情绪对记忆的影响强度取决于情绪类型、强度和要记的信息内容。一般来说，积极情绪比消极情绪更有利于记忆，强烈的情绪体验能导致异常生动、详细、栩栩如生的持久性记忆。此外，当要记的材料与长时记忆中保持的信息没有多少联系时，情绪对记忆的作用最大。这可能是由于在这种情况下情绪是唯一可用的提取线索。

艾宾浩斯的研究是心理学史上第一次对记忆的实验研究，它是一项首创性的工作，为实验心理学打开了一个新局面，即用实验法研究所谓的高级心理过程，如学习、记忆、思维等。在方法上力求对实验条件进行控制和对实验结果进行测量；激起了各国心理学家研究记忆的热潮，大大促进了记忆心理学的发展。艾宾浩斯虽然对记忆实验作出了历史性的贡献，但它也和任何新生事物一样，不可能是完美无缺的。其主要缺点是：艾宾浩斯对记忆过程的发展只作了定量分析，对记忆内容性质上的变化没有进行分析；他所用的无意义音节是人为的，脱离实际，有很大的局限性；他把记忆当作机械重复的结果，没有考虑到记忆是个复杂的主动过程。

8.4 层次时序记忆

视频31 层次时序记忆

霍金斯(J. Hawkins)相信智能是大量群集的神经元涌现的行为，用基于记忆的世界模式产生连续不断的对未来事件的一系列预测。2004年，他提出了层次时序记忆模型(Hierarchical Temporal Memory,HTM)[30],阐述记忆-预测理论的神经机制,认为智能是以对世界模式的记忆和预测能力来衡量的,这些模式包括语言、数学、物体的物理特性以及社会环境。大脑从外界接收模式,将它们存储成记忆,然后结合它们以前的情况和正在发生的事情进行预测。

大脑的记忆模式为预测创造了充分条件,可以说智能就是基于记忆的预测行为。大脑皮层的记忆具有如下属性:

(1) 存储的是序列模式。

(2) 以自联想方法回忆模式。

(3) 以恒定的形式存储模式。

(4) 按照层次结构存储模式。

1. 恒定表征

图 8.8 显示了识别物体的前 4 个视皮层区域,分别用 V1、V2、V4、IT 表示。V1 表示条纹状视觉皮层区域,它对图像很少进行预处理,但包含着丰富的图像细节信息。V2 进行视觉映射,视觉图谱信息少于 V1。视觉输入用向上的箭头表示,始于视网膜,从图 8.8 的底部开始传递到 V1 区。这个输入表示随时间变化的模式,由大约 100 万个神经轴突组成的视觉神经传输。

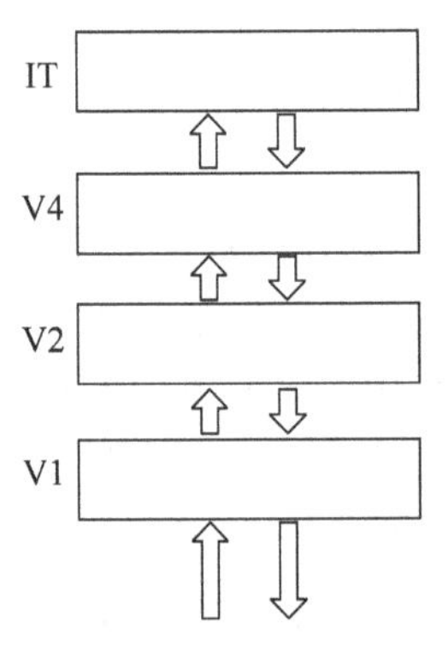

图 8.8 识别物体的前 4 个视皮层区域

在从视网膜到 IT 区的 4 个不同层次的区域中,细胞从快速变化、空间相关、能识别细微特征的细胞,逐渐变成了稳定激活、空间无关、能识别物体的细胞。例如,IT 细胞的“人脸细胞”,只要有人脸,就会被激活,不管出现的人脸是倾斜的、旋转的,还是部分被遮盖的,这是“人脸”的恒定表征。

当考虑预测时反馈连接很重要,大脑需要将输入信息送回到最初接收输入的区域。预测需要比较真正发生的事情和预期发生的事情。真正发生的事情的信息会自下而上流动,而预期发生的事情的信息会自上而下流动。

2. 层次时序记忆模型

大脑皮层的细胞密度和形状从上到下是有差异的,这种差异造成了分层。最顶部的第一层是 6 层中最独特的,包含的细胞很少,主要由一层平行于皮层表面的神经轴突组成。第 2、3 层比较类似,主要由很多紧挨在一起的金字塔形细胞组成。第 4 层由星形细胞组成。第 5 层既有一般的金字塔形细胞,还有一种特别大的金字塔形细胞。最下面的第 6 层也有几种独特的神经元细胞。

霍金斯提出的层次时序记忆模型,如图 8.9 所示。分层时序记忆模型中脑区的是分层次的,同时一起协同工作的纵向细胞单元组成的垂直柱。每个垂直柱中的不同分层都通过上下延伸的轴突互相连接,并形成神经突触。在 V1 区的垂直柱有些对某方向的倾斜的线段(/)发生反应,而另一些会对朝另一个方向倾斜的线段(\)发生反应。每个垂直柱中的细胞都紧密互联,它们整体会对相同刺激产生反应。第 4 层的激活细胞会让在它之上的第 3、2 层的细胞激活。然后又会让它之下的第 5、6 层的细胞激活。信息在同一个垂直柱的细胞中上下传播。霍金斯认为,垂直柱是进行预测的基本单元。

运动皮层(M1)中的第5层细胞与肌肉以及脊髓中的运动分区存在着直接的联系。这些细胞高度协同地不断激活和抑制,让肌肉收缩,驱动运动。在大脑皮层的每个区域中都遍布着第5层细胞,在各种类型的运动中发挥作用。

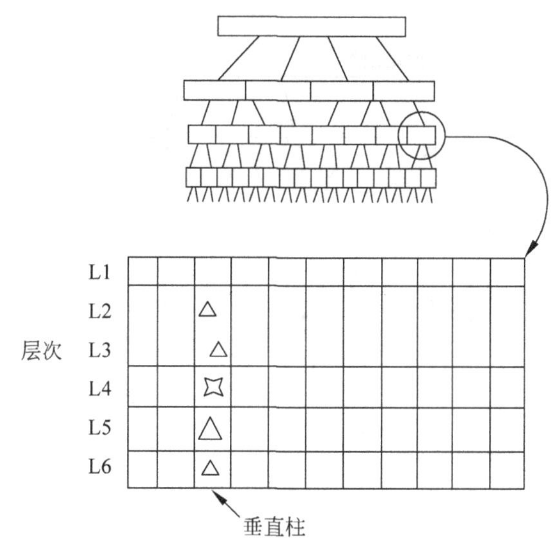

图8.9 分层时序记忆模型

第5层细胞的轴突进入丘脑区,连接到某类非特定的细胞上。这些非特定的细胞又会将轴突投射回大脑皮层不同区域的第1层中。这个回路正像自联想记忆中能够学会形成序列的延时反馈。第1层承载着大量信息,包括序列的名字以及在序列中的位置。利用第1层的这两种信息,一个皮层区域就能够学习和回忆模式序列了。

3. 大脑皮层区如何工作

大脑皮层具有3种回路:沿皮层体系向上的模式汇聚,沿皮层体系向下的模式发散,以及通过丘脑形成延时反馈,对大脑皮层区完成所需的功能极为重要。有关的问题包括:

(1) 大脑皮层区如何将输入模式分类?

(2) 如何学习模式序列?

(3) 如何形成一个序列的恒定模式或者名字?

(4) 如何做出具体的预测?

大脑皮层的垂直柱中,来自较低区的输入信息激活了第4层细胞,导致该细胞兴奋。接着第4层细胞激活了第2、3层细胞,然后是第5层,进而导致第6层细胞被激活。这样整个垂直柱就被低层区输入信息激活了。当其中一些突触随着第2、3、5层的激活而激活时,这些突触就会得到加强。如果这种情况发生足够多次,第1层的这些突触就会变得足够强,能够让第2、3、5层的细胞在第4层细胞没有激活的情况下也被激活。这样,第2、3、5层细胞就能根据第1层的模式预测应该何时激活。在这种学习前,垂直柱细胞只能被第4层细胞激活。而在学习之后,垂直柱细胞能够根据记忆获得部分的激活。当垂直柱通过第1层中的突触激活时,它就是在预测来自下方较低区的输入信息。

第1层接收的输入信息一部分来自相邻垂直柱和相邻区的第5层细胞,这些信息代表了刚刚发生的事件。另一部分来自第6层细胞,是稳定的序列名字。如图8.10所示,第2、

3层细胞的轴突通常会在第5层形成突触,而从较低区到第4层的轴突也会在第6层形成突触。这两种突触在第6层的交集同时接收两种输入信息,就会被激活,根据恒定记忆作出具体预测。

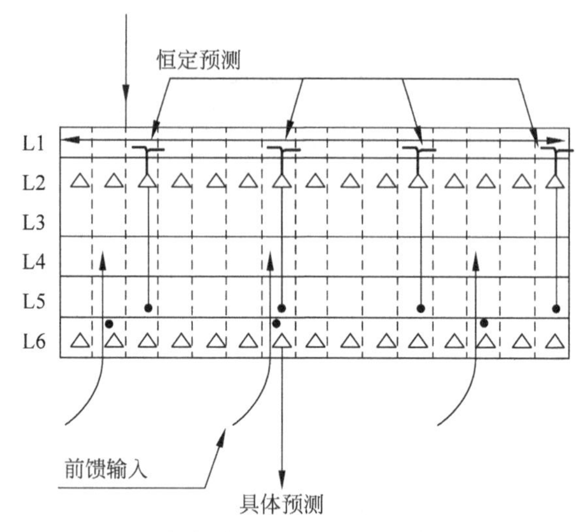

图8.10 根据恒定记忆大脑皮层区作出具体预测

作为普遍规律,沿着大脑皮层向上流动的信息是通过细胞体附近的突触传递的。因此,向上流动的信息在传递过程中越来越确定。同样,作为普遍规律,沿着大脑皮层向下流动的反馈信息是通过细胞体远处的突触传递的。远距离的细树突上的突触能够在细胞激活中扮演积极且具有高度特异性的角色。通常情况下,反馈的轴突纤维要比前馈的多,反馈信息能够迅速准确地引起大脑皮层第2层中多组细胞激活。

视频32 互补学习记忆

8.5 互补学习记忆

8.5.1 海马体

一般认为,记忆的生理基础与新皮层和海马有关。端脑表面所覆盖的灰质称为大脑皮层。依据进化,大脑皮层分为古皮层(archeocortex)、旧皮层(paleocortex)和新皮层。古皮层和旧皮层与嗅觉有关是3层的皮层,总称为嗅脑。人类新皮层高度发达,约占全部皮层的96%。

海马体是大脑内部一个大的神经组织,它处于大脑半球内侧面皮层和脑干连接处。海马体由海马、齿状回和海马台组成。海马呈层形结构,没有攀缘纤维,而有许多侧枝。构成海马的细胞有两类,即锥体细胞和篮细胞。在海马中,锥体细胞的细胞体组成层状并行的锥体细胞层,它的树突是沿海马沟的方向延伸。篮细胞的排列非常有序。图8.11给出了海马体的构造。

海马体在存储信息的过程中扮演着至关重要的角色。短时记忆存储在海马体中。如果一个记忆片段,比如一个电话号码或者一个人在短时间内被重复提及的话海马体就会将其转存入大脑皮层,成为长时记忆。存入海马体的信息如果一段时间没有被使用的话,就会自行被“删除”,也就是被忘掉了。而存入大脑皮层的信息也并不是完全永久的,如果你长时间

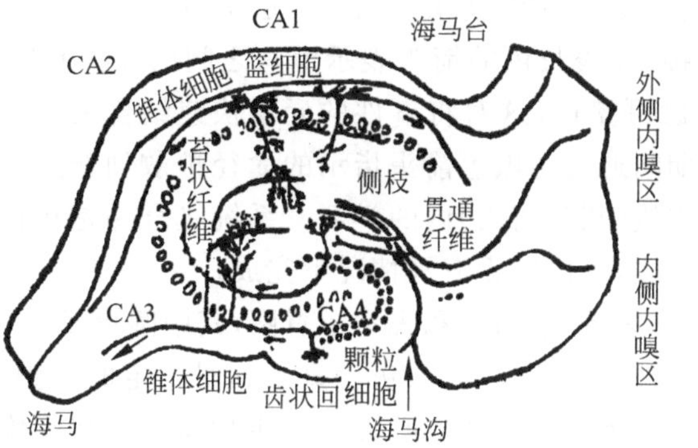

图 8.11 海马体的构造

不使用该信息的话大脑皮层也许就会把这个信息给"删除"掉了。有些人的海马体受伤后就会出现失去部分或全部记忆的状况。记忆在海马体和大脑皮层之间的传递过程要持续几周，并且这种传递可能在睡眠期间仍然进行。

一些研究者运用 PET 技术来研究与陈述性记忆或外显记忆有关的大脑结构。当被试对象完成陈述性记忆任务时右侧海马的脑血流量要比完成程序性记忆任务时更高一些。这一发现支持海马体在陈述性记忆中起到重要作用的观点。

8.5.2 互补学习系统

斯坦福大学心理学教授麦克莱兰(James L. McClelland)根据马尔早期的想法，于 1995 年提出了互补学习系统(Complementary Learning Systems，CLS)理论(McClelland et al. 1995)。该理论认为人脑学习是互补学习系统的综合产物。互补学习系统由两部分组成：一个是大脑新皮层学习系统，通过接受体验，慢慢地对知识与技能进行学习。另一个是海马体学习系统，记忆特定的体验，并让这些体验能够进行重放，从而与新皮层学习系统有效集成。2016 年，谷歌深度思维的库玛拉(Dharshan Kumaran)、哈萨比斯(Demis Hassabis)和斯坦福大学的麦克莱伦德在《认知科学趋势》上发表文章[38]，拓展了互补学习系统理论。大脑新皮层学习系统是结构化知识表示，而海马体学习系统则迅速地对个体体验的细节进行学习。文章对海马体记忆重放的作用进行了拓展，指出记忆重放能够对体验统计资料进行目标依赖衡量。通过周期性展示海马体踪迹，支持部分泛化形式，新皮层对于符合已知结构知识的学习速度非常迅速。最后，文章指出了该理论与人工智能的智能体设计之间的相关性，突出了神经科学与机器学习之间的关系。

图 8.12 给出大脑半球的侧视图。其中虚线表示大脑内或深处的区域内侧表面，主要感觉和运动皮层显示为浅灰色。内侧颞叶(Medial Temporal Lobe，MTL)包围虚线，海马以深灰色和周围的内侧颞叶皮层浅灰色(大小和位置是近似的)。灰色箭头表示整合的新皮层关联区域内，以及在这些区域和模态特定区域之间的双向连接。黑色箭头表示新皮层区域和内侧颞叶之间的双向连接。黑色和

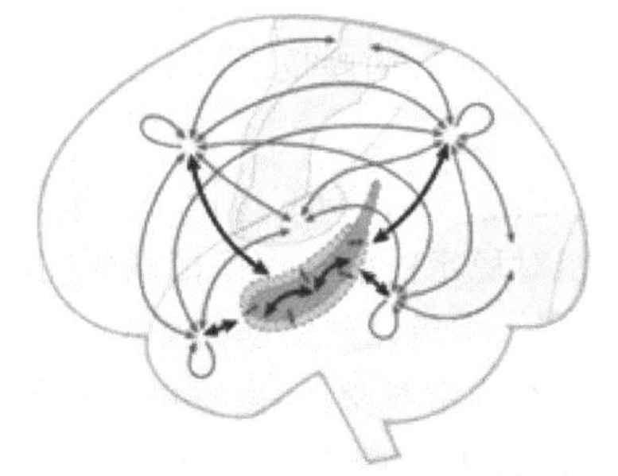

图 8.12 大脑半球的侧视图

灰色连接是互补学习系统理论中结构敏感的新皮层学习系统的一部分。内侧颞叶内的灰色箭头表示海马内的连接,较浅灰色的箭头表示海马之间的连接和周围的内侧颞叶皮层:这些连接表现出快速突触可塑性,这对将事件的元素快速结合成整合的海马表示非常重要。系统级合并涉及重播期间通过用黑色箭头指示的途径扩散到新皮层关联区域的海马活性,从而支持在新皮层内连接(灰色箭头)内的学习。系统级合并是在记忆检索时完成,重新激活相关的新皮层表示集成,可以在无海马情况下完成。

图 8.13 给出海马子区域、连通性和表示示意图,其中圆形或三角形表示神经元细胞体,浅灰色线条表示高可塑性突触的投影,而灰色显示相对稳定的可塑性突触的投影。互补学习系统理论框架内的工作依赖于内侧颞叶分区的生理特性。在体验期间,来自新皮层的输入在内嗅皮层(EntoRhinal Cortex,ERC)中产生激活的模式,可以被认为是压缩描述的贡献皮层区域中的模式。图 8.13 中内嗅皮层的说明性活动神经元以黑色显示。内嗅皮层神经元产生投射到海马体的 3 个分区:齿状回(Dentate Gyrus,DG)、CA1 和 CA3。

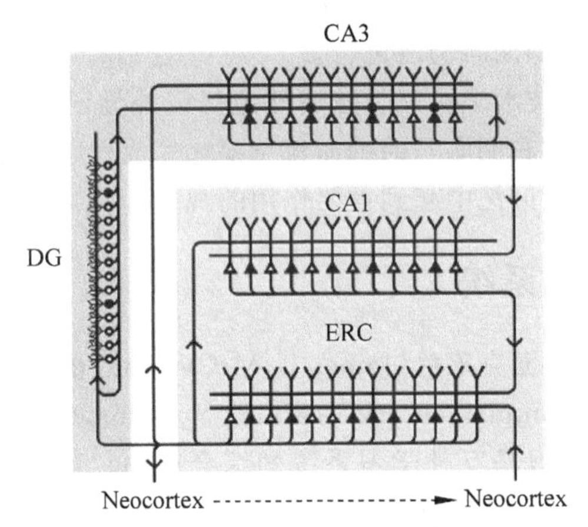

图 8.13 海马的子区域、连通性和表示的示意图

海马体学习系统实现模式选择和模式分离。新的内嗅皮层(ERC)模式激活一组以前未提交的齿状回(DG)神经元,图 8.13 中显示红色,这些神经元可能是相对年轻的神经元,通过神经发生创建。这些神经元,反过来,通过大的"引爆突触"选择 CA3 中的神经元的随机子集。在从齿状回(DG)投影到 CA3 表示为红点,用作 CA3 中的记忆表示,确保新 CA3 模式与用于其他记忆的 CA3 模式尽可能不同,包括用于经验的模式,类似于新的经验。来自活动的 CA3 神经元反复连接到其他活动 CA3 神经元上,表示体验增强,使得相同神经元的子集稍后变为活动,其余的模式将被重新激活。从内嗅皮层(ERC)到 CA3 的直接连接也得到加强,允许内嗅皮层(ERC)输入在检索期间直接激活 CA3 中的模式,而不需要齿状回(DG)参与。

从内嗅皮层(ERC)到 CA1 和背部的连接改变相对缓慢,允许 CA1 和内嗅皮层之间的模式相对稳定对应。在记忆编码期间,当 CA1 模式与相应的 CA3 模式被重新激活时,从活动的 CA3 神经元到活动的 CA1 神经元连接加强。从 CA1 到 ERC 的稳定连接则允许适当的模式有待重新激活,内嗅皮层和新皮层区域之间稳定的连接传播模式到大脑皮层。重要的是,CA1 和内嗅皮层之间,以及内嗅皮层和新皮层之间的双向投影,支持内嗅皮层和新皮层模式的可逆 CA1 表示的形成和解码,并允许重复计算。这些连接不应该快速改变给定的记忆中海马的扩展作用,否则在海马中存储的记忆在新皮层中难以恢复。

图 8.14 解释海马体的连接编码、模式分解和合成。图 8.14(a)给出有 5 个输入端连接 10 个输出端,每个输出端连接 2 个不同模式的输入。每个连接单元检测相邻输入单元的活动。齿状回(DG)可以使用高阶的连接,放大这些影响。图 8.14(b)说明模式分离函数的一般形式,显示为输入和输出之间的关系重叠。箭头表明图 8.14(a)中输入和输出的重叠。图 8.14(c)表示模式分解和合成的情况与 CA3 相关。

模式分解和合成是根据影响神经活动模式之间的重叠或相似性的变换来定义的。模式分解使得类似模式通过连接编码更清晰,其中每个输出神经元仅响应于有效输入神经元的特定组合。图 8.14(a)和(b)显示了这种情况如何发生。模式分解是在齿状回(DG)中实现的,使用高阶连接减少重叠。

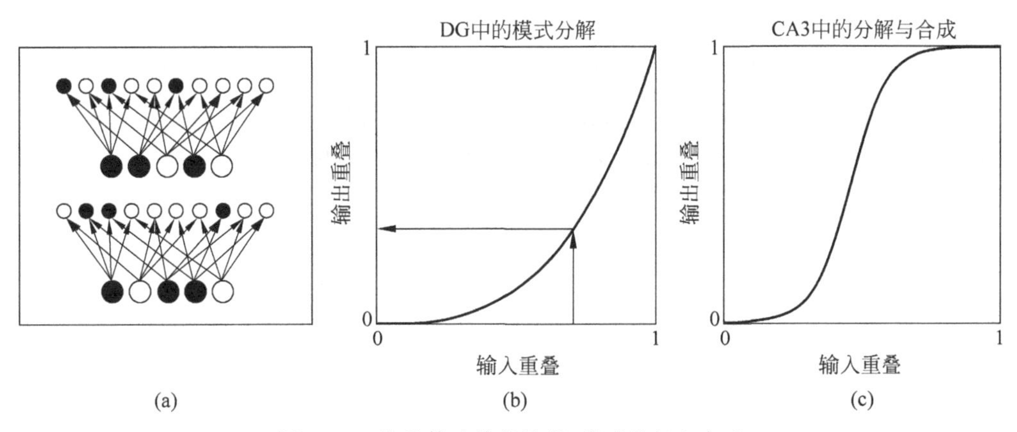

图 8.14 海马体连接的编码、模式分解和合成

模式合成是一个过程,需要采集模式的片段和填补其余的功能。计算模拟已经表明 CA3 区域组合分离的模式特征和合成,使得中等和高度重叠,导致模式合成并保存在记忆中,而重叠较少的模式导致创建一个新的记忆,如图 8.14(c)所示。在这种情况下,当环境输入在内嗅皮层中产生类似于先前模式的模式时,CA3 输出更接近其先前用于该内嗅皮层模式的模式。然而,当环境在内嗅皮层上产生与以前记忆模式重叠低的输入时,齿状回在 CA3 中创建新的、统计独立的细胞群。新出现的证据建议模式合成(以及海马处理的其他特征)所需的重叠量可以发生在海马近端末梢和背腹侧轴,并可能由神经调节因子(如乙酰胆碱)形成。研究指出,CA3 和 CA1 分区之间的差异在于他们的神经活动模式对环境变化的响应。广义上讲,CA1 分区倾向于反映来自在内嗅皮层的输入重叠程度,而 CA3 更多显示反映模式分解或合成的不连续响应。

8.6 小结

记忆是人脑对经验过事物的识记、保持、再现或再认,它是进行思维、想象等高级心理活动的基础。根据记忆操作的时间长短,人类记忆有 3 种类型:感觉记忆、短时记忆和长时记忆。工作记忆是一种对信息进行暂时加工和存储的容量有限的记忆系统,是在短时记忆的基础上发展起来,不仅有信息的存储,还有加工。

层次时序记忆模型 HTM 由一簇以等级结构排列的层区组成,层是 HTM 进行存储和预测的基本单元。随着等级的逐渐上升,有很多子层中的细胞连接汇聚到了同一个父层,信息发生逐层汇聚。层次时序记忆模型是一种记忆—预测理论的神经机制。

人脑学习是互补学习系统的综合产物。互补学习系统由两部分组成:一个是大脑新皮层学习系统,通过体验,慢慢地对知识与技能进行学习;另一个是海马体学习系统,记忆特定的体验,并让这些体验能够进行重放,从而与新皮层学习系统有效集成。

思考题

1. 什么是记忆?记忆系统由哪几部分构成?
2. 工作记忆的特点是什么?
3. 记忆的内容不能保持或者提取时有困难就是遗忘,引起遗忘的因素有哪些?
4. 什么是层次时序记忆模型?为什么它具有预测功能?
5. 在人脑互补学习系统中,新皮层和海马体是怎样工作的?

思　　维

第 9 章

CHAPTER 9

思维是客观现实的反映过程，这个过程构成了人类认识的高级阶段。思维提供关于客观现实的本质的特性、联系和关系的知识，在认识过程中实现着“从现象到本质”的转化。与感觉和知觉，即与直接感性反映过程不同，思维是对现实的非直接的、经过复杂中介的反映。思维以感觉作为自己唯一的源泉，但是它超越了直接感性认识的界限，并使人能够得到关于它的感觉器官所不可能感知的现实的那些特性、过程、联系和关系的知识。

9.1　思维形态

视频 33
思维形态

思维是具有意识的人脑对于客观现实的本质属性、内部规律性的自觉的、间接的和概括的反映。思维的本质是具有意识的头脑对于客体的反映。“具有意识的头脑”的含义是有知识的头脑，又是具有自觉摄取知识的习性的头脑。“对于客体的反映”是反映客体的内在联系和本质属性，而不是表面现象的反映。

思维最显著的特性是概括性、间接性。思维之所以能揭示事物的本质和内在规律性的关系，主要来自抽象和概括的过程，即思维是概括地反映。所谓概括地反映是说所反映的不是个别事物或其个别特征，而是一类事物的共同的本质的特性。思维的概括性不只表现在它反映客观事物的本质特征上，也表现在它反映事物之间本质的联系和规律上。

间接性是指间接地反映，就是说不是直接地，而是通过其他事物的媒介来反映客观事物。首先，思维凭借着知识经验，能对没有直接作用于感觉器官的事物及其属性或联系加以反映。例如，中医专家通过望、闻、问、切四诊所获得的种种信息就可以确定病人的症状和体征，通过现象揭示事物的本质和内在规律性的关系。

20 世纪 80 年代初，钱学森倡导开展思维科学(noetic science)的研究。“思维科学”这一概念在中国近代最早是南叶青于 1931 年在一篇题为《科学与哲学》的文章中提出来的。钱学森把自然、社会和思维三种现象放在同一层面上进行了严格的界定，然后指出，自然、科学和思维的根本区别就在于“自然现象是不经过人的行为就已经存在的，社会现象是要经过人的行为才能够存在的。思维现象是未经过人的行为，因而未外化成事实的观念作用和观念形态”。

1984 年，钱学森提出思维科学的研究[89]，研究思维活动规律和形式，并把思维科学划分为思维科学的基础、思维科学的技术科学和思维科学的工程技术三个层次。思维科学的基础科学研究思维活动的基本形式——逻辑思维、形象思维和灵感思维，并通过对这些基本思维活动形式的研究，揭示思维的普遍规律和具体规律。因此，思维科学的基础科学可有若干分支，如逻辑思维学、形象思维学等。个体思维的累积和集合，构成社会群体的集体思维。研究社会群体集体思维的是社会思维学。

人类思维的形态主要有感知思维、形象（直感）思维、抽象（逻辑）思维和灵感（顿悟）思维。感知思维是一种初级的思维形态。在人们开始认识世界时，只是把感性材料组织起来，使之构成有条理的知识，所能认识到的仅是现象。在此基础上形成的思维形态即是感知思维。人们在实践过程中，通过眼、耳、鼻、舌、身等感官直接接触客观外界而获得的各种事物的表面现象的初步认识，它的来源和内容都是客观的、丰富的。

形象思维主要是用典型化的方法进行概括，并用形象材料来思维，是一切高等生物所共有的。形象思维是与神经机制的连接论相适应的。模式识别、图像处理、视觉信息加工都属于这个范畴。

抽象思维是一种基于抽象概念的思维形式，通过符号信息处理进行思维。只有语言的出现，抽象思维才成为可能，语言和思维互相促进，互相推动。可以认为物理符号系统是抽象思维的基础。

对灵感思维至今研究甚少。有人认为，灵感思维是形象思维扩大到潜意识，人脑有一部分对信息进行加工，但是人并没有意识到。也有人认为，灵感思维是顿悟。灵感思维在创造性思维中起重要作用，有待进行深入研究。

人的思维过程中，注意发挥重要作用。注意使思维活动有一定的方向和集中，保证人能够及时地反映客观事物及其变化，使人能够更好地适应周围环境。注意限制了可以同时进行思考的数目。因此在有意识的活动中，大脑更多地表现为串行的，而看和听是并行的。

9.1.1 抽象思维

抽象思维凭借科学的抽象概念对事物的本质和客观世界发展的深远过程进行反映，使人们通过认识活动获得远远超出靠感觉器官直接感知的知识。科学的抽象是在概念中反映自然界或社会物质过程的内在本质的思想，它是在对事物的本质属性进行分析、综合、比较的基础上，抽取出事物的本质属性，撇开其非本质属性，使认识从感性的具体进入抽象的规定，形成概念。空洞的、臆造的、不可捉摸的抽象是不科学的抽象。科学的、合乎逻辑的抽象思维是在社会实践的基础上形成的。

抽象思维深刻地反映着外部世界，使人能在认识客观规律的基础上科学地预见事物和现象的发展趋势，预言“生动的直观”没有直接提供出来的，但存在于意识之外的自然现象及其特征。它对科学研究具有重要意义。

在感性认识的基础上，通过概念、判断、推理，反映事物的本质，揭示事物的内部联系的过程是抽象思维。概念是反映事物的本质和内部联系的思维形式。概念不仅是实践的产物，同时也是抽象思维的结果。通过对事物的属性进行分析、综合、比较的基础上，抽取出事物的本质属性，撇开非本质属性，从而形成对某一事物的概念。例如，“人”这个概念，就是在对千差万别的人进行分析、综合、比较的基础上，撇开其非本质属性(肤色、语言、国别、性别、年龄、职业等)，抽取出其本质属性(都是能够进行高级思维活动，能够按照一定目的制造和使用工具的动物)而形成的，这就是抽象。概括是指在思想中把某些具有若干相同属性的事物中抽取出来的本质属性，推广到具有这些相同属性的一切事物，从而形成关于这类事物的普遍概念。任何一个科学的概念、范畴和一般原理，都是通过抽象和概括而形成的。一切正确的、科学的抽象和概括所形成的概念和思想，都是更深刻、更全面、更正确地反映着客观事物的本质。

判断是对事物情况有所肯定或否定的思维形式。判断是展开了的概念，它表示概念之间的一定联系和关系。客观事物永远是具体的，因此，要作出恰当的判断，必须注意事物所处的时间、地点和条件。人们的实践和认识是不断发展的，与此相适应，判断的形式也不断变化，从低级到高级，即从单一判断向特殊判断，再向普遍判断转化。

由判断到推理是认识进一步深化的过程。判断是概念之间矛盾的展开，从而更深刻地揭露了概念的实质。推理是判断之间矛盾的展开，它揭露了各个判断之间的必然联系，即从已有的判断（前提）逻辑地推论出新的判断（结论）。判断构成推理，在推理中又不断发展。这说明，推理同概念、判断是相互联系、相互促进的。

9.1.2 形象思维

形象思维是凭借头脑中存储的表象进行的思维。这种思维活动是在右脑进行的，因为右脑主要负责直观的、综合的、几何的、绘画的思考认识和行为。

一个典型的例子是，爱因斯坦这样描述他的思维过程："我思考问题时，不是用语言进行思考，而是用活动的跳跃的形象进行思考，当这种思考完成以后，我要花很大力气把它们转换成语言。"形象思维或叫直感思维，主要采用典型化的方式进行概括，并用形象材料来思维。形象是形象思维的细胞。形象思维具有以下四个特征：

(1) 形象性。形象材料的最主要特征是形象性，亦即具体性、直观性。这同抽象思维所使用的概念、理论、数字等显然是不同的。

(2) 概括性。通过典型形象或概括性的形象把握同类事物的共同特征。科学研究中广泛使用的抽样试验、典型病例分析，各种科学模型等，均具有概括性的特点。

(3) 创造性。创造性思维所使用的思维材料和思维产品绝大部分都是加工改造过或重新创造出来的形象。艺术家构思人物形象时和科学家设计新产品时的思维材料都具有这样的特点。既然一切有形物体的创新与改造都表现在形象的变革上，那么设计者在进行这种构思时就必须对思维中的形象加以创造或改造。不仅在创造一个新事物时是如此，而且在用形象思维方式来认识一个现有事物时也不例外。科学家卢瑟福在研究原子内部的结构时，根据粒子散射实验，设想原子内部像是一个微观的太阳系。原子核居中，电子则在各自的特定轨道上运行，如群星绕日旋转。这便产生了著名的原子行星模型。

(4) 运动性。形象思维作为一种理性认识，它的思维材料不是静止的、孤立的、不变的。提供各种想象、联想与创造性构思，促进思维的运动，对形象进行深入的研究分析，获取所需的知识。

这些特性使形象思维既超出了感性认识而进入了理性认识的范围，却又不同于抽象思维，是另一种理性认识。模式识别是典型的形象思维，它用计算机进行模式信息处理，对文字、图像、声音、物体进行分类、描述与分析、理解。目前模式识别已在一定程度上直接或间接地得到应用。已经设计出各种模式信息系统，如光学文字识别机、细胞或血球识别机、声音识别装置等，这些在国外已成为商品。模式识别技术也开始用于设计，以利用图像信息为基础的自动检验系统。序列图像分析、计算机视觉、语音理解和图像理解系统的研究与实现已成为普遍感兴趣的问题。

平克(Daniel H. Pink)在《全新思维》一书中指出：我们的大脑分为两个半球。左半球表示顺序、逻辑和分析能力，右半球则是非线性的、直觉的和整体的[66]。平克认为，我们的经济和社会正在从以逻辑、线性、类似计算机的能力为基础的信息时代向概念时代转变，概念时代的经济和社会建立在创造性思维、共情能力和全局能力的基础上。《全新思维》介绍了6种基本的能力，即“六大感知”，包括设计感(design)、故事感(story)、交响能力(symphony)、共情能力(empathy)、娱乐感(play)和探寻意义(meaning)等。

9.1.3 灵感思维

灵感思维也称作顿悟。它是人们借助直觉启示所猝然迸发的一种领悟或理解的思维形式。诗人、文学家的“神来之笔”，军事指挥家的“出奇制胜”，思想战略家的“豁然贯通”，科学家、发明家的“茅塞顿开”等，都说明了灵感的这一特点。它是在经过长时间的思索，问题没有得到解决，但是突然受到某一事物的启发，问题却一下子得到解决的思维方法。“十月怀胎，一朝分娩”，就是这种方法的形象化的描写。灵感来自于信息的诱导、经验的积累、联想的升华、事业心的催化。

一般说来，抽象思维发生在显意识，借助于概念实施严格的逻辑推理，从某一前提出发，一步接一步地推论下去，直至得到结论。整个推理过程表现为线性的、一维的。形象思维主要发生在显意识，也时有潜意识参与活动。形象思维，是用形象来思考和表达的。形象思维发生过程，既离不开灵敏、直觉、想象等非逻辑思维的启迪，也少不了按照相似律、对照律等方法的推论；比抽象思维发生过程复杂，是平面型的、二维的。灵感思维主要发生在潜意识，是显意识和潜意识相互交融的结果。灵感的孕育过程，表现为知觉经验信息、新鲜的课题信息、脑高级神经系统的“建构”活动这3方面综合进行的拓扑同构而形成的。灵感思维，是非线性的、三维的。因而，灵感思维有着抽象思维、形象思维所不具有的特征。

根据人们的实践经验，诱发灵感的机制大致可分5个阶段，即境域、启迪、跃迁、顿悟、验证。这里分别扼要论述。

(1) 境域，是指那种足可诱导灵感迸发的充分且必要的境界。创造性课题在大脑形成后，必须竭尽全力进入“神动天随，寝食咸废，精凝思极，耳目都融，奇语玄言，恍惚呈露”那样一种精神、心理的全新境界。创造者入境后表现出来的那种潜意识与显意识随意交融，思意驰骋，神与物游的“忘我”境域，正是“创作的最高境界”。

(2) 启迪，是指机遇诱发灵感的偶然性信息。“万事俱备，只欠东风”。启迪，好比东风，使已有准备的心灵受惠。从认识论来说，启迪是诱导思维发生的一种普遍方式，是连接各种思维信息的纽带，是开启新思路的金钥匙。

(3) 跃迁，是指灵感发生时的那种非逻辑质变方式。显意识和潜意识交互作用，促使潜意识孕育的灵感达到“神思方远，万涂竞萌”之时，正是信息在思维过程中实现跃迁的结果。这种跃迁就是潜意识的特征，是一种跨越推理程序的、非连续的质变方式。

(4) 顿悟，是指灵感在潜意识孕育成熟后，同显意识沟通时的瞬间表现。宋代大哲学家朱熹称顿悟为“豁然贯通”。有时感到“茅塞顿开”等，都说明此时灵感被意识到了。

(5) 验证，是指对灵感思维结果的真伪进行科学的分析与鉴定。随灵感的迸发，新概念、新理论、新思路脱颖而出。但是，直觉可能是模糊的，顿悟可能有缺陷。不能认为每一个结论都是有效的，需要进行验证。

人脑是个复杂系统。复杂系统经常采取层级结构构成。层级结构是由相互联系的子系统组成的系统，每个子系统在结构上又是层级式的，直到达到某个基本子系统的最低层次。人的中枢神经系统是有层次的，而灵感可能是多个自我或脑子里的不同部分在起作用，忽然接通，问题就解决了。

9.2 精神活动层级

明斯基在《情感机器》[55]中指出，情感是人类一种特殊的思维方式，并在洞悉思维本质的基础上，指出人类思维的运行方式，提出了塑造未来机器的六大维度：意识、精神活动、常识、思维、智能、自我。我们的大脑是如何产生如此多新事物和新想法的？资源可以分为6种不同的层级——本能反应、后天反应、沉思、反思、自我反思、自我意识反思，以对想法和思维机制进行衡量（见图9.1）。每一个层级模式都建立在下一个层级模式的基础之上，最上层的模式表现的是人们的最高理想和个人目标。

1. 本能反应

我们天生就拥有本能反应，它会保护我们获得生存能力。在20世纪的心理学领域，“刺激-反应”模型极受欢迎，有些研究甚至认为这种模型能够解释人类的所有行为。这种“刺激-反应”模型就是If→Do规则。由于大多数行为的发生取决于我们自身所处的环境，这些简单的规则很少会起作用，例如，“如果看见食物，就吃掉它”规则会迫使你吃掉自己看到的所有食物，不管你是否感到饥饿或是否需要食物。为了防止此类情形的出现，每一个If必须指明具体的目标。明斯基提出了更强大的规则，即If+Do→Then规则。

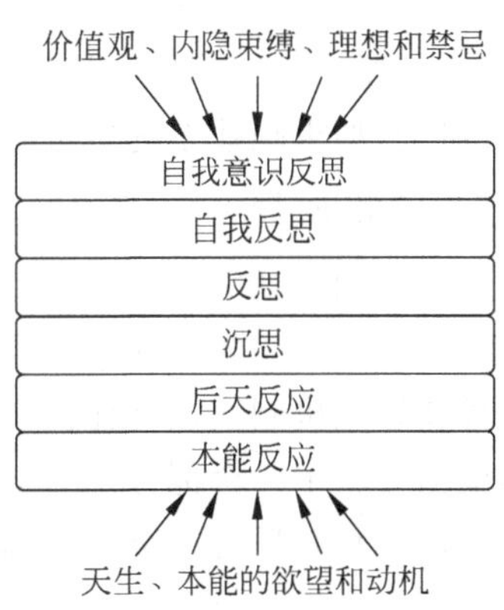

图9.1　精神活动的六大层级

2. 后天反应

认识到一些情况需要特殊的应对方式。所有动物具有与生俱来的“远离逼近物体”的本能。只要动物一直生活在激发本能的环境中，这些固有本能就能有效地发挥作用；但是，一旦动物生活的世界发生变化，每一物种都可能需要学习新的反应方式。

当遭遇新情况时，动物会随机应变地采取一些行动，而如果在某些行为中尝到了“甜头”，这些行为便会在动物的大脑里得到“强化”，因此当动物再次遭遇相同的情况时，就更可能重复之前的这些行为。

天生、本能的反应左右着我们对很多事情的反馈，但我们也在不断更新着新的反应方法，这需要人类大脑组织模型的第二个层次。

3. 沉思

为了实现更为复杂的目标，就需要通过使用从过去经历中学到的全部知识来制定更为详细的计划。这种内部精神活动赋予了人类很多特殊的能力。

如果处在情况 A 中,且想进入情况 Z,那么你可能已经知道实现这种想法的规则了,例如,If 情况 A→Do 行动→Then 情况 Z。这种情况下仅执行行动就能实现目标。

但如果你根本不知道这类规则的存在呢?那时你便可能搜索记忆,寻找两个规则链,通过中间情况 M 来实现目标。

If 情况 A→Do 行动 1→Then 情况 M,然后

If 情况 M→Do 行动 2→Then 情况 Z

如果一个或两个这样的步骤不能解决问题时,必须搜索寻找更多的步骤,尽可能缩小搜索范围。

4. 反思

反思自己的决定。不是对外部活动,而是对大脑活动作出反应。当唱一支熟悉的歌曲时,在开始前,期望集中于整个歌曲;开唱后,从期望进入记忆,因此活动向两面展开:已经唱出的属于记忆,未唱的属于期望;注意力则在当下,要将未来引来,并将它变为过去。

然而,为结合描述进行推理,每一层次都需要短时记忆、假设和结论。大脑应该反思何种思维活动?应该包括以下活动:错误的预测、受阻的计划和无法获取的知识。机器并不像"自我意识实体"一样可以对自我进行全面的认识,但一旦机器拥有表现自身广泛活动的多个模型,便可以实现这种认识。有时,模型有助于系统中的一些部位思考其他部位发生的事情,但是,如果想让系统思考其本身的所有细节则是不切实际的。

5. 自我反思

人类不同于动物的另一种能力是,人类像一个思想家一样拥有自我意识和反思能力,然而动物从不像思想家一样反思自我,因为从思想的实质方面说,动物从来无法清楚地区分思想本身和思想机制。没有任何一种自我模型是完整的,最好的做法是同时创建几个模型,每个模型描述其中一个部分。

认识到自我反思的重要性,就如同认识到自身的困惑一样,是件颇具智慧的事情。因为只有当我们意识到自我困惑时,才会知道该升华的动机和目标了。自我反思有助于我们认识到以下几个问题:不知道自己要做什么,或在更为无关痛痒的细节上浪费时间,或正在追寻一个不太合适的目标。自我反思也有助于我们制定更好的计划、思考范围更大的情感活动。人们何时会使用自己的高层次思维方式?当人们不能使用常规思维系统时,反思性思维方式便开始起作用。

6. 自我意识反思

人在出生之后学习到的自我反应能力被称为后天反应。沉思和反思有助于解决更复杂的难题。有些问题牵涉到自我模型、未来的可能结果时,便进入自我反思的研究范围。当你反思自己近期的想法时,你会思考这种反思本身吗?与其相似,自我反思也是反思的一种,想知道自己的行为在多大程度上实现了自己的理想。

这些区别并不是很明显,即使最简单的想法都会涉及所谓对分配时间和资源的"反思"。那么"如果不能使用一种方法,将尝试另一种方法"或"我已经在那件事上花费了很长时间"。最后,大脑变成是一个异常复杂的系统,任何单一的模型都不能够解读大脑,除非这个模型本身相当复杂,但那时这一模型也会因为太过复杂而变得毫无用处。因此,心理学家们需要

成倍地扩充思维(和大脑)模式,每一种模式都可以解释思维的不同方面和类型,尤其是在个体处理经济、宗教和种族问题时可能会使用相互矛盾的模式时,人类自我意识反思的模式更应增强。

9.3 推理

推理是从已有的知识得出新的知识的思维形式,在推理中可以清楚地看到人类思维的创造性。人们用推理的方法去认识那些本能直接观察到的现实过程时,只要能够在实践中证实推理的复杂链条中的必需的重要环节,并且合乎逻辑地进行推论,那么所做出的新判断(结论)、提出的新概念就是科学的。

推理研究表明人是理性的,思维的原则就是逻辑原则。下面扼要介绍演绎推理、归纳推理、反绎推理、类比推理、常识性推理。

9.3.1 演绎推理

视频 34 演绎推理

演绎推理通常是假设在某些表述或者前提成立的条件下推测必然会出现什么结果,即前提与结论之间有蕴涵关系的推理,或者说,前提与结论之间有必然联系的推理,由一般推演出特殊。

A 是 Γ(即 Γ 中公式)的逻辑推理,记作 $\Gamma \models A$,当且仅当任何不空论域中的任何赋值 φ,如果 $\varphi(\Gamma)=1$,则 $\varphi(A)=1$。

给定不空论域 S。当 S 中任何赋值 φ 都使得

$$\varphi(\Gamma)=1 \Rightarrow \varphi(A)=1$$

成立时,我们说在 S 中 A 是 Γ 的逻辑推理,记作:在 S 中 $\Gamma \models A$。

数理逻辑中研究推理,通过形式推理系统研究演绎推理。可以证明,凡是形式推理所反映的前提与结论之间的关系在演绎推理中都是成立的,因此形式推理没有超出演绎推理的范围,形式推理可靠地反映了演绎推理;凡是在演绎推理中成立的前提与结论之间的关系,形式推理都是能反映的,因此形式推理在反映演绎推理时并没有遗漏,形式推理对于反映演绎推理来说是完备的。

经常应用的一种推理形式是三段论。它由也只由 3 个性质判断组成,其中两个性质判断是前提,另一性质判断是结论。对一个思维对象(主项)进行描述就是谓项。谓项担负着主项的性质或者关系的描述。就主项和谓项说,它包含而且只包含 3 个不同的概念,每个概念在两个判断中各出现一次。这 3 个不同的概念,分别叫作大项、小项与中项。大项是作为结论的谓项的那个概念,用 P 表示。小项是作为结论的主项的那个概念,用 S 表示。中项是在两个前提中都出现的那个概念,用 M 表示。由于大项、中项与小项在前提中位置不同而形成的各种不同的三段论形式,叫作三段论的格。三段论包括下面 4 个格。

第一格: $M—P$

$S—M$

———

$$
\text{第二格：}\begin{array}{l} S-P \\ P-M \\ S-M \\ \hline S-P \end{array}
$$

$$
\text{第三格：}\begin{array}{l} M-P \\ M-S \\ \hline S-P \end{array}
$$

$$
\text{第四格：}\begin{array}{l} P-M \\ M-S \\ \hline S-P \end{array}
$$

在基于规则的演绎系统中，一般分为正向系统、逆向系统和双向综合系统。在基于规则的正向演绎系统中，作为 F 规则用的蕴涵式对事实的总数据库进行操作运算，直至得到该目标公式的一个终止条件。在基于规则的逆向演绎系统中，作为 B 规则用的蕴涵式对目标的总数据库进行操作运算，直至得到包含这些事实的终止条件。在基于规则的正向逆向综合系统中，分别从两个方向应用不同的规则（F 规则或 B 规则）进行操作运算。这种系统是一种直接证明系统，而不是归结反演系统。

视频 35
归纳推理

9.3.2 归纳推理

归纳推理是由个别的事物或现象推出该类事物或现象的普遍性规律的推理，这种推理反映前提与结论之间有或然性联系。这是由特殊推出一般的思维过程。

近数十年来，国外归纳逻辑的研究在两个方向上进行着：一个方向是在培根归纳逻辑的古典意义上继续寻找从经验事实导出相应的普遍原理的逻辑途径；另一个方向是运用概率论和形式化、合理化的手段来探索有限经验事实对适应于一定范围的普遍命题的“支持”或“确证”的程度，这种逻辑实际上是一种理论评价的逻辑。

培根关于归纳法的主要思想是：

(1) 感官必须得到帮助和指导以克服感性认识的片面性和表面性；

(2) 构成概念时要经过适当的归纳程序；

(3) 公理的构成应当用逐步上升的方法；

(4) 必须重视反演法和排斥法等在归纳过程中的作用。

这些思想构成了后来穆勒(John S. Mill)提出的归纳法 4 条规则的基础。穆勒在《逻辑体系》一书中提出了有关归纳的契合法、差异法、共变法、剩余法。他认为，“归纳可定义为发现和证明一般命题的操作”。

概率逻辑是在 20 世纪 30 年代兴起的。莱欣巴哈以相对频率为基础，利用概率论的数学工具来求出一个命题的频率极限，并以此来预测未来事件。20 世纪 40、50 年代，卡尔纳普建立以合理信念为基础的概率逻辑。他采取贝叶斯主义的立场，把合理信念直接地描绘成概率函数，并把概率看作代表一个陈述和另一个证据陈述之间的逻辑关系。贝叶斯定理可表示为：

$$P(h \mid e)=P(e \mid h)\frac{P(h)}{P(e)} \tag{9.1}$$

式(9.1)中 P 为概率，h 为假设，e 为证据。这个公式就是说 h 相对于 e 的概率等于 h 相对于 e 的似然值，也就是说如 h 为真，则 e 的概率乘以 h 的先验概念与 e 的先验概率之比。这里先验概率是指在这次试验前已经知道的概率。如 $A_1,A_2,\cdots$是导致试验结果的“原因”，$P(A_i)$就称先验概率。若试验产生了事件 B，这个信息将有助于探讨事件发生的“原因”。条件概率 $P(A_i|B)$就称为后验概率。所以，卡尔纳普在采取了贝叶斯的立场之后，就要对先验概率作出合理的解释。卡尔纳普不同意把先验概率仅仅理解为个人的主观的相信度，而力求对合理信念作出比较客观的解释。

卡尔纳普把他的概率的逻辑概念理解为“确定程度”。他用符号 C 表示他所理解的概率概念，用“$C(h,e)$”表示“假设 h 相对于证据 e 的确定程度”，并进一步引入可信任函项 Cred 和信念函项 Cr 来解决怎样将归纳逻辑应用于合理的决策。确定度 C 定义为

$$C(h,e_1,e_2,\cdots,e_n)=r \tag{9.2}$$

即陈述(归纳前提)$e_1,e_2,\cdots,e_n$ 联合起来将逻辑概率 r 给予陈述(归纳结论)h。这样，卡尔纳普又依据某人 x 在 t 时对某一条件概率所寄予的价值的期望定义了信念函项等概念。他把假设陈述 H 相对于证据陈述 E 的信念函项 Cr 定义为：

$$C_{rx,t}(H/E)=\frac{C_{rx,t}(E\cap H)}{C_{rx,t}(E)} \tag{9.3}$$

进一步，他定义了可信任函项 Cred，某观察者 x，在 T 时所有的观察知识是 A，则他在 T 时对 H 的信任程度是 Cred(H/A)。信念函项是以可信任函项为基础的，即

$$C_{rT}(H_1)=\text{Cred}(H_1/A_1) \tag{9.4}$$

卡尔纳普认为有了这两个概念，就能从规范的决策理论过渡到归纳逻辑，并将信念函项和可信任函项与纯逻辑概念相对应。相应 Cr 称为 m-函项，即归纳量度函项。相应 Cred 称为 C-函项，即归纳确证函项。这样就可把概率演算的通用公理作为对 m 的归纳逻辑的基本公理。卡尔纳普指出：“在归纳逻辑中，C-函项较 m-函项更重要，因为某一 C 值表示信念的合理程度并能帮助在合理决策中作出决定。m-函项则是主要作为定义 C-函项并决定其值的方便手段。m-函项在公理的概率演算的意义上公理(绝对的)概率函项；而 C-函项则是一个条件的(相对的)概率函项。”如果把 C 作为原始词项，则对 C 的公理可以这样来阐述：

(1) 下限公理： $$C(H/E)\geqslant 0 \tag{9.5}$$

(2) 自我确证公理： $$C(H/E)=1 \tag{9.6}$$

(3) 互补公理： $$C(H/E)+C(-H/E)=1 \tag{9.7}$$

(4) 一般乘法公理：若 $E\cap H$ 是可能的，则

$$C(H\cap H'/E)=C(H/E)C(H'/E\cap H) \tag{9.8}$$

卡尔纳普正是在这些公理的基础上来构建他的归纳逻辑的形式化体系的。

关于归纳逻辑的合理性是哲学史上长期争论的问题。休谟提出归纳疑难，其核心思想就是不能依据过去推断未来，不能依据个别推断一般。休谟认为，“根据经验来的一切推论都是习惯的结果，而不是理性的结果”。由此可以得出归纳法的合理性是不可证明的，与之相联系的经验科学也没有合理性的不可知论的结论。

波普尔在《客观知识》一书中，将归纳疑难表达为：

(1) 归纳能否被证明？

(2) 归纳原理能否被证明？

(3) 能否证明这样一些归纳原理，如“未来与过去一样”或证明所谓的“自然齐一律”。

9.3.3 反绎推理

反绎推理(abduction)也称为溯因推理。在反绎推理中，我们给定规则 $p \Rightarrow q$ 和 q 的合理信念。然后希望在某种解释下得到谓词 p 为真。

基于逻辑的办法则是建立在解释的更高级的概念的基础上。莱维斯克(Levesque)于1989年定义某些前面无法解释的现象集合 O 为假设集 H 中与背景知识 K 的最小集合。假设 H 连同背景知识 K 必须能推导解释出 O。更形式化一点：

abduce$(K,O)=H$，当且仅当

1. K 不能推导解释出 O；
2. $H \cup K$ 能推导解释出 O；
3. $H \cup K$ 是一致的，并且；
4. 不存在 H 的子集有性质 1、2 和 3。

需要指出的是，可能会存在许多假设集，也就是说，对一个给定的现象可能会有很多潜在的解释集。

基于逻辑的反绎解释的定义暗示了发现知识库系统中的内容的解释有相应的机制。如果可解释的假设必须能推导解释出现象 O，则建立一个完整的解释的方式就是从 O 向后推理。

视频 36 类比推理

9.3.4 类比推理

依据两个对象之间存在着某种类似或相似的关系，从已知这一对象有某种性质而推出另一对象具有某一相应的性质的推理过程称为类比推理。类比推理的客观基础在于事物、过程和系统之间各要素的普遍联系，以及这种联系之间所存在的可比较的客观基础。

对象 S_1：前提$\beta_1, \beta_2, \cdots, \beta_n \rightarrow$结论$\alpha$

相似性 φ

对象 S_2：前提$\beta_1', \beta_2', \cdots, \beta_n' \rightarrow$结论$\alpha'$

图 9.2 类比推理的原理

类比推理的原理如图 9.2 所示，图中 β_i 和 α 是 S_1 成立的事实。β_i'是 S_2 中成立的事实。φ 是对象之间关系的相似性；所谓类比推理，即前提类似 $\beta_i \varphi \beta'$ $i(1 \leqslant i \leqslant n)$时，由 $\alpha \varphi \alpha'$ 的 S_2，将推论得出结论 α'。为了实现这样的类比推理，给出下列条件是必要的：

① 相似性 φ 的定义。

② 从所给对象 S_1 和 S_2 求出 φ 的方法。

③ 为了推出 $\alpha \varphi \alpha'$的 α'的操作。

首先，相似性 φ 的定义应该与对象的表现和它的意义有关。这里，类推的对象是判断子句的有限集合 S_i。定义子句 A，β_i 作为文字常量，构成“if-then 规则”。不含 S_i 的变元的项 t_i，表示对象的个体，谓词符号 P 表示个体间的关系，不含变元的原子逻辑式 $P(t_i, t_{i+1}, \cdots, t_n)$表示个体 t_i 间的关系 P。以后，不含变元的原子逻辑式简称为原子。由全部原子构成的

集合用β_i表示。S_i的最小模型M_i是由S_i逻辑地推出的原子的集合。

$$M_i=\{\alpha \in \beta_i : S_i \rightarrow \alpha\} \tag{9.9}$$

这里,→在谓词逻辑中表示逻辑推理,并且,将M_i的个体称为S_i的事实。

为了确定M_i间的类比关系,考虑M_i的对应关系是必要的。为此,给S_i的项的对应定义如下:

(1) $U(S_i)$作为S_i不含变元的集合,这时,$\varphi \subseteq U(S_1)\times U(S_2)$的有限$\varphi$称为配对,而×表示集合的直积。

因为项表示对象S_i的个体,配对可以解释为表示个体间某种对应关系。S_i一般不是常数,而具有函数符号,因此对应的φ可以扩充为$U(S_i)$间的对应关系φ^+。

(2) 由φ生成的项的关系φ^+,若满足下列关系,则定义为最小关系:

① $\varphi \subseteq \varphi^+ \quad (9.10)$

② $<t_i,t_i'>E\varphi^+(1\leqslant i\leqslant n) \Rightarrow <f(t_1,t_2,\cdots,t_n),f(t_1',t_2',\cdots,t_n')\in\varphi^+ \quad (9.11)$

其中,f是S_1和S_2共同表示的函数符号。

可是,对于所给的S_1和S_2,可能的配对一般存在多个。各配对关系φ一致,即谓词符号一致的类比可以按下面的方法确定。

(3) 设$t_j\in U(S_i)$,φ是配对关系,α、α'分别是S_1、S_2的事实,这时α和α'可由φ看成相同,是指对于谓词符号P,写成

$$\alpha=P(t_1,t_2,\cdots,t_n),$$
$$\alpha'=P(t'_1,t'_2,\cdots,t'_n)$$

并且$<t_j,t_j'>\in\varphi^+$。依据φ,α和α'看成相同,将写作$\alpha\varphi\alpha'$。由类比推理,为了求得原子α',首先得到规则

$$R': \alpha' \leftarrow \beta'_1,\beta'_2,\cdots,\beta'_n$$

再由φ得到规则

$$R: \alpha \leftarrow \beta_1,\beta_2,\cdots,\beta_n$$

由$\alpha'\leftarrow\beta_1',\beta_2',\cdots,\beta_n'$和已知事实$\beta_1',\beta_2',\cdots,\beta_n'$,由三段论就可推出$\alpha'$。基于$\varphi$,由$R$构造$R'$称为规则的变换,求解$\alpha'$的过程可以表达成如图9.3所示的基本图式。

如果规则变换可以在演绎系统内实现,那么类比推理就可以在演绎系统中统一处理。

例示	$A\leftarrow B_1,B_2,\cdots,B_n$
利用φ进行规则变换	$\alpha'\leftarrow\beta_1',\beta_2',\cdots,\beta_n'$
三段论法	$\dfrac{\beta_1',\beta_2',\cdots,\beta_n' \quad \alpha'\leftarrow\beta_1',\beta_2',\cdots,\beta_n'}{\alpha'}$

图9.3　基本图式

9.3.5　常识性推理

常识性推理是人工智能的一个领域,旨在帮助计算机更自然地理解人的意思以及跟人进行交互,其方式是收集所有背景假设,并将它们教给计算机。常识性推理具有代表性的系统是Cycrop公司的Cyc系统,它运营着一个基于逻辑的常识知识库。

Cyc 系统是由莱纳特(Doug Lenat)在 1984 年开始研制的。该项目最开始的目标是将上百万条知识编码成机器可用的形式,用以表示人类常识。CycL 是 Cyc 项目专有的知识表示语言,这种知识表示语言是基于一阶关系的。1986 年,莱纳特预测,Cyc 这样庞大的常识知识系统,将涉及 25 万条规则,并将要花费 350 个人年才能完成。1994 年,Cyc 项目从该公司独立出去,并以此为基础,在美国得克萨斯州奥斯丁成立了 Cycrop 公司。

2009 年 7 月发布了 OpenCyc 2.0 版,涵盖了完整的 Cyc 本体,其中包含了 47 000 个概念、306 000 个事实,主要是分类断言,并不包含 Cyc 中的复杂规则。这些资源都采取 CycL 来进行描述,该语言采取谓词代数描述,语法上与 Lisp 程序设计语言类似。CycL 和 SubL 解释器(允许用户浏览并编辑知识库、并具有推理功能)是免费发布给用户的,但是仅包含二进制文件,并不包含源代码。OpenCyc 具有针对 Linux 操作系统及微软 Windows 操作系统的发行版。开源项目 Texai 项目发布了 RDF 版本的 OpenCyc 知识库。

Cyc 知识库是由许多"microtheories"(Mt)构成的,概念集合和事实集合一般与特定的 Mt 关联。与整体的知识库有所不同的是,每一个 Mt 相互之间并不矛盾,每一个 Mt 具有一个常量名,Mt 常量约定以字符串"Mt"结尾。例如,#$MathMt 表示包含数学知识的 Mt,Mt 之间可以相互继承得到并组织成一个层次化的结构。例如#$MathMt 特化到更为精细的层次便包含了如 #$GeometryGMt,即有关几何的 Mt。

Cyc 推理引擎是从知识库中经过推理获取答案的计算机程序。Cyc 推理引擎支持一般的逻辑演绎推理,包括肯定前件假言推理(Modus ponens)、否定后件假言推理(Modus tollens)、全称量化(universal quantification)、存在量化(existential quantification)。

2011 年 2 月 14 日,IBM 公司" 沃森 "超级计算机(Watson)在美国著名老牌智力游戏节目《危险边缘》(*Jeopardy*!),与肯·詹宁斯和布拉德·鲁特尔比赛。2 月 16 日,历经 3 轮比赛,智能计算机沃森(Watson)最终赢得问答节目《危险边缘》的冠军,勇夺 100 万美元大奖。智能计算机沃森成功地采用了常识性推理 Cyc 系统。

9.4 问题求解

问题求解是由一定的情景引起的,按照一定的目标,应用各种认知活动、技能等,经过一系列的思维操作,使问题得以解决的过程。需要作出新的过程的问题求解称为创造性问题求解,而采用现存的过程的问题求解称为常规问题求解。

在人工智能中,问题求解基本的形式描述如下:由两个集合 S、A,$S \times A$ 到 S 的部分函数 f,以及 S 的两个元 s_i 和 s_g 构成的五元组 $<S,A,f,s_i,s_g>$ 称作问题,$s_g=f(f(\cdots(f(f(s_i,a_1),a_2)a_3)\cdots),a_n)$ 那样执行 A 的元操作 $a_l,\cdots,a_n$,称为那个问题的问题求解。

上述定义中,S、A、f、s_i、s_g 分别称为状态空间、操作集合、状态转移函数、初始状态、目标状态。所谓状态是为了描述事物特征的一组变元 $q_0,q_1,\cdots,q_n$ 构成的一个有序组 $<q_0,q_1,\cdots,q_n>$,其中 q_i 的取值不同,即反映了事物的差异或变化。这里的每一个 q_i 都称为分量。这里 n 的有限性并不是一个必需的限制,也可以是无限个分量。引起状态中的某些分量发生变化,从而使问题从一个状态变化到另一个状态的作用称为操作。

这样,一个问题用全部可能的状态及其相互关系的图来描述,称为状态空间表示法。利用状态空间表示法时，问题的求解过程也就转化为在状态空间中寻求从初始状态 s_i 到目标状态 s_g 的路径问题，或者说从 s_i 到 s_g 的操作序列的问题，即

$$a=a_1,a_2,\cdots,a_n$$

$$s_g=f(f(\cdots(f(f(s_1,a_1),a_2)a_3)\cdots),a_n)$$

智能系统所面临的实际问题，大多数是属于部分信息环境中的不确定性问题，系统不知道与问题有关的全部信息，因而无法知道该问题的全部状态空间，不可能用一套算法来求解其中的所有问题。只有依靠部分状态空间和一些特殊的经验性规则来求解其中的部分问题。有的问题虽然是全信息环境，但是由于算法效率太低，根本无法实现。为了提高解题效率，必须利用一些经验性的启发式规则。有些启发式法对大量问题领域都通用，有些启发式法则仅代表与某一特定问题的解有关的某种专门知识。启发式信息的表示方式一般有两种：

(1) 规则。例如，下棋系统的规则不仅能简单描述一组合法棋步，而且能描述一组由书写规则的人确认的“高明”棋步。

(2) 启发式函数。该启发式函数能对单个问题状态作出估计，以确定其合乎要求的程度。

启发式函数是一个映射函数，它把问题状态描述映射成希望的程度，而这种程度通常用数来表示。考虑问题状态的哪些方面、怎样对所考虑的方面作出估计、给单方面的权如何选择等，都取决于搜索过程中某一给定节点处的启发式函数值，对该节点是否在通向问题求解结果的预想路径上作出尽可能好的估计。

启发式函数设计得好，对有效引导搜索过程获得解具有重要作用。有时，非常简单的启发式函数对某一路径是否合适能作出相当令人满意的估计。但在有些场合下，则要用非常复杂的启发式函数。下面列出了几个问题的启发式函数。

(1) 下棋：我方超过对方的棋子优势。

(2) 九宫重排：已归位的将牌个数。

(3) 巡回售货员问题：巡回的距离总和。

(4) 一字棋：我方能赢的每一行赋值 1，我方有一棋的每一行赋值 1，我方有两棋的每一行赋值 2，对上述值求和。

注意，有时高的启发式函数值表明一位置相当好(如下棋：九宫重排、一字棋)，而有时低的启发式函数值表明一有利情况(如巡回售货员问题)。一般来说，以何种方法指出函数关系不大。使用启发式函数值的程序会酌情使之极小或极大。

启发式函数旨在当有多条路径可走时建议该走哪条路径，从而指导搜索过程朝最有利的方向搜索。启发式函数对搜索树(或图)中每一节点的真正优点估计得愈精确，解题过程就愈少走弯路。在极端情况下，启发式函数能好得让系统不作任何搜索就直接走向某一解。可是对许多问题，计算这种函数值的耗费会超过由减少搜索过程而节省下来的耗费。但毕竟还是能够通过从所考虑的节点出发做一完整搜索，并确定它是否通向一个好解的办法，算出一个完美的启发式函数。一般来说，求启发式函数值的耗费与用该函数节省下来的搜索时间这两者总是有得有失的。

当求解问题时，有的只要采用正向推理搜索策略，有的选择逆向推理搜索策略。然而，常常混合这两种策略是合适的，这一混合策略使得能首先求解一问题的主要部分，然后回过头来求解在把大片断“黏”起来时出现的小问题。手段目的分析技术可以达到这个目的。

手段目的分析法就是先有一个目标，它与人当前的状态之间存在着差异，人认识到这个差异，就要想出某种活动来减小这个差异。但是要完成这个活动，还要先满足某些条件，也就是说要设法减小这方面的差异。手段目的分析法中的"目的"就是"目标"，所谓"手段"就是用什么活动去达到这个目标。

开发手段目的分析法的第一个人工智能程序是通用问题求解程序 GPS。手段目的分析依赖于将一问题状态转换成另一问题状态的一组规则；不过，不用按照完整的状态描述来表达这些规则。只需将每条规则表达成左部和右部。左部描述应用此规则应该满足的条件，称为前件。右部描述此规则的应用会改变该问题状态的哪些方面，称为结果。下面列出一个简单的家用机器人所用的操作符。

```
操作符
PUSH(obj,loc)      前件
                     at(robot,obj) ∧ large(obj) ∧ clear
                     (obj) ∧ arm empty
                   结果
                     at(obj,loc) ∧ at(robot,loc)
CARRY(obj,loc)     前件
                     at(robot,obj) ∧ small(obj)
                   结果
                     at(obj,loc) ∧ at(robot,loc)
WALK(loc)          前件
                     无
                   结果
                     at(robot,loc)
PICKUP(obj)        前件
                     at(robot,obj)
                   结果
                     holding(obj)
PUTDOWN(obj)       前件
                       holding(obj)
                   结果
                      ¬ holding(obj)
PLACE(obj1,obj2)   前件
                   at(robot,obj2) ∧ holding(obj1)
                   结果
                   on(obj1,obj2)
```

表 9.1 是描述每一操作符何时适合的差别表。注意，有时可能有多个操作符能缩小一给定差别，有时一给定操作符能缩小多个差别。

假设要该领域里的机器人将一写字台从一间房搬到另一间房，放在写字台上的两件东西也随之搬走，则开始状态与目标状态之间的主要差别是写字台的位置。为缩小这一差别，应挑选 Push 或 Carry。

表 9.1　差别表

Item	Push	Carry	Walk	Pick up	Put down	Place
Move object	√	√				
Move robot			√			

续表

Item	Push	Carry	Walk	Pick up	Put down	Place
Clear object				√		
Get object on object						√
Get arm empty					√	√
Be holding object						

若先选 Carry，则要满足其前件。这导出两个要缩小的差别：机器人的位置和写字台的大小。机器人的位置可用 Walk 来处理，但没有操作符能改变一物体的大小(因未给操作符 Saw-Apart)。因此，该路径通向死胡同。沿另一分支，试应用 Push。图 9.4 就是问题求解程序在此刻的进展。它已找到做某项有用事件的方法。但还不在做那件事项的位置，且做此事尚未完全到达目标状态。因此，现要缩小 A 与 B 之间的差别以及 C 与 D 之间的差别。

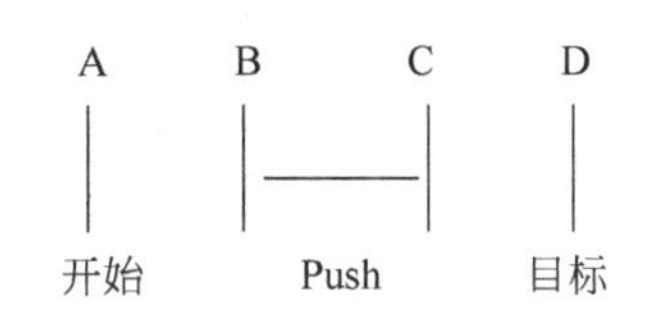

图 9.4　手段目的分析法的进展

Push 有 3 条前件，其中两条产生开始状态与目标状态之间的差别。因为写字台很大，所以有一前件不建立差别。用 Walk 把机器人带到正确的位置。用两次 Pick up 可清掉写字台表面。但在一次 Pick up 之后、试做第二次时有另一差别，即臂得空。Put down 可用来缩小那一差别。

一旦做完 Push，问题状态就接近但不完全到达目标状态。要把物体放回在写字台上。Place 能做此事，但不能立即应用。应消除另一差别，因机器人要抓物体。图 9.5 就是问题求解程序在此处的进展。

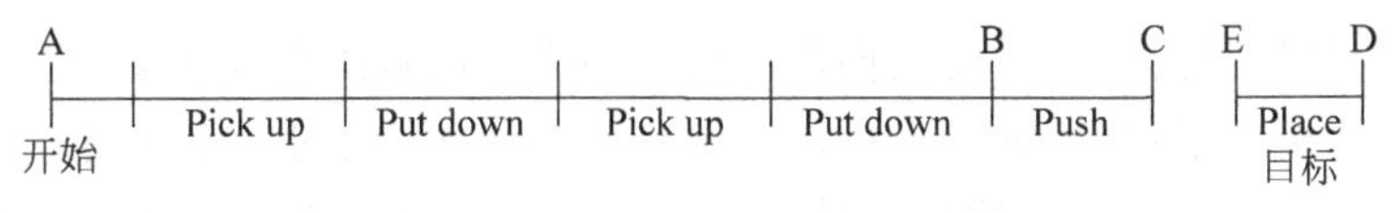

图 9.5　手段目的法的更大进展

先用操作符 Walk 将机器人带回到物体，再用 Pick up 和 Carry，从而缩小 C 与 E 之间的差别。采用“手段目的”分析法解决问题，可以缩小目标和当前状态之间的差异，减小步子，缩短距离，使问题容易得到解决。

9.5 决策理论

决策过程是一个信息流动和再生的过程：在决策的各个阶段，信息在信息源(通过信息载体)和决策者之间交互，将知识、数据、方法等传递给决策者，影响决策的制定；同时，决策形成过程中产生的新知识、新数据、新方法又回流到信息源，经过信息载体的整理加工生成新的信息记录下来，并同时完成信息载体中错误、陈旧信息的修改更新工作；信息对决策的影响还体现在决策实施过程中，信息流可以随时把出现的情况和问题反馈给信息载体，经过信息再生过程后记录下来，用以指导新的决策工作。

西蒙认为，科学的决策过程至少包括以下 4 个步骤：找出存在问题，确定决策目标；拟定各种可行的备择方案；分析比较各备择方案，从中选出最合适的方案；决策的执行。信息的高效流动是科学决策的前提条件。图9.6表示的是决策过程中的信息流动过程。

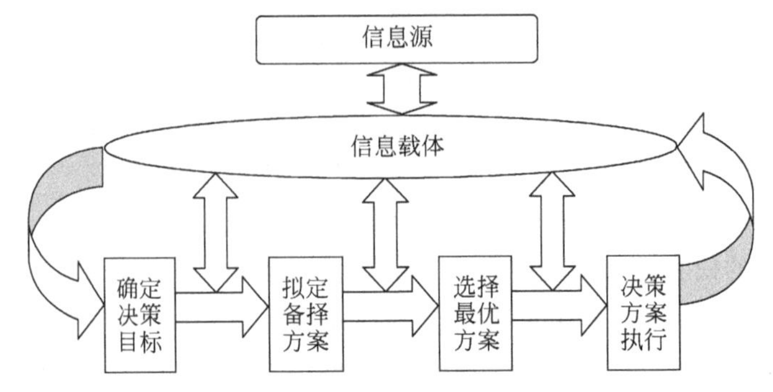

图9.6 决策过程中的信息流动

信息源是指信息的出处。常见的信息源包括各种类型的出版物、档案资料、会议记录、传媒工具以及重要人物的讲话等。在计算机技术飞速发展的信息时代，各种类型的计算机情报检索数据库的建立，使得远距离快速获取信息成为可能。信息载体包括人脑、语言、文献资料和实物等。信息附着在信息载体上，并通过信息载体发挥作用。

在决策的各个阶段，信息在信息源(通过信息载体)和决策者之间交互，将知识、数据、方法等传递给决策者，影响决策的制定；同时，决策形成过程中产生的新知识、新数据、新方法又回流到信息源，经过信息载体的整理加工生成新鲜的信息记录下来，并同时完成信息载体中错误的、陈旧的信息的修改更新工作。信息对决策的影响还体现在决策实施过程中，信息流可以随时把出现的情况和问题反馈给信息载体，经过信息再生过程后记录下来，用于指导新的决策工作。

信息流动的最终目的是要方便人们做出科学的决策以解决实际问题。信息是决策的基础，但并不是说只要有了信息，就一定可以做出正确的决策，关键在于如何对信息进行科学的加工处理。实际上，整个信息的流动过程也就是一个信息处理和再生的过程。只有在对充分的信息进行适当处理的基础上，才能产生出新的、用于指导行动的策略信息。

9.5.1 决策效用理论

关于决策最早的理论称为“经典决策理论”，它们反映了经济学的观点。这些理论假设决策者：

(1) 知晓所有可能的选择，以及每项选择可能带来的后果；

(2) 对各选项之间的细微差异无限敏感；

(3) 在确定选择哪个选项时完全是理性的。

决策效用理论主要考虑每个决策者的心理学成分，测出各个决策结果的效用值，并按效用期望值的大小来评价、选择方案。在进行一次性决策(或重复性不大)的风险决策时，应该求出各决策结果的效用值，而效用值可通过效用函数给出。典型的效用函数曲线如图9.7所示。

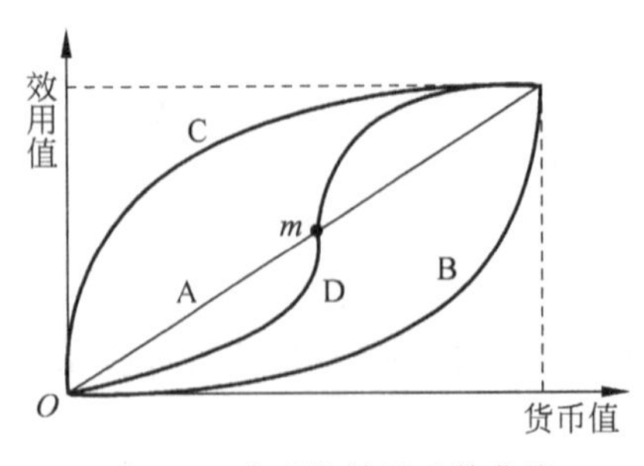

图9.7 典型的效用函数曲线

曲线 A(中间型):该效用值与货币值呈线性关系。具有这种效用函数的决策者,对决策风险持中立态度,或者决策者认为该项决策可以重复进行,因此不必对决策的不利后果特别关注而谨慎从事。由于该效用函数是线性的,效用函数曲线与期望货币曲线重合。

曲线 B(稳妥型):这是减速递增型效用函数,即虽随着货币额的增多效用也递增,但递增的速度越来越慢。具有这种效用函数的决策者对于亏损特别敏感,而大量的收益对他的吸引力却不大,即宁可不赚大钱也不愿意承担大风险。

曲线 C(冒险型):这是加速增加型效用函数,即随着货币额的增多效用也随着递增,而且递增的速度越来越快。具有这种效用函数的决策者十分关注收益而不太顾及风险,敢于冒险,乐于作孤注一掷的大胆尝试。

曲线 D(组合型):这是存在拐点的效用函数。具有这种效用曲线的决策者在货币量不大时具有一定的冒险胆略,但货币量增至一定数量时,决策者就转为采用稳妥策略了。曲线上的拐点 m 就是这一变化的分界线。

人们做出各种合理的决定是根据:

(1) 对所有可能知晓选项都考虑到了,这里假设某些选项是未能预见到的。

(2) 最大程度地利用了已知信息,假设某些相关信息或许未能了解到。

(3) 如果是主观的,仔细地衡量每一选项的潜在代价(风险)和利益。

(4) 仔细地计算各种结果发生的概率,假设结果的必然性不可知。

(5) 在考虑到上述所有因素的基础上最大程度地进行合理推理。

9.5.2 满意原则

诺贝尔经济学奖获得者西蒙指出,不是说人类必定无理性,而是有限理性。西蒙提出满意原则的决策策略。在满意原则中,并不需要考虑所有可能的选项,也不需要并仔细计算整个选项库中哪一个选项可以最大限度地实现我们的目标,同时使损失最小。相反,我们只是一个接一个地考虑各个选项,一旦发现有一个选项可以令我们满意,或者它已经足够好,可以达到我们能够接受的最低水平,此时便立即做出选择。因此,我们只是考虑了最少数量的备择项目便可以做出一个决定,它足以使我们相信它能满足我们的最低要求。

9.5.3 逐步消元法

在 20 世纪 70 年代,特沃斯基(Amos Tversky)在西蒙有限理性思想的基础上观察到,当面临的选项远远多于我们感觉自己能够合理应对的选项数目时,我们有时会采用另外一种策略。在这种情况下,我们并不会试图对所有可能的选项各个属性都予以考虑;相反,我们会采用逐步消元法:首先集中关注这些选项的某一方面(属性),并且在这个方面制定一个最低标准。对于那些不符合这一标准的选项,便可以排除它们了。在剩下的选项,继续选择第二个方面并制定其最低标准,以此再去掉一些选项。以此类推,通过从一系列的角度继续使用逐步消元法,直到最后只有一个选项剩下。

特沃斯基观察到,我们经常是在非最优策略的基础上做出决定。他和助手一起经过再三研究最终发现,我们在做决定的时候经常采用某些心理捷径甚至可能是偏见。这些捷径和偏见会限制甚至有时会扭曲我们做出理性决定的能力。利用心理捷径的一条关键途径是以概率估计为中心。

9.5.4 贝叶斯决策方法

利用贝叶斯定理求得后验概率,据以进行决策的方法,称为贝叶斯决策方法。贝叶斯定理是关于随机事件 A 和 B 的条件概率和先验概率的概率判断。

$$P(A \mid B)=\frac{P(B \mid A)P(A)}{P(B)} \tag{9.12}$$

式(9.12)中,$P(A|B)$是在 B 发生的情况下 A 发生的可能性。$P(A)$是 A 的先验概率,是根据历史资料或主观判断,未经实验证实所确定的概率,不考虑任何 B 方面的因素。$P(B|A)$是已知 A 发生后 B 的条件概率,也由于得自 A 的取值而被称作 B 的后验概率。$P(B)$是 B 的先验概率,也称作标准化常量。$P(A|B)$是已知 B 发生后 A 的条件概率,由于得自 B 的取值而被称作 A 的后验概率。按这些术语,贝叶斯定理可表述为:

后验概率 =(相似度 × 先验概率)/ 标准化常量

也就是说,后验概率与先验概率和相似度的乘积成正比。另外,比例 $P(B|A)/P(B)$也有时被称作标准相似度,贝叶斯定理可表述为:

后验概率 = 标准相似度 × 先验概率

9.6 小结

思维是具有意识的人脑对于客观现实的本质属性、内部规律性的自觉的、间接的和概括的反映。思维方式是人们进行思维活动时对特定对象进行反映的基本方式,即概念、判断、推理。人类思维的形态主要有感知思维、形象(直感)思维、抽象(逻辑)思维和灵感(顿悟)思维。

推理是从已有的知识得出新的知识的思维形式,在推理中可以清楚地看到人类思维的创造性。常用的推理方式有演绎推理、归纳推理、反绎推理、类比推理、常识性推理。

决策过程是一个信息流动和再生的过程,包括 4 个步骤:找出存在问题,确定决策目标;拟定各种可行的备选方案;分析比较各备选方案,从中选出最合适的方案;决策的执行。

思考题

1. 试比较抽象思维和形象思维的不同点。
2. 什么是归纳推理?举例说明归纳推理的重要性。
3. 类比推理的基本原理是什么?
4. 什么是常识性推理?
5. 如何构建基于本体的知识库系统?

智 力 发 展

第 10 章

CHAPTER 10

智力发展是智能科学研究的重要内容之一。本章首先说明智力的实质、智力的差异、智商以及智力的发展特征；然后介绍不同心理学家如何看待智力，讨论智力能否测量以及如何做到精确和客观地评估；最后还要谈到哪些因素决定了一个人的智力高低，以及智力在多大程度上取决于遗传基因或环境条件等。皮亚杰(J. Piaget)对儿童认知发展领域，如语言、思想、逻辑、推理、概念形成、道德判断等长期的临床研究，创立了以智力发展阶段理论为核心的智力发展理论。

10.1 智力理论

视频 37
智力理论

智力(intelligence)是什么？迄今为止心理学家尚未能提出一个为众人接受的明确定义。有人认为，智力主要是抽象思维的能力；亦有心理学家将智力解释为“适应能力”“学习能力”“获得知识的能力”“认识活动的综合能力”。更有某些智力测验的先驱者认为：“智力就是智力测验的那个东西。”心理学家对智力所下的定义，大致可分为 3 类：

(1) 智力是个体适应环境的能力。个体对其所生活的环境，尤其对变化莫测的新环境愈能适应的人，则其智力水平愈高。

(2) 智力是个体学习的能力。凡个体能对新事物的学习较易、较快，又能利用经验解决困难问题的人，则其智力水平较高。这种定义，在学校教育方面具有实际的意义。

(3) 智力是个体抽象思维的能力。凡个体能由具体事物获得概念，能运用概念作逻辑推理、判断，则表示其智力水平较高。

当代著名美国心理学家大卫·韦克斯勒(David Wechsler)综合了上面 3 种意见，将智力定义为：智力是个体有目的的行为、合理的思维以及有效适应环境的综合能力。

以上各种定义，尽管有的强调某一侧面，有的重视全体，但有两个方面是共同的：

(1) 智力是一种能力，而且是属于潜在的能力。

(2) 这种能力通过行为表现。表现方式，或者是适应环境、学习、抽象思维等行为的单独表现，或是此 3 种行为的综合表现。换言之，智力可看作是个体对事、物、情景各方面表现的功能，而此种功能是由行为表现出来的。

10.1.1 智力的因素论

1. 智力的二因论

英国心理学家斯皮尔曼(C. Spearman)在20世纪初最早对智力问题进行了探讨。他发现,绝大多数心理能力测验之间都存在正相关。斯皮尔曼提出,在各种心理任务上的普遍相关是由一个非常一般性的心理能力因素或称g因素所决定的。在一切心理任务上,都包括一般因素(g因素)和某个特殊因素(或称s因素)两种因素。g因素是人的一切智力活动的共同基础,s因素只与特定的智力活动有关。一个人在各种测验结果上所表现出来的正相关,是由于它们含有共同的g因素;而它们之间又不完全相同,则是由于每个测验包含着不同的s因素。斯皮尔曼认为,g因素就是智力,它不能直接由任何一个单一的测验题目度量,但可以由许多不同测验题目的平均成绩进行近似地估计。

2. 流体智力和晶体智力说

20世纪中期以后,卡特尔(Raymond Cattell)提出了流体智力和晶体智力理论。他认为,一般智力或g因素可以进一步分成流体智力和晶体智力两种。流体智力指一般的学习和行为能力,由速度、能量、快速适应新环境的测验度量,如逻辑推理测验、记忆广度测验、解决抽象问题和信息加工速度测验等。晶体智力指已获得的知识和技能,由词汇、社会推理以及问题解决等测验度量。

卡特尔认为,流体智力的主要作用是学习新知识和解决新异问题,它主要受人的生物学因素影响;晶体智力测量的是知识经验,是人们学会的东西,它的主要作用是处理熟悉的、已加工过的问题。晶体智力一部分是由教育和经验决定的,一部分是早期流体智力发展的结果。

到了20世纪80年代,进一步的研究发现,随着年龄的增长,流体智力和晶体智力经历不同的发展历程。和其他生物学方面的能力一样,流体智力随生理成长曲线的变化而变化,在20岁左右达到顶峰,在成年期保持一段时间以后,开始逐渐下降;而晶体智力的发展在成年期不仅不下降,反而在以后的过程中还会有所增长。由于流体智力影响晶体智力,它们彼此相关,因此,可以假想,不管人的能力有多少种,也不论要处理的任务性质如何,在一切测验分数或成绩的背后,存在一种类似于g因素的一般心理能力。在大多数智力测验中,均包括偏重于测量晶体智力和流体智力的两类题目。

3. 智力多因素论

美国心理学家瑟斯顿(L. L. Thurstone)于1938年对芝加哥大学的学生实施了56个能力测验,他发现,某些能力测验之间具有较高的相关度,而与其他测验的相关度较低,它们可归为7个不同的测验群:字词流畅性、语词理解、空间能力、知觉速度、计数能力、归纳推理能力和记忆能力。瑟斯顿认为,斯皮尔曼的二因素理论不能很好地解释这种结果,而且过分强调g因素也达不到区分个体差异的目的。因此,他提出智力由以上7种基本心理能力构成,并且各基本能力之间彼此独立,这是一种多因素论。根据这种思想,瑟斯顿编制了基本心理能力测验。研究结果发现,7种基本能力之间都有不同程度的正相关,似乎仍可以抽象出更高级的心理因素,也就是g因素。

10.1.2 多元智力理论

多元智力理论是由美国心理学家加德纳(Gardner)提出的。他认为,智力的内涵是多元的,由7种相对独立的智力成分所构成。每种智力成分都是一个单独的功能系统,这些系统可以相互作用,产生外显的智力行为。这7种智力为:

(1) 言语智力,渗透在所有语言能力之中,包括阅读、写文章以及日常会话能力。

(2) 逻辑-数学智力,包括数学运算与逻辑思维能力,如做数学证明题及逻辑推理。

(3) 智力,包括导航、认识环境、辨别方向的能力,比如查阅地图和绘画等。

(4) 音乐智力,包括对声音的辨别与韵律表达的能力,比如拉小提琴或作曲等。

(5) 身体运动智力,包括支配肢体完成精密作业的能力,比如打篮球、跳舞等。

(6) 人际智力,包括与人交往且能和睦相处的能力,比如理解别人的行为、动机或情绪。

(7) 内省智力,对自身内部世界的状态和能力具有较高的敏感水平,包括认识自己并选择自己生活方向的能力。

10.1.3 智力结构论

美国心理学家吉尔福特(J. P. Guilford)认为,智力活动可以区分出3个维度,即内容、操作和产物,这3个维度的各个成分可以组成为一个三维结构模型。智力活动的内容包括听觉、视觉(所听到、看到的具体材料,如大小、形状、位置、颜色)、符号(字母、数字及其他符号)、语义(语言的意义概念)和行为(本人及别人的行为)。它们是智力活动的对象或材料。智力操作指智力活动的过程,它是由上述种种对象引起的,包括认知(理解、再认)、记忆(保持)、发散思维(寻找各种答案或思想)、聚合思维(寻找最好、最适当、最普通的答案)和评价(做出某种决定)。

智力活动的产物是指运用上述智力操作所得到的结果。这些结果可以按单元计算(单元),可以分类处理(分类),也可以表现为关系、转换、系统和应用。由于3个维度的存在,人的智力可以在理论上区分为5×5×6=150种(见图10.1)。

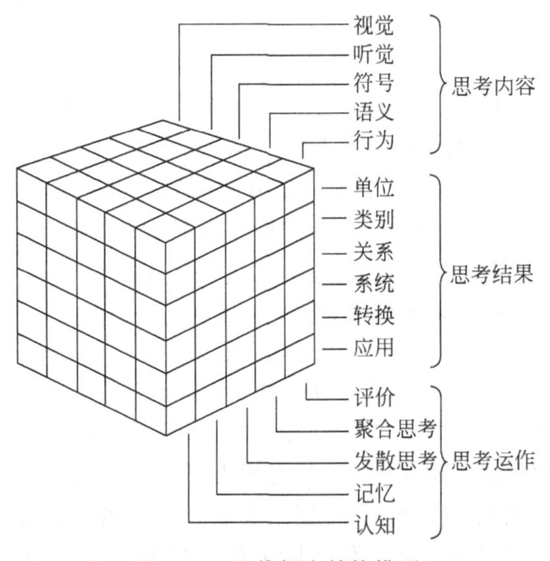

图10.1 三维智力结构模型

吉尔福特的三维智力结构模型同时考虑到智力活动的内容、过程和产物，这对推动智力测验工作起了重要的作用。1971年吉尔福特宣布，经过测验已经证明了三维智力模型中的近百种能力。这一成就对智力测验的理论与实践无疑是巨大的鼓舞。

视频38
智力测量

10.2 智力的测量

从智力测验的观点看，这种行为表现智力的观念是极为重要的。因此，有些心理学家干脆把智力定义为：智力乃是一种智力测验的对象。如果进一步追问：智力测验所测量的对象是什么？这个问题虽不易回答，但有一点是肯定的，即所测的对象绝非智力本身，而是个体表现在外的行为。间接的测量个体表现在外的行为特征，并量化了，以推估其智力的高低，这是智力测量的基本原则。智力本身只是一个抽象的概念，无法直接测量，这正如物理学上的“能”，必须经由物体运动所作的功予以衡量，是同样的道理。

在20世纪初，法国心理学家比奈(A. Binet)受巴黎教育当局的委托，编制了一套测验用来鉴定智力缺陷的学生，让他们能够进入不教授标准课程的学校。从那以后，智力测验就首先用来帮助预测儿童和学生的能力，预测他们在“智力”训练中获益多少。现在越来越倾向于编制和应用智力测验去测定人的能力的不同方面。对于智力测验的主要要求就是要把人有益于准确地按照能力的类别进行分组。这也有赖于智力理论的研究和新智力测验的创造。

智力测验有许多不同的种类。如按被试人数分成个人测验和团体测验；以在限定时间内做出正确反应的数目决定分数的为速度测验，而以成功地完成的作业的难度决定分数的为才能测验；另外还有要求以言语回答问题的言语测验，非言语的动作反应的作业测验。不管哪种类型的智力测验，一般都包括数量较大、内容不同的测验项目或作业。智力测验的分数就根据成功地完成作业的数目来确定。

智力测验的每一项目都能提供与之适合的年龄水平值。当测试一个儿童时，他所得到的分数是以他通过的项目的数目为依据的。因此他的分数可以用年龄来表示。例如，特曼-梅里尔的要求给每一个词下定义的测验作业，有60%的13岁儿童能做对，因此将这一项目在测验中规定为13岁。

假设一个孩子通过了10岁儿童测试过的测验的全部项目，他还通过了11岁和12岁的某些项目。首先以他10岁以前的所有项目(10岁的包括在内)记分。11岁的项目者通过一半，12岁的项目通过了四分之一，那么，他的记分就再加上六个月(11岁的)和三个月(12岁的)。把他的分数全部加在一起为10年9个月，这就是智龄(MA)。因此，智龄是根据智力测验的作业成绩换算而得的，它是由所通过的测验项目的难度水平决定的。

智商(IQ)定义的智龄除以实足年龄，然后乘以100，公式如下：

$$\text{智商(IQ)} = \frac{\text{智龄(MA)}}{\text{实足年龄(CA)}} \times 100 \tag{10.1}$$

公式中乘以100的目的一方面可以消去小数，使所得的智商成为整数；另一方面可显示出智力的高低。这种确定智商的方法是假定智力年龄是同实际年龄一起增长的。如果相反，在到达某一实际年龄时智力年龄不再增长，那么一个人若已到此年龄，此后他的年龄再增长时，则他所得的智商就越来越小。但实际上他的智力并未减少。人到达一定的实际年龄之后，智力年龄的发展就停留在相对稳定的水平。由于在15岁时智力不再与实际年龄成正比增加，因此对15岁及15岁以上的人所用求智商的公式为：

$$IQ=\frac{MA}{15}\times 100 \tag{10.2}$$

这种方法也不能取得满意的结果。韦克斯勒提出了成人智力量表，主要内容如下：

(1) 性质及内容。在性质上，这个测验项目分为言语和作业两类。前者包括常识、理解、算术、类同、记忆广度、词汇6个分测验，共计84题。后者包括物形配置、填图、图系排列、按照图案搭积木、符号替换5个分测验，共计44题。两者合起来为128题。题目性质广泛，所测者为个人普通能力。

(2) 适用范围。适用于16岁以上之成人。

(3) 实施程序。个别实施，全测验约需一小时。

(4) 记分与标准。各分测验的原始分数经过换算手续变为加权分数。前6个分测验的加权分数之和即为言语量表的总分。后5个分测验的加权分数之和即为作业量表的总分。两个量表的总分相加即为全测验的总分。量表总分可再按年龄组别查对照表而求得标准分数智商。

本测验标准之建立是根据具有代表性的700人所组成的标准化样本。在此样本中对性别(男女各半)、年龄(16～64岁)、地域、种族、职业以及教育程度等因素均有适当分配，故其代表性甚高。

(5) 信度与相关系数。由折半法求得信度系数是：言语量表0.96，作业量表0.93，全量表0.97。相关系数的研究以斯坦福-比奈量表为标准，求得相关系数为：言语量表0.83，作业量表0.93，全量表0.85。

个体智力存在差异。如对大量未经选择的人，施以智力测验，得到的智商分布如表10.1所示。这是采用1973年修订的斯比量表，对2～18岁的2904人进行智力测验的结果。由智商分布表看出，智商极高及极低的均占少数，大多数人的智力属于中等或接近中等。

表10.1 智商分布

智 商	类 别	百 分 比
140及其以上	极优	1
120～139	优异	11
110～119	中上	18
90～109	中等	46
80～89	中下	15
70～79	临界	6
70以下	弱智	3

美国心理学家特尔门(L. M. Terman)采用追踪观察的方法来研究智力超常儿童的才能发展。在1921—1923年，特尔门选择1528名智商超过130的中小学生，其中男生857人，女生671人。他对所有对象都作了学校调查和家庭访问，详细了解老师和家长对其智力的评价，还对三分之一的人作了体格检查。1928年，他到访这些学生所在的学校和家庭，了解他们进入青少年时期以后的智力发展和变化情况。1936年，这些研究对象都已经长大成

人,各自走上了不同岗位。特尔门继续采用通信的方式进行随访,掌握他们的才能发展状况。1940 年,他特地把这些研究对象邀集到斯坦福大学来座谈,并且作了一次心理测验。以后,他仍旧坚持每隔 5 年作一次通信调查,直到 1960 年。

特尔门逝世以后,美国心理学家西尔斯等人继续进行这项研究。1960 年,这些研究对象的平均年龄已达 49 岁。西尔斯作了一次通信调查,人数是原先的 80%。1972 年,他再次进行了通信随访,被调查的人数仍旧保持在原先的 67%。这时,他们的平均年龄已经超过 60 岁。

这项研究持续了半个世纪,积累了大量的宝贵资料。研究表明:早期智力超常并不能保证成年以后具备杰出的才能,卓有建树;一个人的能力大小同儿童期的智力高低关系不大;有才能、有成就的人并不都是老师和家长认为十分聪明的人,而是那些常年锲而不舍、精益求精的人。由于这项研究成果在心理学上具有重大意义,美国心理学协会在 1976 年把卓越贡献奖授予这项研究。

怎样鉴别优秀儿童和学生呢?美国学者里思提出以下 17 项作为进行鉴别的心理学准则。

(1) 知识和技能:具有基本技巧和知识,能够适当应用这些技巧解决具体问题;

(2) 注意力集中:不容易分心,能在充分的时间里对一个问题集中注意力,来求得解决的办法;

(3) 热爱学习:喜欢探讨问题和做作业;

(4) 坚持性:把指定的任务作为重要目标,用急切的心情去努力完成它;

(5) 反应性:容易受到启发,对成人的建议和提问都能作出积极反应;

(6) 理智的好奇心:从自己解答问题中得到满足,并且能够自己提出新的问题;

(7) 对挑战的反应:乐意处理比较困难的问题,作业和进行争论;

(8) 敏感性:具有超过年龄的机灵性和敏锐的观察力;

(9) 口头表达的熟练程度:善于正确地应用众多的词汇;

(10) 思维流畅:能够形成许多概念,善于适应新的比较深刻的概念;

(11) 思维灵活:能够摆脱自己的偏见,用他人的观点看问题;

(12) 独创性:能够用新颖的或者异常的方法去解决问题;

(13) 想象力:能够独立思考,富于想象力;

(14) 推理能力:能够把给定的概念推广到比较广泛的关系中去,能够从整体的关系中去理解给定的材料;

(15) 兴趣广泛:对各种学问和活动都感兴趣,如戏剧、书法、阅读、数学、科学、音乐、体育活动和社会常识;

(16) 关心集体:乐于参加各种集体活动,助人为乐,和他人融洽相处,对别人不吹毛求疵;

(17) 情绪稳定:经常保持自信、愉快和安详,有幽默感,能够适应日常变化,不暴怒。

视频 39 皮亚杰的经典认知发展理论

10.3 皮亚杰的经典认知发展理论

1882 年,德国生理学家和心理学家普莱尔(W. Preyer)的《儿童心理》一书问世,标志着科学儿童心理学的诞生。在这之后一百多年来,各国心理学家们对儿童智力成长过程进行了大量观察和研究，在这些人当中有盖塞尔（A. Gesell，自然成熟论）、弗洛伊德（S. Freud，精神分析理论）、华生（J. B. Watson，行为主义）以及埃里克森（E. H. Erikson，人格发展渐成说）等，他们的工作增进了人们对儿童智力发展的理解，同时也构成了当今儿童发展心理的主要流派，其影响是巨大而深远的。

皮亚杰的心理学，从实验到理论，都有自己独到之处。皮亚杰学派对儿童的语言、判断、推理、因果观、世界观、道德观念、符号、时间、空间、数、量、几何、或然、守恒、逻辑等问题进行了大量的实验研究，为儿童心理学、认知心理学或思维心理学开辟了新园地，提出了一套全新的学说。对当代儿童心理学产生了广泛而又深刻的影响。

根据皮亚杰的推论，人类生来就有组织和适应倾向，人类将事物予以系统地组合使之成为系统严密的整体，称为组织倾向。人类对环境适应或调整称为适应倾向。人类的智能过程将经验转换成适应新情境所需的认知结构，与生物学过程将食物消化并转换成身体所需的能量一样。人类的认知过程力求均衡作用，与生物学过程维持平衡相同。均衡作用是一种自动调节作用，它使人类所获的概念得到稳定。适应倾向是通过调整和同化两种相互配合的作用。调整是改变自己的认知结构或认知模式，以适应新的经验。同化是融合新的经验于现存的认知结构里。皮亚杰对孩子是如何犯错误的思维过程进行了长期的探索。皮亚杰发现，分析一个儿童对某问题的不正确回答比分析正确回答更具有启发性。采用临床法（Clinical method），皮亚杰先是观察自己的 3 个孩子，之后与其他研究人员一起，对成千上万的儿童进行观察，他找出了不同年龄儿童思维活动质的差异以及影响儿童智力的因素，进而提出了独特的儿童智力阶段性发展理论，引发了一场儿童智力观的革命，虽然这一理论在很多方面目前存在争论，但正如一些心理学家指出的，这是“迄今被创造出来的唯一完整系统的认知发展理论”。

10.3.1　图式

皮亚杰认为智慧是有结构基础的，而图式（schema）就是他用来描述智慧（认知）结构的一个特别重要的概念[63]。皮亚杰对图式的定义是“一个有组织的、可重复的行为或思维模式”。凡在行动可重复和概括的东西称之为“图式”。简单地说，图式就是动作的结构或组织。图式是认知结构的一个单元，一个人的全部图式组成一个人的认知结构。初生的婴儿，具有吸吮、哭叫及视、听、抓握等行为，这些行为是与生俱来的，是婴儿能够生存的基本条件，这些行为模式或图式是先天性遗传图式，全部遗传图式的综合构成一个初生婴儿的智力结构。遗传图式是图式在人类长期进化的过程中所形成的，以这些先天性遗传图式为基础，儿童随着年龄的增长及机能的成熟，在与环境的相互作用中，通过同化、顺应及平衡化作用（后述），图式不断得到改造，认知结构不断发展。在儿童智力发展的不同阶段，有着不同的图式。如在感知运动阶段，其图式被称为感知运动图式；当进入思维的运算阶段，就形成了运算思维图式。

图式作为智力的心理结构，是一种生物结构，它以神经系统的生理基础为条件。目前的研究还无法指出这些图式的生理性质和化学性质。相反，这些图式在人的头脑中的存在是可以根据观察到的行为推测的。事实上，皮亚杰是根据大量的，通过临床法所观察到的现象，结合生物学、心理学、哲学等学科的理论，运用逻辑学以及数学概念（如群、群集、格等）来分析描述智力结构的。由于这种智力结构符合逻辑学和认识论原理，因此图式不仅是生物结构,更重要的是一种逻辑结构(主要指运算图式)。尽管诸如前述视觉抓握动作的神经生理基础是新神经通路髓鞘形成,而髓鞘形成似乎是遗传的产物。包含着遗传因素的自然成熟使儿童智力发展遵循不变的连续阶段的次序方面起着不可缺少的作用,但在从婴儿到成人的图式发展中,成熟并不起决定作用。智力演变为一种机能性的结构,是在诸多因素共同作用下的结果,儿童成长过程中智力结构的完整发展不是由遗传程序所决定。遗传因素主要为发展提供了可能性,或是说对结构提供了途径,在这些可能性未被提供之前,结构是不可能演化的。但是在可能性与现实性之间,还必须有一些其他因素,例如练习、经验和社会的相互作用。

必须指出的是,皮亚杰所提出的智力结构具有三要素:整体性、转换性和自动调节性。结构的整体性指结构具有内部融贯性,各成分在结构中的安排是有机联系的,而不是独立成分的混合,整体和部分都由一个内在规律所决定。一个图式有一个图式的规律,由全部图式所构成的儿童的智力结构并非各个图式的简单相加。结构的转换性指结构并不是静止的,而是有一些内在的规律控制着结构的发展,儿童的智力结构,在同化、顺应、平衡化作用下,不断发展,体现了这种转换性。结构的自调性是指结构由于其本身的规律而自行调节,结构内的某一成分的改变必将引起其结构内部其他成分的变化。只有作为一个自动调节的转换系统的整体,才可被称为结构。

同化与顺应是皮亚杰用于解释儿童图式的发展或智力发展的两个基本过程。皮亚杰认为"同化就是外界因素整合于一个正在形成或已形成的结构",也就是把环境因素纳入机体已有的图式或结构之中,以加强和丰富主体的动作。也可以说,同化是通过已有的认知结构获得知识(本质上是旧的观点处理新的情况)。例如,学会抓握的婴儿在看见床上的玩具时,会反复用抓握的动作去获得玩具。当他独自一个人,玩具又较远手够不着(看得见)时,他仍然用抓握的动作试图得到玩具,这一动作过程就是同化,婴儿用以前的经验来对待新的情境(远处的玩具)。从以上解释可以看出,同化的概念不仅适用于有机体的生活,也适用于行为。顺应是指"同化性的格式或结构受到它所同化的元素的影响而发生的改变"。也就是改变主体动作以适应客观变化。也可以说改变认知结构以处理新的信息(本质上即改变旧观点以适应新情况)。例如,上面提到那个婴儿为了得到远处的玩具,反复抓握,偶然地,他抓到床单一拉,玩具从远处来到了近处,这一动作过程就是顺应。

皮亚杰以同化和顺应释明了主体认知结构与环境刺激之间关系,同化时主体把刺激整合于自己的认知结构内,一定的环境刺激只有被个体同化(吸收)于他的认知结构(图式)之中,主体才能对之作出反应。或者说,主体之所以能对刺激作出反应,就是因为主体已具有使这个刺激被同化(吸收)的结构,使得这个结构具有对之作出反应的能力。认知结构由于受到被同化刺激的影响而发生改变,这就是顺应,不作出这种改变(顺应),同化就无法运行。简言之,刺激输入的过滤或改变叫作同化,而内部结构的改变以适应现实就叫作顺应。同化与顺应之间的平衡过程就是认识的适应,也即是人的智慧行为的实质所在。

同化不能改变或更新图式,顺应则能起到这种作用。皮亚杰认为,对智力结构的形成主要有功的机能是同化。顺应使结构得到改变,但却是同化过程中主体动作反复重复和概括导致了结构的形成。

运算是皮亚杰理论的主要概念之一。在这里运算指的是心理运算。什么是运算?运算是动作,是内化了的、可逆的、有守恒前提、有逻辑结构的动作。从这个定义中可看出,运算或心理运算有 4 个重要特征：

(1) 心理运算是一种在心理上进行的，内化了的动作。例如，把热水瓶里的水倒进杯子里去，倘若我们实际进行这一倒水的动作，就可以见到在这一动作中有一系列外显的、直接诉诸感官的特征。然而对于成人和一定年龄的儿童来说，可以用不着实际去做这个动作，而在头脑里想象完成这一动作并预见它的结果。这种心理上的倒水过程，就是所谓"内化的动作"，是动作能被称为运算的条件之一。可以看出，运算其实就是一种由外在动作内化而成的思维，或是说在思维指导下的动作。新生婴儿也有动作，哭叫、吸吮、抓握等，这些动作都是一些没有思维的反射动作，所以，不能算作运算。事实上由于运算还有其他一些条件，儿童要到一定的年龄才能出现称为运算的动作。

(2) 心理运算是一种可逆的内化动作。这里又引出可逆的概念。可以继续用上面倒水过程的例子加以解释，在头脑中，我们可以将水从热水瓶倒入杯中，事实上我们也能够在头脑中让水从杯中回到热水瓶去，这就是可逆性(reversibility)，是动作成为运算的又一个条件。一个儿童如果在思维中具有了可逆性，可以认为其智慧动作达到了运算水平。

(3) 运算是有守恒性前提的动作。当一个动作已具备思维的意义，这个动作除了是内化的可逆的动作，它同时还必定具有守恒性前提。所谓守恒性(conservation)，是指认识到数目、长度、面积、体积、重量、质量等等尽管以不同的方式或不同的形式呈现，但保持不变。装在大杯中的 100 毫升水倒进小杯中仍是 100 毫升，一个完整的苹果切成 4 小块后其重量并不发生改变。自然界能量守恒、动量守恒、电荷守恒都是具体的例子。当儿童的智力发展到了能认识到守恒性，则儿童的智力达到运算水平。守恒性与可逆性是内在联系着的，是同一过程的两种表现形式。可逆性是指过程的转变方向可以为正或为逆，而守恒性表示过程中量的关系不变。儿童思维如果具备可逆性(或守恒性)，则差不多可以说他们的思维也具备守恒性(或可逆性)；否则两者都不具备。

(4) 运算是具有逻辑结构的动作。前面介绍过，智力是有结构基础的，即图式。儿童的智力发展到运算水平，即动作已具备内化、可逆性和守恒性特征时，智力结构演变成运算图式。运算图式或者说运算不是孤立存在的，而是存在于一个有组织的运算系统之中。一个单独的内化动作并非运算而只是一种简单的直觉表象。而事实上动作不是单独的、孤立的，而是互相协调的、有结构的。例如，人们为了达到某种目的而采取动作，这时需要动作与目的有机配合，而在达到目的的过程中形成动作结构。在介绍图式时，已说过运算图式是一种逻辑结构，这不仅因为运算的生物学生理基础目前尚不清楚，而是由人们推测而来，更重要的是因为这种结构的观点是符合逻辑学和认识论原理的。因为是一种逻辑结构，故心理运算又是具有逻辑结构的动作。

以运算为标志，儿童智力的发展阶段可以分为前运算时期和运算时期；继之又可将前者分为感知运动阶段和表象阶段；后者区分为具体运算阶段和形式运算阶段。

10.3.2　儿童智力发展阶段

皮亚杰将儿童从出生后到 15 岁智力的发展划分为 4 个发展阶段。对于发展的阶段性，皮亚杰概括了 3 个特点：

(1) 阶段出现的先后顺序固定不变，不能跨越，也不能颠倒。它们经历不变的、恒常的顺序，并且所有的儿童都遵循这样的发展顺序，因而阶段具有普遍性。任何一个特定阶段的出现不取决于年龄而取决于智力发展水平。皮亚杰在具体描述阶段时附上了大概的年龄只是为了表示各阶段可能出现的年龄范围。事实上由于社会文化不同,或文化相同但教育不同,各阶段出现的平均年龄有很大差别。

(2) 每一阶段都有独特的认知结构,这些相对稳定的结构决定儿童行为的一般特点。儿童发展到某一阶段,就能从事水平相同的各种性质的活动。

(3) 认知结构的发展是一个连续构造(建构)的过程,每一个阶段都是前一阶段的延伸,是在新水平上对前面阶段进行改组而形成新的系统。每阶段的结构形成一个结构整体,它不是无关特性的并列和混合。前面阶段的结构是后面阶段结构的先决条件,并为后者取代。

1. 感知运动阶段(出生至2岁左右)

自出生至2岁左右,是智力发展的感知运动阶段。在此阶段的初期即新生儿时期,婴儿所能做的只是为数不多的反射性动作。通过与周围环境的感觉运动接触,即通过他加以客体的行动和这些行动所产生的结果来认识世界。也就是说,婴儿仅靠感觉和知觉动作的手段来适应外部环境。这一阶段的婴儿形成了动作格式的认知结构。皮亚杰将感知运动阶段根据不同特点再分为6个分阶段。从刚出生时婴儿仅有的诸如吸吮、哭叫、视听等反射性动作开始,随着大脑及机体的成熟,在与环境的相互作用中,到此阶段结束时,婴儿渐渐形成了随意有组织的活动。

2. 前运算阶段(2~7岁)

与感知运动阶段相比,前运算阶段儿童的智力在质方面有了新的飞跃。在感知运动阶段,儿童只能对当前感觉到的事物施以实际的动作进思维,在阶段中、晚期,形成物体永久性意识,并有了最早期的内化动作。到前运算阶段,物体永久性的意识巩固了,动作大量内化。随着语言的快速发展及初步完善,儿童频繁地借助表象符号(语言符号与象征符号)来代替外界事物,重视外部活动,儿童开始从具体动作中摆脱出来,凭借象征格式在头脑里进行"表象性思维",故这一阶段又称为表象思维阶段。

皮亚杰将此阶段的思维称为半逻辑思维,与感知运动阶段的无逻辑、无思维相比,这是一大进步。

3. 具体运算阶段(7~11岁)

以儿童出现了内化了的、可逆的、有守恒前提的、有逻辑结构的动作为标志,儿童智力进入运算阶段,首先是具体运算阶段。

说运算是具体的运算,意指儿童的思维运算必须有具体的事物支持,有些问题在具体事物帮助下可以顺利获得解决。皮亚杰举了这样的例子:爱迪丝的头发比苏珊淡些,爱迪丝的头发比莉莎黑些,问儿童:"三个人中谁的头发最黑?"。这个问题如是以语言的形式出现,则具体运算阶段儿童难以正确回答。但如果拿来3个头发黑白程度不同的布娃娃,分别命名为爱迪丝、苏珊和莉莎,按题目的顺序两两拿出来给儿童看,儿童看过之后,提问者再将布娃娃收藏起来,再让儿童说谁的头发最黑,他们会毫无困难地指出苏珊的头发最黑。

具体运算阶段儿童智力发展的最重要表现是获得了守恒性和可逆性的概念。守恒性包括有质量守恒、重量守恒、对应量守恒、面积守恒、体积守恒、长度守恒等等。在具体运算阶段,儿童并不是同时获得这些守恒的,而是随着年龄的增长,先是在7~8岁获得质量守恒概念,之后是重量守恒(9~10岁)、体积守恒(11~12岁)。皮亚杰确定质量守恒概念达到时作为儿童具体运算阶段的开始，而将体积守恒达到时作为具体运算阶段的终结或下一个运算阶段(形式运算阶段)的开始。

进入具体运算阶段的儿童获得了较系统的逻辑思维能力，包括思维的可逆性与守恒性；分类、顺序排列及对应能力，数的概念在运算水平上掌握(这使空间和时间的测量活动成为可能)；自我中心观削弱等。

4. 形式运算阶段(12～15岁)

上面曾经谈到，具体运算阶段，儿童只能利用具体的事物、物体或过程来进行思维或运算，不能利用语言、文字陈述的事物和过程为基础来运算。例如爱迪丝、苏珊和莉莎头发谁黑的问题，在具体运算阶段不能根据文字叙述来进行判断。而当儿童智力进入形式运算阶段，思维不必从具体事物和过程开始，可以利用语言文字，在头脑中想象和思维，重建事物和过程来解决问题。故儿童可以不很困难地答出苏珊的头发黑而不必借助于娃娃的具体形象。这种摆脱了具体事物束缚，利用语言文字在头脑中重建事物和过程来解决问题的运算就叫作形式运算。

除了利用语言文字外，形式运算阶段的儿童甚至可以根据概念、假设等为前提，进行假设演绎推理，得出结论。因此，形式运算也往往称为假设演绎运算。由于假设演绎思维是一切形式运算的基础，包括逻辑学、数学、自然科学和社会科学在内。因此儿童是否具有假设演绎运算能力是判断其智力高低的极其重要的尺度。

10.4 认知发展的态射-范畴论

智能科学中的认知结构是指认知活动的组织形态和操作方式，包含了在认知活动中的组成成分及成分之间的相互作用等一系列的操作过程，即心理活动的机制。认知结构理论以认知结构为研究核心，强调认知结构建构的性质、认知结构与学习的互动关系。

纵观认知结构的理论发展，主要有皮亚杰的图式理论、格式塔的顿悟理论、托尔曼的认知地图理论、布鲁纳的归类理论、奥苏伯尔的认知同化理论等。

晚年的皮亚杰尝试用新的逻辑一数学工具来形式化认知发展，从而更好地说明从认知发展的一个阶段向下一个阶段的过渡和转变，也就是认知发展的建构性特点。在《态射与范畴：比较与转换》[64]一书中，皮亚杰指出其理论是建立在态射和范畴这两种相互协调的数学工具的基础上的。态射是建立在两个集合之间关系系统之上的一种结构，这两个集合就像数学的群集一样，都有一个或是几个共同的补偿规则。范畴是拓扑代数的一部分。

10.4.1 范畴论

范畴论(category theory)是抽象地处理数学结构以及结构之间联系的一门数学理论，以抽象的方法来处理数学概念，将这些概念形式化成一组组对象及态射。1945年，艾伦伯格(S. Eilenberg)和麦克兰恩(S. MacLane)引入范畴、函子和自然变换的概念。这些概念最初出现在拓扑学，尤其是代数拓扑学中，在同态(具有几何直观)转化成同调论(公理化方法)的过程中起了重要作用。范畴自身亦为一种数学结构。函子(functor)将一个范畴的每个对象(object)和另一个范畴的对象关联起来，并将第一个范畴的每个态射(morphism)和第二个范畴的态射关联起来。一个范畴 C 包含两个部分：对象和态射。

态射是两个数学结构之间保持结构的一种过程抽象。在集合论中，态射就是函数；在群论中，它们是群同态；而在拓扑学中，它们是连续函数；在泛代数(universal algebra)的范围，态射通常就是同态。

这里给范畴 C 定义如下：

(1) 一组对象 ob$C$。

(2) 任意一对对象 A 和 B，对应一个集合 $C(A,B)$，其元素称为态射，使得当 $A\neq A'$ 或者 $B\neq B'$ 时，$C(A,B)$ 与 $C(A',B')$ 不交。

范畴 C 满足下面的条件：

(1) 复合律。若 $A,B,C\in \mathrm{ob}C$，$f\in C(A,B)$，$g\in C(B,C)$，则存在唯一的 $gf\in C(A,C)$，称为 f 与 g 的复合。

(2) 结合律。若 $A,B,C,D\in \mathrm{ob}C$，$f\in C(A,B)$，$g\in C(B,C)$，$h\in C(C,D)$，则有 $h(gf)=(hg)f$。

(3) 单位态射。每一个对象 A，存在一个态射 $l_A\in C(A,A)$，使得对任意的 $f\in C(A,B)$ 及 $g\in C(C,A)$ 有

$$fl_A=f,\quad l_{Ag}=g$$

关于范畴的定义在一些文献中有着不同的表达形式，一些文献中的范畴定义不要求任意两个对象之间的态射的全体是一个集合。在范畴论中记号约定如下：用花体字母如 $\mathscr{D}$、$\mathscr{C}$ 等表示范畴，范畴中的对象用大写英文字母表示，而态射用小写英文字母或小写希腊字母表示。设 $\mathscr{C}$ 是一个范畴，$\mathscr{C}$ 的态射的全体记作 Mor$\mathscr{C}$。

下面列出一些范畴例子，这里只给出对象和态射。

- 集合范畴：Set(在某个给定的集合论模型中)，其对象为集合，态射为映射。
- 群范畴 Gp，其对象为群，态射为群同态。类似地，有 Abel 群范畴 AbGp、环范畴 Rng 和 R 模范畴 Mod_R。
- 拓扑空间范畴 Top，其对象为拓扑空间，态射为连续映射。类似地，有拓扑群范畴 TopGp，其对象为拓扑群，态射为连续的群同态。
- 拓扑空间同伦范畴 Htop，其对象为拓扑空间，态射为连续映射的同伦等价类。
- 点拓扑空间范畴 Top *，其对象为序对 (X,x)，其中 X 是非空拓扑空间，$x\in X$，态射为保点连续映射($f:(X,x)\to(Y,y)$ 称为保点连续映射当且仅当 $f:X\to Y$ 是连续映射并且满足 $f(x)=y$)。

10.4.2 Topos

20 世纪 60 年代早期，格罗滕迪克(Grothendieck)用希腊词 Topos(拓扑斯)表示数学对象的通用框架，提出用拓扑空间 X 上的集值层(set valued sheaf)的全体构成的范畴 Sh(X) 作为推广了的拓扑空间 X，用以研究空间 X 上的上同调。他把拓扑的概念推广到小范畴(small category)C 上，称为一个景(site)(或称为 Grothendieck 拓扑)。

劳维尔(Francis W. Lawvere)研究了 Grothendieck Topos 和布尔值模型构成的范畴，发现它们都具有真值对象 D。1969 年夏，劳维尔和蒂尔尼(Tierney) 决定合作研究层论(sheaf theory)的公理化问题。20 世纪 70 年代初，他们发现了一个比层(sheaf) 更广的类

可以用一阶逻辑来刻画，同时这也是一个泛化了的集合论，他们提出了初级 Topos（elementary topos）的概念。这样，Sh(X)、Sh(C，J)以及布尔值模型构成的范畴是初级 Topos，但后者还包括了在层之外的其他范畴。初级 Topos 同时具有几何和逻辑的特性。Topos 的核心思想是用连续变化的集合来代替传统的不变的常量的集合，为研究可变结构（variable structure）提供了一个更为有效的基础。

Topos 或者初级 Topos 满足下列等价条件之一的范畴：

（1）具有指数和子对象分类的完全范畴；

（2）具有子对象分类和它的幂对象完全范畴；

（3）具有等价类和子对象分类的笛卡儿闭范畴。

10.4.3　态射-范畴论

皮亚杰的新形式化理论基本上放弃了运算结构论，而代之以态射-范畴论。于是传统的前运算-具体运算-形式运算的发展系列变成了内态射（intramorphic）-间态射（intermorphic）-超态射（extramorphic）的发展系列。

第一阶段称为内态射阶段。心理上只是简单的对应，没有组合。该阶段的特点是基于正确的或不正确的观察，特别是以可见的预测为基础。这仅是一个经验的比较，依赖于简单的状态转换。

第二阶段称为间态射阶段，标志着系统性的组合建构开始。间态射阶段的组合建构只是局部的、逐步发生的，最后并没有建构成一个封闭性的一般系统。

第三阶段是超态射阶段，主体借助运算工具进行态射的比较。而其中的运算工具，正是对组成先前态射内容进行解释和概括而得到。

皮亚杰采用了如图 10.2 所示的实验装置[64]。这套装置由直径不一的圆盘组成，其中心钉于一个支架上。每个圆盘的顶端都有一个能挂上不同重物的砝码栓，挂上重物后圆盘会向不同方向旋转。主试要求儿童向两个或更多的圆盘上挂重物，但不能使圆盘旋转，也就是说，要保持平衡。

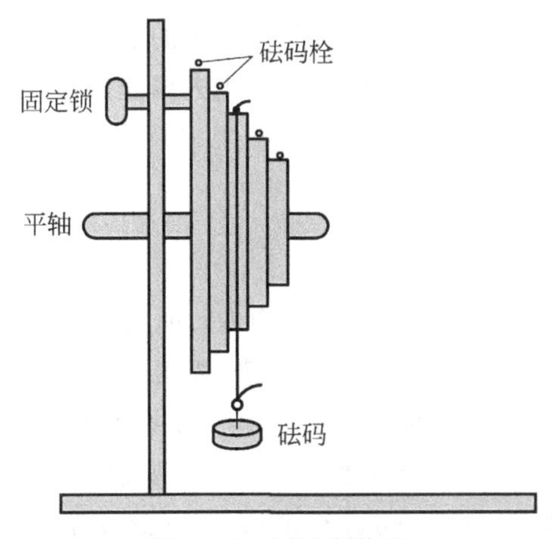

图 10.2　同轴盘装置

第一组实验观察到，即使是能圆满完成标准守恒任务的 9 岁半儿童，也仅仅是以简单的对应性为基础进行推理：重量的大小↔影响的大小。这种推理被称为“心理内态射推理”，此时儿童以对应性中的共变为基础进行预测。

第二组11岁和12岁的儿童开始运用第二种对应性，即圆盘的大小↔影响的大小。这一组的儿童能够意识到，在大盘上同样的重物会比在小盘上产生更大的力量，也就是说，他们开始将重物和圆盘这两种对应性联合起来考虑，这时儿童就达到了“心理间态射水平”。但问题在于，处于心理间态射水平的儿童并不能解释圆盘保持平衡的原因，他们还无法判断出这两种对应性之间的相互依赖关系，即重物产生力的大小依赖于圆盘的大小，它们之间是一种交互的或相乘的关系。此时儿童仅根据可见的关系（对应性）进行推理，还不能凭借抽象的、不可见的关系进行推理。

要想达到新的态射水平，必须涉及一种概括化过程，即从经验的对应性发展到以转换为基础的、更抽象的对应性。例如，具有超态射水平的儿童可以意识到，如果增加更多的苹果，那么将得到一个更大的水果集合，即对水果的转换也会同时发生。这样，发展就成了将转换变为在层级水平上的整体对应性问题，它超越了经验式的对应性。儿童一般到12～15岁才能达到超态射水平。

10.5 心理逻辑

数理逻辑始于莱布尼茨（G. W. Leibniz），在布尔和弗雷格处发生了分流，形成了所谓的逻辑的代数传统和逻辑的语言传统。在图灵机理论中，图灵核心阐述了“自动机”和“指令表语言”这两个概念，这两者很好地契合了莱布尼茨关于“理性演算”和“普遍语言”的构想。皮亚杰在其儿童思维产生及其发展的研究过程中，发现了心理运算的结构，改造经典的数理逻辑，创立了一种新型的逻辑——心理逻辑（psycho-logic），并用来描述儿童不同智力水平的认知结构[87]。这种逻辑包括具体运算和形式运算两个系统。具体运算主要有类和关系的8个群集，形式运算则主要包括16种命题的运算以及INRC群结构。皮亚杰的心理逻辑系统更新了我们对逻辑的观念，成为解决逻辑认识论问题的基础，用逻辑结构来刻画认知结构。晚年的皮亚杰在《走向意义的逻辑》《态射与范畴》《可能性与必然性》等一系列著作中，以一种更新的、更有力的方式去修正和发展他的理论，称为“皮亚杰的新理论”。

10.5.1 组合系统

皮亚杰认为，当儿童思维可以脱离具体事物进行时，其首要成果便是使事物间的“关系”和“分类”从它们具体的或直觉的束缚中解放出来，组合系统使儿童的思维能力得到了扩展和增强。所谓16种二元命题，一般称为含有两个支命题的复合命题可能具有的16种类型的真值函项，表10.2给出了二元复合命题的16种类型真值函项。

一般数理逻辑书中，以$p \vee q$、$p \rightarrow q$、$p \leftrightarrow q$和$p \wedge q$这4个最基本的二元真值形式，即析取式、蕴涵式、等值式和合取式来分别表示f_2、f_5、f_7、f_8这4种真值函项。皮亚杰对其余的命题函项也加以命名。皮亚杰认为，它们体现于青少年的实际思维之中，构成其认知结构。

表 10.2　二元复合命题的 16 种类型真值函项

(p,q)	f_1	f_2	f_3	f_4	f_5	f_6	f_7	f_8	f_9	f_{10}	f_{11}	f_{12}	f_{13}	f_{14}	f_{15}	f_{16}
(1,1)	1	1	1	1	1	1	1	1	0	0	0	0	0	0	0	0
(1,0)	1	1	1	1	0	0	0	0	1	1	1	1	0	0	0	0
(0,1)	1	1	0	0	1	1	0	0	1	1	0	0	1	1	0	0
(0,0)	1	0	1	0	1	0	1	0	1	0	1	0	1	0	1	0

10.5.2　INRC 四元群结构

INRC 转换群是形式思维出现的另一种认知结构，它与命题运算关系密切。皮亚杰以两种可逆性，即反演和互反为轴，将它们构成 4 种不同类型的 INRC 转换群。皮亚杰试图以此为工具，阐明现实的思维机制，特别是它的可逆性质。以可逆性概念贯穿于分析主体的智力发展过程，这是皮亚杰理论的特色之一。

INRC 四元群的含义是：任何一个命题都有相应的 4 个转换命题，或者说，它可以转换成 4 个互相区别的命题。其中有一个转换是重复原来的命题(I)，称为恒等性转换。另外 3 个转换是依据反演可逆性的反演转换(N)、依据互反可逆性的互反性转换(R)以及建立在这两种可逆性基础之上的对射性转换(C)。这 4 种转换所生成的 4 个命题(其中有一个是原命题)就构成了一个关于“转换”的群。虽然只有 4 个命题，即 4 个元，但它们之间的关系符合群结构的 4 个基本条件。4 元转换群中两种可逆性的综合体现在对射性转换上，因为对射就是互反的反演或反演的互反，即 C＝NR 或 C＝RN。

由此可知，四元转换群实质就是二元复合命题通过算符(如合取、析取、蕴涵等)之间的内在联系而形成的某种整体组织。因此，分析四元群结构不能不从命题出发。皮亚杰认为，16 种二元命题构成了 4 种类型的四元转换群。

A 型：析取、合取否定、不相容和合取构成 A 型四元群。

B 型：蕴涵、非蕴涵、反蕴涵和非反蕴涵构成 B 型四元群。

C 型和 D 型是两种特殊型，在 C 型中，原运算与互反运算相同；反演运算与对射运算相同。“完全肯定”与“完全否定”“等价” 与“互相排斥”构成 C 型的二个亚型。在 D 型中，原运算与对射运算相同；反演运算与互反运算相同“p 的肯定”与“p 的否定”“q 的肯定”与“q 的否定” 构成 D 型的两个亚型。

INRC 的集合具有以下性质：

(1) 集合中的两个元素的组合仍是集合内的一个元素(封闭性)；

(2) 组合是结合性；

(3) 每一个元素有一个逆运算；

(4) 有一个中性元素(I)；

(5) 组合是可交换的。

10.6　智力发展的人工系统

视频 40
智力发展的人工系统

随着计算机科学技术的发展，人们试图通过计算机或其他人工系统对于生物学的机理进行深入的理解,用计算机复制自然和自然生命的现象和行为,于 1987 年建立了人工生命的新学科。人工生命是指用计算机和精密机械等生成或构造表现自然生命系统行为特点的仿真系统或模型系统,体现自然生命系统的组织和行为过程。自然生命系统的行为特点和动力学原则表现为自组织、自修复、自复制的基本性质,以及环境适应性及其进化,形成这些性质的混沌动力学。

研究人工生命的智力发展,使人工生命也像人一样通过自主学习变得越来越聪明。最根本的或者说是最本质的问题是:开发人工生命像人一样的学习能力。这是机器智能研究的一个巨大挑战。在过去的几十年里,人们主要采用 4 种方法来研究机器智力发育[82]:

(1) 基于知识的方法。对机器进行直接编程从而完成预定的任务。

(2) 基于行为的方法。用行为模型来取代传统的世界模型,智能程序开发者针对不同层次的行为状态和所期望的行为编写程序。这种方法的特点是基于行为的手动建模和基于行为的手动编码。

(3) 遗传搜索方法。在计算机模拟的虚拟世界中,机器按照适者生存的原则进化。但没有一种方法使得机器能像成年人一样,具有处理复杂、多变事务的综合能力。

(4) 基于学习的方法。机器在具体任务学习程序的控制下,输入人类编辑好的感知数据,如有教师学习和强化学习。但由于学习过程是非自动的,因此训练系统时的开销比较大。

传统手工机器智能开发的具体过程是:首先让人类专家弄清楚所需求解问题(或任务)的具体内容,接着由人类专家根据具体问题设计其知识表示方法,然后利用设计好的知识表示进行具体问题的程序设计,最后运行所谓的“智能”程序。在程序执行的过程中,如果利用感知数据对上述预先设计的知识及有关参数进行修改,这就是机器学习。在传统机器智能开发方式下,机器只会做事先设计好的事情。事实上,机器根本搞不清自己在做什么。

自主机器智力开发程式不同于传统的机器智能开发程式,主要包含下列内容:首先根据机器的生态工作条件(如陆地、水下等环境)设计合适的机器,然后在此基础上设计机器智力开发程序,并在机器投入使用时(或者说“出生”时)运行机器智力开发程序。为达到开发机器智力的目标,人类需要不断地与机器实时交互来培养正在进行智力开发的机器。由此可见,机器的智力发育也是一个漫长的过程,其本质是使机器自主地生活并使它越来越聪明。

我们将自主学习机制引入智能体(agent),目标是为了让智能体具有像人类一样的自主学习能力,其结构如图 10.3 所示。其中控制中枢和自主智力发展(Autonomous Mental Development,AMD)是智能体的根本,知识库、通信机制、感知器和效应器也是一个具有自主学习能力的智能体的必不可少的组件。控制中枢类似于人脑的神经中枢,对其他各组件起控制和协调作用,反应智能体的功能也在控制中枢中得到体现。AMD 是智能体的自主学习系统,其功能体现为一个智能体的自主学习能力。通信机制采用通信语言(如 ACL)直接与智能体所处的环境进行信息交互,它是一个特殊的感知器或效应器。感知器就如同人的眼睛和耳朵等感觉器官,用于感知智能体所处的环境。效应器就如同人的手脚、嘴等器官,用于完成智能体所要做的事情。智能体通过执行 AMD 的 AA 学习(Automated Animal-like learning)算法不断地增长自己的知识,提高自己的能力,主要体现在功能模块数量的不断增加和功能的不断增强上。知识库相当于人的大脑的记忆部件,用于存储信息。

自主机器智力开发的一个非常重要的功能就是信息的自动存储，因此如何有效地自动组织并存储各种类型的信息（如图像、声音、文本等）是一个AMD成功的关键。

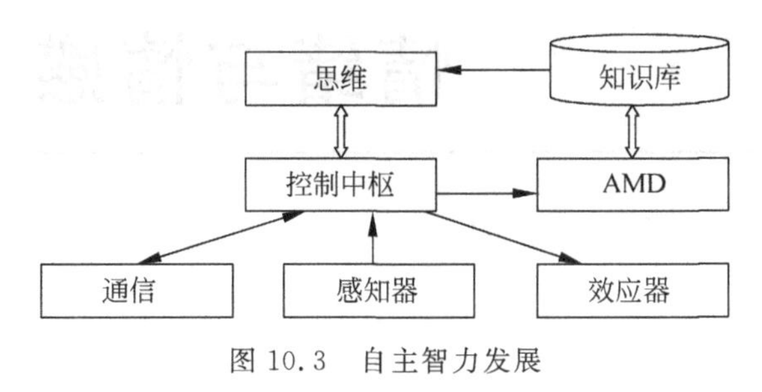

图 10.3　自主智力发展

10.7　小结

智力是个体有目的的行为、合理的思维以及有效适应环境的综合能力。智力发展指个体智力在社会生活条件和教育的影响下，随年龄的增长而发生的有规律的变化。皮亚杰将儿童从出生后到15岁智力的发展划分为4个发展阶段：感知运动阶段、前运算阶段、具体运算阶段、形式运算阶段。

认知结构是指认知活动的组织形态和操作方式，包含了在认知活动中的组成成分及成分之间的相互作用等一系列的操作过程，即心理活动的机制。认知结构的理论主要有皮亚杰的图式理论、格式塔的顿悟理论、托尔曼的认知地图理论、布鲁纳的归类理论、奥苏伯尔的认知同化理论等。

皮亚杰的智力发展新理论用新的逻辑-数学工具来形式化认知发展，从而更好地说明从认知发展的一个阶段向下一个阶段的过渡和转变，也就是认知发展的建构性特点。这种新理论是建立在态射和范畴这两种相互协调的数学工具的基础上的。

思考题

1. 皮亚杰的儿童智力发展划分为哪些阶段？
2. 为什么图式可以作为认知结构的基本单元？
3. 什么是智商？
4. 举例说明什么是认知结构。
5. 采用态射-范畴论描述认知结构的基本原理是什么？
6. 如何构建智力发展的人工系统？

第11章 情绪与情感

CHAPTER 11

情绪是对外界事物态度的主观体验，是人脑对客观外界事物与主体需求之间关系的反应，是多种感觉、思想和行为综合产生的心理和生理状态。在智能科学研究中，要想真正地或者在更大程度上模拟真实的人类高级功能，还必须深入考虑情感因素的作用。机器智能只有被赋予了情感的成分，才能实现有效的人机交互。

11.1 概述

人类在认识外界事物时，会产生喜与悲、乐与苦、爱与恨等主观体验。我们把人对客观事物的态度体验及相应的行为反应，称为情绪。下面概要介绍情绪的构成要素、基本形式和功能。

11.1.1 情绪的构成要素

情绪的构成包括3个层面：在认知层面上的主观体验，在生理层面上的生理唤醒，在表达层面上的外部行为。当情绪产生时，这3个层面共同活动，构成一个完整的情绪体验过程。

1. 主观体验

情绪的主观体验是人的一种自我觉察，即大脑的一种感受状态。人有许多主观感受，如喜、怒、哀、乐、爱、惧、恨等。人们对不同事物的态度会产生不同的感受。人对自己、对他人、对事物都会产生一定的态度，如对朋友遭遇的同情、对敌人凶暴的仇恨、事业成功的欢乐、考试失败的悲伤。这些主观体验只有个人内心才能真正感受到或意识到，如我知道“我很高兴”，我意识到“我很痛苦”，我感受到“我很内疚”，等等。

2. 生理唤醒

生理唤醒是指情绪与情感产生的生理反应。它涉及广泛的神经结构，如中枢神经系统的脑干、中央灰质、丘脑、杏仁核、下丘脑、蓝斑、松果体、前额皮层、外周神经系统及内、外分泌腺等。生理唤醒是一种生理的激活水平。不同情绪、情感的生理反应模式是不一样的，如满意、愉快时心跳节律正常；恐惧或暴怒时，心跳加速、血压升高、呼吸频率增加甚至出现间歇或停顿；痛苦时血管容积缩小等。脉搏加快、肌肉紧张、血压升高及血流加快等生理指数，是一种内部的生理反应过程，常常是伴随不同情绪产生的。

3. 外部行为

在情绪产生时，人们还会出现一些外部反应过程，这一过程也是情绪的表达过程。如人悲伤时会痛哭流涕，激动时会手舞足蹈，高兴时会开怀大笑。情绪所伴随出现的这些相应的身体姿态和面部表情，就是情绪的外部行为。它经常成为人们判断和推测情绪的外部指标。但由于人类心理的复杂性，有时人们的外部行为会出现与主观体验不一致的现象。比如在一大群人面前演讲时，明明心里非常紧张，还要做出镇定自若的样子。

主观体验、生理唤醒和外部行为作为情绪的3个组成部分，在评定情绪时缺一不可，只有三者同时活动、同时存在，才能构成一个完整的情绪体验过程。例如，当一个人佯装愤怒时，他只是有愤怒的外在行为，却没有真正的内在主观体验和生理唤醒，因而也就称不上有真正的情绪过程。因此，情绪必须是上述3方面同时存在，并且有一一对应的关系，一旦出现不对应，便无法确定真正的情绪是什么。这也正是情绪研究的复杂性，以及对情绪下定义的困难所在。

在现实生活中，情绪情感是紧密联系在一起的，但二者却存在一些差异。

1）从需要的角度看差异

情绪是与人的物质或生理需要相联系的态度体验。如当人们满足了饥渴需要时会感到高兴，当人们的生命安全受到威胁时会感到恐惧，这些都是人的情绪反应。情感更多地与人的精神或社会需要相联系。如友谊感的产生是由于交往的需要得到了满足；当人们获得成功时会产生成就感。友谊感和成就感就是情感。

2）从发生早晚的角度看差异

从发展的角度来看，情绪发生早，情感产生晚。人出生时会有情绪反应，但没有情感。情绪是人与动物所共有的，而情感是人所特有的，它是随着人的年龄增长而逐渐发展起来的。如人刚生下来时，并没有道德感、成就感和美感等，这些情感反应是随着儿童的社会化过程而逐渐形成的。

3）从反应特点看差异

情绪与情感的反应特点不同。情绪具有情境性、激动性、暂时性、表浅性与外显性，如当我们遇到危险时会极度恐惧，但危险过后恐惧会消失。情感具有稳定性、持久性、深刻性、内隐性，如大多数人不论遇到什么挫折，其民族自尊心不会轻易改变。父辈对下一代殷切的期望、深沉的爱都体现了情感的深刻性与内隐性。

实际上，情绪和情感既有区别又有联系，它们总是彼此依存，相互交融在一起。稳定的情感是在情绪的基础上形成的，同时又通过情绪反应得以表达，因此离开情绪的情感是不存在的。而情绪的变化也往往反映了情感的深度，而且在情绪变化的过程中，常常饱含着情感。

11.1.2　情绪的基本形式

人类具有4种基本的情绪：快乐、愤怒、恐惧和悲哀。快乐是一种追求并达到目的时所产生的满足体验。它是具有正性享乐色调的情绪，具有较高的享乐维和确信维，使人产生超越感、自由感和接纳感。愤怒是由于受到干扰而使人不能达到目标时所产生的体验。当人们意识到某些不合理的或充满恶意的因素存在时，愤怒会骤然发生。恐惧是企图摆脱、逃避某种危险情景时所产生的体验。引起恐惧的重要原因是缺乏处理可怕情景的能力与手段。悲哀是在失去心爱的对象或愿望破灭、理想不能实现时所产生的体验。悲哀情绪体验的程度取决于对象、愿望、理想的重要性与价值。

在以上 4 种基本情绪之上，可以派生出众多的复杂情绪，如厌恶、羞耻、悔恨、嫉妒、喜欢、同情等。

11.1.3 情绪的功能

1. 情绪的动机作用

情绪与动机的关系十分密切，情绪能够以一种与生理性动机或社会性动机相同的方式激发和引导行为。有时我们会努力去做某件事，只因为这件事能够给我们带来愉快与喜悦。从情绪的动力性特征看，分为积极增力的情绪和消极减力的情绪。快乐、热爱、自信等积极增力的情绪会提高人们的活动能力，而恐惧、痛苦、自卑等消极减力的情绪则会降低人们活动的积极性。有些情绪同时兼具增力与减力两种动力性质，如悲痛可以使人消沉，也可以使人化悲痛为力量。

情绪也可能与动机引发的行为同时出现，情绪的表达能够直接反映个体内在动机的强度与方向。所以，情绪也被视为动机潜力分析的指标，即对动机的认识可以通过对情绪的辨别与分析来实现。动机潜力是在具有挑战性环境下所表现出的行为变化能力。例如，当个体面对一个危险的情境时，动机潜力会发生作用，促使个体做出应激的行为。对这个动机潜力的分析可以由对情绪的分析获得。当面对应激场面时，个体的情绪会发生生理的、体验的以及行为的 3 方面的变化，这些变化会告诉我们个体在应激场合动机潜力的方向和强度。当面临危险时，有的人头脑清晰，沉着冷静地离开；而有些人则惊慌失措，浑身发抖，不能有效地逃离现场。这些情绪指标可以反映出人们动机潜能的个体差异。

2. 情绪是心理活动的组织者

情绪对认知活动的作用，只用“驱动”来描述是不够的，情绪可以调节认知的加工过程和人的行为。诸如情绪自身的操作可以影响知觉中对信息的选择，监视信息的流动，因此情绪可以驾驭行为，支配有机体同环境相协调，使有机体对环境信息作出最佳处理。同时，认知加工对信息的评价通过神经激活而诱导情绪。在这样的相互作用中，无论情绪或认知，作为心理的东西，都通过其内容而起作用。所不同的是，认知是以外界情境事件本身的意义而起作用；而情绪则以情境事件对有机体的意义，通过体验快乐或悲伤、愤怒或恐惧而起作用。它们之间的根本性质上的区别所导致的后果，在于情绪具备动机的作用而能激活有机体的能量，从而制约认知和行动。就此而言，情绪似乎是脑内的一个监测系统，调节着其他的心理过程。

近年来，情绪心理学家把情绪对其他心理过程的作用具体化为组织作用。其含义包括组织的功能和破坏的功能。一般来说，正情绪起协调的、组织的作用，而负情绪起破坏的、瓦解的或阻断的作用。叶克斯-道森规律标示情绪在不同唤醒水平对手工操作的效果有所不同，而呈现为一个倒 U 字模式。

11.2 情绪加工理论

视频41 情绪加工理论

人类存在基本情绪，但是有关情绪加工的理论和研究主要还是针对焦虑和抑郁这两种情绪状态完成的，针对快乐的研究只有很少一部分，而对愤怒和厌恶的研究则几乎没有。一些情绪加工理论强调心境对情绪加工的作用，而另外一些理论则关注人格因素对情绪加工的影响。然而，这两种理论之间实际上是存在重叠的。例如，我们可能想研究特质焦虑的影响因素。如果要做一个研究，那么那些具有高特质焦虑的被试对象很可能比低特质焦虑的被试对象处于更焦虑的心境状态。在这种情况下，我们很难分清人格和心境的作用。下面将介绍由鲍尔(G. H. Bower)、贝克(A. T. Beck)及威廉斯(J. M. G. Williams)等提出的理论。

11.2.1 情绪语义网络理论

鲍尔与其助手所提出的网络理论的主要特点见图11.1，可以归纳为以下6个假设。

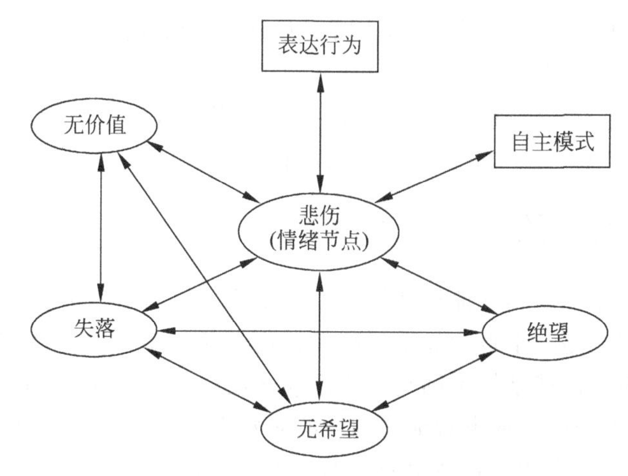

图11.1 情绪语义网络理论

(1) 情绪是语义网络中的单元或者节点，这些情绪节点与相关的观念、生理系统、事件、肌肉和表达模式等存在大量连接。

(2) 情绪材料以命题或主张的形式存储于语义网络之中。

(3) 思维通过激活语义网络中的节点而产生。

(4) 节点可以被外部刺激或者内部刺激所激活。

(5) 被激活的节点把激活扩散到与其相连的其他节点上。这个假设是相当关键的，因为这意味着一个情绪节点(如悲伤)的激活会引起语义网络中与情绪相关的节点或概念(如失落、绝望)的激活。

(6) “意识”是指网络中所有被激活节点的总激活量超过某一阈限值。

鲍尔的网络理论显得过于简单。这一理论把情绪或者心境以及认知概念都表征为语义网络中的节点。然而，心境和认知实际上差别很大。例如，心境在强度方面改变很慢，而认知往往是全或无的，常常是从一种认知加工迅速转变为另一种认知加工。

11.2.2 贝克的图式理论

贝克提出了一个图式理论,核心内容是:某些人比其他一些人具有更高的易感素质(vulnerability),易发展出抑郁或者焦虑障碍。这种易感素质取决于个体在早期生活经验中形成的某些图式或有组织的知识结构。贝克和克拉克的假设图式会影响大部分认知加工过程,如注意、知觉、学习和信息提取等。图式会引起加工偏向,即对图式一致性或情绪一致性信息的加工更受欢迎。如此一来,拥有焦虑相关图式的个体应该选择加工威胁性信息,而拥有抑郁相关图式的个体则选择加工负性情绪信息。虽然贝克和克拉克强调图式对加工偏向的作用,但他们认为只有当个体处于焦虑或者抑郁状态时,图式才会被激活并且会影响加工过程。

贝克的图式理论最初是为了给理解临床焦虑症和抑郁症提供一个理论框架。然而,该理论也可以应用于人格研究。某些个体拥有一些使他们表现出临床焦虑或抑郁症状的图式。这一观点是很有价值的。然而,要证明这种图式是引起焦虑障碍或者抑郁症的原因是很困难的。这种方法存在一些缺陷:

(1) 图式的核心理论架构是模糊的,它常常只是一种信念而已。

(2) 特定图式存在的证据常常是基于循环论证的。在焦虑症患者中,关于认知偏向的行为数据被用来推导图式的存在,然后这些图式又被用来解释所观察到的认知偏向。换句话说,通常不存在直接或独立的证据证明图式的存在。

11.2.3 威廉斯的情绪加工理论

威廉斯等关注的是焦虑和抑郁对情绪加工的影响。他们是基于启动和精细加工之间的区别开始研究的。启动是一个自动加工过程。在启动条件下,一个刺激词激活长时记忆中该词的各个组成成分。而精细加工则是一个后期的策略加工过程,它涉及相关概念的激活。根据他们的理论,焦虑个体表现出对威胁刺激的初始启动效应,因此他们对威胁存在注意偏向。相反,抑郁个体表现出对威胁刺激的精细加工,所以他们对威胁刺激表现出记忆偏向,即发现他们提取威胁信息比提取中性信息要容易。

威廉斯等所做的一些主要预测是关于焦虑和抑郁对外显记忆和内隐记忆的影响作用。外显记忆是指有意识地回忆过去事件,这涉及精细加工。相反,内隐记忆不涉及有意识回忆,它主要依赖启动和自动加工过程。抑郁的个体应该表现出外显记忆偏向,喜欢以外显的记忆方式提取威胁性材料。而焦虑的个体则表现出内隐记忆偏向,喜欢以内隐的记忆方式提取威胁性信息。

研究结果更多地支持威廉斯等的理论范式,而支持鲍尔的网络理论和贝克的图式理论的证据则相对较少一些。例如,有很有力的证据证明焦虑与注意偏向有关,而证明抑郁与注意偏向相关的证据则弱得多。根据网络理论和图式理论,心境抑郁的个体对与心境状态一致的刺激的加工(和注意)应该更快,而且应该表现出对这类刺激材料的注意偏向。相反,威廉斯等认为抑郁个体不会给予威胁刺激过多的知觉加工,所以对这类刺激不会表现出注意偏向。威廉斯等的理论也可以较好地解释外显和内隐记忆偏向的研究结果。焦虑个体表现出对内隐记忆的偏向,抑郁的个体表现的是对外显记忆的偏向,这一预测得到了一些研究的证实。

11.3 情商

视频42
情商

智商测验不能全面衡量一个人的综合水准。对于智商高的人，他的其他智能并不一定成熟，其他的智能方面包括情感、艺术和体育等。换句话说，智商高并不能保证一个人的未来就一定前途无量。过分强调先天的智力，会把后天重要的能力培养部分忽略掉。

智力测验的缺陷主要是它太注重于语言和数理逻辑能力的重要性了。其实智能是多元的，它至少应该包括以下7种不同的智力：言语智力、数理逻辑智力、空间智力、音乐智力、体能智力、人际智力和自知智力。这是嘉德纳初步对情感智能概念的概述，为以后探讨情感智能作了有力的铺垫。

1990年，萨拉维(P. Salovey)和梅耶尔(J. D. Mayer)正式提出了情感智能(Emotional Intelligence，EI)和情商(Emotional Quotient，EQ)的概念。他们将情感智能定义为一种社会智能，包括监督自己和他人情绪的能力、区分自己和他人情绪的能力，以及运用情绪信息去指导思维和行动的能力。情感智能包括以下5方面内容：

(1) 了解和表达自己情感的能力，真正知道自己确实感受的能力。

(2) 控制自己感情和延缓满足自己欲望的能力。

(3) 了解别人的情感以及对别的情感作出适当反应的能力。

(4) 以乐观态度对待挑战的能力。

(5) 处理人际关系的能力。

正如智商被用来反映传统意义上的智力一样，情商亦被用来衡量一个人的情感商数的高低，主要是指人在情绪、意志、耐受挫折等方面的品质。如果说智商分数更多是被用来预测一个人的学业成就，那么情商分数则被认为是用于预测一个人能否取得职业成功或生活成功的更有效的东西，它更好地反映了个体的社会适应性。

情商绝对无法用智商测验得知。为什么学校里成绩最优异的学生后来走入社会而难以成功。20世纪90年代，戈乐曼(D. Goleman)指出，智商的高低并不是决定一个人胜败的关键，而他本身具备的情商才是最为重要的因素。因为情商反映我们的自觉程度、冲动控制、坚持耐力、感染魅力、灵活程度和处事能力等方方面面。

一般说来，智商高者会被录用，但是情商高者往往更容易被提升。特别是在美国，许多大公司里藏龙卧虎着无数顶尖大学毕业的高才生。然而这些人，由于一直很优秀，所以也容易过于独断高傲，难以与人相处。所以提升时，当然是那些平易近人、善解人意的部下会优先被考虑。这些人观察周围，观察人，把自己协调到合适的状态。

情商高的人能够控制自己的感情冲动，不求一时的痛快和满足；懂得如何激发自己不断努力；与人交往中善于理解别人的暗示，这样的人能了解人生遇到的荣辱成败。如果父母具备这些素质并能给予指导，那么孩子也很容易具备这些素质。家长可以从以下几方面培养孩子的情感智能：

(1) 培养孩子正确的情绪反应，使孩子提早形成正确的情绪习惯。

(2) 学会准确表达自己的感觉。与人沟通往往因为不能准确表达各自的感觉和想法，而造成偏见和误会。

(3) 帮助孩子学会控制自己的欲望。家长可以通过生活中的事例让孩子明白，一个人想实现自己的愿望必须要经过不懈的努力,克服种种困难,否则是不可能的。

视频43
情感计算

11.4 情感计算

有关人类情感的研究,早在19世纪末就开始了,但是极少有人将"感情"和无生命的机器联系起来。让计算机具有情感能力是由美国麻省理工学院明斯基在1985年提出的,问题不在于智能机器能否有任何情感,而在于机器实现智能时怎么能够没有情感。2006年,明斯基发表专著《情感机器》[55]。他指出,情感是人类一种特殊的思维方式,提出了塑造智能机器的六大维度:意识、精神活动、常识、思维、智能、自我。

MIT媒体实验室皮卡德(R. W. Picard)在1997年提出情感计算(affective computing)[65]。她指出,情感计算是关于情感、情感产生以及影响情感方面的计算。传统的人机交互,主要通过键盘、鼠标、屏幕等方式进行,只追求便利和准确,无法理解和适应人的情绪或心境。而如果缺乏这种情感理解和表达能力,就很难指望计算机具有类似人一样的智能,也很难期望人机交互做到真正的和谐与自然。由于人类之间的沟通与交流是自然而富有感情的,因此,在人机交互的过程中,人们也很自然地期望计算机具有情感能力。情感计算就是要赋予计算机与人相似的观察、理解和生成各种情感特征的能力,最终使计算机像人一样能进行自然、亲切和生动的交互。

情感计算的目的是通过赋予计算机识别、理解、表达和适应人的情感的能力来建立和谐人机环境,并使计算机具有更高的、全面的智能。研究的重点就在于通过各种传感器获取由人的情感所引起的生理及行为特征信号,建立"情感模型",从而创建感知、识别和理解人类情感的能力,并能针对用户的情感做出智能、灵敏、友好反应的个人计算机系统,缩短人机之间的距离,营造真正和谐的人机环境。情感计算主要研究内容包括:

(1) 情感机理的研究。情感机理的研究主要是情感状态判定及与生理和行为之间的关系。涉及心理学、生理学、认知科学等,为情感计算提供理论基础。人类情感的研究已经是一个非常古老的话题,心理学家、生理学家已经在这方面做了大量的工作。任何一种情感状态都可能会伴随几种生理或行为特征的变化;而某些生理或行为特征也可能起因于数种情感状态。因此,确定情感状态与生理或行为特征之间的对应关系是情感计算理论的一个基本前提,这些对应关系目前还不十分明确,需要作进一步的探索和研究。

(2) 情感信号的获取。情感信号的获取研究主要是指各类有效传感器的研制,它是情感计算中极为重要的环节。没有有效的传感器,可以说就没有情感计算的研究,因为情感计算的所有研究都是基于传感器所获得的信号的。各类传感器应具有如下的基本特征:使用过程中不应影响用户(如重量、体积、耐压性等),应该经过医学检验对用户无伤害;数据的隐私性、安全性和可靠性;传感器价格低、易于制造等。MIT媒体实验室的传感器研制走在了前面,已研制出多种传感器,如脉压传感器、皮肤电流传感器、汗液传感器及肌电流传感器等。皮肤电流传感器可实时测量皮肤的导电系数,通过导电系数的变化可测量用户的紧张程度。脉压传感器可时刻监测由心动变化而引起的脉压变化。汗液传感器是一条带状物,可通过其伸缩的变化时刻监测呼吸与汗液的关系。肌电流传感器可以测得肌肉运动时的弱电压值。

(3) 情感信号的分析、建模与识别。一旦由各类有效传感器获得了情感信号,下一步的任务就是将情感信号与情感机理相应方面的内容对应起来，这里要对所获得的信号进行建模和识别。由于情感状态是一个隐含在多个生理和行为特征之中的不可直接观测的量，不易建模，部分可采用诸如隐马尔可夫模型、贝叶斯网络模式等数学模型。MIT媒体实验室给出了一个隐马尔可夫模型，可根据人类情感概率的变化推断得出相应的情感走向。研究如何度量人工情感的深度和强度的，定性和定量的情感度量的理论模型、指标体系、计算方法、测量技术。

(4) 情感理解。通过对情感的获取、分析与识别，计算机便可了解其所处的情感状态。情感计算的最终目的是使计算机在了解用户情感状态的基础上，作出适当反应，去适应用户情感的不断变化。因此，这部分主要研究如何根据情感信息的识别结果，对用户的情感变化作出最适宜的反应。在情感理解的模型建立和应用中，应注意以下事项：情感信号的跟踪应该是实时的和保持一定时间记录的；情感的表达是根据当前情感状态适时的表现；情感模型是针对于个人生活的并可在特定状态下进行编辑；情感模型具有自适应性；通过理解情况反馈调节识别模式。

(5) 情感表达。前面的研究是从生理或行为特征来推断情感状态。情感表达则是研究其反过程，即给定某一情感状态，研究如何使这一情感状态在一种或几种生理或行为特征中体现出来，例如，如何在语音合成和面部表情合成中得以体现，使机器具有情感，能够与用户进行情感交流。情感的表达提供了情感交互和交流的可能，对于单个用户来说，情感的交流主要包括人与人、人与机、人与自然和人类自己的交互、交流。

(6) 情感生成。在情感表达基础上，进一步研究如何在计算机或机器人中，模拟或生成情感模式，开发虚拟或实体的情感机器人或具有人工情感的计算机及其应用系统的机器情感生成理论、方法和技术。

情感计算与智能交互技术试图在人和计算机之间建立精确的自然交互方式，将会是计算技术向人类社会全面渗透的重要手段。未来随着技术的不断突破，情感计算的应用势在必行，其对未来日常生活的影响将是方方面面的，目前可以预见的有：情感计算将有效地改变过去计算机呆板的交互服务，提高人机交互的亲切性和准确性。一个拥有情感能力的计算机，能够对人类的情感进行获取、分类、识别和响应，进而帮助使用者获得高效而又亲切的感觉，并有效减轻人们使用计算机的挫败感，甚至帮助人们便于理解自己和他人的情感世界。

利用多模式的情感交互技术，可以构筑更贴近人们生活的智能空间或虚拟场景等。情感计算还能应用在机器人、智能玩具、游戏等相关产业中，以构筑更加拟人化的风格和更加逼真的场景。

11.5 情绪加工的神经机制

视频44 情绪加工的神经机制

情绪是人脑的高级功能，保证着有机体的生存和适应，对个体的学习、记忆、决策有着重要的影响。从20世纪初开始，一些研究者发现，在脑内有多个部位参与情绪的产生过程，且对不同的情绪有着不同的影响。1937年，帕佩兹(James Papez)提出了一个脑与情绪的回路理论，认为情绪反应涉及由下丘脑、前丘脑、扣带回和海马组成的网络。后来麦克林(P. D. Maclean)正式把这些脑结构命名为帕佩兹回路。随后麦克林扩展了该情绪网络，加入了前额皮层、杏仁核和部分基底神经节。1952 年,麦克林正式提出边缘系统(limbic system)这一术语,就是指那些由前脑古皮质,旧皮质演变而来的结构,以及与这些结构具有密切组织学联系并位于附近的神经核团。

麦克林确定边缘系统为情绪脑的神经机制,它们整合加工情绪信息,产生情绪行为。前额皮层中的不对称性与趋近和退缩系统有关,左前额皮层与趋近系统和积极感情有关,右前额皮层与消极感情和退缩有关。杏仁核易被消极的感情刺激所激活,尤其是恐惧。海马在情绪的背景调节中起着重要作用。前额皮层和杏仁核激活不对称性的个体差异是情绪个体差异的生理基础。

许多文献表明,有两个基本的情绪和动机系统或者积极和消极感情形式,分别是趋近和退缩。1999 年,戴维森(R. J. Davidson)等人把趋近系统描述为促进欲求行为和产生特定的与趋近有关的积极感情类型,如愉快、兴趣等。退缩系统有利于有机体从厌恶刺激源撤退或者组织对威胁线索的适当反应,产生与撤退有关的消极情绪,如厌恶和恐惧等。各种证据表明,趋近和退缩系统是由部分独立的回路执行的。

1. 边缘系统

边缘系统的概念来自法国神经生物学家布洛卡在 1878 年发表的一篇文章。他首先指出,在所有哺乳动物大脑的内侧表面,都有一组明显区别于周围皮层的区域。因为它们形成了围绕脑干的一个环,布洛卡用拉丁语中表示“边缘”的词 limbus,将这部分脑区称为边缘叶。根据这一定义,海马及扣带回、嗅皮层(在脑的底面)等位于胼胝体周围的皮层称为边缘叶。布洛卡当时的报道并未提到这些结构对于情绪的重要性。而且,在随后相当长的一段时间内,边缘叶一直被认为其主要功能是参与嗅觉的实现。第一次世界大战期间,由于大量的颅脑损伤伤员需要外科手术进行抢救,在抢救过程中,早期的神经科学家和脑外科医生开始对人脑的某些功能进行研究。他们发现,在大脑不同的区域拥有不同的功能。手术时某些特定刺激可以让伤者产生特定的感觉,某些脑区的损伤有可能造成伤者特定心智活动的损害。很多证据表明,边缘叶当中各个结构的损伤均可导致情绪失调。图 11.2 给出了边缘系统的示意图。

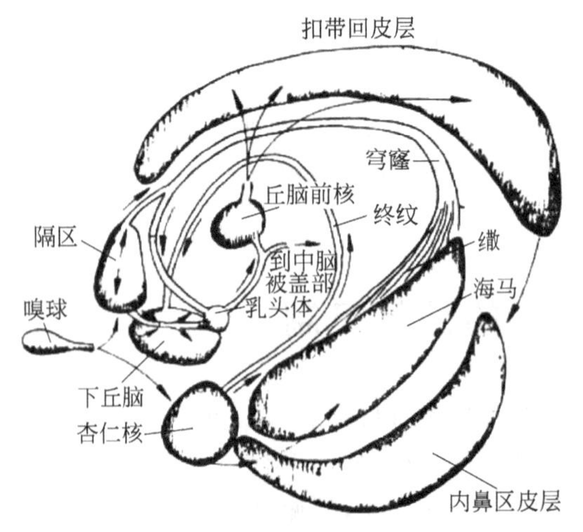

图 11.2 边缘系统的示意图

美国神经解剖学家帕佩兹研究发现，某些皮层区域的毁损对于情绪行为有深刻的影响。帕佩兹提出了脑内存在一条与情绪有关的神经通路的概念。帕佩兹将海马→穹窿→乳头体→乳头丘脑束→丘脑→扣带回→大脑皮层额叶→海马构成的回路称为情绪的思想通路，认为情绪发源于海马，通过乳头体投射到丘脑，在那里产生心跳、呼吸和体温的变化等生理方面的情绪效应，同时换元之后的神经纤维投射到扣带回和大脑皮层额叶，产生清晰的情绪体验。最后信号通过皮层到海马的投射返回海马，产生情绪记忆。这个回路中的各个结构和整个回路本身在情绪体验和情绪表达中都起着关键作用。帕佩兹回路学说不仅提到丘脑与情绪有关，还将大脑新皮层和旧皮层与情绪联系在一起。

2. 前额皮层

灵长类动物的前额皮层可分为3个子分区：背侧PFC(DLPFC)、腹内侧PFC(vmPFC)、眶额皮层(OFC)。前额皮层的各个部分与情绪有关。左前额皮层与积极感情有关，右前额皮层与消极感情有关。

在已有研究的基础上，米勒(E. K. Miller)和科恩(J. D. Cohen)提出了一个综合的前额机能理论，认为前额皮层PFC维持对目标的表征和达到目标的方法。腹内侧前额皮层与对未来积极和消极感情后果的期待有关。贝卡拉(A. Bechara)等人于1994年报告腹内侧前额皮层两侧损伤的病人在期待未来的积极和消极后果中有困难。这样的病人与控制组相比，在期待冒险选择中，表现出皮肤电活动水平的降低。

3. 杏仁核

杏仁核对知觉、产生消极感情和联想厌恶学习很重要。对恐惧面部表情的反应中杏仁核激活。许多研究报告在厌恶条件作用的早期阶段杏仁核被激活。对几个诱发消极感情实验程序的反应中也可观察到杏仁核被激活，包括厌恶嗅觉线索和厌恶味觉刺激等。图11.3给出了杏仁核情绪网络的示意图。

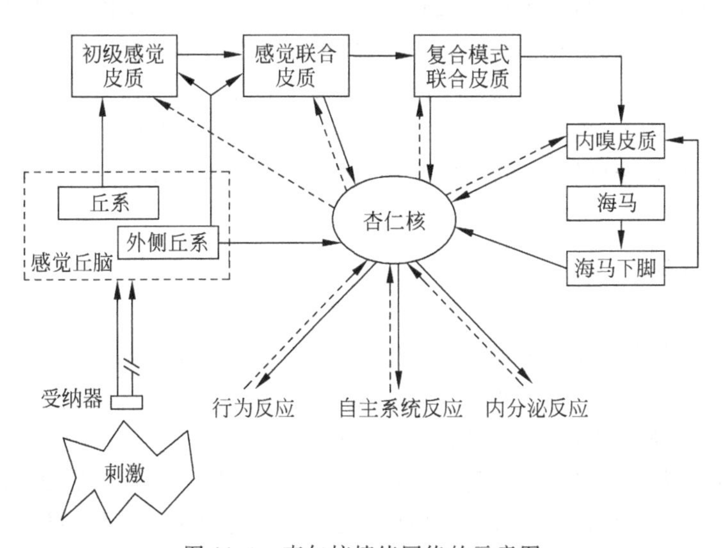

图11.3 杏仁核情绪网络的示意图

双侧杏仁核损伤病人对恐惧和愤怒声音的识别有困难，表明这一缺陷并不限于面部表情。杏仁核损伤病人对厌恶刺激无反应。总之，研究结果表明，双侧杏仁核受破坏的病人加工消极情绪任务的能力被损害，表明杏仁核对识别威胁或危险线索是重要的。

利铎克斯(J. E. LeDoux)关注焦虑这一情绪反应，他强调杏仁核的作用，把它看作是大脑的“情绪计算机”，负责计算出刺激的情绪价值。根据利铎克斯的观点，情绪刺激的感觉信息是从丘脑同时传送到杏仁核和大脑皮质的。在此基础上，利铎克斯提出焦虑存在两条不同的情绪回路：一条是丘脑—大脑皮质—杏仁核的慢回路，它负责对感觉信息进行详细分析；另一条是丘脑—杏仁核的快回路，它负责对刺激的简单特征(如刺激强度)进行加工。这条回路无须经过大脑皮质。

来自大脑新皮质的信号对杏仁核的激活与情绪加工发生在认知加工之后这一传统观点是吻合的，而来自丘脑的信号对杏仁核的激活是与情感优先假说是一致的，即情绪加工可以发生在前意识水平而且是发生在认知加工之前的。丘脑—杏仁核回路使我们能够对危险情景做出快速反应，因而这条回路在保障我们的生存方面很有价值。相反，皮质回路使我们可以详细评价情境的情绪意义，让我们能以最佳方式对情境做出反应。

4. 海马和前扣带回

海马在情绪中的作用近年来才开始研究。海马是大脑中有很高葡萄糖皮质激素类受体密度的部位，在情绪调节中很重要。戴维森等人提出海马在情绪行为的背景调节中起关键作用。如果海马受到损害，则个体正常背景的调节作用受到损害，因而在不适当的背景中表现出情绪行为。研究发现，对赢钱和输钱左和右杏仁核有不同的激活，左侧杏仁核对赢更多的钱显示激活的提高，而右侧杏仁核对输钱显示激活的提高。

神经成像方法的研究表明前扣带回在情绪反应中激活。在对情绪单词的 Stroop 任务(一个刺激的两个不同维度发生相互干扰的现象)的反应中，可观察到背侧前扣带回激活。

5. 腹侧纹状体

研究中用 PET 观察到，在图片诱发感情期间，听神经核的腹侧纹状体区域被激活。发现被试对象在观看愉快的游戏视频时，这一区域中的多巴胺水平提高。

情绪是人脑的高级功能，是人类生存适应的第一心理工具。它具有组织、调节和动机的功能，是个性的核心内容，也是控制心理病理的关键成分。因此对情绪发生、发展脑机制规律的揭示，有利于促进个体智力的发展、身心的健康，使个体形成良好的个性。

11.6 小结

情绪是对外界事物态度的主观体验，是人脑对客观外界事物与主体需求之间关系的反应，是多种感觉、思想和行为综合产生的心理和生理状态。人有喜、怒、哀、乐、惧等心理体验，这种体验是人对客观事物的态度的一种反映。

情商主要是指人在情绪、意志、耐受挫折等方面的品质。总体来说，人与人之间的情商并无明显的先天差别，而与后天的培养息息相关。提高情商是把不能控制情绪的部分变为可以控制情绪，从而增强理解他人及与他人相处的能力。

情感计算的目的是通过赋予计算机识别、理解、表达和适应人的情感的能力来建立和谐人机环境，并使计算机具有更高的、全面的智能。

情绪是人脑的高级功能，脑内有多个部位参与情绪的产生过程。边缘系统为情绪脑的神经机制，它们整合加工情绪信息，产生情绪行为。左前额皮层与趋近系统和积极感情有关，右前额皮层与消极感情和退缩有关。杏仁核易被消极的感情刺激所激活，尤其是恐惧。

思考题

1. 为什么说情感是人类的一种特殊思维方式？
2. 什么是情商？
3. 情感计算的目的是什么？
4. 脑内多个部位参与情绪的产生，请概述各部位的主要功能。

第12章 意　　识

CHAPTER 12

意识的起源与本质是最重大的科学问题之一。在智能科学中，意识问题具有特别的挑战意义。存在如何决定意识，客观世界如何反映到主观世界中去，既是哲学研究的主题，也是当代自然科学研究的重要课题。意识涉及知觉、注意、记忆、表征、思维、语言等高级认知过程，其核心是觉知(awareness)。近年来，由于认知科学、神经科学和计算机科学的发展，特别是新的无损伤性实验技术的出现，意识的研究再度被提到日程上来，并且开始成为众多学科共同研究的热点。在21世纪，意识问题将是智能科学力图攻克的难题之一。

12.1 概述

意识(consciousness)是一种复杂的生物现象，哲学家、医学家、心理学家对于意识的概念各不相同，迄今尚无定论。当代著名思想家丹尼特(D. C. Dennett)认为："人类的意识大概是最后一个难解的谜。……对意识，我们至今如坠云雾之中，时至今日，意识是唯一常常使最睿智的思想家张口结舌、思维混乱的论题。"

意识的哲学概念是高度完善、高度有组织的特殊物质——人脑的机能，是人所特有的对客观现实的反映。意识也作为思维的同义词，但意识的范围较广，包括认识的感性和理性阶段，而思维则仅指认识的理性阶段。辩证唯物主义认为意识是物质高度发展的产物，是存在的反映，又对存在起着巨大的能动作用。

医学上，不同学科对意识的认识也略有差异。在临床医学领域，意识的概念是指病人对周围环境及自身的认识和反应能力，分为意识清楚、意识模糊、昏睡、昏迷等不同的意识水平；在精神医学中，意识又有自我意识和环境意识的分别。意识障碍表现为意识浑浊、嗜睡、昏睡、昏迷、谵妄、朦胧状态、梦样状态和意识模糊。

心理学对意识的观点是对外部环境和自身心理活动，例如感觉、知觉、注意、记忆、思想等客观事物的觉知或体验。进化生物学家、理论神经科学家威廉·卡尔文(William H. Calvin)在《大脑如何思维》一书中列出了一些意识的定义。

从智能科学的角度，意识是一种主观体验，是对外部世界、自己的身体及心理过程体验的整合。意识是一种大脑本身具有的"本能"或"功能"，是一种"状态"，是多个脑结构对于多种生物的"整合"。广义的意识是高等生物与低等生物都具有的一种生命现象。随着生物的进化，进行意识加工的器官也在不断进化。人类进行意识活动的器官主要是脑。为了揭示意识的科学规律,建构意识的脑模型,不仅需要研究有意识的认知过程,而且需要研究无意识的认知过程,即脑的自动信息加工过程,以及这两种过程在脑内的相互转化机制。意识研究是认知神经科学不可缺少的内容,意识及其脑机制的研究是自然科学的重要内容。哲学所涉及的是意识的起源和意识存在的真实性等问题,意识的智能科学研究的核心问题是意识产生的脑机制——物质的运动如何变成意识的。

历史上最早使用意识这个词的是培根(Francis Bacon)。他的定义是意识就是一个人对自己思想里发生了什么的认识。所以,意识问题一直是哲学家研究的领域。德国心理学家冯特(Wundt)于 1879 年建立了第一个心理学实验室,明确提出心理学主要是研究意识的科学,以生理学方法研究意识,报告在静坐、工作和睡眠条件下的意识状态。从此,心理学以一门实验科学的身份进入了一个新的历史时期,一系列心理现象的研究都得到了迅速发展,但是意识的研究因缺少非意识的直接客观指标而进展迟缓。1902 年,加米斯(James)提出意识流的概念,指出意识就像流水一样波浪起伏,源源不断。弗洛伊德(S. Freud)认为人的感觉和行为受非意识需要、愿望和冲突的影响。根据弗洛伊德的观点,意识流具有深度,意识与非意识加工有不同的认识水平。它不是全或无的现象。但是,由于当时科学不够发达,用内省法进行,缺乏客观指标,只能停留在描述性初级水平上而无法前进。但是自从华生宣告心理学是一门行为科学之日起,意识问题被打入冷宫。所以有很长一段时间,神经科学因其太复杂而令人不敢问津,心理学又不愿染指被人遗忘的科学。

在 20 世纪 50～60 年代,科学家们通过解剖学、生理学实验来理解意识状态的神经生理学基础。例如,1949 年莫罗兹(Moruzziz)与马戈恩(Magoun)发现了觉知的网状激活系统;1953 年阿塞林斯基(Aserinsky)与克雷特曼(Kleitman)观察了快速眼动睡眠的意识状态;20 世纪 60—70 年代,进行了对割裂脑病人的研究,支持在大脑两半球中存在独立的意识系统。上述研究结果开创并奠定了意识的认知神经科学研究基础。

现代认知心理学始于 20 世纪 60 年代,对于认知心理学家来说,阐明客观意识的神经机制始终是一个长期的挑战。迄今为止,关于意识客观体验与神经活动关系的直接研究还非常少见。近年,随着科学技术的突飞猛进,利用现代电生理技术(脑电图 EEG,事件相关电位 ERP)和放射影像技术(正电子断层扫描 PET,功能磁共振成像 fMRI),意识研究已迅速成为生命科学和智能科学的新生热点。

关于意识脑机制的研究虽然非常复杂,任务艰巨,但意义重大,已引起了全世界认知科学、神经生理、神经成像和神经生物化学等神经科学、社会科学以及计算机科学诸多领域学者们的极大兴趣。1997 年,国际意识科学研究学会(Association for the Scientific Study of Consciousness,ASSC)成立,连续召开意识问题国际学术会议。会议主题分别是:内隐认知与意识的关系(1997 年);意识的神经相关性(1998 年);意识与自我知觉和自我表征(1999 年);意识的联合(2000 年);意识的内容:知觉、注意和现象(2001 年);意识和语言(2002 年);意识的模型和机理(2003 年);意识研究中的经验和理论问题(2004 年)。

研究意识问题的科学家所持的观点是多种多样的。从人的认识能力最终是否有可能解决意识问题考虑,有神秘主义和还原论(reductionism)之分。持神秘主义观点的人认为我们永远无法理解意识。例如,当代著名哲学家福多(J. A. Fodor)参加第一次"towards to science of consciousness"会时公开怀疑:任何一种物理系统怎么会具有意识状态呢?在意识问题研究中十分活跃的美国哲学家查尔莫斯(D. J. Chalmers)认为,意识应当分为"容易问题”(easyproblem)和“艰难问题”(hardproblem)[11],他对意识问题的总看法是:“没有什么严谨的物理理论(量子机制或神经机制)可以理解意识问题。”

克里克(F. Crick)在《惊人的假设》[16]一书中公开申明对意识问题的看法是还原论的。他和他年轻的追随者科赫(C. Koch)在许多文章中陈述了这一观点。他们把这个复杂的意识问题“还原”成神经细胞及其相关分子的集体行为。美国著名的计算神经科学家索诺斯基(Terrence J. Sejnowski)和美国哲学家丹尼特(D. C. Dennett)等人所持观点,大体上与克里克相同。

在研究意识问题时,从所持的哲学观点考虑,历来就有两种相反的观点:一种是一元论,认为精神(包括意识)是由物质(脑)产生的,是可以从脑来研究和解释精神现象的;另一种是二元论,认为精神世界独立于人体(人脑),二者之间没有直接的联系。笛卡儿(René Descartes)是典型的二元论者,他认为每个人都有一个躯体和一个心灵(mind)。人的躯体和心灵通常是维系在一起的,但心灵的活动不受机械规律的约束。躯体死亡后,心灵将继续存在,并且还发挥作用。一个人的心灵所进行的种种活动是无法被他人察知的,因此只有“我”才能直接知觉“我”个人的内心的状态和过程。如果把身体比拟为“机器”,按照物理规律运行,那么,心灵就是“机器中的灵魂”。笛卡儿是伟大的数学家,所以他有正视现实的一面,在科学上明确地提出“人是机器”的论断,但他受古代哲学思想和当代社会环境的影响较深,所以他把脑的产物(精神)看成是与人体截然分开的东西。

在当代从事自然科学研究的科学家中间,有不少相信二元论的。诺贝尔奖获得者埃克尔斯(J. C. Eccles)热衷于意识问题的研究。他本人是神经科学家,研究神经细胞的突触结构和功能取得重大成果。他不讳言他的意识观是二元论的。他本人以及与人合作的关于脑的功能方面的著作有 7 本之多,他与哲学家波普尔(K. Popper)的著作中,提出“三个世界”的理论,其中第一世界是物理世界,包括脑的结构和功能,第二世界是所有主观精神和经验,而把社会、科学和文化活动看作为第三个世界。在他后期的著作中,根据神经系统的结构和功能,提出“树突子”的假设,树突子是神经系统的基本结构和功能单元,由 100 个左右顶部树突构成。估计在人脑中有 40 万个树突子。他进而又提出“心理子”的假设,第二世界的心理子与第一世界的树突子相对应。由于树突中的微结构与量子尺度相近,所以量子物理有可能用于意识问题。

意识问题的研究需要靠人来进行,特别需要用人脑去研究,这就牵涉到人脑能否理解人脑的问题,因此有人比喻说,用手把自己的头发拉起是不可能做到让自己脱离地球的。实际上意识问题上的一元论和二元论者之间,可知论与不可知论之间,唯物论与唯心论之间并不是界限截然分明的。

12.2 意识的基本要素和特性

法伯(I. B. Farber)和丘奇兰德(P. S. Churchland)在其《意识与神经科学,哲学与理论问题》一文中,从 3 个层次讨论了意识概念。第一个层次是意识觉知。包括感觉觉知(指通过感觉通道对外部刺激的觉知)、概括性觉知(是指与任一感觉通道都不相连的对身体内部状态的觉察,如疲劳、眩晕、焦虑、舒服、饥饿等等)、元认知觉知(是指能觉察到自己认知范围内的所有事物,包括当前的和过去的思维活动)和有意识回忆(能觉察到过去发生的事情)4 种。

这里所说的,能觉察到某事物的标志,也指能用言语报告该事物。这样既便于检测,也可以把不能说话的动物排除在外。第二个层次是高级能力,即不仅能被动地感知和觉知信息,还具有能动作用或控制等高级功能,这些功能包括注意、推理和自我控制(如理性或道德观念对生理冲动的抑制作用)。第三个层次是意识状态,可理解为一个人正在进行的心理活动,包括了意识概念中最常识性的,也是最困难的环节,这种状态可以分为不同的层次:有意识与非意识、综合性调节、粗略的感觉等。法伯的前两个层次对意识给出的定义是颇有启发性的,但第三层次却缺乏实质性内容。

1977年,奥恩斯泰(R. E. Ornstein)提出意识存在两个模式:主动—言语—理性模式与感知—空间—直觉—整体模式,分别简称为主动模式和感知模式。他认为两个模式分别被一侧大脑半球所控制,对主动模式的评价是自动进行的,人类限制了觉知的自动化以阻挡与其生存能力无直接相关的经验、事件和刺激。当人们需要加强正在进行的归纳与判断时,通过感知模式增加了正常的觉知。根据奥恩斯泰的观点,静坐、生物反馈、催眠,甚至试验某些特异性药物有助于学习使用感知模式来平衡主动模式。智力活动是主动发生的,具有左半球优势,而直觉行为的感受性的,为右半球优势的。两个模式的整合构成了人类高级功能的基础。

意识功能是由哪些要素构成的?关于这一问题,克里克认为,意识至少包括两个基本功能部件:一是注意,二是短时记忆。注意一直是意识的主要功能,这已为大家所公认。在巴尔斯(B. J. Baars)的"剧场"隐喻中,把意识比喻为一个舞台,不同的场景轮流上场。平台上的聚光灯可比喻为注意机制,这是一个流行的比喻。克里克也认可这个比喻。没有记忆的人肯定没有"自我意识"。没有记忆的人或机器,看过即忘,或听过即忘,也不能妄谈意识。但记忆的时间长短可以讨论,长时记忆固然重要,克里克认为短时记忆更显必要。

美国哲学家与心理学家詹姆士(William James)认为意识的特点是:

(1) 意识是个人的,不能与他人共享;

(2) 意识是永远变化的,不会长久停留在某一种状态;

(3) 意识是连续的,一个内容包含着另一个内容;

(4) 意识是有选择性的。

总之,詹姆士认为意识不是一个东西,而是一种过程,或一种"流",是一种可以在几分之一秒内变化的过程。这种"意识流"概念,很生动地刻画了关于意识的一些特性,这一概念在心理学中受到重视。

埃德尔曼(G. M. Edelman)强调意识的整合性和分化性。依据脑的生理病理和解剖学上的事实,埃德尔曼认为丘脑-皮质系统在意识的产生方面起关键作用。

美国心脑问题的哲学家丘奇兰德为意识问题列出了一张特性表:

- 与工作记忆有关;
- 不依赖感觉输入,即我们能思考并不存在的东西和想象非真实的东西;
- 表现出可驾驭的注意力;
- 有能力对复杂或模棱两可的资料作出各种解释;
- 在深睡时消失;
- 在梦中重新出现;
- 在单次统一的经验中能包容若干感觉模态的内容。

2012年,巴尔斯和埃德尔曼在文章[5]中阐述了他们关于意识的自然观,列出了意识状态的17个特性:

(1) 意识状态的EEG标记。

脑的电生理活动呈现不规则、低幅度和快速的电活动,频率为0.5～400Hz。意识EEG看起来与无意识状态(类同沉睡情况)显著不同,癫痫患者和全身麻醉的意识状态呈现为规则、高幅度和慢变化的电压。

(2) 大脑和视丘。

意识取决于视丘的复杂性,开启和关闭通过脑干调制,并且与脑皮层下区域没有交互作用,不直接支持意识经验。

(3) 广泛的大脑活动。

可报告意识事件与广泛的具体脑活动内容有关。无意识的刺激只唤起局部的脑活动。意识瞬间也对外专注意识内容引发广泛的影响,表现为隐性学习、情景记忆、生物反馈训练等。

(4) 大范围的可报告内容。

意识有特别广泛的不同内容——各种感觉的知觉、内生的形象化描述、感情感觉、内部语言、概念、有关行动的想法和像熟悉的感觉那样的外部经验。

(5) 信息性。

当信号变得多余时意识可以消失;信息损失可以导致意识访问的丢失。选择性注意的研究也显示信息更丰富的意识刺激的强烈偏爱。

(6) 意识事件的适应性和飞逝的本质。

立即经历感觉输入可以维持几秒,我们短暂认知的持续存在不到半分钟。相反,庞大的无意识知识可以驻存在长时记忆中。

(7) 内部一致性。

意识以一致约束为特征。一般同时给予刺激两个是不一致,只有一个能变得有意识。在一词多义情况下任何时候只有一个意义变得有意识。

(8) 有限能力和顺序性。

意识的能力在任何规定的片刻好像限制在仅针对某个一致景象,与直接同时观察时脑部形成的大量并行处理相反,这样的意识景象流是串行的。

(9) 感觉捆绑。

感觉大脑就其功能作用来说是分块的,因此不同的脑区对不同的特征,例如形状、颜色或者目标运动作出反应。一个基本的问题是这些就其功能作用分开的脑区怎样协调它们的活动,产生普遍的有意识的综合完形知觉。

(10) 自我特性。

意识经验总是以自我经历为特点,正如威廉·詹姆士称为"观察自我"。自我功能看起来与中央脑区有关,人脑包括脑干、楔前叶(precuneus)和前额叶(orbitofrontal)皮层。

(11) 准确可报告性。

意识的大多数使用的行为迹象是准确可报告的。全范围的意识内容因为大范围自愿的反应是可报告的,经常有非常高的准确性。可报告不要求完全明确的词汇,因为主体能自动地对意识事件进行比较、对比、指向并发挥作用。

（12）主观特性。

意识以事件私有流方式提供给经历主体为特征。这样的隐私没有违反立法。这表明自我物体综合是有意识认知的关键。

（13）关注非主流结构。

意识被认为倾向于专注明白清楚的内容，“非主流意识”事件，如亲情感、舌尖经验、直觉等同样重要。

（14）促进学习。

几乎没有证据表明学习无需意识。相反，意识经验促进学习的证据是压倒一切的，即使隐性（间接的）学习也需要有意识的注意。

（15）内容的稳定性。

意识内容给人深刻印象是稳定的。产生的输入和任务的变化需要，例如读者经常使用眼睛运动扫描句子。即使像自身的信念、概念和专题一样的抽象意识内容，可能在几十年内非常稳定。

（16）关注特性。

意识的景象和目标，一般说来是关注外部的来源，虽然它们的形成严重依赖于无意识的框架。

（17）意识知道和决策。

意识对于我们知道周围世界以及一些我们的内部过程是有用的。意识的表达，包括感觉、概念、判断和信仰，可能特别适于自如的决策。但是，并非全部有意识的事件都涉及大范围的无意识设施。这样，意识报告的内容绝不是仅需要被解释的特征。

12.3 意识的剧场模型

视频45 意识的剧场模型

关于意识问题，最经典的一个假设即所谓“剧场中的亮点”隐喻。在这个隐喻中，把多个感觉输入综合成一个有意识的经验，比拟为在黑暗的剧场内舞台上有聚光灯打出一个光亮点照到某个地方，然后传播给大量的无意识的观众。在认知科学中，关于意识和选择性注意的假设多数来自于这个基本的隐喻。巴尔斯是“剧场隐喻”的最主要的继承者和发扬光大者[3]。

巴尔斯将心理学和脑科学、认知神经科学紧密结合起来，把一个从柏拉图和亚里士多德时代开始就一直被用于理解意识的剧场隐喻改造成意识的剧场模型，并运用大量引人注目的神经影像学的先进研究成果，阐述人类复杂的心灵世界（见图12.1）[4]。

这一模型的基本观点是：人的意识活动是一个容量有限的舞台，需要一个中央认知工作空间，它与剧场的舞台非常类似。意识作为一种人认识现象的心理状态，基本上有5种活动类型：

（1）工作记忆就像剧场的舞台，主要包括“内心语言”和“视觉想象”这两种成分；

（2）意识体验的内容好比前台演员，在不同的意识体验内容之间显示出竞争和合作的关系；

（3）注意如同聚光灯，它照在工作记忆这个舞台上的演员身上时，意识的内容便出现了；

（4）幕后的背景操作由布景后面的背景操作员系统来执行，其中“自我”类似幕后背景

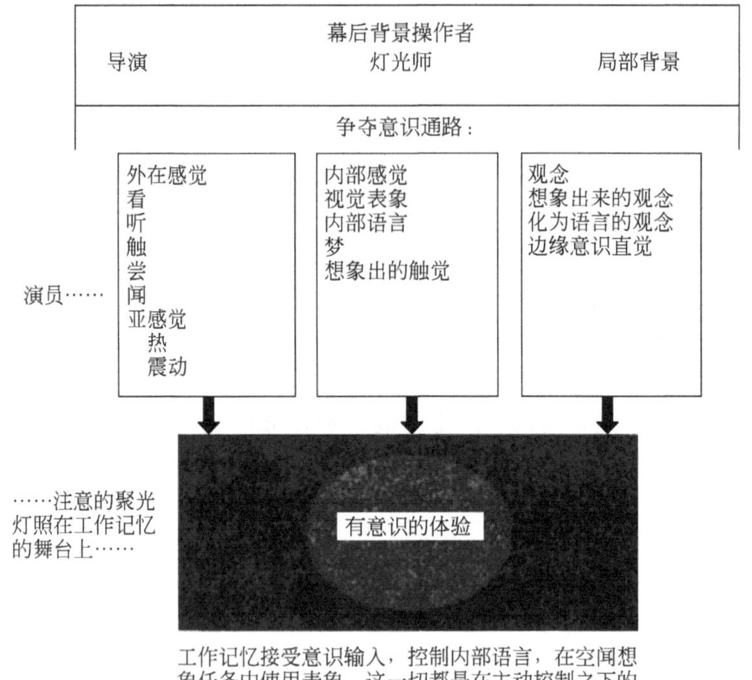

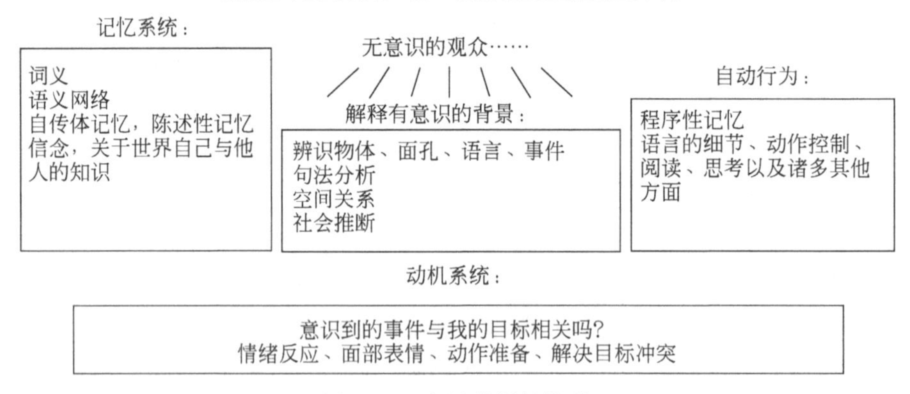

图 12.1　意识的剧场模型

操作的导演，许多普遍存在的无意识活动也构成了类似舞台的背景效应，背景操作员则是大脑皮层上的执行、控制系统；

(5) 无意识自动活动程序和知识资源组成了剧场中的“观众”系统。

按照他的观点，尽管人的意识能力有限，但人的优势却在于可以接触大量的信息资料，并具有某种潜在的计算能力。这些能力包括多感官输入、记忆、先天与后天习得技能等。巴尔斯同时还提出，意识的脑工作是广泛分布式的，就像同时有许多角色在演出的剧场，共有4种脑结构空间维度、4类脑功能模块系统来支撑，它们同时投射在时间轴上，形成了一种超立体的空间、时间活动维度的一体化的类似剧场舞台式的心智模型。其中脑结构的4个空间维度同时投射在时间轴上：

① 从脑的深层到皮层的皮层化维度；

② 从后头部向前头部发展的前侧化维度；

③ 大脑两半球功能的左右侧化发展维度；

④ 脑背侧和腹侧发展维度，从而组成一种超立体的空间时间维度。

脑功能系统由 4 类模块组成：

① 与本能相关的功能模块——具有明确的功能定位；

② 人类种属特异的本能行为模块——自动化的功能定位；

③ 个体习得的习惯性行为模块——半定位的自动化系统；

④ 高级意识活动——没有明确的定位系统，意识的内容似乎可以整个地传播到遍布大脑的神经网络上，从而形成一个分布式的结构系统。

人类意识经验是个统一体，自我是这个统一体的“导演”。

巴尔斯还在“意识剧场模型”的基础上提出“意识与无意识相互作用模型”，简洁地隐喻了意识与无意识之间相互转化的动态过程，即多种形式的意识活动和有意识与无意识活动的相互转化，形成一种复杂的脑内整体工作信息处理、意识内容和丰富多彩的主观自身感受经验约束。根据巴尔斯的观点，在无意识过程建构基础的背后隐藏着一个专门特殊的处理器，功能是统一的或者模块的。特别需要强调的是，无意识处理器十分有效而且快捷，它们很少有错误，同时，这样的处理器可能在操作上与其他系统汇集在一起，专门的处理器是分离和独立的，它们能够对主要的信息进行机动处理。这种专门的处理器的特征十分类似于认知神经心理学上所讲的“模块”。

意识的形成是否由特定的脑过程引起？是否可以用复杂系统来为脑过程的意识形成建立模型？这些是意识研究关心的问题。对于意识活动的神经机制的探索发现，意识的清醒状态是心理活动得以进行的基本条件，而意识的清醒程度明显与脑干的网状结构、丘脑等边缘系统的神经通路存在密切联系。一般来讲，脑干网状结构系统的兴奋性则与注意的强度有关，感官输入的大量信息在经过网状结构系统时需要进行初级的分析整合，许多无关或次要的信息被有选择性地过滤掉，只有引起注意的有关信息才能到达网状结构系统。因此，有学者提出，意识活动主要体现在以网状结构为神经基础的注意机制之上，只有注意到的刺激才能产生意识，而很多非注意的刺激没能达到意识水平就不会被意识到，变成意识的活动依赖一种确定的精神机能——注意的介入。当然，意识与无意识有着不同的生理基础和运行机制。大量的无意识活动是并行处理的过程，而意识活动是串行处理的过程。不同的意识状态可以在非常短的时间内进行快速转换，意识的开启就是指从无意识状态向意识状态的转化过程。

这一模型比较准确地阐述了意识、无意识、注意、工作记忆和自我意识等的相互联系与区别，也得到许多神经生物学证据的支持，在学术界的影响越来越大。著名学者西蒙曾表示，巴尔斯“为我们提供了关于意识的令人兴奋的解释，将这个问题从哲学的桎梏中解脱出来，将它稳固地置于实验研究的领地之中”。也有学者认为，巴尔斯的意识剧场模型为当前的意识研究提供了一种核心假设。他比较了无意识与意识心理过程之间的差异，核心思想是讲存在分离的意识与非意识两种有区别的过程。在这样的分析基础上，巴尔斯提出意识与无意识事件是可以被认识的在神经系统中有着各种不同的建构过程。

意识的剧场隐喻也受到一些学者的反对。如丹尼特(D. C. Dennett)认为，这个假设一定要有个“舞台”才能有“意识”演出，也就是说，大脑中有一个专门地方作为意识的舞台。这种假设很容易落入 17 世纪笛卡儿关于精神的灵魂之源“松果体”假说的骗局。反对者认为，大脑中没有一个专门的地方集中所有的输入刺激。

12.4 意识的还原论理论

诺贝尔奖获得者,DNA双螺旋结构的提出者克里克是还原论意识理论的典型代表之一。他认为意识问题是整个神经系统高级功能中的关键问题,所以他于1994年出版了一本高级科普书,名为*The Astonishing Hypothesis*(惊人的假说),副标题为"灵魂的科学探索"[16]。他大胆地提出了一个基于"还原论"的"惊人的假说"。他认为"人的精神活动完全由神经细胞、胶质细胞的行为和构成及影响它们的原子、离子和分子的性质所决定"。他坚信,意识这个心理学的难题,可以用神经科学的方法来解决。他认为意识问题与短时记忆和注意的转移有关,他还认为意识问题虽然牵涉到人的许多感觉,但他想从视觉意识着手,因为人是视觉性动物,视觉注意容易进行心理物理实验,而且神经科学在视觉系统研究方面积累了许多资料。20世纪80年代末90年代初在视觉生理研究方面有一个重大的发现:从不同的神经元的发放中记录到同步振荡现象,这种大约40Hz的同步振荡现象被认为是联系不同图像特征之间的神经信号。克里克等提出视觉注意的40Hz振荡的模型。并推测神经元的40Hz同步振荡可能是视觉中不同特征进行"捆绑"的一种形式。至于"自由意志",克里克认为它与意识有关;牵涉到行为和计划的执行。克里克分析了一些"意志"丧失者的情况,认为大脑中负责"自由意志"的部位在于前扣带回,靠近Brodmann区(24区)。

克里克和科赫认为研究意识的最困难问题是感受性问题,即你怎么感受到红颜色、痛苦的感觉等。这是由意识的主观性和不可表达性决定的,因而,他们转向研究意识的神经相关物(NCC),即了解意识的某些方面神经活动的一般性质。克里克和科赫列举了意识研究中神经相关物的十条框架[17]。

1. 无意识的侏儒(homunculus)

首先考虑脑整体的工作方式,大脑的前部注视着感觉系统,感觉系统的主要工作是在脑的后部进行的。人并不直接知道他们的想法,而只知道意象中的感觉表象。这时,前脑的神经活动是无意识的。脑中有一个"侏儒的假设",现在已不再时髦,但是,离开这个假设,人如何能想象他们自己呢?

2. 刻板(zombie)方式和意识

对于感觉刺激,许多反应是快速的、瞬态的、刻板的和无意的,而意识处理的东西速度更慢、范围更广,且需要更多时间决定合适的想法和更好的反应。进化上发展出这两种策略以相互补充,视觉系统的背侧通道(大细胞系统)执行刻板的快速反应;腹侧系统(小细胞系统)执行的是有意识的识别任务。

3. 神经元联盟

此处联盟是Hebb集群加上它们之间的竞争。联盟中的神经元并非固定不变,而是动态的。竞争中获得优势的联盟会在一段时间占据统治地位,这就是我们会意识到什么东西的时候。这个过程犹如选举,选举中获胜的政党会执政一段时间,并影响下一阶段的政局。"注意"机制相当于舆论界和选情预测者的作用,试图左右选举形势。皮质第V层上的大锥体细胞好比选票。但是,每次选举的时间间隔并不是有规律的。当然这仅仅是比喻。

联盟的大小和特性方面是有变动的。清醒时的意识联盟与做梦时不一样，闭眼想象时与睁眼观看时也不一样。脑前部分联盟可能反映“快感”“统治感”等自由意志方面的意识，而脑后部的联盟可能以不同方式产生，前后脑的联盟可能不止一个，会相互影响和作用。

4. 显性表象

视场中某一部分的显性表象意味着存在一小组神经元，它们对应着这一部分的特性，可以像检测器那样做出反应，而无须复杂的加工。在一些病例中，某些显性神经元的缺失造成某种功能的丧失，例如，颜色失认症、面孔失认症、运动失认症。这些患者的其他视觉功能仍保持正常。

在猴子实验中，运动皮质(MT/VS区)一小部分受损，造成运动感知的丧失。损伤部位较少，几天内仍可恢复，若大范围的损伤则造成永久性丧失。必须注意，显性表象是意识的神经相关物的必要条件而非充分条件。

5. 高层次优先

一个新的视觉输入来到后，神经活动首先快速、无意识地上行到视觉系统的高层，可能是前脑，然后信号反馈到低层次，所以，达到意识的第一阶段在高层次，再把意识信号发送到额叶皮质，随后在较低层次上引起相应活动，当然这是过于简单的描述。整个系统中还有许多横向联系。

6. 驱动性和调制性联系

了解神经连接的本质很是重要的，不能认为所有兴奋性联系都是同一类型。可以把皮质神经元的联系粗略地分为两大类：一类是驱动性的，另一类是调制性的。对皮质锥体细胞而言，驱动性联系多半来自基底树突，而调制性输入来自丛状树突，它们包括反向投射、弥散状投射。从侧膝体到V1区的联系和从背脑到前脑的联系是驱动性的，而逆向联系多半是调制性的。皮质第5层上的细胞(它投射到丘脑)是驱动性的，而第6层则是调制性的。

7. 快照

神经元可能以某种方式超过意识的阈值，或者保持高发放率或某种类型的同步振荡，或者某种簇发放。这些神经元可能是锥体细胞，它投射到前脑。如何维持高于阈值的神经活动呢？这涉及神经元的内部动力学，诸如Ca^2等化学物质的积聚，或者皮质系统中再入线路的作用。正反馈环的作用也可使能神经元的活性不断增加，达到阈值，并维持一段时间的高活性。关于阈值问题也可能出现某种复杂性，它可能依赖于达到阈值的速率，或者输入维持多长时间。

视觉觉知过程由一系列静态的快照组成，也就是感知出现在离散的时间内。视皮质上有关神经元的恒定发放率，代表有某种运动发生，运动是发生在一个快照与另一个快照之间，每个快照停留的时间并不固定。对于形状和颜色的快照时间可能碰巧一样，它们的停留时间与α节律甚至δ节律有关。快照的停留时间依赖于开启信号、关闭信号、竞争和适应等因素。

8. 注意和绑定

把注意分成两类是有用的：一类是快速的、显著性驱动的和自下而上的；另一类是缓慢的,自主控制和自上而下的。注意的作用为了左右那些正在竞争的活跃的联盟。自下而上的注意从皮质第5层的神经元出发,投射到丘脑和上丘。自上而下的注意从前脑出发,分散性地反投射到皮质第1、2和3层上神经元顶树突,可能途径丘脑的层间核。普遍认为丘脑是注意的器官。丘脑的网状核的功能在于从一个宽广的对象中作出选择。注意的作用是在一群竞争的联盟中作出倾向性作用,从而感受到某个对象和事件,而不被注意的对象却瞬间消逝了。

什么是绑定?所谓绑定,是把对象或事件的不同方面,如形状、颜色和运动等联系起来。绑定可能有几种类型。如果它是后天造成的,或者经验学得的,它可能具体化在一个或几个节点上,而需要特殊的绑定机制。如果需要的绑定是新的,那么原来分散活动的基本节点需要联合起来一起活动。

9. 发放风格

同步振荡可以在不影响平均发放率的情况下提高一个神经元的效率。同步发放的意义和程度仍有争议。计算研究表明其效果取决于输入的相关程度。我们不再把同步振荡(如40Hz)作为神经相关物的足够条件。同步发放的目的可能在于支持竞争中的一个新生联盟。如果视刺激非常简单,如空场上的一个条形物,此时没有有意义的竞争,同步发放可能不出现。同样,一个成功的联盟达到意识状态,这种发放也可能不必要。正如你获得一个永久职位后,你可能放松一阵子。在一个基本节点上,一个先期到达的脉冲可能获得的好处大于随后到来的脉冲。换言之,脉冲的准确时间可能影响到竞争的结果。

10. 边缘效应和意义

考虑一小堆群神经元,它们对面孔的某些方面有反应。实验者知道这一小群细胞的视觉特性,但是大脑怎么知道这些发放代表的是什么呢?这就是“意义”问题。神经相关物只是直接关系到所有锥体细胞的一部分,但是它会影响到许多其他神经元,这就是边缘效应。边缘效应由两部分组成:一是突触效应,二是发放率。边缘效应并不是每个基本节点效应的总和,而是作为神经相关物整体的结果。边缘效应包括神经相关物神经元过去的联合,神经相关物期望的结果,与神经相关物神经元有关的运动等。按照定义,边缘效应本身不能被意识到,显然它的一部分可能变为神经相关物的一部分。边缘效应的神经元的某些成员可能反馈投射到神经相关物的部分成员,支持神经相关物的活动。边缘神经元可能是无意识启动的部位。

克里克和科赫的意识框架把神经相关物的想法从哲学、心理和神经的角度编织在一起,其关键性的想法是竞争性联盟。猜测一个节点的最小数量的神经元群可能是皮质功能柱。这种大胆的假设无疑给意识的研究指明了一条道路,那就是通过研究神经网络、细胞、分子等各层次的物质基础,最终将找到意识问题的答案。但是这个假设面临一个核心问题——到底是谁有“意识”?如果是神经细胞的话,那么“我”又是谁?

视频46
神经元群组
选择理论

12.5 神经元群组选择理论

诺贝尔奖获得者埃德尔曼(G. M. Edelman)依据脑的生理病理和解剖学上的事实,强调意识的整合性和分化性[20]。他认为丘脑-皮质系统在意识的产生方面起关键作用。这里丘脑特指丘脑层间核,网状核和前脑的底部,统称为“网状激活系统”,这部位的神经元弥散性地投射到丘脑和皮质,它的功能是激发丘脑-皮质系统,使整个皮质处于清醒状态。近年来的一些无损伤实验表明,皮质的多个脑区同时激发,而不是单一脑区的单独兴奋。

2003 年,埃德尔曼在美国科学院系列(PNAS)上发表了一篇论文[19],一开始就主张摒弃二元论。他分析了意识的特性后,指出意识研究必须考虑:

(1) 意识状态的可变性,分化性与联合统一后出现个体性之间的反差,其统一性又需要把来自各感觉通道的信息绑定在一起。

(2) 意向性,表明意识是一般的,同时,意识又受注意调制,并与记忆和意象有广泛的联系。

(3) 主观感觉和感受性。

神经科学表明,意识不是单个脑区或某些类型神经元的性质,而是广泛分布的神经元群体(group)中动态相互作用的结果。对意识活动起主要作用的系统是丘脑-皮质系统。意识经验的整合动态性认为丘脑-皮质系统的行为像一种功能性簇(cluster),其相互作用主要发生在其本身,当然,与其他系统也有一些相互作用,例如,与基底核的相互作用。在这些神经结构中活动的阈值受到上行价值系统的支配,如中脑的网状系统与丘脑层间核的相互作用,去甲肾上腺素能、五羟色胺能、胆碱能和多巴胺能核团。丘脑掌控了意识状态的水平,来自层间核的输入改变皮质活动的阈值。此外,在睡眠时,脑干对丘脑的作用影响意识状态起重要作用。

埃德尔曼认为脑是一个选择性系统,后天产生大量可变的线路,在经验中选择出某个特殊的线路。在这个选择系统中,结构不同的线路可能进行相同的功能或产生相同的输出。这就是神经元群组选择理论(Theory of Neuronal Group Selection,TNGS)。在这个理论中有一重要概念,即再入(re-entry),它是一个过程,又是意识涌现的中心环节。这也是埃德尔曼一贯主张的观点,再入是脑皮质内区域之间众多平行互逆纤维中进行的循环信号。再入是平行进行的选择性过程,它不同于反馈,后者是指令性的,牵涉到误差函数,而且是信号通道中序列式传递。竞争性神经元群组之间相互作用加上再入,在广泛分布的脑区中的同步活动,都会由于再入而决定选择的取向。这也可能为绑定问题提出一个解决方案,在缺少操作程序和上级协调者的情况下,如何把不同脑区的活动相关起来。把功能上分离的脑区活动联系起来是感觉分类的一个中心问题。

按神经元群组选择理论,脑中选择性事件受到上行的弥散的价值系统的约束。价值系统用调制或改变突触阈值的办法影响到选择过程。价值系统包括蓝斑(locus coeruleus)、缝核(the raphe nucleus)、胆碱能、多巴胺能、组胺能核。边缘系统和脑干价值系统会作用到突触强度的改变。这一系统极大的影响前脑,顶叶和颞叶皮层的活动,也是意识涌现的关键。

埃德尔曼提出的神经元群组选择理论(或神经达尔文主义)是他的意识理论框架的中心,主要体现在以下两点:

(1) 从本质上来说,一个选择性神经系统有十分巨大的多样性,这一点是脑意识状态复杂性所必需的。

(2) 再入在此起关键作用,它把分散的多个脑区的活动联系起来,然后在感觉分类时动态地改变。

因此,多样性和再入两者是意识经验的基本性质。

埃德尔曼把意识分为两类：一类是初级意识，另一类是高级意识。初级意识只考虑眼下的事件，高级意识只是在进化的后期才出现，在人类达到最高级阶段，可以使用语言交流，并可对行为做出计划。但神经活动在这两类意识中应当是类似的。埃德尔曼认为爬行类进化到哺乳类，大量新的互逆性联系发展出来，使得丰富的再入活动在前后脑之间发生，而后脑主要对感觉分类负责，前脑对价值系统负责。这种再入活动为感觉综合提供神经基础，也为眼前的复杂场景与过去经历的事件的记忆进行联系。在进化的最后期，再入通路把语义和行为联系起来，并形成概念。从而出现高级意识。

在此基础上，埃德尔曼引入"再入性动态核心"的概念。在一个复杂系统中，由许多小区域组成，它们之间半独立地活动，又通过相互作用形成较大的集群以产生整合性功能。丘脑-皮质系统就是这种复杂系统。再入性动态核心是一种过程，在500ms或少于这个时间内形成一种功能簇堆，然后向其他再入性动态核心转移，再入性动态核心就是功能簇。这发生在复杂系统中，以产生多样化的统一状态，这一点与克里克的"竞争性联盟"有许多共同之处。

12.6 意识的量子理论

量子论揭示了微观物质世界的基本规律，为所有物理过程、生物过程和生理过程的微观基础。量子系统超越了粒子与波或相互作用与物质的分别，以不可分割的并行分布式处理综合起作用。非局域性和远距相关性是量子特性，量子整体可能与意识密切相关。

量子波函数坍塌是一种变迁，指量子波函数从众多量子本征态线性组合的描述态向一个本征纯态的变迁，简单地说，众多量子图式的叠加波变换成单一的量子图式。波函数坍塌意味着一种从亚意识记忆到显式记忆的意识表象的选择性投射。有两种可能的记忆和回忆的理论，即上面提到的量子理论，或经典(神经)理论，记忆可能是突触连接系统的一种并行分布图式，但也可能是更精细的结构，比如由埃弗里特(H. Everett)提出的多世界解释量子理论的并行世界及玻姆的隐次序等。

澳大利亚国立大学脑意识研究中心主任、哲学家查尔默斯(David Chalmers)提出了多种量子力学方式来解释意识。他认为，坍塌的动力机制为相互作用论者的解释提供了开放余地。查尔默斯认为问题在于我们如何解释。我们想知道的不仅仅是关联，我们想要解释——大脑过程如何产生意识？为什么产生意识？这才是神秘之处。最有可能的解释是，在意识状态不可能被叠加的条件下，意识状态和系统的整体量子状态有关。大脑作为意识的物理系统，在非叠加的量子状态中，该系统的物理状态和精神现象相互关联。

美国数学家和物理学家彭罗斯(Roger Penrose)从歌德尔定理发展了自己的理论，认为人脑有超出公理和正式系统的能力。在他第一部有关意识的书《皇帝新脑》中提出[61]，大脑有某种不依赖于计算法则的额外功能，这是一种非计算过程，不受计算法则驱动；而算法却是大部分物理学的基本属性，计算机必须受计算法则的驱动。对于非计算过程，量子波在某个位置的坍塌，决定了位置的随机选择。波函数坍塌的随机性，不受算法的限制。人脑与电脑的根本差别，可能是量子力学不确定性和复杂非线性系统的混沌作用共同造成的。人脑包含了非确定性的自然形成的神经网络系统，具有电脑不具备的"直觉"，正是这种系统的"模糊"处理能力和效率极高的表现。传统的图灵机是确定性的串行处理系统，虽然也可以模拟这样的“模糊”处理，但是效率太低下了。正在研究中的量子计算机和计算机神经网络系统才真正有希望解决这样的问题，达到人脑的能力。

彭罗斯又提出了一种波函数坍塌理论，适用于不与环境相互作用的量子系统，却可能自行坍塌。他认为，每个量子叠加有自身的时空曲率，当它们距离超过普朗克长度(10^{-35}m)时就会坍塌，称为客观还原(objective reduction)。彭罗斯认为，客观还原所代表的既不是随机，也不是大部分物理所依赖的算法过程，而是非计算的，受时空几何基本层面的影响，在此之上产生了计算和意识。

1989年，彭罗斯在撰写第一部关于意识的书《皇帝新脑》时，还缺乏对量子过程在大脑中如何作用的详细描述。从事癌症研究和麻醉学研究的哈梅罗夫(S. R. Hameroff)读了彭罗斯的书，提出了微管结构作为对大脑量子过程的支持。支持神经元的细胞骨架蛋白主要由一种微管构成，而微管由微管蛋白二聚体亚单元组成，其功能包括传输分子、联系神经突触的神经传导素、控制细胞生长等。每个微管蛋白二聚体都有一些憎水囊，彼此间距约8nm，里面含有离域π电子。微管蛋白还有更小的非极性域，含有π电子富集吲哚环，相隔约2nm。哈梅罗夫认为这些电子之间距离很近，足以形成量子纠缠。

哈梅罗夫进一步提出，这些电子能形成一种玻色-爱因斯坦凝聚态，而且一个神经元中的凝聚态能通过神经元之间的间隙接点扩展到其他多个神经元，由此在扩展脑区形成宏观尺度的量子特征。当这种扩展的凝聚波函数坍塌时，就形成了一种非计算性的影响，而这种影响与深植于时空几何中的数学理解和最终意识体验有关。这种凝聚态的活动性造成了大脑中的伽玛波同步，传统神经科学认为这种同步与意识和间隙接点的功能有关。

彭罗斯和哈梅罗夫合作，在20世纪90年代早期共同建立了备受争议的“和谐客观还原模型(Orch-OR模型)。按照Orch-OR规定的量子叠加态进行运算之后，哈梅罗夫的团队宣布新的量子退相干所需的时间尺度要比泰格马克(Max Tegmark)的结果大7个级数。但这个结果依然比所需的时间少了25ms——如果想要使量子过程如同Orch-OR所描述的那样，能够和40Hz的伽玛同步产生关联的话。为了确认这一环节，哈梅罗夫等人做了一系列假设和提议。首先他们假设微管内部可以在液态和凝胶态之间互相转换。在凝胶状态下，他们进一步假设水的电偶极子会沿着微管外围的微管蛋白同向排列。哈梅罗夫认为，这种有序排列的水将会屏蔽微管蛋白中任何量子退相干过程。每个微管蛋白还会从微管中延伸出一条带负电荷的“尾巴”，从而可以吸引带正电荷的离子。这可以进一步屏蔽量子退相干的过程。除此之外，还有推测认为微管可在生物能的驱使下进入相干态。

佩罗斯(M. Perus)将神经计算与量子意识相结合的设想。在神经网络理论中神经元系统的状态是由一个向量描述的，正好反映的是神经元系统的随时间变化的活动性分布。特定的神经元图式代表一定的信息。在量子理论中，量子系统的状态则可以用随时间变化的波函数描述。这样一来，神经元状态是神经元图式的一种迭加就可以变为是量子本征波函数的一种迭加了，并且迭加的量子本征波函数通常具有正交性和正则性。在本征态的线性组合中，每一种本征态有一个对应的系数，描述在系统的实际状态中一种特定意义表达的可能性程度。神经元信号的时空整合可以用薛定锷方程的Feynman形式来描述。神经系统从潜意识到意识转变对应到“波函数坍塌”，从隐序到显序转变的结果。神经系统模型是以显式方式来给出神经系统的空间信息编码的，而对于时间信息编码则要来得间接。不过通过傅里叶变换，我们同样很容易建立起具有显式时间结构信息的描述方程。如果说，神经激活图式代表意识对象的描述，那么傅里叶变换后的神经激活频谱，代表的神经元激活振荡频率分布就与意识本身相关联了。这就是意识活动互补性的两个方面，共同给出意识过程整体性时空编码。

视频47 综合信息理论

12.7 综合信息理论

托诺尼(G. Tononi)与埃德尔曼等发表了一系列论文，阐明了意识的综合信息理论[77]。他们提出意识量是由复杂元素生成的综合信息量，并由它生成的信息关系规定的体验质量。托诺尼提出综合信息的两个测度[1]。

1. 测度 Φ_1

神经系统静态性质的度量。如果托诺尼是正确的，它会测量在一个系统中类似的意识潜力。它不能是系统当前的意识水平，因为它是一个固定的神经结构的固定值，不管系统当前的发放率(例如，对输入或内部动态变化进行响应)。托诺尼的第一项测度的工作原理是考虑所有的各种双分区的神经系统(分裂成两部分)：综合信息的能力被称为 Φ，并且由双分区子集可以交换的最小有效信息给定。托诺尼的方法需要检查所考虑的系统每个子集。每个双分区分为两个不重叠的部分。假设子集 S 分为 A 和 B，托诺尼定义了一个测度，称为有效信息(EI)。有效信息使用信息论中的标准度量互信息(MI)。这不是标准的互信息测度，而是考虑 A 和 B 之间的连通性的信息增益互信息测度。托诺尼的 EI 是一个衡量累积的信息增益测度，当 A 的输出在所有可能的值随机变化时，考虑对 B 的效果。其目的是将因果关系的一些因素结合起来。互信息 MI 可以用下面公式描述：

$$\mathrm{MI}(A:B)=H(A)+H(B)-H(AB)$$

其中，$H(\cdots)$是熵，反映不确定性的测度。如果 A 和 B 之间没有交互，则互信息为零，否则它是正值。

2. 测度 Φ_2

托诺尼和合作者提出 Φ 的修订测度，那就是 Φ_2。该修订测度 Φ_2 比前面的测度优越，因为它可以处理随时间变化的系统，提供一个瞬时到瞬时变化的 Φ_2 测度，对应于衡量瞬时到瞬时的意识水平。

Φ_2 也被定义为有效信息，但是有效信息现在的定义与 Φ_1 版本的完全不同。在这种情况下，有效信息是通过已知的因果结构中，系统在离散的时间步长下演变定义。考虑系统在时间 t_1 时的状态 x_1。给定该系统的体系结构，只有某些状态可能导致 x_1。托诺尼称这种状态的集合(其相关概率)为后验项。托诺尼还需要一个系统可能状态(和它们的概率)的测度，在这种情况下，我们不知道时间 t_1 时的状态，托诺尼称这种状态为先验项。在这种情况下，必须把每一个神经元的所有可能的激活值看成具有同样的可能，从而计算先验项。先验项和后验项将有各自相应的熵值。例如，如果先验项包括4个同样可能的状态，后验项有两个同样可能的状态，那么熵值将分别为两比特和一比特。这意味着，在时间 t_1 发现系统的状态为 x_1，获得了较早一个时间步的系统状态的信息。

托诺尼认为，这是系统变成状态 x_1 时生成多少信息的测度。在定义该系统有多少信息生成的测度时，托诺尼再次考虑如何“整合”这个信息测度。因此，他观察了可以任意地分解系统的可能性。对于每个部分(单独考虑),给定的当前状态只能来自某些可能的父状态。因此,我们可以问,有没有可能分解成几部分,使得系统整体的信息不多于单独部分的信息?如果有,那么我们已经找到一种方法来将系统分解成完全独立的部分。

在系统不能分解成完全独立的部分情况下,可以寻找整体相对于部分最低的附加信息的分解。托诺尼称这是最小信息划分。最小信息划分的有效信息(由整个系统给定的附加信息,而不是部分)是该系统的 Φ_2 值。

最后,我们通过对所有的子系统和所有的分区进行穷举搜索来定义复杂性。复杂性是系统具有给定的 Φ_2 的值,这不包含在任何具有较高 Φ 的大系统内。类似地,整个系统的主复杂性用最高的 Φ_2 复杂性表示,系统 Φ_2(或意识)的真正测度是主复杂性的 Φ_2。

在研究 Φ_2 时,我们注意到,很多 Φ_1 的问题仍然适用。首先,EI 和 Φ_2 本身在这方面是紧密联系在一起的,特别检查特定的系统。虽然 Φ_1、Φ_2 和 EI 是作为通用的概念,但目前的数学没有这样广泛适用的标准信息论测度。

托诺尼认识到,信息综合理论被用来研究系统维持状态的能力,可以说是"智能"。他与巴勒杜兹(D. Balduzzi)仔细推敲了感受性(Qualia)[8]。感受性的概念原来主要由哲学家使用,以便说明内部体验的质量。

托诺尼宣布已经找到感受性的信息机制,勇敢地面对周围的争议。托诺尼以几何的方式,引入形状,体现由系统相互作用产生的一整套信息关系作为感受性的概念。文献[8]探讨了感受性,其中涉及底层系统的特征和体验的基本特征,提供关于感受性几何神经生理学和现象学几何的初始数学词典。感受性空间(Q)是具有复杂性每个可能状态(活动模式)的轴线空间。在 Q 内,每个子机制规定一个点对应系统状态的。在 Q 内项目之间的箭头定义信息的关系。总之,这些箭头规定感受性的形状,反映意识体验的质量具有完全和明确的特点。形状的高度 W 是与体验相关的意识量。

12.8 机器意识系统

视频48 机器意识系统

图 12.2 给出了心智模型 CAM 的机器意识系统的示意图。可以看到,CAM 的意识系统主要由觉知模块、全局工作空间、注意模块、动机模块、元认知模块、内省学习模块构成。

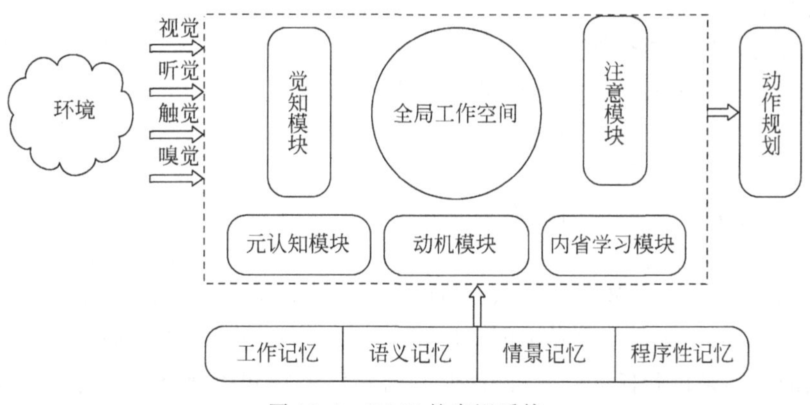

图 12.2 CAM 的意识系统

觉知模块开始于外界刺激的输入，激活感知系统的初级特征检测器。输出信号被发送到感觉记忆中，在那里更高层次的功能探测器用于更抽象的实体，如对象、类别、行动、事件等的检测。所产生的知觉移动到工作区，在那里产生本地联系的短暂情景记忆和陈述性记忆会被作为线索标记。这些本地联系与知觉结合，产生当前情景模型，用来表示智能体对当前正在发生的事情的理解。

全局工作空间模块是处在工作记忆部位，在这个记忆里不同的系统可以执行它们的活动。全局意味着这个记忆中的符号通过众多的处理器被分配、传递开来。当然，每一个处理器都可能产生一些局部的变量并运行。但它对全局性的符号、信息却是相当敏感，可以及时做出感应。当面对全新的以及与习惯性刺激存在差异的事物时，我们的各种感官都会产生定向反应，同时各种智能处理器会通过合作或竞争的方式在全局工作空间中展示它们对该新事物的认知分析方案，直到获得最佳的结果。全局工作空间可以看作信息共享的黑板系统，通过使用黑板，各个处理器试图传播全局性的信息，联合建立问题解决的办法。

全局工作空间的通过竞争选出最突出、最相关、最重要和最紧迫的事件，它们的内容就成为意识的内容。然后，这些意识的内容被广播到全空间，启动行动的选择阶段。

注意是复杂的认知功能，这是人类行为的本质。注意具有选择功能、维持功能、调节功能等功能。注意是一个外部选择过程(声音、图像、气味……)或内部(思维)事件都必须保持一定水平的觉知。根据给定的语境下，选择性或集中注意力的选择在信息上应优先处理。选择性注意使你专注于一个项目，明智地识别和区分不相关信息。CAM 采用兴趣度策略来实现注意选择。

动机是直接推动个体活动以达到一定目的内在动力和主观原因，是个体活动的引发和维持的心理状态。在心智模型 CAM 中，动机模块的实现是通过短时记忆系统完成。在 CAM 系统中，信念记忆存储智能体当前的信念，包含了动机知识。愿望是目标或者说是期望的最终状态。意图是智能体选择的需要现在执行的目标。目标/意图记忆模块存储当前的目标和意图信息。在 CAM 中，目标是由子目标组成的有向无环图，执行时分步处理。一个个子目标按照有向无环图所表示的路径完成，当所有的子目标都完成之后，总目标完成。对一个动机执行系统来说，最关键的就是智能体内部的规划部分。通过规划，每个子目标通过一系列的动作来完成，从而最终实现我们所希望看到的是任务。规划主要处理内部的信息和系统新产生的动机。

元认知模块为智能体提供关于自己思维活动和学习活动的认知和监控，其核心是对认知的认知。元认知模块具有元认知知识、元认知自我调节控制和元认知体验的功能。元认知知识包括关于主体的知识、任务的知识以及策略的知识。元认知体验指的是对于自己认知过程的体验。在认知过程中，通过元认知自我调节控制，选择合适的策略，实现策略的使用，进程与目标的比较，策略的调整等。

内省学习模块是通过检查和关注智能系统自身的知识处理和推理方式，从失败或低效中发现问题，形成修正自身的学习目标，由此改进自身处理问题的方法。在一般内省学习模型的基础上，采用本体技术构建知识库。内省学习系统中的一个重要问题就是失败的分类问题。失败的分类是诊断任务的基础，同时它为解释失败和构建修正学习目标提供重要的线索。失败分类需要考虑两个重要的因素：一个是失败分类的粒度，另一个是失败分类、解释失败及内省学习目标的关系。基于本体的知识库是将基于本体的知识表示方式同专家系统的知识库相结合，从而知识库具有概念化、形式化、语义明确、共享等优点。通过利用基于本体的知识库方法解决内省学习中的失败分类问题，使得失败分类更加清晰，检索过程更加有效。

关于心智模型 CAM 的机器意识系统的详细内容，请参阅《心智计算》[93]。

12.9 小结

意识的起源与本质是最重大的科学问题之一，也是智能科学研究的核心问题之一。剧场隐喻人的意识活动是一个容量有限的舞台，需要一个中央认知工作空间，它与剧场的舞台非常类似。全局工作空间理论反映了剧场隐喻的思想。

意识的综合信息理论主张意识量是由复杂元素生成的综合信息量，并由它生成的信息关系规定的体验质量。托诺尼以几何的方式，引入形状，体现由系统相互作用产生的一整套信息关系作为感受性的概念。

心智模型 CAM 的机器意识系统，由觉知、全局工作空间、注意、动机、元认知、内省学习模块构成，可以为开发机器自动控制系统提供参考。

思考题

1. 什么是意识？
2. 全局工作空间模型的核心思想是什么？
3. 如何理解意识是复杂系统上“涌现”出来的功能？
4. 意识的综合信息理论如何定量分析意识潜力？
5. CAM 的机器意识系统由哪些模块组成？试阐述各模块的功能。

第13章 智能机器人

CHAPTER 13

智能机器人拥有相当发达的“人工大脑”，可以进行按目的安排动作，还具有传感器和效应器。机器人技术的发展是一个国家高科技水平和工业自动化程度的重要标志和体现。在20世纪末计算机文化已深入人心的基础上，机器人文化将在21世纪对社会生产力的发展，对人类生活、工作、思维的方式以及社会发展产生无可估量的影响。

13.1 概述

智能机器人是一种具有智能的、高度灵活的、自动化的机器，具备感知、规划、动作、协同等能力，是多种高新技术的集成体。智能机器人是将体力劳动和智力劳动高度结合的产物，构建能“思维”的人造机器。

在我国的西周时期(公元前1066—公元前771年)，传说巧匠偃师献给周穆王一个能歌善舞的机器人“能倡者”。“能倡者”是人类文字记录中第一个真正的“类人机器人”：人之形加人之情，而且肝胆、心肺、脾脏、肠胃等五脏俱全。东汉时期张衡的指南车、三国时期诸葛亮的“木牛流马”等，都是现代机器人的早期雏形。

国外对机器人的设想和探索也可以追溯到古代。工业革命以后，从早期对机器人的幻想逐步过渡到了自动机械的研制。1886年，法国作家利尔亚当在他的小说《未来夏娃》中将外表像人的机器起名为“安德罗丁”(android)，它由4部分组成：

(1) 生命系统(平衡、步行、发声、身体摆动、感觉、表情、调节运动等)；

(2) 造型解质(关节能自由运动的金属覆盖体，一种盔甲)；

(3) 人造肌肉(在上述盔甲上有肉体、静脉、性别等身体的各种形态)；

(4) 人造皮肤(含有肤色、机理、轮廓、头发、视觉、牙齿、手爪等)。

1920年，捷克作家卡佩克(K. Capek)发表了科幻剧本《罗萨姆的万能机器人》。在剧本中，卡佩克把捷克语Robota写成了Robot，Robota是奴隶的意思。该剧预告了机器人的发展对人类社会的悲剧性影响，引起了大家的广泛关注，被当成了机器人一词的起源。

卡佩克提出的是机器人的安全、感知和自我繁殖问题。科学技术的进步很可能引发人类不希望出现的问题。为了防止机器人伤害人类，科幻作家阿西莫夫于1940年提出了“机器人三原则”：

(1) 机器人不应伤害人类；

(2) 机器人应遵守人类的命令，与第一条违背的命令除外；

(3) 机器人应能保护自己，与第一条相抵触者除外。

这是给机器人赋予的伦理性纲领。机器人学术界一直将这三原则作为机器人开发的准则。

1967 年，在日本召开的第一届机器人学术会议上，提出了两个有代表性的机器人定义。一是森政弘(Masahiro Mori)与合田周平提出的："机器人是一种具有移动性、个体性、智能性、通用性、半机械半人性、自动性、奴隶性 7 个特征的柔性机器。"从这一定义出发，森政弘又提出了用自动性、智能性、个体性、半机械半人性、作业性、通用性、信息性、柔性、有限性、移动性 10 个特性来表示机器人的形象。另一个是加藤一郎提出的具有如下 3 个条件的机器称为机器人：

(1) 具有脑、手、脚三要素的个体；

(2) 具有非接触传感器(用眼、耳接收远方信息)和接触传感器；

(3) 具有平衡觉和固有觉的传感器。

机器人的定义是多种多样的，其原因是它具有一定的模糊性。动物一般具有上述这些要素，所以在把机器人理解为仿人机器的同时，也可以广义地把机器人理解为仿动物的机器。

1954 年，美国德沃尔(G. Devol)设计开发了第一台可编程的工业机器人。1962 年，美国 Unimation 公司的第一台机器人 Unimate 在美国通用汽车公司投入使用，这标志着第一代机器人的诞生。20 世纪 80 年代中后期，随着各大厂家应用机器人的技术日臻成熟，第一代机器人的技术性能越来越满足不了实际需要，美国开始生产带有视觉、力觉的第二代机器人，并很快占领了美国 60%的机器人市场。尽管美国在机器人发展史上走过一条重视理论研究、忽视应用开发研究的曲折道路，但是美国的机器人技术在国际上仍一直处于领先地位。其技术全面、先进，适应性也很强。具体表现在：

(1) 性能可靠，功能全面，精确度高；

(2) 机器人语言研究发展较快，语言类型多、应用广，水平高居世界之首；

(3) 智能技术发展快，其视觉、触觉等人工智能技术已在航天、汽车工业中广泛应用；

(4) 高智能、高难度的军用机器人、太空机器人等发展迅速，主要用于扫雷、布雷、侦察、站岗及太空探测方面。

1967 年，日本川崎重工业公司从美国 Unimation 公司引进机器人及其技术，建立起生产车间，并于 1968 年试制出第一台川崎的"尤尼曼特"机器人。日本机器人产业迅速发展起来，经过短短的十几年，到 20 世纪 80 年代中期，已一跃成为"机器人王国"，其机器人的产量和安装的台数在国际上跃居首位。日本机器人的发展经过了 20 世纪 60 年代的摇篮期，20 世纪 70 年代的实用期，到 20 世纪 80 年代进入普及提高期。并正式把 1980 年定为"产业机器人的普及元年"，开始在各个领域内广泛推广使用机器人。

机器人现在已被广泛地用于生产和生活的许多领域，按其拥有智能的水平可以分为 3 个层次：

(1) 工业机器人。它只能死板地按照人给它规定的程序工作，不管外界条件有何变化，自己都不能对程序也就是对所做的工作做相应的调整。如果要改变机器人所做的工作，必须由人对程序作相应的改变，因此它是毫无智能的。

(2) 初级智能机器人。它和工业机器人不一样,具有像人那样的感受、识别、推理和判断能力。可以根据外界条件的变化,在一定范围内自行修改程序,也就是它能适应外界条件变化对自己怎样作相应调整。不过,修改程序的原则由人预先给以规定。这种初级智能机器人已拥有一定的智能,虽然还没有自动规划能力,但这种初级智能机器人也开始走向成熟,达到实用水平。

(3) 高级智能机器人。它和初级智能机器人一样,具有感觉、识别、推理和判断能力,同样可以根据外界条件的变化,在一定范围内自行修改程序。所不同的是,修改程序的原则不是由人规定的,而是机器人自己通过学习,总结经验来获得修改程序的原则。所以它的智能高于初级智能机器人。这种机器人已拥有一定的自动规划能力,能够自己安排自己的工作.这种机器人可以不要人的照料,完全独立地工作,故称为高级自律机器人。这种机器人也开始走向实用。

从广义上理解所谓的智能机器人,它给人的最深刻的印象是一个独特的进行自我控制的"活物",它有相当发达的"大脑"。在脑中起作用的是中央计算机,这种计算机跟操作它的人有直接的联系。最主要的是,这样的计算机可以进行按目的安排的动作。正因为这样,我们才说这种机器人才是真正的机器人,尽管它们的外表可能有所不同。智能机器人能够理解人类语言,用人类语言同操作者对话,在它自身的"意识"中单独形成了一种使它得以"生存"的外界环境——实际情况的详尽模式。它能分析出现的情况,能调整自己的动作以达到操作者所提出的全部要求,能拟定所希望的动作,并在信息不充分和环境迅速变化的情况下完成这些动作,具有自适应的能力。

视频49 智能机器人的体系结构

13.2 智能机器人的体系结构

智能机器人体系结构指一个智能机器人系统中的智能、行为、信息、控制的时空分布模式。体系结构是机器人本体的物理框架,是机器人智能的逻辑载体,选择和确定合适的体系结构是机器人研究中最基础的并且非常关键的一个环节。以智能机器人系统的智能、行为、信息、控制的时空分布模式作为分类标准,沿时间线索归纳出5种典型结构:分层递阶结构、包容结构、进化控制结构、社会机器人结构和认知机器人结构。

1. 分层递阶结构

1979年萨里迪斯(G. Saridis)提出分层递阶结构,其分层原则是:随着控制精度的增加而智能能力减少。他根据这一原则把智能控制系统分为3级,即组织级、协调级和执行级。图13.1给出了分层递阶结构。分层递阶结构是目标驱动的慎思结构,其核心在于基于符号的规划,其思想源于西蒙和纽厄尔的物理符号系统假说。美国航天航空局(NASA)和美国国家标准局(NBS)提出一个机器人NASREM结构体系,它是一个严格按时间和功能划分模块的分层梯阶系统。系统对总命令一级一级进行时间和空间上的分解并根据需要调用传感器信息处理模块及相应的数据。NASREM是NASA/NBS提出的参考模型并首先应用在空间机

指挥人员
组织级
协调级
执行级

图13.1 分层递阶结构

器人上，整个系统分成信息处理、环境建模、任务分解3列和坐标变换与伺服控制、动力学计算、基本运动、单体任务、成组任务、总任务6层，所有模块共享一个全局存储器(数据库)，系统还包括一个人机接口模块。它是一个典型的、严格按时间和功能划分模块的分层递阶系统。

分层递阶结构智能分布在顶层，通过信息的逐层向下流动，间接地控制行为。该结构具有很好的规划推理能力，通过自上而下逐层分解任务，模块工作范围逐层缩小，问题求解精度逐层增高，实现了从抽象到具体、从定性到定量、从人工智能推理方法发展到数值算法的过渡，较好地解决了智能和控制精度的关系，其缺点是系统可靠性、鲁棒性、反应性差。

2. 包容结构

1986年，布鲁克斯以移动机器人为背景提出了一种依据行为来划分层次和构造模块的思想[10]。他相信机器人行为的复杂性反映了其所处环境的复杂性，而非机器人内部结构的复杂性，于是提出了包容结构(见图13.2)，这是一种典型的反应式结构(也称为基于行为或基于情境的结构)。包容结构中每个控制层都直接基于传感器的输入进行决策，在其内部不维护外界环境模型，可以在完全陌生的环境中进行操作。布鲁克斯采用包容结构构造了多种机器人，这些机器人确实显示出非常强的智能行为。随后涌现了一批基于包容结构的研究成果。

包容结构中没有环境模型，模块之间信息流的表示也很简单，反应性非常好，其灵活的反应行为体现了一定的智能特征。包容结构不存在中心控制，各层间的通信量极小，可扩充性好。多传感信息各层独自处理，增加了系统的鲁棒性，同时起到了稳定可靠的作用。但包容结构过分强调单元的独立、平行工作，缺少全局的指导和协调，虽然在局部行动上可显示出很灵活的反应能力和鲁棒性，但是对于长远的全局性的目标跟踪显得缺少主动性，目的性较差，而且难以加入人的经验、启发性知识。

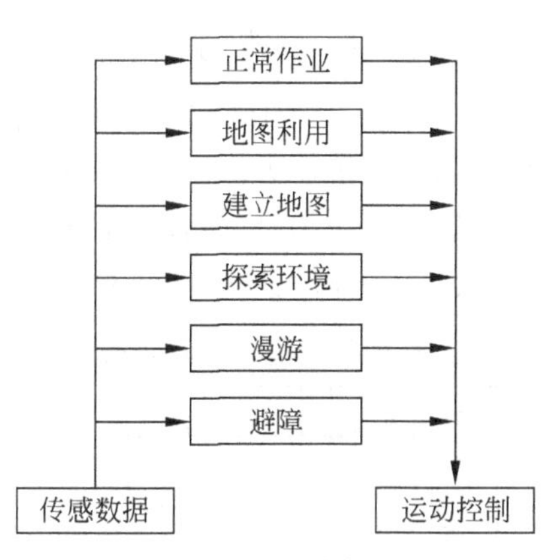

图13.2 包容结构

3. 进化控制结构

将进化计算理论与反馈控制理论相结合，形成了一个新的智能控制方法——进化控制。它能很好地解决移动机器人的学习与适应能力方面的问题。2000年，蔡自兴提出了基于功能/行为集成的自主式移动机器人进化控制体系结构[86]。图13.3给出了进化控制体系结构，整个体系结构包括进化规划与基于行为的控制两大模块。这种综合的体系结构的优点是既具有基于行为的系统的实时性，又保持了基于功能的系统的目标可控性。同时该体系结构具有自学习功能，能够根据先验知识、历史经验、对当前环境情况的判断和自身的状况，调整自己的目标、行为，以及相应的协调机制，以达到适应环境、完成任务的目的。

进化控制结构的独特之处在于其智能分布在进化规划过程中。进化计算在求解复杂问题优化解时具有独到的优越性，它提供了使机器人在复杂的环境中寻找一种具有竞争力的优化结构和控制策略的方法，使移动机器人能够根据环境的特点和自身的目标自主地产生各种行为能力模块并调整模块间的约束关系,从而展现适应复杂环境的自主性。

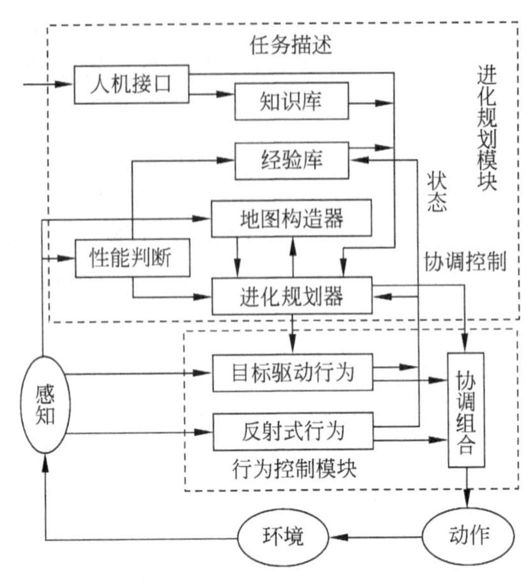

图 13.3 进化控制体系结构

4. 社会机器人结构

1999 年,鲁尼(B. Rooney)等根据社会智能假说提出了由物理层、反应层、慎思层和社会层构成的社会机器人体系结构(见图 13.4),其特色之处在于基于信念-愿望-意图(BDI)模型的慎思层和基于智能体通信语言 Teanga 的社会层,BDI 赋予了机器人心智状态,Teanga 赋予了机器人社会交互能力。

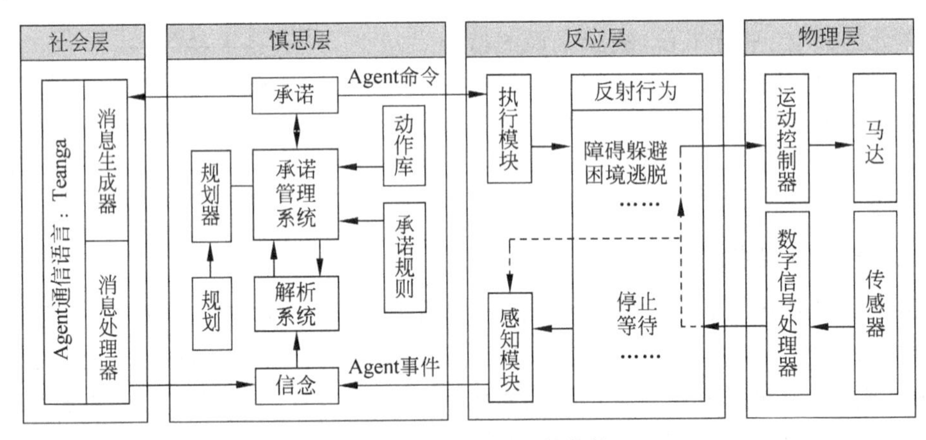

图 13.4 社会机器人的结构

社会机器人结构采用智能体对机器人建模,更自然、更贴切,能很好地描述智能机器人的智能、行为、信息、控制的时空分布模式,引入智能体理论可以对机器人的智能本质(心智)进行更细致地刻画,对机器人的社会特性进行更好地封装。社会机器人结构继承了智能体的自主性、反应性、社会性、自发性、自适应性和规划、推理、学习能力等一系列良好的智能特性,对机器人内在的感性和理性、外在的交互性和协作性实现了物理上和逻辑上的统一。从人工智能到分布式人工智能，从智能体到多智能体，从单机器人到机器人群体，从人工生命到人工社会，智能科学正在经历着从个体智能到群体智能的发展过程。

5. 认知机器人结构

近年来，随着智能科学、行为学、生物学、心理学等理论成果的不断引入，认知机器人已成为智能机器人发展的一个重要课题。认知机器人是一种具有类似人类高层认知能力并能适应复杂环境、完成复杂任务的新一代机器人。图 13.5 给出了一种认知机器人的抽象结构，分为 3 层，即计算层、构件层和硬件层。计算层包括知觉、认知、行动。知觉是在感觉的基础上产生的，是对感觉信息的整合与解释。认知包括行动选择、规划、学习、多机器人协同、团队工作等。行动是机器人控制系统的最基本单元，包括移动、导航、避障等，所有行为都可由它表现出来。行为是感知输入到行动模式的映射，行动模式用来完成该行为。在构件层包括感觉驱动器（感觉库）、行动驱动器（运动库）和通信接口。硬件层有传感器、激励器、通信设施等。当机器人在环境中运行时，通过传感器获取环境信息，根据当前的感知信息来搜索认知模型，如果存在相应的经验与之匹配，则直接根据经验来实现行动决策，如果不具有相关经验，则机器人利用知识库来进行推理。

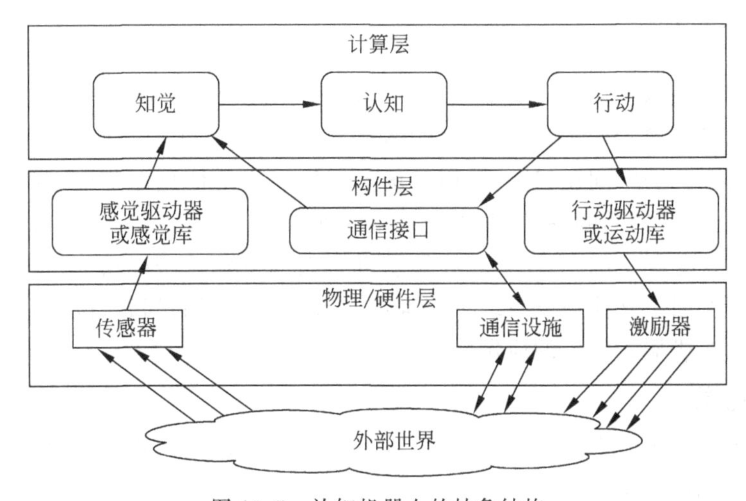

图 13.5 认知机器人的抽象结构

密西根大学的莱德（J. Laird）等采用 SOAR 认知模型构建认知机器人[39]，系统中将符号处理与非符号处理结合，具有多种学习机制。多伦多大学的莱维斯克（H. Levesque）等利用逻辑研究动态和不完全环境中认知机器人的知识表示和推理问题。阿拉米（R. Alarmi）等人提出具有人类自我意识的机器人。

13.3 机器人视觉系统

视频 50 机器人视觉系统

机器人视觉系统是指用计算机来实现人的视觉功能，也就是用计算机来实现对客观的三维世界的识别。人类接受的信息 70%以上来自视觉，人类视觉为人类提供了关于周围环境最详细可靠的信息。人类视觉所具有的强大功能和完美的信息处理方式引起了智能研究者的极大兴趣，人们希望以生物视觉为蓝本研究一个人工视觉系统用于机器人中，期望机器人拥有类似人类感受环境的能力。机器人要对外部世界的信息进行感知,就要依靠各种传感器。就像人类一样,在机器人的众多感知传感器中,视觉系统提供了大部分机器人所需的外部世界信息。因此视觉系统在机器人技术中具有重要的作用。

13.3.1 视觉系统分类

依据视觉传感器的数量和特性,目前主流的移动机器人视觉系统有单目视觉、双目立体视觉、多目视觉、全景视觉和混合视觉系统。

1. 单目视觉

单目视觉系统只使用一个视觉传感器。单目视觉系统在成像过程中由于从三维客观世界投影 N 维图像上,从而损失了深度信息,这是此类视觉系统的主要缺点。尽管如此,由于单目视觉系统结构简单、算法成熟且计算量较小,在自主移动机器人中业已得到广泛应用,如用于目标跟踪、基于单目特征的室内定位导航等。同时,单目视觉是其他类型视觉系统的基础,如双目立体视觉、多目视觉等都是在单目视觉系统的基础上,通过附加其他手段和措施而实现的。

2. 双目立体视觉

双目视觉系统由两个摄像机组成,利用三角测量原理获得场景的深度信息,并且可以重建周围景物的三维形状和位置,类似人眼的体视功能,原理简单。双目视觉系统需要精确地知道两个摄像机之间的空间位置关系,而且场景环境的三维信息需要两个摄像机从不同角度,同时拍摄同一场景的两幅图像,并进行复杂的匹配,才能准确得到。立体视觉系统能够比较准确地恢复视觉场景的三维信息,在移动机器人定位导航、避障、地图构建等方面得到了广泛的应用。然而。立体视觉系统中的难点是对应点匹配的问题,该问题在很大程度上制约着立体视觉在机器人领域的应用前景。

3. 多目视觉

多目视觉系统采用 3 个或 3 个以上的摄像机,三目视觉系统居多,主要用来解决双目立体视觉系统中匹配多义性的问题,提高匹配精度。多目视觉系统最早由莫拉维克(H. Moravec)研究,他为 Stanford Cart 研制的视觉导航系统采用单个摄像机的“滑动立体视觉”实现;雅西达(M. Yachida)提出了三目立体视觉系统解决对应点匹配的问题,真正突破了双目立体视觉系统的局限,并指出以边界点作为匹配特征的三目视觉系统中,其三元匹配的准确率比较高;艾雅湜(N. Ayache)提出了用多边形近似后的边界线段作为特征的三目匹配算法,并用到移动机器人中,取得了较好的效果;三目视觉系统的优点是充分利用了第三个摄像机的信息,减少了错误匹配,解决了双目视觉系统匹配的多义性,提高了定位精度,但三目视觉系统要合理安置 3 个摄像机的相对位置,其结构配置比双目视觉系统更烦琐,而且匹配算法更复杂,需要消耗更多的时间,实时性更差。

4. 全景视觉系统

全景视觉系统具有较大水平视场的多方向成像系统,其突出优点是具有较大的视场,可以达到 360°,是其他常规镜头无法比拟的。全景视觉系统可以通过图像拼接的方法或者通过折反射光学元件实现。图像拼接的方法使用单个或多个相机旋转,对场景进行大角度扫描，获取不同方向上连续的多帧图像，再用拼接技术得到全景图。图像拼接形成全景图的方法成像分辨率高，但拼接算法复杂，成像速度慢，实时性差。折反射全景视觉系统由CCD摄像机、折反射光学元件等组成，利用反射镜成像原理，可以观察周围360°场景，成像速度快，能达到实时要求，具有十分重要的应用前景，可以应用在机器人导航中。目前，利用全景视觉最为成功的典型实例是RoboCup足球比赛机器人。

5. 混合视觉系统

混合视觉系统吸收了各种视觉系统的优点，采用两种或两种以上的视觉系统组成复合视觉系统，多采用单目或双目视觉系统，同时配备其他视觉系统。日本早稻田大学研制的机器人BUGNOID的混合视觉系统由全景视觉系统和双目立体视觉系统组成，其中全景视觉系统提供大视角的环境信息，双目立体视觉系统配置成平行的方式，提供准确的距离信息；CMU的流浪者机器人（Nomad）采用混合视觉系统，全景视觉系统由球面反射形成，提供大视角的地形信息，双目视觉系统和激光测距仪检测近距离的障碍物；清华大学的朱志刚使用一个摄像机研制了多尺度视觉传感系统POST，实现了双目注视、全方位环视和左右两侧的时空全景成像，为机器人提供导航。混合视觉系统具有全景视觉系统视场范围大的优点，同时又具备双目视觉系统精度高的长处，但是该类系统配置复杂，成本比较高。

13.3.2　定位技术

机器人研究的重点转向能在未知、复杂、动态环境中独立完成给定任务的自主式移动机器人的研究。自主移动机器人的主要特征是能够借助于自身的传感器系统实时感知和理解环境，并自主完成任务规划和动作控制，而视觉系统则是其实现环境感知的重要手段之一。典型的自主移动机器人视觉系统应用包括室内机器人自主定位导航、基于视觉信息的道路检测、基于视觉信息的障碍物检测与运动估计、移动机器人视觉伺服等。

移动机器人导航中，实现机器人自身的准确定位是一项最基本、最重要的功能。移动机器人常用的定位技术包括以下几个：

（1）基于航迹推算的定位技术，航迹推算（Dead-Reckoning，DR）是一种使用最广泛的定位手段。该技术的关键是要能测量出移动机器人单位时间间隔走过的距离，以及在这段时间内移动机器人航向的变化。

（2）基于信号灯的定位方法，该系统依赖一组安装在环境中已知的信号灯，在移动机器人上安装传感器，对信号灯进行观测。

（3）基于地图的定位方法，该系统中机器人利用对环境的感知信息对现实世界进行建模，自动构建一个地图。

（4）基于路标的定位方法，该系统中机器人利用传感器感知到的路标的位置来推测自己的位置。

（5）基于视觉的定位方法。利用计算机视觉技术实现环境的感知和理解从而实现定位。

13.3.3　自主视觉导航

机器人自主视觉导航是目前世界范围内人工智能、机器人学、自动控制等学科领域内的研究热点。传统机器人自主导航依赖轮式里程计、惯性导航装置(IMU)、GPS卫星定位系统等进行定位。轮式里程计在车轮打滑情况下会产生较大误差,惯性导航装置(IMU)在长距离导航中受误差累积影响会造成定位精度下降,GPS定位技术在外星球探测或室内封闭环境应用中受到诸多限制。因此,基于双目立体视觉的定位算法成为解决轮式里程计和惯性导航装置定位误差的可行方法。另外,机器人自主导航需要对周围环境进行实时动态的感知和重建,并构建地图用于导航和避障。传统的地形感知多使用激光雷达、声呐、超声、红外等传感器及相关方法,激光雷达功耗、体积较大,不适用于小型移动机器人,而超声、红外传感器作用距离有限且易受干扰,而采用被动光学传感器的视觉方法,体积功耗小,信息量丰富,因此基于视觉方法进行地形感知与地图构建具有广阔的应用前景。

13.3.4 视觉伺服系统

最早基于视觉的机器人系统采用的是静态双环动态方式,即先由视觉系统采集图像并进行相应处理,然后通过计算估计目标的位置来控制机器人运动。这种操作精度直接与视觉传感器、机械手及控制器的性能有关,这使得机器人很难跟踪运动物体。到20世纪80年代,计算机及图像处理硬件得到发展,使得视觉信息可用于连续反馈,于是人们提出了基于视觉的伺服控制形式。这种方式可以克服模型(包括机器人、视觉系统、环境)中存在的不确定性,提高视觉定位或跟踪的精度。

可以从不同的角度,如反馈信息类型、控制结构和图像处理时间等方面对视觉伺服机器人控制系统进行分类。从反馈信息类型的角度,机器人视觉系统可分为基于位置的视觉控制和基于图像的视觉控制。前者的反馈偏差在3D笛卡儿空间进行计算,后者的反馈偏差在2D图像平面空间进行计算。

从控制结构的角度,可分为开环控制系统和闭环控制系统。开环控制的视觉信息只用来确定运动前的目标位姿,系统不要求昂贵的实时硬件,但要求事先对摄像机和机器人进行精确标定。闭环控制的视觉信息用作反馈,这种情况下能克服摄像机与机器人的标定误差,但要求快速视觉处理硬件。根据视觉处理的时间可将系统分为静态和动态两类。

根据摄像机的安装位置可分为手眼系统(eye-in-hand)安装方式和其他安装方式。前者在摄像机与机器人末端之间存在固定的位置关系,后者的摄像机则固定于工作区的某个位置。最近也有人把摄像机安装在机械手的腰部,即具有一个自由度的主动性。根据所用摄像机的数目可分为单目、双目和多目等。根据摄像机观测到的内容可分为EOL和ECL系统。EOL系统中摄像机只能观察到目标物体;ECL系统中摄像机同时可观察到目标物体和机械手末端,这种情况的摄像机一般固定于工作区,其优点是控制精度与摄像机和末端之间的标定误差无关,缺点是执行任务时,机械手会挡住摄像机视线。

根据是否用视觉信息直接控制关节角,可分为动态双环动态系统和直接视觉伺服系统。前者的视觉信息为机器人关节控制器提供设定点输入,由内环的控制器控制机械手的运动;后者用视觉伺服控制器代替机器人控制器,直接控制机器人关节角。由于目前的视频部分采样速度不是很高,加上一般机器人都有现成的控制器,所以多数视觉控制系统都采用双环动态方式。此外,也可根据任务进行分类,如基于视觉的定位跟踪或抓取等。

视觉伺服的性能依赖于控制回路中所用的图像特征。特征包括几何特征和非几何特征,机械手视觉伺服中常见的是采用几何特征。早期视觉伺服中用到的多是简单的局部几何特征，如点、线、圆圈、矩形、区域面积等以及它们的组合特征。其中点特征应用最多。局部特征虽然得到了广泛应用，而且在特征选取恰当的情况下可以实现精确定位，但当特征超出视域时很难做出准确的操作，特别是对于真实世界中的物体。其形状、纹理、遮挡情况、噪声、光照条件等都会影响特征的可见性，所以单独利用局部特征会影响机器人可操作的任务范围，近来有人在视觉控制中利用全局的图像特征。如特征向量、几何矩、图像到直线上的投影，随机变换，描述子等，全局特征可以避免局部特征超出视域所带来的问题，也不需要在参考特征与观察特征之间进行匹配，适用范围较广，但定位精度比用局部特征低。总之，特征的选取没有通用的方法。必须针对任务、环境、系统的软硬件性能。在时间、复杂性和系统的稳定性之间进行权衡。早期的视觉控制机器人，一般取图像特征的数目与机器人的自由度相同，例如，威尔斯(Wells)和斯塔特森(Standersons)要求允许的机器人自由度数一定要等于特征数。这样可以保证图像雅可比矩阵是方阵，同时要求所选的特征是合适的，以保证图像雅可比矩阵非奇异。

13.4 机器人路径规划

视频51 机器人路径规划

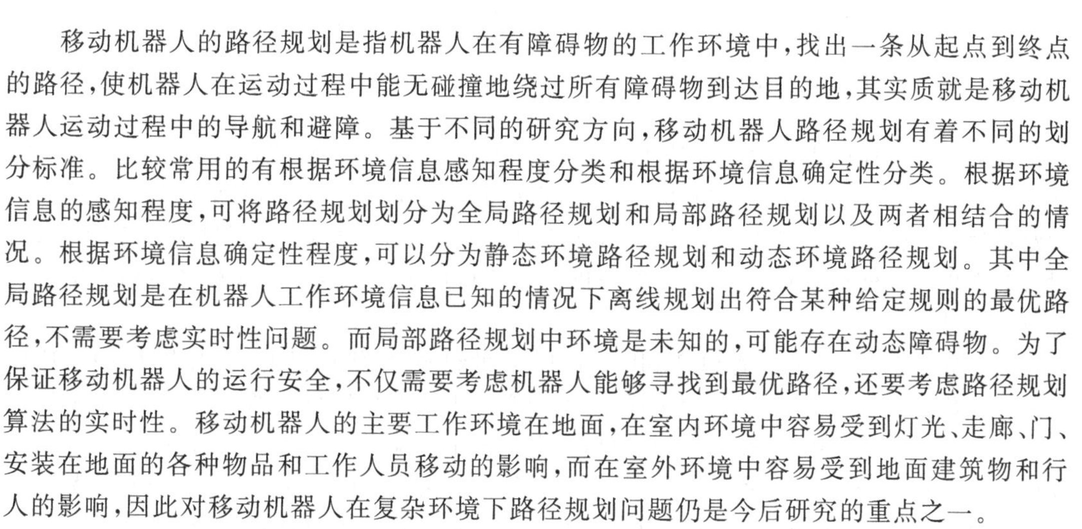

移动机器人的路径规划是指机器人在有障碍物的工作环境中，找出一条从起点到终点的路径，使机器人在运动过程中能无碰撞地绕过所有障碍物到达目的地，其实质就是移动机器人运动过程中的导航和避障。基于不同的研究方向，移动机器人路径规划有着不同的划分标准。比较常用的有根据环境信息感知程度分类和根据环境信息确定性分类。根据环境信息的感知程度，可将路径规划划分为全局路径规划和局部路径规划以及两者相结合的情况。根据环境信息确定性程度，可以分为静态环境路径规划和动态环境路径规划。其中全局路径规划是在机器人工作环境信息已知的情况下离线规划出符合某种给定规则的最优路径，不需要考虑实时性问题。而局部路径规划中环境是未知的，可能存在动态障碍物。为了保证移动机器人的运行安全，不仅需要考虑机器人能够寻找到最优路径，还要考虑路径规划算法的实时性。移动机器人的主要工作环境在地面，在室内环境中容易受到灯光、走廊、门、安装在地面的各种物品和工作人员移动的影响，而在室外环境中容易受到地面建筑物和行人的影响，因此对移动机器人在复杂环境下路径规划问题仍是今后研究的重点之一。

在当今移动机器人路径规划中，全局路径规划主要是环境建模和路径搜索策略两个子问题。其中环境建模的主要方法有自由空间法、可视图法(V-graph)和栅格法(grids)等。路径搜索主要有：A^*算法、D^*最优算法等。局部路径规划的主要方法有遗传算法、人工势场法(artificial potential field)、模糊逻辑算法和滚动窗口法等。

13.4.1 全局路径规划

全局路径规划算法(global path planning)主要是指依据已获取的全局环境信息，给机器人规划出一条从起点至终点的运动路径。全局路径规划方法通常给出的是最优值，但是计算量大、时间久、实时性差，不适合动态环境下的路径规划，基于环境建模的全局路径规划算法主要有以下几种：

(1) 可视图法。视机器人为一点，将机器人、目标点和障碍物的各顶点进行组合连接，要求机器人和障碍物各顶点之间、各障碍物顶点与顶点之间及障碍物各顶点和目标点之间的连线均不能穿越障碍物,即两点之间的直线可视的。最优路径的搜索问题就转化为从起始点到目标点经过这些可视直线组合的最短距离问题。运用优化算法,删除一些不必要的连线以简化可视图,缩短搜索时间。该方法能够求得最短路径,但由于假设了机器人的尺寸大小忽略不计,使得机器人通过障碍物顶点时离障碍物太近,甚至发生接触并且搜索时间长,对于 N 条连线的搜索时间为 TN。切线图法和 Voronoi 图法是可视图法的改进方法。

(2) 自由空间法。在机器人路径规划的应用中,采用了预先定义形状的如广义锥形或者凸多边形等一些基本形状构造成为自由空间,并使用自由空间表示连通图,通过搜索连通图来进行路径规划的优点是比较灵活,起始点和目标点改变不会使连通图出现重构的情况;缺点是复杂程度与障碍物的多少成正比,在一些情况下无法获得最短路径。

(3) 栅格法。将机器人活动空间划分成一系列具有二值信息的网格单元,多采用四叉树或八叉树表示机器人活动范围并通过优化算法完成路径搜索。该方法以栅格为单位记录环境信息,环境被量化成一系列具有一定分辨率的栅格,栅格的大小直接影响着环境信息存储量的大小和规划时间的长短。栅格划分大了,环境信息存储量小,规划时间短,但分辨率下降,在障碍物密集的环境下发现路径的能力减弱;栅格划分小了,环境分辨率高,在密集环境下发现路径的能力增强,但环境信息存储量迅速增大,且规划时间长。

13.4.2 局部路径规划

局部路径规划算法侧重于机器人探测的当前局部信息。这种机器人具有更好的实时性,其路径规划仅依靠传感器实时探测信息,现在很多机器人都采用这种路径规划方法。这种路径规划有较强的实用性和实时性,对环境的适应能力强。其缺点是仅依靠局部信息,有时候会产生局部极小值或震荡,无法保证机器人顺利到达目标点。局部路径规划方法主要是以下几种:

(1) 遗传算法。由霍兰德(J. Holland) 于 20 世纪 60 年代初提出,它以自然遗传、选择机制等生物进化理论为基础,利用选择、交叉和变异来培养控制机构的计算程序,在某种程度上对生物进化过程用数学方式进行模拟。它不要求适应度函数是连续可导的,只要求适应度函数为正,同时作为一种并行算法,它的并行性适用于全局搜索。多数优化算法都是单点搜索算法,易于陷入局部最优值,而遗传算法是一种多点搜索算法,因而搜索到全局最优解的可能性更大。由于遗传算法的整体搜索策略和优化计算不依赖于梯度信息,所以很好地解决了其他一些优化算法无法解决的问题,但遗传算法运算速度不够快、进化元素众多,需要占据较大的存储空间和长时间的运算。

(2) 人工势场法。是由哈迪布(O. Khatib) 提出的一种虚拟力法,其基本思想是将机器人在环境中的运动视为一种虚拟的人工受力场中的运动。障碍物对机器人产生斥力,目标点产生引力,引力和斥力的合力作为机器人运动的加速力,来控制机器人的运动方向和计算机器人运动速度。该方法结构简单,适于低层的实时控制,在实时避障和轨迹平滑的控制方面,取得了广泛的应用,但由于其存在局部最优解的问题,容易产生死锁现象,容易使机器人在到达目标点之前就停留在局部最优点。

(3) 模糊方法。不需要建立完整的环境模型,也不需要进行复杂的计算和推理,尤其在对传感器信息的精度要求不高的情况下,对机器人周围环境和机器人的位姿信息具有不确定性，也不敏感，能使机器人的行为体现出很好的稳定性、一致性和连续性，能比较圆满地解决一部分规划问题。对处理未知环境下的规划问题显示出很大的优越性，对于通常的用定量方法来解决很复杂的问题或当外界只能提供定性近似的、不确定的信息数据时非常有效，但模糊规则往往是根据人们的经验预先制定的，所以存在着无法学习、灵活性差的缺点。

(4) 蚁群算法。意大利学者杜里古(M. Dorigo) 等人于 1991 年创立的，是继神经网络、遗传算法、免疫算法之后启发式搜索算法的又一新发现。蚂蚁是一种社会性昆虫，它们有组织、分工，还有通信系统，它们相互协作，能完成寻找一条从蚁穴到食物源寻找最短路径的任务。人工蚁群算法是模拟蚂蚁群体智能算法的具有分布计算、信息正反馈和启发式搜索的特点，在连续时间系统的优化、在求解组合优化问题中获得广泛应用。

(5) 粒子群优化算法。这是一种进化计算技术，由埃伯哈特(Eberhart)和肯尼迪(Kennedy)1995 年提出的，它从鸟类捕食模型中得到启示并用于解决优化问题。在粒子群优化算法中，每个优化问题的解都是搜索空间中的一个粒子值，称之为“粒子”，所有的粒子都有一个适应值是由被优化的函数决定的，每个粒子飞行的方向和距离都有一个速度决定，然后粒子们就追随当前的最优粒子在解空间中搜索粒子群优化算法初始化为一群随机的粒子，在每一次迭代过程中，粒子通过跟踪两个“极值”不断更新自己。粒子群优化算法同遗传算法类似，是一种基于迭代的优化工具，但是并没有遗传算法用的交叉以及变异，而是粒子在解空间追随最优的粒子进行搜索。

(6) 滚动窗口。借鉴了预测控制滚动优化原理，把控制论中将优化和反馈两种基本机制合理地融为一体，使得整个控制既基于反馈，又基于模型优化。基于滚动窗口的路径规划算法的基本思路是：在滚动的每一步，先进行场景预测，机器人根据其探测到的局部滚动窗口范围内的环境信息，用启发式方法生成局部子目标，并对窗口内动态障碍物的运动状态进行预测，判断机器人与动态障碍物相碰撞的可能性，机器人根据窗口内的环境信息及其预测的结果，选择路径规划算法，确定向子目标行进的局部路径，并依所规划的局部路径行进一步，窗口相应向前滚动，然后在新的滚动窗口产生后，根据传感器所获取的最新信息，对窗口范围内的环境信息及动态障碍物运动状况进行更新。该方法放弃了对全局最优路径的理想要求，根据机器人实时测得的实时局部环境信息，以滚动方式进行在线规划，具有良好的避碰能力，但存在着规划的路径是否最优路径的问题，也存在局部极小值问题。

13.5　情感机器人

视频 52
情感机器人

情感机器人就是用人工的方法和技术赋予机器人以人类式的情感，使之具有表达、识别和理解喜乐哀怒，模仿、延伸和扩展人的情感的能力。

20 世纪 90 年代，各国纷纷提出了“情感计算”“感性工学”“人工情感”“人工心理”等理论，为情感识别与表达型机器人的产生奠定了理论基础。主要的技术成果有：基于图像或视频的人脸表情识别技术；基于情景的情感手势、动作识别与理解技术；表情合成和情感表达方法和理论；情感手势、动作生成算法和模型；基于概率图模型的情感状态理解技术；情感测量和表示技术，情感交互设计和模型等。这种机器人能够比较逼真地模拟人的许多种情感表达方式，能够较为准确地识别几种基本的情感模式。真正具有类人情感的机器人必须具备 3 个基本系统：情感识别系统、情感计算系统和情感表达系统。

麻省理工学院的机器人专家布瑞兹(Cynthia Breazeal)创造了一个名为“克米特”(Kismet)的机器人,具有形状类似人头的情感系统(见图13.6)。克米特配有可以活动的嘴唇、眼睛和眼睑,并且可以做出一系列的表情。当把它单独放在一边时,它看起来会显得十分忧愁,但是当感应到人类面部的时候,它就会做出笑的样子以引起人们的注意。如果有人推着它走得太快时,它甚至会流露出害怕的表情来提醒人们。和克米特玩耍时,人们都会不自觉地与它这些简单的感情流露产生共鸣。

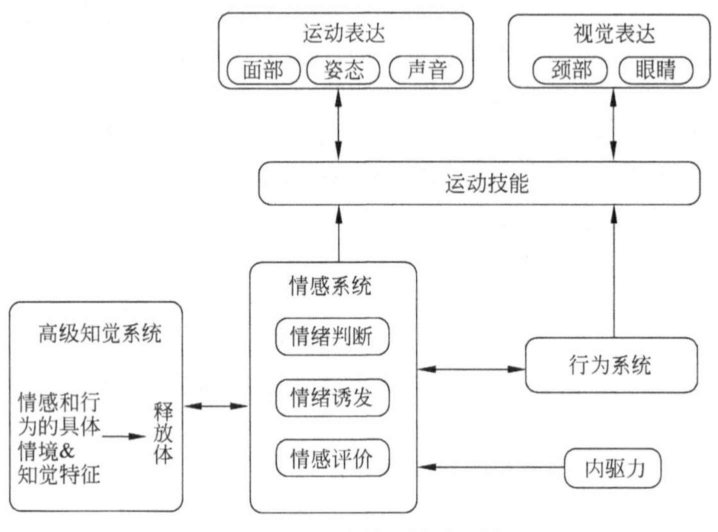

图13.6 克米特的情感系统

尽管克米特是一个复杂的系统,具有身体和充当肌肉的多个发动机,以及基本的注意和情感模型,它仍然缺乏任何真正的理解能力。因此,它向人们表现出的高兴和厌烦只是对环境中的变化的简单的程序反应,以及对动作和语音的物理特征的反应。当机器表达情感时,它们提供了与人交互的丰富的令人满意的活动,当然这种丰富和满意的解释和理解都来自人的头脑而不是人工系统。

13.6 发育机器人

1996年,翁巨扬(J. Weng)提出了机器人自主智力发育的思想。2001年,他在*Science*杂志上详细地阐述了自主智力发育的思想框架与可实现的算法模型[82],即机器人在初始发育算法的控制下通过与环境的交流,动态地改变自己的记忆,对外界的刺激给出越来越积极的响应。

发育机器人与传统机器人的不同之处表现在:不是针对某种特定的任务,必须要对未知可能发生的任务生成合理的表示,要像动物一样可以在线进行学习,同时这种学习是一种增量的过程,即要保证高层的决策建立在底层比较简单的基础之上。另外,自组织特性也是发育机器人的独特之处,在没有人类进行干扰的情况下,发育机器人也要保证能对所学知识进行合理的组织与存储。

发育模型的构建与发育学习算法的设计是发育机器人主要研究的两大方面。发育模型定义了从传感器信息获取到动作执行的一系列控制规则与算法，它包括以下4部分（见图13.7）：

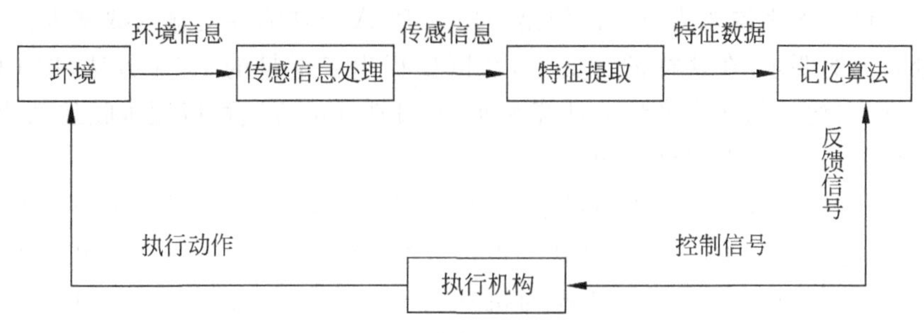

图13.7　发育模型的基本结构

（1）传感信息获取与预处理模块。传感器是机器人感知外界环境的窗口，只有装配了相应的传感器，机器人才能感知到相应的环境信息，因此，对传感信息进行处理是构成机器人智能的基础，发育机器人更是如此，因为机器人发育的过程就是其不断与环境交互的过程。由于传感信息所含有的数据量非常巨大，且其中含有大量的噪声，所以对数据进行降维处理是非常必要的。

（2）特征提取模块。特征提取算法既要保留原始数据的主要特征，又要能将数据的存储量尽可能大幅降低，是发育模型的一个必不可少的步骤。

（3）记忆模块。记忆算法则是发育模型的核心所在，其相当于发育模型的中枢机构，因为机器人在发育过程中所习得的经验均存储在这一结构之中。发育模型中的记忆算法要同时兼顾实时性与准确性的要求，同时要考虑到随着发育进程的深入，如何有效降低存储量的问题。

（4）执行模块。在记忆算法所输出的控制信号的控制下，对环境的变化做出反应，来完成各种不同的任务。

发育机器人模仿的是人脑及人心理发育的过程，需要机器人在实际的环境中自主的学习可用于完成各种任务的知识，并将这些知识有机的组织于记忆系统中。因此，发育机器人研究者所面临的主要问题有：是否需要对环境建立具体的世界模型；能否对知识进行确定的表示；记忆系统如何组织以使记忆的提取能符合实时性要求；机器人是否需要像生物一样，具有一些先天的条件反射机制；低层与高层的知识以何种方式进行组织，高层决策如何进行；多个传感器的数据如何进行融合（是否用到注意机制）以及采用何种学习方式等等。根据对以上问题回答的不同，研究者们提出了很多不同的发育模型，其中比较典型的有3种：CCIPCA＋HDR树模型、分层模型网以及模式（schema）模型。下面分别介绍这几种模型。

1．CCIPCA＋HDR树模型

CCIPCA＋HDR树模型是由翁巨扬提出的，这种发育模型可以用于机器人的实时发育与自主增量学习。其主要包括两个基本的算法，即增量的主成分分析算法（CCIPCA）与分级回归树算法（HDR）。前者的输出作为后者的输入，可以实时的对环境的改变做出相应的反应。

主成分分析法（Principle Component Analysis，PCA）主要是对一系列输入的观察向量进行分析，找出最能表达这一向量组的少量正交基，实际上起到的就是对高维数据进行降维的作用，这样既可以保证不缺失原始特征，又可以有效地降低运算的复杂度，这对实时性要求较高的发育机器人来说尤为重要。但是一般的PCA方法需要对输入数据进行批处理，难以适应增量数据的要求，在这样的情况下，翁巨扬提出了增量的PCA方法，即CCIPCA方法，它能够对依次输入的样本增量地计算主元，通过迭代的方法可以逐步收敛到待求的特征向量，其收敛性已从数学上得到证明。

HDR算法则是一种针对高维向量子空间的识别与匹配算法。它采用了双重聚类的方法，可以自动区分输入样本，并根据其特征进行分类，将输入空间映射到输出空间，起到感知与动作匹配的作用。这种映射或者匹配对机器人而言，就是它们所学习到的知识。由于发育机器人实时地在环境中进行增量的学习，因此HDR树也是增量地建立的，随着HDR树规模的壮大，发育机器人也在不断成长，具备更为细致的判别与区分的能力。

CCIPCA+HDR树模型是基于判定树结构实现的，因此算法的时间复杂度为对数复杂度，满足了实时性的要求。同时与传统机器人相比，这一模型还具有较强的鲁棒性，可以适应有少量噪声的环境。该模型已经在密歇根州立大学的SAIL机器人平台上进行了导航、避碰、物体识别与语音识别等一系列实验，取得了较好的效果。但是这一模型缺乏高层决策与任务判别的能力，很难完成较为复杂的任务。另外，随着学习复杂程度的提高，存储量与计算量会大大增加，这对机器人的实时性与进一步发育都将会是一个不小的挑战。

2. 分层模型

布兰卡(D. Blank)等提出了一种基于提取与预测机制的分层发育模型。这种模型模仿了人类大脑皮层的工作机理，同时与布鲁克斯(R. A. Brooks)的包容结构也非常相似。它将知识由低到高，由简单到复杂的组织在一个分层的结构中，高层的知识建立于低层的知识之上。一些简单的底层控制由较低的层次来完成，这正如人类对熟悉的刺激所建立的条件反射一样，而对复杂烦琐的任务则要由高层的决策来实现。

分层发育模型的提取机制由自组织映射网络(SOM)来实现，而预测机制则采用简单的回归网络(SRN)。模型如图13.8所示，其中图13.8(a)表示的是一个单层结构，可以看出，首先要对输入信号提取主要特征，随后根据这些主要特征来进行决策，而预测机制会根据上一步的决策对接下来的输入信号进行预测，预测准确率的高低代表了机器人对环境与任务的熟悉程度。图13.8(b)将(a)中独立的结构组织在了一个分层的模型中，上层的提取模块会以下层模块提取的特征作为输入，每一层都能产生输出信号，这些信号被整合在一个包容结构当中，高层的决策优于低层的输出。这种模型既可以保证机器人对实时性的要求，又可以根据机器人的经历动态地改变其知识结构，体现了行为主义思想与发育思想的融合。

分层模型具有良好的自适应性，从功能与结构上较好地模拟了人类的认知发育过程。这种模型存在的主要不足是结构复杂，高层决策的运算量过大，缺少对特定目标与任务的规划能力等等。

3. 模式模型

模式模型是由斯托雅诺夫(G. Stojanov)提出的一种发育模型，其思想主要来源于发展心理学家皮亚杰(J. Piaget)的发生认识理论。发生认识论将人的认知发育划分为以下3个阶段：

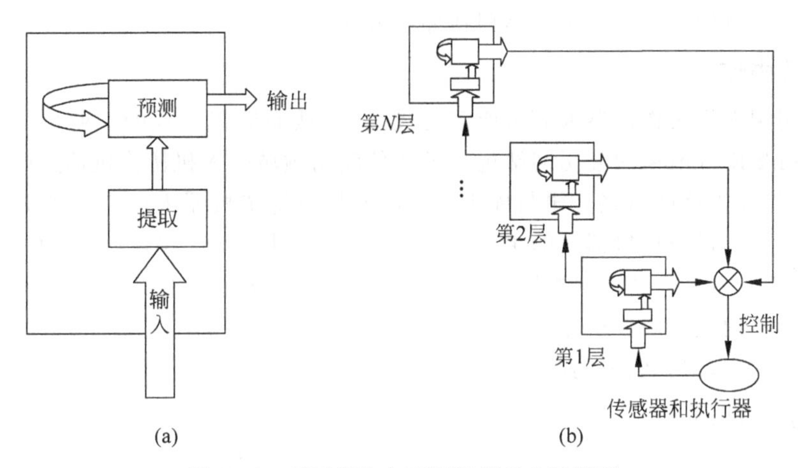

图 13.8　基于提取与预测机制的分层模型

(1) 通过遗传，具备先天的认知反应模式序列；

(2) 通过学习，可以修改原有的模式序列，并生成新的可以更好地适应环境的模式序列；

(3) 使自身逐渐适应这些新模式。

在模式模型中，首先要定义机器人的基本动作集 $A=\{a_1,a_2,\cdots,a_n\}$ 与基本感知集 $P=\{p_1,p_2,\cdots,p_j\}$，其中 a_i 代表机器人所能采取的基本动作，而 p_i 则代表机器人拥有的感知能力。随后要定义模式。模式实质上代表智能体有能力执行的一个基本的动作序列，如可以表示为 $s=a_1a_2a_5a_2a_7a_3$，它根据长度与动作种类的不同而有所区别。在初始阶段，会自动生成基本的模式，在学习的过程中，机器人试图执行这些基本的模式，但由于感知到环境的不同，相应的模式会进化为一个新的动作序列以适应环境与任务的需要。

模式模型已经在 Petitage 机器人上进行了导航方面的实验，取得了较好的效果。这个模型的特点是很好地模仿了人类认知的发育过程，具有较强的鲁棒性与自适应性，但是当感知的状态过多时，会极大地增加计算的时间复杂度，并影响到算法收敛的速度。

13.7　智能机器人发展趋势

智能机器人在模仿人类的过程中成长，学习人类的技能，与我们拥有共同的价值标准，可以看成是人类思维的后代。新一代能力更强、用途更广的机器人被称为“通用”机器人。莫拉维克(Hans Moravec)对机器人发展的预测：第一代在 2010 年出现，它的明显特征是有多用途的感知能力以及较强的操作性和移动性；第二代在 2020 年出现，它最为突出的优点是能在工作中学到技能，具有适应性的学习能力；2030 年则会诞生第三代通用机器人，这一代机器人具备预测的能力，在行动之前若预测到将出现比较糟的结果，它能及时改变意图；第四代通用机器人会在 2040 年出现，这一代机器人将具备更完善的推理能力。

根据 2016 年对 752 家机器人创业公司的报告，只有 25%的创业公司关注工业机器人，而 75%的创业公司专注于解决新问题的机器人领域，比如无人机、安保机器人、科研机器人、石油和天然气勘探机器人等。半数以上的初创公司主攻软件为基础的市场，而数据显示这些初创公司的硬件成本只占不到三分之一。未来 5～10 年智能机器人整体增长率都将超过两位数。智能机器人的发展重点体现在如下方面。

1. 人机协作

汽车公司用人机协作机器人获得所需的灵活性,从而取代老式的工业机器人。优傲机器人和 Rethink Robotics 的公司网站包含了各种应用领域的人机协作机器人的使用案例视频。未来,这将成为这些新兴公司与库卡、ABB 等其他传统机器人巨头激烈竞争的机器人领域。这些新的人机协作机器人的主要特点体现在灵活性、安全性以及易用性。

在 2016 年 6 月举行的慕尼黑国际机器人及自动化技术贸易博览会上,每个机器人制造商都在展示旗下的人机协作机器人。如果把协作型机器人视为一种商品,可能并不会为公司获取更大的利润,但它创造的商业模式非常好。

2. 机器人即服务

许多初创公司正在寻找扩大经济规模效益的服务提供者。很多公司通过无人机捕捉传感器和相机数据,然后利用软件来分析数据,并将其转化为可操作的方案,这已经实现了跨界融合。另外,在物理空间真实操作的机器人和在软件中执行虚拟任务的机器人的界限也变得越来越模糊。因此,许多公司和服务提供商除了提供 SDK 之外,还开放其 API(应用协议接口),这样这些新的机器人便可以扩大其使用范围和有效性,使它更容易为用户服务。例如,比利时的一家创业公司 ZoraRobotics 便使用了亚马逊的 Echo/Alexa 系统和他们自己研发的软件,并将其应用到很多实体机器人上,以为健康和养老市场提供服务。

3. 更强大的算法

由智能机器人主动收集、交付信息及洞察结果的技术正在促进从人类生成信息资产到机器生成信息资产的转变。这些资产包括新内容、分析与业务流程知识本体、知识产权。智能机器人将完善和推进被称为"算法业务"的新型业务模式。这是一种涉及大量互联、各类关系及动态洞察的经济形态,它基于以算法形式呈现的连接、大数据和新知识产权来支持行动。

智能机器人的崛起与其他发展趋势相辅相成,并必将与这些趋势共同颠覆我们的业务方式。新兴的算法业务即是其中最重要的趋势之一,它将带动能够产生新收入的新业务模式,借助算法充分利用大量与互联和关系有关的大数据的动态洞察结果。此类业务模式与智能机器人之间的关系非常密切,它将各种技术与智能机器人的服务结合在一起。

4. 推理决策

智能机器人将是比人类还优秀的推理者。与人类相比,它们的推理速度至少要快一百万倍,并且有百万倍的短期记忆力。推理是在计算中普遍存在的概念。它能模拟其他任何计算,大体上它可以模拟完成调节系统和全局建模器的功能,或者完成应用程序本身的任务。

在推理器中对控制系统的模拟,比在计算机上直接运行控制器程序要慢许多。但是,推理器能够抽象地检查模拟过程,设计出完成复杂操作的快捷步骤。通过不断地优化自身,推理器的控制器行动将变快,或许最终能比直接控制器还要快。它能加深对未来的预见,考虑意外事件的范围也会更广。

人类还有可能研制出完全基于推理的智能机器人。在这些机器人中,即使对于很小的行为也不是通过不灵活的调节反射进行的,而是朝着长期目标仔细规划实现的。冗长的意外事故链降低了有干扰事件出现时及时进行处理的可能性。

5. 依托云计算

人们正在探索云计算基础设施上的机器人，依靠云计算机处理大量的数据。这种方法可以直接调用“云机器人”，将使机器人不需要做复杂的计算，如图像处理和语音识别，甚至可以立即下载新的技能。很多相关项目都在进行中。特别是，谷歌有一个小团队致力于创建机器人云服务，如果这种技术流行起来，对该领域可能是结构性的转变。在欧洲，一个重大项目 RoboEarth 的目标是开发“机器人万维网”，一个巨大的云数据库，机器人可以共享有关的对象、环境和任务的信息。

通过深入了解用户，主动帮助个人以及相关人群工作更加高效，微软将“微软小娜”(Cortana)发展成为微软推动重塑生产力的跨平台工作界面。“微软小娜”智能体将逐渐取代诸如微软 Windows 之类的“操作系统”，成为控制、协调与促进用户互动和交流的媒介。到 2020 年，微软的发展战略将以“微软小娜”为中心，而非 Windows。微软正在通过融合、再定义与交付以智能体为媒介的用户体验而积极增强其云端办公系统技术套包，它将远胜于以前内部实施的 Exchange、SharePoint 以及个人＋软件 Outlook 和 Excel。

13.8　小结

智能机器人是集多种技术于一身的人造制品，是推动新工业革命的关键。人与机器人的关系从 20 世纪 70 年代的“人机竞争”，发展到 20 世纪 90 年代的“人机共存”，再到目前的“人机协作”，从而形成“人机融合”的新局面。

近年来，机器人的应用范围不断扩大，从天空到海洋，从工业到服务、医疗、教育等多领域，智能化程度不断提高。智能机器人将成为下一个科技热点，引领新一代工业革命的到来。

思考题

1. 什么是智能机器人？
2. 智能感知技术有哪些？
3. 阐述认知机器人的基本结构及其主要功能。
4. 目前主流的移动机器人视觉系统有单目视觉、双目立体视觉、多目视觉和全景视觉等。请扼要给出各种方法的关键技术。
5. 什么是发育机器人？它如何实现在实际的环境中自主学习？
6. 神经网络控制系统的基本结构有哪些？

第14章 类脑智能

CHAPTER 14

通过脑科学、认知科学与人工智能领域的交叉合作，加强我国在智能科学这一交叉领域中的基础性、独创性研究，解决认知科学和信息科学发展中的重大基础理论问题，创新类脑智能前沿领域的研究。本章重点概述类脑智能的最新进展。

14.1 概述

图灵以人脑信息处理为原型，于1936年提出了伟大的图灵机思想[79]，奠定了现代计算机的理论基础。图灵曾试图“建造一个大脑”，第一个提出要把程序放进机器里，从而让单个机器能够发挥多种功能。

从20世纪60年代以来，冯·诺依曼体系结构是计算机体系结构的主流。在经典的计算机中，将数据处理的地方与数据存储的地方分开，存储器和处理器被一个在数据存储区域和数据处理区域之间的数据通道或者说总线分开。固定的通道能力表明任何时刻只有有限数量的数据可以被“检查”和处理。处理器为了在计算时存储数据，配置有少量寄存器。在完成全部必要计算之后，处理器通过数据总线将结果再写回存储器，还是利用数据总线。通常，这个过程不会造成问题。为了使固定容量的总线上流量最小，大多数现代处理器在扩大寄存器的同时会使用缓存，以在靠近计算点的地方提供临时的存储。如果一个经常重复进行的计算需要多个数据片段，处理器会将它们一直保存在该缓存内，而访问缓存比访问主存储器快得多、有效得多。然而，高速缓存的架构对这种模拟脑的计算挑战不起作用。即使是相对简单的脑也是由几十亿个突触连接的几千万个神经元组成的，因此，要模拟这样庞大的相互联系的脑需耗费与计算机主存储器容量一样大的高速缓存，这会导致机器立即无法使用。现有的计算机技术发展存在下列问题：

(1) 摩尔定律表明，未来10～15年内器件将达到物理微缩极限。

(2) 受限于总线的结构，在处理大型复杂问题上编程困难且能耗高。

(3) 在复杂多变实时动态分析及预测方面不具有优势。

(4) 不能很好地适应“数码宇宙”的信息处理需求。每天所产生的海量数据中，有80%的数据是未经任何处理的原始数据，而绝大部分的原始数据半衰期只有3小时。

(5) 经过长期努力，计算机的运算速度达到千万亿次，但是智能水平仍很低下。

我们要向人脑学习，研究人脑信息处理的方法和算法，发展类脑智能成为当今迫切需求。目前,国际上非常重视对脑科学的研究。2013 年 1 月 28 日,欧盟启动了旗舰"人类大脑计划"(Human Brain Project),未来 10 年投入 10 亿欧元的研发经费。目标是用超级计算机多段多层完全模拟人脑,帮助理解人脑功能。2013 年 4 月 2 日,美国总统奥巴马宣布了一项重大计划:将历时 10 年左右、总额 10 亿美元的研究计划"运用先进创新型神经技术的大脑研究"(Brain Research through Advancing Innovative Neurotechnologies,BRAIN),目标是研究数十亿神经元的功能,探索人类感知、行为和意识,希望找出治疗阿尔茨海默氏症(又叫老年痴呆症)等与大脑有关疾病的方法。

2018 年 5 月,上海脑科学与类脑研究中心在张江实验室成立。2021 年 9 月 16 日,科技部下发《关于发布科技创新 2030——"脑科学与类脑研究"重大项目 2021 年度项目申报指南的通知》。该通知共部署指南方向 59 项,国拨经费概算 31.48 亿元,标志着中国脑计划正式启动实施。

14.2 蓝脑计划

蓝脑计划(blue-brain project)是利用 IBM 蓝色基因超级计算机来模拟人类大脑的多种功能,比如认知、感觉、记忆等。蓝脑计划的第一个综合尝试是通过详细的模拟理解大脑功能和机能失调,用逆向工程方法研究哺乳动物大脑。

2005 年 7 月,洛桑理工学院和 IBM 公司宣布开展蓝脑计划研究[45],对理解大脑功能和机能失调取得进展,并且提供在精神健康和神经病方面探索解决棘手的问题的方法。瑞士洛桑理工学院脑与心智研究所(Brain and Mind Institute)所长马克拉姆(H. Markram)的实验小组花了十多年的时间逐步建立起了神经中枢结构数据库,所以他们拥有着世界上最大的单神经细胞数据库。2006 年末,蓝脑工程已经创建了大脑皮质功能柱的基本单元模型。2008 年,IBM 公司使用蓝色基因巨型计算机,模拟了具有 5500 万神经元和 5000 亿个突触的老鼠大脑。IBM 公司从美国国防部先进研究项目局(Defense Advanced Research Projects Agency,DARPA)得到 490 万美元的资助,研制类脑计算机。IBM Almaden 研究中心和 IBM T. J. Wason 研究中心一起,斯坦福大学、威斯康星-麦迪逊大学、康奈尔大学、哥伦比亚大学医学中心和加利福尼亚 Merced 大学都参与了该项计划研究。

脑皮质模型

最早的发现之一认为皮质结构包括了 6 个跨越皮质厚度的不同水平层面。目前已经找到一个由皮质之间和皮质内的连接所组成的特殊网络并对其进行了研究,得出了各层之间活动传播的特征模式。为便于模拟,IBM 项目组将这种典型的分层皮质-丘脑结构转化为原型灰质网络(见图 14.1)[Modha 2011]。

各层之间的连接主要是垂直方向的,只有少量的横向传播,这些直径只有数十或数百微米的柱型结构称为"皮质功能柱"。在很多皮质区域,已经证实了位于相同功能柱中的神经元共同拥有相关的功能特性,这表明功能不仅仅是结构性的实体,而且具有功能性。在柱体范围内经过测量收集到的信息有助于构建大规模的脑模型。

皮质功能柱所占据的皮质区域通常只有几毫米的范围,看上去应该是负责特定的功能,

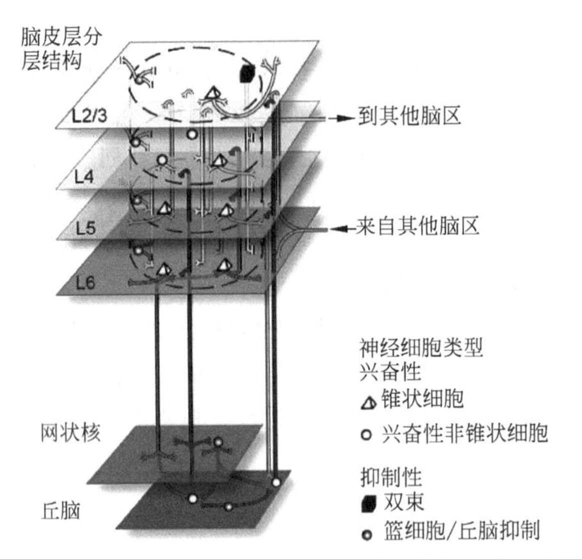

图 14.1 基于 C2 模拟器的大脑皮质结构模拟回路示意图

包括运动神经的控制、视力和规划。著名的布罗德曼(Brodmann)脑区图——《大脑皮质中的定位》,根据 6 个皮质中细胞密度的变化将大脑划分为皮质区域,从而表明了每个功能对应特定皮质回路的可能性。例如,布罗德曼 17 区被明确地关联到核心视觉处理功能。在数十年的时间里,有数百位科学家的工作主要集中在理解大脑中每个皮质区域如何发挥相应的功能,以及这些区域的解剖和连接结构是如何实现对应功能的。

IBM 公司阿尔马登(Almaden)研究中心的研究组于 2009 年和 2010 年针对猕猴和人类大脑的白质结构的测量和分析过程,取得了重要的突破,可作为进一步理解大脑区域网络的一条途径。

大脑皮质 6 个层次不同的连接方式表明了它们不同的作用。大脑皮质模型如图 14.2(a)所示,表示了皮质一个平面为 100 个超功能柱的几何分布,都用不同颜色区分,每个超功能柱由 100 个小功能柱构成。图 14.2(b)表示了该模型的连接性。每个小功能柱包含 30 个通过短程轴突激活相邻细胞的锥状细胞。锥状细胞投射到本地属于同一集群细胞的其他小功能柱的锥状细胞和其他集群的常规峰电位非锥状细胞(RSNP)。篮状细胞在本地超功能柱中保持正常活动性,RSNP 细胞提供锥状细胞的局部抑制。

小功能柱之间的远距离投影构成了吸引子的记忆矩阵,定义了细胞集群：仅仅属于共同记忆模式的小功能柱或细胞集群相互激励。每个超功能柱都包含了大约 100 个由锥状细胞激活的篮状细胞。篮细胞通过抑制锥状细胞使连接性常规化。这样超功能柱就像一个包含很多模式在内的赢家通吃模型。每个小功能柱还包含了两个连着局部锥状细胞的起抑制作用的 RSNP 细胞。建立在当前长距离连接模型上的抽象神经网络模型表明了细胞集群竞争具有可加性。细胞集群竞争是通过锥状细胞和其他集群里小功能柱的 RSNP 细胞的远距离连接来实现的。由于 RSNP 细胞会抑制本地小功能柱的锥状细胞,该细胞集群的活动性会受到影响。为简单起见,该模型小功能柱边缘和超功能柱更明显,这和实验观测估计的局部高斯模型相反。模型由一个单独的细胞集合——第四层皮质提供锥状细胞的输入,

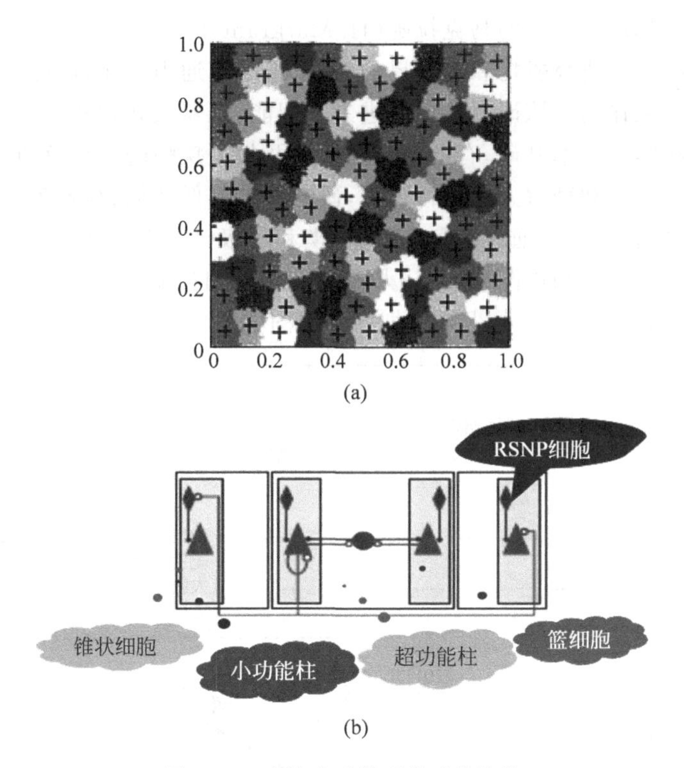

(a)

(b)

图 14.2 大脑皮质模型的系统结构

而吸引子记忆的外部输入是由这些细胞的模拟突触事件提供的。模型中细胞是依据 Hodgkin-Huxley 公式建立的。

为了实现模拟，IBM 项目组创建了一个不重叠的垂直记忆模式集合：在每个超功能柱中挑选一个小功能柱来形成一个模式。两个长距离属于同一模式的小功能柱会随机被远程连接。这样，每个锥状细胞只接受一个模式的远程激活。类似地每个 RSNP 细胞接受来自外部模式的小功能柱的锥状细胞激励。

模拟器的基本要素包括：用于展示大量行为方式的表象模型神经元、峰电位通信、动态突触通道、可塑突触、结构可塑性，以及由分层、微功能柱、超功能柱、皮质区域和多区域网络组成的多尺度网络体系结构(如图 14.2 所示)。其中，每个要素都是模块化的并且可以单独配置，因此我们能够灵活地测试大量关于大脑结构和动力学的生物启发性假说。与之相应，其可能组合构成了极大的空间，这就要求模拟以一定的速率运行，从而能够实现迅速的、用户驱动的探索。

14.3 欧盟人脑计划

视频 53
脑科学计划

2013 年 1 月 28 日，欧盟委员会宣布"未来和新兴技术(FET)旗舰项目"的竞选结果，人脑计划(Human Brain Project，HBP)将在今后 10 年中获得 10 亿欧元的科研资助。人脑计划项目希望通过打造一个综合的基于信息通信技术的研究平台来研发出最详细的人脑模型。在瑞士洛桑联邦理工学院的马克拉姆(H. Markram)的协调下,来自23个国家(其中16个是欧盟国家)的大学、研究机构和工业界的87个组织将通力合作,用计算机模拟的方法研究人类大脑是如何工作的。该研究有望促进人工智能、机器人和神经形态计算系统的发展,奠定医学进步的科学和技术基础,有助于神经系统及相关疾病的诊疗及药物测试。

人脑计划旨在探索和理解人脑运行过程,研究人脑的低能耗、高效率运行模式及其学习功能、联想功能、创新功能等,通过信息处理、建模和超级计算等技术开展人脑模拟研究,并通过超级计算技术开展人脑诊断和治疗、人脑接口和人脑控制机器人研究以及开发类似人脑的高效节能超级计算机等[46]。人脑计划的路线图如图14.3所示。

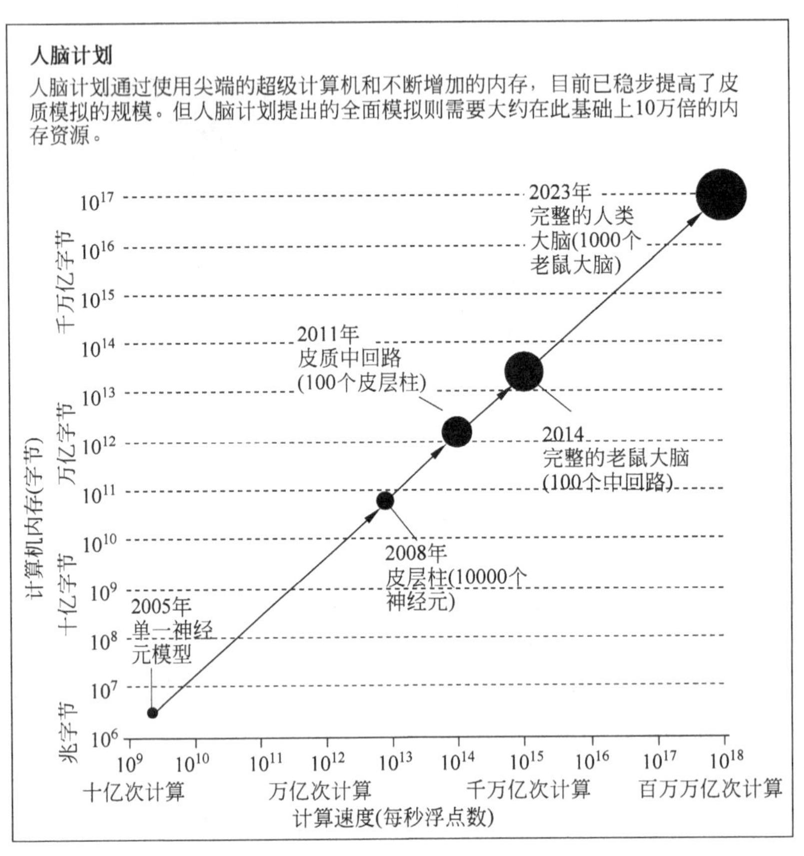

图14.3 人脑计划的路线图

人脑计划研究分为5方面,每个方面都以现有工作为基础开展研究。

1. 数据

采集筛选过的、必要的战略数据来绘制人脑图谱并设计人脑模型,同时吸引项目外的研究机构来贡献数据。当今的神经认知科学已经积累了海量实验数据,大量原创研究带来了层出不穷的新发现。即便如此,构建多层次大脑图谱和统一的大脑模型所需的绝大部分核心知识依然缺失。因此,人脑计划的首要任务是采集和描述筛选过的、有价值的战略数据,而不是进行漫无目的的搜寻。人脑计划制定了数据研究的3个重点:

(1) 老鼠大脑的多层级数据。此前研究表明,对老鼠大脑的研究成果同样适用于所有哺乳类动物。因此,对老鼠大脑组织的不同层级间关系的系统研究将会为人脑图谱和模型提供关键参考。

(2) 人脑的多层级数据。老鼠大脑的研究数据在一定程度上可以为人脑研究提供重要参考,但显然两者存在根本区别。为了定义和解释这些区别,人脑计划的研究团队采集关于人类大脑的战略数据,并尽可能积累到已有的老鼠大脑数据的规模,以便于对比。

(3) 人脑认知系统结构。弄清大脑结构和大脑功能之间的联系是 HBP 的重要目标之一。HBP 会把三分之一的研究重点放在负责具体认知和行为技能的神经元结构上,从其他非人类物种同样具备的简单行为一直到人类特有的高级技能,例如语言能力。

2. 理论

人脑研究的数学和理论基础。定义数学模型,解释不同大脑组织层级与它们在实现信息获取、信息描述和信息存储功能之间的内在关系。如果缺乏统一、可靠的理论基础,则很难解决神经科学在数据和研究方面碎片化的问题。因此,HBP 应包含一个专注于研究数学原理和模型的理论研究协调机构,这些模型用来解释大脑不同组织层级与它们在实现信息获取、信息描述和信息存储功能之间的内在关系。作为这个协调机构的一部分,人脑计划应建立一个开放的"欧洲理论神经科学研究机构"(European Institute for Theoretical Neuroscience),以吸引更多项目外的优秀科学家参与其中,并充当创新性研究的孵化器。

3. 信息与通信技术平台

建立一套综合的信息与通信技术平台(Information and Communications Technology Platform,ICT)系统,为神经认知学家、临床研究者和技术开发者提供服务,以提高研究效率。建议组建六大平台:神经信息系统、人脑模拟系统、高性能计算系统、医疗信息系统、神经形态计算系统和神经机器人平台。

(1) 神经信息系统。人脑计划的神经信息平台将为神经科学家提供有效的技术手段,使他们更加容易的对人脑结构和功能数据进行分析,并为绘制人脑的多层级图谱指明方向。此平台还包含神经预测信息学的各种工具,这有助于对描述大脑组织不同层级间的数据进行分析并发现其中的统计性规律,也有助于对某些参数值进行估计,而这些值很难通过自然实验得出。在此前的研究中,数据和知识的缺乏往往成为认识大脑的一个重要障碍,而上述技术工具的出现使这一难题迎刃而解。

(2) 人脑模拟系统。人脑计划会建立一个足够规模的人脑模拟平台,旨在建立和模拟多层次、多维度的人脑模型,以应对各种具体问题。该平台将在整个项目中发挥核心作用,为研究者提供建模工具、工作流和模拟器,帮助他们从老鼠和人类的大脑模型中汇总出大量且多样的数据来进行动态模拟。这使"计算机模拟实验"成为可能,而在只能进行自然实验的传统实验室中是无法做到这一点的。借助平台上的各种工具可以生成各种输入值,而这些输入值对于人脑计划中的医学研究(疾病模型和药物效果模型)、神经形态计算、神经机器人研究至关重要。

(3) 高性能计算系统。人脑计划的超级计算平台将为建立和模拟人脑模型提供足够的计算能力。其不仅拥有先进的百亿亿次级超级计算技术,还具备全新的交互计算和可视化性能。

(4) 医疗信息系统。人脑计划的医疗信息系统需要汇集来自医院档案和私人数据库的临床数据(以严格保护病人信息安全为前提)。这些功能有助于研究者定义出疾病在各阶段的“生物签名”,从而找到关键突破点。一旦拥有了客观的、有生物学基础的疾病探测和分类方法,研究者将更容易找到疾病的根本起源,并相应地研发出有效治疗方案。

(5) 神经形态计算系统。人脑计划的神经形态计算平台将为研究者和应用开发者提供所需的硬件和设计工具来帮助进行系统开发,同时还会提供基于大脑建模多种设备及软件原型。借助此平台,开发者能够开发出许多紧凑的、低功耗的设备和系统,而这些正在逐渐接近人类智能。

(6) 神经机器人平台。人脑计划的神经机器人平台为研究者提供开发工具和工作流,使他们可以将精细的人脑模型连接到虚拟环境中的模拟身体上,而以前他们只能依靠人类和动物的自然实验来获取研究结论。该系统为神经认知学家提供了一种全新的研究策略,帮助他们洞悉隐藏在行为之下的大脑的各种多层级的运作原理。从技术角度来说,该平台也将为开发者提供必备的开发工具,帮助他们开发一些有接近人类潜质的机器人,而以往的此类研究由于缺乏这个“类大脑”化的中央控制器,这个目标根本无法实现。

4. 应用

人脑计划的第四个主要目标是可以成功地体现出为神经认知科学基础研究、临床科研和技术开发带来的各种实用价值。

(1) 统一的知识体系原则。本项目中的“人脑模拟系统”和“神经机器人平台”会对负责具体行为的神经回路进行详尽解释,研究者可利用它们来实施具体应用,例如,模拟基因缺陷的影响、分析大脑不同层级组织细胞减少的后果,建立药物效果评价模型。最终得到一个可以将人类与动物从本质上区分开来的人脑模型,例如,该模型可以表现出人类的语言能力。这些模型将使我们对大脑的认识发生质的变化,并且可以立即应用于具体的医疗和技术开发领域。

(2) 对大脑疾病的认识、诊断和治疗。研究者可充分使用医疗信息系统、神经形态计算系统和人脑模拟系统来发现各种疾病演变过程中的生物签名,并对这些过程进行深入分析和模拟,最终得出新的疾病预防和治疗方案。这项工作将充分体现出 HBP 项目的实用价值。新诊断技术在疾病还未造成不可逆的危害前,就能提前对其进行诊断,并针对每位患者的实际情况研发相应的药物和治疗方案,实现“个人定制医疗”,这将最终有利于患者治疗并降低医疗成本。对疾病更好的了解和诊断也会优化药物研发进程,更好地筛选药物测试候选人和临床测试候选人,这无疑有益于提高后期的实验成功率,降低新药研发成本。

(3) 未来计算技术。研究者可以利用人脑计划的高性能计算系统、神经形态计算系统和神经机器人平台来开发新兴的计算技术和应用。高性能计算平台将会为他们配备超级计算资源,以及集成了多种神经形态学工具的混合技术。借助神经形态计算系统和神经机器人平台,研究者打造出极具市场应用潜力的软件原型。这些原型包括家庭机器人、制造机器人和服务机器人,它们虽然看起来不起眼,但却具备强大的技术能力,包括数据挖掘、机动控制、视频处理和成像以及信息通信等。

5. 社会伦理

考虑到人脑计划的研究和技术带来的巨大影响,该项目会组建一个重要的社会伦理小组,来资助针对人脑计划项目对社会和经济造成的潜在影响的学术研究。该小组会在伦理观念上影响人脑计划研究人员，管理和提升他们的伦理道德水平和社会责任感，其首要任务是在具有不同方法论和价值观的利益相关者和社会团体之间展开积极对话。

14.4　美国脑计划

2013 年 4 月 2 日，美国白宫正式宣布“通过推动创新性神经技术进行脑研究(Brain Research Through Advancing Innovative Neurotechnologies，BRAIN)”的计划，简称“脑计划”。该计划被认为可与人类基因组计划相媲美，以探索人类大脑工作机制，绘制脑活动全图，针对无法治愈的大脑疾病开发新疗法。

美国“脑计划”公布后，国家卫生研究院随即成立“脑计划”工作组。“脑计划”工作组提出了 9 个资助领域：统计大脑细胞类型；建立大脑结构图；开发大规模神经网络记录技术；开发操作神经回路的工具；了解神经细胞与个体行为之间的联系；把神经科学实验与理论、模型、统计学等整合；描述人类大脑成像技术的机制；为科学研究建立收集人类数据的机制；知识传播与培训。

人脑图谱是 21 世纪科学的极大挑战。人脑连接体项目(Human Connectome Project，HCP)将阐明大脑功能和行为背后的神经通路，是应对这一挑战的关键因素。解密这个惊人的复杂的连接图将揭示什么是我们人类独有的，并使每个人都各不相同。

该研究项目(WU-Minn HCP consortium)由华盛顿大学、明尼苏达大学、牛津大学领导，其目标是使用无创性影像学的尖端技术，创建 1200 个健康成人(双胞胎和他们的非孪生兄弟姐妹)的综合人脑回路图谱，将会产生大脑连通性的宝贵信息，揭示与行为的关系，遗传和环境因素对大脑行为个体差异的贡献。华盛顿大学的范·埃森(D. van Essen)实验室开发连接组工作台，这将提供灵活、用户方便访问、免费提供存储在 ConnectomeDB 的海量数据，并在开发其他脑图谱分析方法方面发挥带头作用。连接组工作台的 beta 版本已经发布。

美国波士顿大学认知和神经系统学院长期开展脑神经模型的研究。早在 1976 年，格罗斯伯格(S. Grossberg)就提出了自适应共振理论(ART)。自顶向下地控制预测性编码和匹配，以集中注意力，并且引发能有效抵制彻底遗忘的快速学习。实现快速稳定学习而不致彻底遗忘的目标通常被归结为稳定性/可塑性两难问题。稳定性/可塑性两难问题是每一个需要快速而且稳定地学习的脑系统必须要解决的问题。如果脑系统设计太节省，那么我们应当希望找到一个在所有脑系统中运行的相似的原理，这个原理可以基于整个生命过程中不断变化的条件做出不同的反应来稳定学习不断增长的知识。ART 预设人类和动物的感知和认知的一些基本特征就是解决大脑稳定性/可塑性两难问题的部分答案。尤其是，人类是一种有意识的生物，可以学习关于世界的预期并且对将要发生的事情做出推断。人类还是一种注意力型的生物，会将数据处理的资源集中于任何时候有限数量的可接收信息上。人类怎么会既是有意识的又是注意型的生物？这两种处理程序是相关联的吗？稳定性/可塑性两难问题以及运用共振状态的解决方案提供了一种理解这个问题的统一框架。

ART 假设使得我们快速而稳定地学习不断变化世界的机制，与使得我们学习关于这个世界的推测、验证关于它的假设和将注意力集中于我们感兴趣的信息上这一过程的机制之间,有密切的联系。ART还提出,要解决稳定性/可塑性两难问题,只有共振状态可以驱动快速的新学习过程,这也是这个理论名称的由来。

最近的ART模型,被称作LAMINART,开始展示ART的预测可能在丘脑皮质回路中得以具体化。LAMINART模型使得视觉发展、学习、感知组织、注意和三维视觉的性质一体化。然而,它们没有将学习的峰电位动力学、高阶特异性丘脑核和非特异性丘脑核、规律性共振和重置的控制机制,以及药理学调制包含在内。

2008年,格罗斯伯格等提出了同步匹配适应共振理论SMART(Synchronous Matching Adaptive Resonance Theory)模型[28],大脑是怎样协调多级的丘脑和皮质进程来快速学习、稳定记忆外界的重要信息。同步匹配适应共振理论SMART模型,展示了自底向上和自顶向下的通路是如何一起工作并通过协调学习、期望、专注、共振和同步这几个进程来完成上述目标的。特别地,SMART模型解释了怎样通过大脑细微回路,尤其是在新皮层回路中的细胞分层组织实现专注学习的需求,以及它们是怎样和第一层(比如,外侧膝状体,LGN)、更高层(比如,枕核),还有非特异性丘脑核相互作用的。

SMART模型超越ART和LAMINART模型的地方在于说明了这些特征怎样自然地在LAMINART结构中共存。特别是SMART解释和模拟了:浅层皮质回路可能怎样与特异性初级和较高级丘脑核以及非特异性丘脑核相互作用,从而控制用于调控认知学习和抵制彻底遗忘的动态缓冲学习记忆的匹配或不匹配的过程;峰电位动力学怎样被包含在振动频率可以提供附加的可用来控制认知导向的诸如匹配和快速学习的动作的同步共振中的;基于乙酰胆碱的过程怎样有可能使得被预测的警觉控制的性质具体化,这个性质只利用网络中本地的计算信号控制经由对不断变化的环境数据敏感的方式来学习识别类的共性规律。

SMART模型首次从原理上将认知与大脑振动联系起来,特别是在γ和β频域,这是从一系列皮质和皮质下结构中得到的记录。SMART模型表明β振动为什么可以成为调制的自顶向下的反馈和重置的标志。SMART模型发展了早前的模拟工作,解释了当调制的自顶向下的期望与连贯的自底向上的输入类型相匹配时,γ振动是怎样产生的。这样一个匹配使得细胞更有效地越过它们的激励阈值来激发动作电位,进而导致在共享自顶向下的激发调制的细胞中局域γ频率同步的整体性增强。

SMART模型还将不同的振动频率与峰电位时序相关的突触可塑性(Spike Timing-Dependent Plasticity,STDP)联系在一起。在突触前和突触后细胞的平均激励周期在10~20ms时,也就是在STDP学习的窗口中时,学习情景更易被限制在匹配条件下,这与实验结果相符。这个模型预测STDP将进一步加强相关的皮质和皮质下区域的同步兴奋度,在快速学习规律中同步化对长时记忆权值的影响可以被匹配状态下的同步共振阻止或者快速反转。在匹配状态下被放大的γ振动,通过将突触前激励压缩进狭窄的时域窗口,将有助于激励传遍皮质等级结构。这个预测与观察到的外侧膝状体(lateral geniculate nucleus)成对的突触前激励对在视觉皮层中产生突触后兴奋的效果在激励间隔增加时快速降低是相一致的。

不同的振荡频率与匹配/共振(γ频率)和不匹配/重置(β频率)一起,将这些频率联系起来,不仅为选择学习,更为发现支持新学习的皮质机制的活跃的搜索过程。不匹配也预测会在N200 ERP的组成部分中表达的事实,指出新实验可以将ERP和振荡频率结合起来,作为动态规律性学习的认知过程索引。

在美国国家科学基金会的资助下，波士顿大学认知和神经系统学院成立了教育、科学和技术学习卓越中心(CELEST)。在CELEST，计算模型的设计者、神经科学家、心理学家和工程师，与来自哈佛大学、麻省理工学院、布兰代斯大学和波士顿大学的认知和神经系统部门的研究人员进行交流协作，研究有关脑如何计划、组织、通信、记忆等基本原理，特别是应用学习和记忆的脑模型，构建低功耗、高密度的神经芯片，实现愈来愈复杂的大规模脑回路，解决具有挑战性的模式识别问题。

波士顿大学认知和神经系统学院设计了一种软件称为模块化神经探索搜索智能体MoNETA(Modular Neural Exploring Traveling Agent)[81]，它是一个芯片上的大脑。MoNETA将运行在美国加利福尼亚惠普实验室研发的类脑(brain inspired)微处理器上，其工作原理正是那些把哺乳动物与无智商的高速机器区别开来的最基本原则。MoNETA正好是罗马神话中记忆女神的名字"莫内塔"，会做其他计算机从未做过的事情。它将感知周围的环境，决定哪些信息是有用的，然后将这些信息加入到逐渐成形的现实结构中；而且在一些应用中，它会制定计划以保证自身的生存。换句话说，MoNETA将具有如同蟑螂、猫以及人所具有的动机。MoNETA与其他人工智能的区别在于，它不需要显式地编程，具有像哺乳动物的脑一样具有适应性和效用性，可以在各种各样的环境下进行动态学习。

14.5 中国脑科学计划

蒲慕明等的文章[68]介绍了中国脑科学计划的愿景。中国脑计划以阐释人类认知的神经基础(认识脑)为主体和核心(一体)，同时展现"两翼"，其中一翼是大力加强预防、诊断和治疗脑重大疾病的研究(保护脑)；另一翼是在大数据快速发展的时代背景下，受大脑运作原理及机制的启示，通过计算和系统模拟推进人工智能的研究(模拟脑)，如图14.4所示。

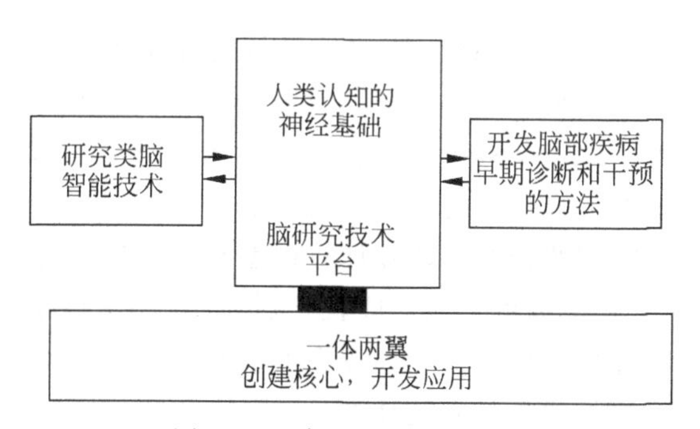

图14.4 中国脑计划愿景图

1. 人类认知的神经基础

理解人类的认知过程是理解自然的终极挑战。它不仅需要描述不同层次的认知现象，从行为到神经系统到神经回路，再到细胞和分子，还需要对不同层次现象之间因果联系的机制进行理解。由于脑成像技术和分子细胞生物学的迅速发展，在宏观和微观层面上对大脑的理解已取得了很大进展。然而，在介观层面上，人们的认识存在着巨大的差距。我们很少知道神经回路是如何从不同脑区的特定类型的神经元聚集起来的，以及特定的神经回路是如何在认知过程和行为中发挥其信号处理功能的。对大脑介观层次的理解,必须确定所有神经元的类型。近年来,单细胞 RNA 测序技术的发展,加快了细胞类型识别的步伐,即根据不同的蛋白质表达谱对神经元进行分类。根据日本脑计划项目对猕猴的研究重点,中国脑计划项目对猕猴的认知研究具有重要意义,介观结构和功能定位的猕猴神经回路需要通过单细胞 RNAseq 和单神经元连接体分析进行细胞类型识别。

中科院自动化所蒋田仔领导的脑网络组研究团队,从事脑网络组图谱(Brainnetome Atlas)研究。在 2016 年公布了最新的脑网络组图谱,该图谱包括 246 个精细脑区亚区,以及脑区亚区间的多模态连接模式。

2. 脑部疾病的早期诊断与干预

据估计,目前中国 13 亿人口中约有 1/5 患有慢性神经精神疾病或神经退行性疾病。中国脑计划的目的是研究脑部疾病的致病机制,并制定有效的诊断和治疗方法,这些脑部疾病包括发育障碍(如自闭症和精神发育迟滞)、神经精神疾病(如抑郁和成瘾)和神经退行性疾病(如阿尔茨海默症和帕金森症)。现在迫切需要减少与这些疾病有关的日益增加的社会负担,然而,鉴于目前的治疗大多无效,这就需要在症状出现的前驱阶段进行早期诊断,采取早期干预措施来制止或延缓疾病的进展。早期诊断受益于在分子、细胞和神经回路水平上揭示疾病病理生理学的研究。鉴于大多数脑部疾病常因共同的神经回路损害而表现出重叠症状,因此对特定脑功能的定量分析将为识别高危人群提供宝贵的信息。早期诊断和干预方法的研究需要从健康和高危人群中收集纵向数据。这只能通过科学家、临床医生和公共卫生组织之间的精心组织来实现。在中国,几乎所有的脑部疾病都是世界上最大的患者人群,迫切需要早期诊断和干预。随着生活水平的提高、公共卫生体系的不断完善、政府对全民医疗的坚定承诺,中国脑计划有着良好的条件,能够组织大规模的旨在有效进行早期诊断和干预的方案。

3. 类脑智能研究

人脑是目前唯一的真正的智能系统,能够以极低的能量消耗来应对不同的认知功能。学习大脑的信息处理机制显然是建立更强大的人工智能的一个很有希望的方法。大脑是进化而成的一个高效能系统,其结构和基本机制可能为未来计算基础设施的设计提供启示。中国脑计划项目旨在更好地了解脑部的多层次机制和原理,并有望促进神经科学家和人工智能研究人员之间深入和密切的合作。认知计算模型和大脑启发的芯片将是智能分支的焦点。在过去几十年里,人工智能取得了显著成就,包括最近的深度学习模式,均部分地受到神经科学的启发。中国脑计划项目将把重点放在开发认知机器人,并将其作为整合大脑的计算模型和设备平台。目标是建立与人类高度互动并在不确定环境中有适当反应的智能机器人,具备通过互动学习解决各种问题的技能,以及传递和推广从不同任务获得的知识的能力,甚至与其他机器人分享所学知识。

完全了解人脑的结构和功能是神经科学的一个有吸引力但却很遥远的目标。然而,神经科学对大脑的有限认识对于解决面临的一些紧迫问题是很有帮助的。中国脑计划的目标是在基础和应用神经科学之间取得平衡,在这一平衡中,一些科学家探求大脑的秘密,而其他人可能会应用已有的知识来预防和治疗脑部疾病,以及开发类脑智能技术。

14.6　神经形态芯片

视频54
神经形态芯片

计算机的"冯·诺依曼架构"与"人脑架构"的本质结构不同，人脑的信息存储和处理，通过突触这一基本单元来实现，因而没有明显的边界。正是人脑中的千万亿个突触的可塑性——各种因素和各种条件经过一定的时间作用后引起的神经变化(可变性、可修饰性等)，使得人脑的记忆和学习功能得以实现。

模仿人类大脑的理解、行动和认知能力，成为重要的仿生研究目标，该领域的最新成果就是推出了神经形态芯片。《麻省理工科技评论》(*MIT Technology Review*)2014年4月23日刊出了"2014十大突破性科学技术"的文章，高通(Qualcomm)公司的神经形态芯片(neuromorphic chips)名列其中。

1. 概述

神经形态芯片的研究已有20多年的历史。1989年，加州理工学院米德(C. Mead)给出了神经形态芯片的定义："模拟芯片不同于只有二进制结果(开/关)的数字芯片，可以像现实世界一样得出各种不同的结果，可以模拟人脑神经元和突触的电子活动。"然而，米德本人并没有完成模拟芯片的设计。

高通公司的"神经网络处理器"与一般的处理器工作原理不同。从本质上讲，它仍然是一个由硅晶体材料构成的典型计算机芯片，但是它能够完成"定性"功能，而非"定量"功能。高通开发的软件工具可以模仿大脑活动，处理器上的"神经网络"按照人类神经网络传输信息的方式而设计，它可以允许开发者编写基于"生物激励"程序。高通设想其"神经网络处理器"可以完成"归类"和"预测"等认知任务。

高通公司给其"神经网络处理器"起名为Zeroth。Zeroth的名字起源于"第零原则"。"第零原则"规定，机器人不得伤害人类个体，或者因不作为致使人类个体受到伤害。高通公司研发团队一直致力于开发一种突破传统模式的全新计算架构。他们希望打造一个全新的计算处理器，模仿人类的大脑和神经系统，使终端拥有大脑模拟计算驱动的嵌入式认知——这就是Zeroth。"仿生式学习""使终端能够像人类一样观察和感知世界""神经处理单元(NPU)的创造和定义"是Zeroth的3个目标。关于"仿生式学习"，高通公司是通过基于神经传导物质多巴胺的学习(又名"正强化")完成的，而非编写代码实现。

2011年，德国海德堡大学在FACTS项目的基础上，在Proactive FP7的资助下，启动了为期4年的BrainScales项目。2013年，加入欧盟"人脑计划"。2013年6月20号结束的莱比锡世界超级计算机大会上，人脑研究项目协调人之一，德国海德堡大学教授麦耶(K. Meier)介绍了德国科学家取得的研究进展。麦耶宣布，神经形态系统将出现在硅芯片上或硅圆片上。这不仅是一种芯片，还是一个完整的硅圆片，在上面目前集成了20万个神经元和500万个突触。这个硅圆片的大小也就是像一个略大些的盘子。这些硅圆片就是未来十年欧盟人脑研究项目要开发的类似人脑的新型计算机系统结构的基石。

2. IBM的TrueNorth神经形态系统

2014年8月8日，IBM在*Science*上公布仿人脑功能的芯片[53]，能够模拟人脑神经元、突触功能以及其他脑功能，从而完成计算功能，这是模拟人脑芯片领域所取得的又一大进展。IBM 表示，这款名为 TrueNorth 的微芯片擅长完成模式识别和物体分类等烦琐任务，而且功耗远低于传统硬件。TrueNorth 微芯片如图 14.5 所示。

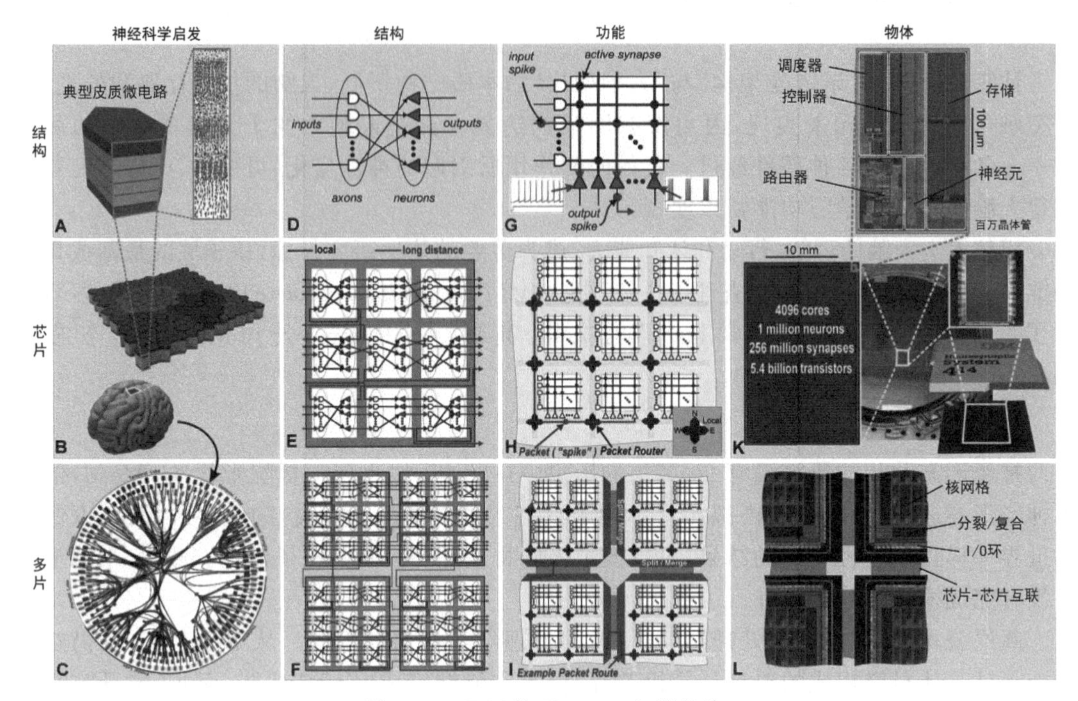

图 14.5　IBM 的 TrueNorth 微芯片

TrueNorth 的微芯片能够模拟神经元、突触的功能以及其他脑功能执行计算，擅长完成模式识别和物体分类等烦琐任务，而且功耗还远低于传统硬件。由三星电子负责生产，拥有 54 亿个晶体管，是传统 PC 处理器的 4 倍以上。它的核心区域内密密麻麻地挤满了 4096 个处理核心，产生的效果相当于 100 万个神经元和 2.56 亿个突触。目前，IBM 已经使用了 16 块芯片开发了一台神经突触超级计算机。

TrueNorth 的 4096 个核心之间就使用了类似于人脑的结构，每个核心包含约 120 万个晶体管，其中负责数据处理和调度的部分只占用了少量晶体管，而大多数晶体管都被用作了数据存储以及与其他核心沟通方面。在这 4096 个核心中，每个核心都有自己的本地内存，它们还能通过一种特殊的通信模式与其他核心快速沟通，其工作方式非常类似于人脑神经元与突触之间的协同，只不过，化学信号在这里变成了电流脉冲。IBM 把这种结构称为“神经突触内核架构”。

IBM 使用软件生态系统将众所周知的算法，例如，卷积网络、液态机器、受限玻尔兹曼机、隐马尔可夫模型、支持向量机、光学流量、多模态分类通过离线学习加到系统结构中。现在这些算法在 TrueNorth 中运行无须改变。IBM 的最终目标就是希望建立一台包含 100 亿个神经元和 100 万亿个突触的计算机——这样的计算机要比人类大脑的功能强大 10 倍，而功耗只有 1000W。

3. 英国 SpiNNaker

2003 年，英国 ARM 公司开始研制类脑神经网络的硬件单元，称为 SpiNNaker(Spiking Neural Networks Architecture)。2011 年，ARM 公司正式发布了包含 18 个 ARM 核的

SpiNNaker 芯片。2013 年，开发基于 UDP 的 Spiking 接口，可以用于异质神经形态系统的通信。

SpiNNaker 是曼彻斯特、南安普顿、剑桥、谢菲尔德等地多所大学和企业机构联合发起的项目，并得到了英国工程和自然科学研究委员会(EPSRC)500 万英镑的投资。负责领衔的是曼彻斯特大学教授弗伯(S. Furber)，从事人脑功能与架构研究很多年，同时也是 ARM 处理器核心鼻祖 Acorn RISC Machine 的联合设计师之一。在这一项目 2005 年获得批准之后，ARM 公司立即给予了大力支持，向科研团队提供了处理器和物理 IP。

人脑中有大约 1000 亿个神经元和多达 1000 万亿个连接，即使是一百万颗处理器也只能模拟人脑的 1%。神经元彼此通过模拟电子峰电位脉冲的方式传递信息，SpiNNaker 则利用描述数据包的方式模拟，并建立虚拟神经元。使用封包的电子数据意味着 SpiNNaker 能够以更少的物理连接像人脑那样快速传递峰电位脉冲。2011 年正式发布了包含 18 个 ARM 核的芯片，最新实现了 48 个节点的 PCB 板。

单个 SpiNNaker 多处理器芯片含有 18 个低功耗的 ARM 968 核，每个核可以模拟 1000 个神经元。每个芯片还有 128MB 的低功耗 SDRAM，存储神经元间的突触连接权值、突触延时等信息。单个芯片的功耗不超过 1W。芯片内采用局部同步，芯片间采用全局异步的方式。

SpiNNaker 系统没有中央计时器，这就意味着，信号的发出和接收不会经过任何时间同步，这些信号将会相互干扰，输出结果也会随着数百万微小的随机变化因素而发生改变。这听起来似乎会造成混乱，对于数学计算等对精度要求很高的任务来说也确实如此，但是对于那些模糊运算任务，比如你何时该松开手以便丢出一个球，或者用哪个词来作为一个句子的结尾，这一系统就能从容应付，毕竟大脑在处理这类任务时不会被要求要将计算结果精确到小数点后 10 位，人脑更像是一个混沌系统。大量的 SpiNNaker 处理器通过以太网连接异步互联。

每个 SpiNNaker 中含有一个特制的路由器，用于完成 SpiNNaker 内部神经元间及芯片间神经元通信。核间采用地址时间表示通信协议进行神经动作电位时间信息传输。

2013 年，开发基于 UDP 用户数据报协议的锋电位接口，可以用于异质神经形态系统的通信。演示了 SpiNNaker 和海德堡大学 BrainScaleS 系统的混合通信，发展大规模的神经形态网络。

4. 寒武纪神经网络处理器

中国科学院计算技术研究所陈天石、陈云霁等人于 2012 年提出了国际上首个人工神经网络硬件的基准测试集 benchNN。这项工作提升了人工神经网络处理速度，有效加速了通用计算的研究。并先后推出了一系列寒武纪神经网络专用处理器：DianNao(面向多种人工神经网络的原型处理器结构)、DaDianNao(面向大规模人工神经网络)和 PuDianNao(面向多种机器学习算法)等。在 2015 ACM/IEEE 计算机体系结构国际会议上，发布了第四种结构：面向卷积神经网络的 ShiDianNao。

陈天石等人提出的 DianNao 是寒武纪系列的第一个原型处理器结构[14]，包含一个处理器核，主频为 0.98GHz，峰值性能达每秒 4520 亿次神经网络基本运算(如加法、乘法等)，65nm 工艺下功耗为 0.485W，面积为 3.02mm^2(如图 14.6 所示)。在若干代表性神经网络上的实验结果表明，DianNao 的平均性能超过主流 CPU 核的 100 倍，面积和功耗仅为 CPU 核的 1/30～1/5，效能提升达 3 个数量级；DianNao 的平均性能与主流通用图形处理器

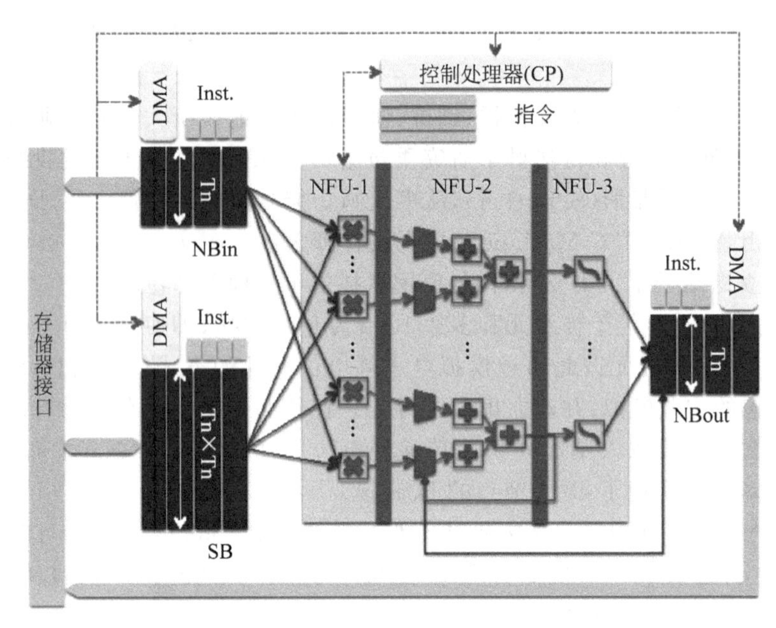

图 14.6 DianNao 结构图

(NVIDIA Tesla K20M)相当,但面积和功耗仅为后者的百分之一量级。

DianNao 要解决的核心问题是如何使有限的内存带宽满足运算功能部件的需求,使运算和访存之间达到平衡,从而实现高效能比。为此提出了一套基于机器学习的处理器性能建模方法,并基于该模型最终为 DianNao 选定了各项设计参数,在运算和访存间实现了平衡,显著提升了执行神经网络算法时的效能。

寒武纪于 2019 年 6 月 20 日宣布推出云端 AI 芯片中文品牌“思元”。思元 270 采用寒武纪公司自主研发的 MLUv02 指令集,可支持视觉、语音、自然语言处理以及传统机器学习等高度多样化的人工智能应用,更为视觉应用集成了视频和图像编解码硬件单元。

视频 55
脑机融合

14.7 脑机融合

生物智能(脑)与机器智能(机)的融合乃至一体化,将脑的感知和认知能力与机器的计算能力完美结合,有望产生令现有生物智能系统和机器智能系统均望尘莫及的更强智能形态,这种形态称为脑机融合(brain-computer integration)。

1. 脑机融合的认知模型

脑机融合是一种基于脑机接口技术,综合利用生物智能和机器智能的新型智能系统。脑机融合是脑机接口技术发展的必然趋势。在脑机融合系统中,大脑与大脑、大脑与机器之间不仅是信号层面上的脑机互通,更需实现大脑的认知能力与机器的计算能力的融合。但大脑的认知单元与机器的智能单元具有不同的关联关系和逻辑通路,因此,脑机融合的关键科学问题之一是如何建立脑机协同的认知计算模型。

脑机融合系统具有 3 个显著特征:

(1) 对生物体的感知更加全面,包含表观行为理解与神经信号解码;

(2) 生物体也作为系统的感知体、计算体和执行体，且与系统其他部分的信息交互通道为双向；

(3) 多层次、多粒度的综合利用生物体和机器的能力，达到系统智能的极大增强。

脑机融合中，采用如图 14.7 所示智能体模型 ABGP[76]。ABGP 智能体模型由感知(awareness)、信念(belief)、目标(goal)和规划(plan)4 个模块组成。这种智能体模型既考虑了智能体内部的思维状态，又考虑了对外部场景的认知和交互，对智能体决策发挥重要作用。智能体模型 ABGP 是脑机协同仿真环境的核心部件。基于心智模型 CAM 和智能体模型 ABGP，提出了脑机协同的认知模型，如图 14.8 所示。

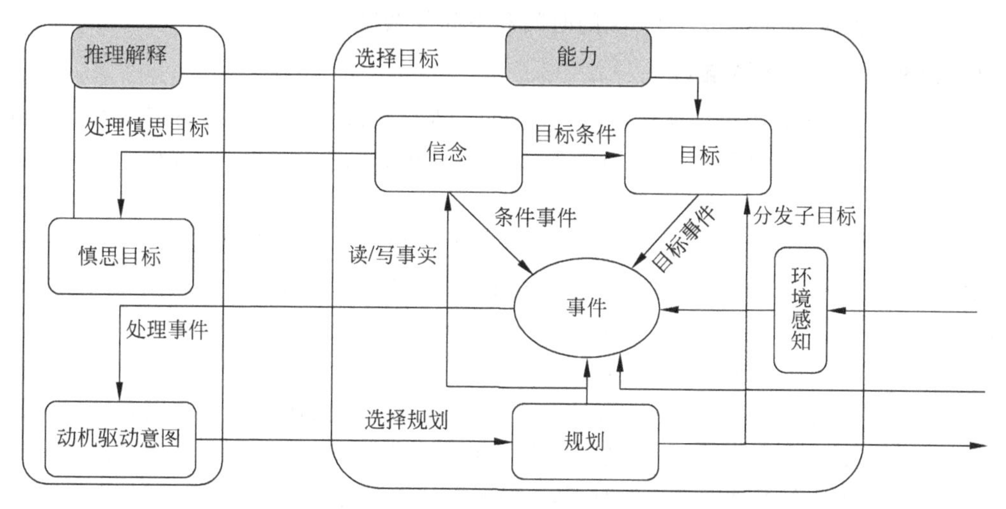

图 14.7　智能体 ABGP 模型

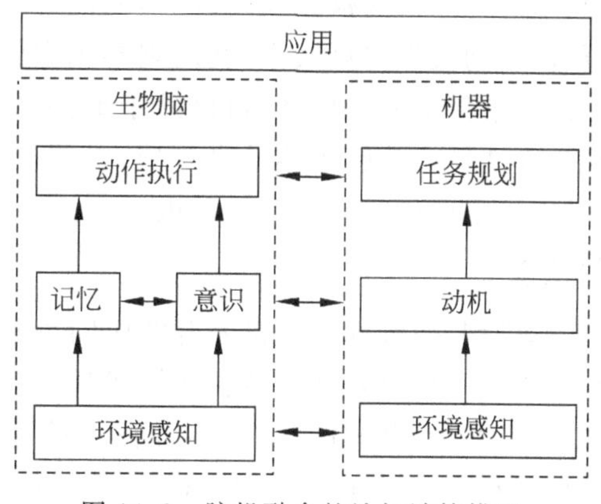

图 14.8　脑机融合的认知计算模型

2. 脑机融合的环境感知

感知外界环境时，人脑中形成了两类谱图：位置主谱图和特征谱图。位置主谱图记录了全局图像中每个局部底层图像特征的具体位置。特征谱图记录了局部的底层特征的关系，叫作关系编码模式。通过扫描位置主谱图，被扫描到的特征谱图被激活，形成当前物体的暂态表示。为获得对输入特征序列的整体理解，注意机制启动注意，串行扫描主谱图，通过注意将特征联系起来。通过最大熵原则选择势函数，将特征函数联系起来，构成随机场。

通过查询识别网络,随机场通过 Veterbi 算法进行连接搜索来获得对感知图像的预测,物体的底层特征和高层语义被联系起来,从而完成整个物体识别的特征捆绑。

卷积神经网络是典型的深度学习算法,在图像识别领域应用广泛。作为环境感知以 CNN 为基础,综合其他分类器,实现特征提取与非线性特征映射的组合。利用卷积神经网络提取不变性的视觉特征,例如轮廓和边缘信息等,然后使用超限学习机完成最后的分类。

针对谱聚类中特征分解计算复杂度过高的问题,设计了一种自适应的 Nyström 采样方法,每个数据点的采样概率都会在一次采样完成后及时更新。利用 Normalized Cuts 与加权核 K-means 之间的联系,设计了近似加权核 K-means 算法来优化 Normalized Cuts 的目标函数,有效降低了 Normalized Cuts 的时间和空间复杂度。

3. 脑机融合的自动推理

动机是内部驱动力量和主观推理,直接驱使个体活动来发起并维持心理状态以达到某种特定的目的。通过动机驱动规划,实现自动推理。在脑机融合系统中,提供了两种类型的动机,即基于需求的动机和基于好奇心的动机。

基于需求的动机被表示为一个三元组{N,G,I},其中 N 表示需要,G 是目标,I 表示动机强度。在脑机融合系统中,需求有 3 类,即感知需求(perception needs)、适应需求(adaptation needs)以及合作需求(cooperation needs)。动机由激励规则激活。

基于好奇心的动机是通过动机学习算法建立一个新的动机。智能体将观察到的感知输入创建为一种内部表达,并且将这种表达与学习到的有利于操作的行为相联系。如果智能体的动作结果与其当前目标不相关,则不会进行动机学习,这种对学习内容的筛选是非常有用的。但是即便学习不被其他动机触发时,基于新颖性的学习仍然可以在这样的情况下发生。

动机的学习过程就是通过观察获取感知状态,然后感知状态由事件进行相互转换。发现新颖性事件激发智能体兴趣。一旦兴趣被激发,智能体的注意力就可以被选择并集中在环境的一个方面。基于新颖性的动机学习算法中,利用观察函数将注意力集中在感知状态的子集,然后利用差异函数计算子集上的差异度,再借助于事件函数形成事件,事件驱动着内省搜索,利用新颖性和兴趣度选择出最感兴趣的事件项,以便让智能体专注于该事件项,最后基于所关注事件项的最大兴趣度创建一个新的动机。

4. 脑机融合的协同决策

根据脑机协同的认知计算模型,作者提出脑机融合的协同决策[74]。脑机融合的协同决策是基于联合意图的理论,该理论可以有效地支持智能体间联合社会性行为的描述和分析。在脑机融合中,脑和机器被定义为具有共同的目标和共同的心智状态的智能体。在短时记忆支持下,采用分布式动态描述逻辑(Distributed Dynamic Description Logic,D3L)刻画联合意图。分布式动态描述逻辑充分考虑了动态描述逻辑在分布式环境下的特性,利用桥规则构成链,通过分布式推理实现联合意图,使脑机融合中的智能体进行协同决策。

视频 56 智能科学发展路线图

14.8 智能科学发展路线图

通过脑科学、认知科学与人工智能领域的交叉合作,加强我国在智能科学这一交叉领域中的基础性、独创性研究,解决认知科学和信息科学发展中的重大基础理论问题,带动我国经济、社会乃至国家安全所涉及的智能信息处理关键技术的发展，为防治脑疾病和脑功能障碍、提高国民素质和健康水平等提供理论依据，并为探索脑科学中的重大基础理论问题作出贡献。

2013年10月29日，在中国人工智能学会"创新驱动发展——大数据时代的人工智能"高峰论坛上，作者描绘了智能科学发展"路线图"：2020年，实现初级类脑计算，实现目标是计算机可以完成精准的听、说、读、写；2035年，进入高级类脑计算阶段，计算机不但具备"高智商"，还将拥有"高情商"；2050年，智能科学与纳米技术结合，发展出神经形态计算机，具有全意识，实现超脑计算。

14.8.1 初级类脑智能

近几年来，纳米、生物、信息和认知等当前迅猛发展的四大科学技术领域的有机结合与融合汇聚成为科技界的热点，被称为NIBC汇聚科学技术(converging technologies)。这4个领域中任何技术的两两融合、三种汇聚或者四者集成，都将加速科学和社会发展。脑与认知科学的进展将可能引发信息表达与处理方式新的突破，基于脑与认知科学的智能技术将引发一场信息技术的新革命。

初级类脑计算(elementary brain-like intelligence)的实现，使机器能听、说、读、写，能方便地与人沟通，关键要突破语义处理的难关。数据的含义就是语义。数据本身没有任何意义，只有被赋予含义的数据才能够被使用，这时候数据就转化为了信息，而数据的含义就是语义。语义是对数据符号的解释，语义可以简单地看作是数据所对应的现实世界中的事物所代表的概念的含义，以及这些含义之间的关系，是数据在某个领域上的解释和逻辑表示。语义具有领域性特征，不属于任何论域的语义是不存在的。对于计算机科学来说，语义一般是指用户对于那些用来描述现实世界的计算机表示(即符号)的解释，也就是用户用来联系计算机表示和现实世界的途径。

计算机数据呈现的形态是多种多样的，目前常见的有文本、语音、图形、图像、视频、动画等。在初级阶段，机器要像人一样理解这些媒体的内容，必须突破媒体的语义理解。

14.8.2 高级类脑智能

到2035年，智能科学的目标是使机器达到高级类脑智能(advanced brain-like intelligence)，实现具有高智商和高情商的人造系统。智商是指数字、空间、逻辑、词汇、记忆等能力，是人们认识客观事物并运用知识解决实际问题的能力。情商是一种自我认识、了解、控制情绪的能力。情商的核心内容包括认知和管理情绪(包括自己和他人的情绪)、自我激励、正确处理人际关系3方面的能力。

14.8.3 超脑智能

到2050年，智能科学的目标是达到超脑智能(super-brain intelligence)，实现具有意识功能的人造系统，具有高智能、高性能、低能耗、高容错、全意识等特点。

1. 高智能

高智能是指由人工制造的系统所表现出来的人类水平的智能，在理解生物智能机理的基础上，对人类大脑的工作原理给出准确和可测试的计算模型，使机器能够执行需要人的智能才能完成的功能。研究智能科学建立心智模型，采用信息的观点研究人类全部精神活动，包括感觉、知觉、表象、语言、学习、记忆、思维、情感、意识等，研究人类非理性心理与理性认知融合运作的形式、过程及规律。类脑计算机实质上是一种神经计算机，它模拟人脑神经信息处理功能，通过并行分布处理和自组织方式，由大量基本处理单元相互连接而成的系统。通过大脑的结构、动力学、功能和行为的逆向工程，建立脑系统的心智模型，进而在工程上实现类心智的智能机器。智能科学将为类脑计算机的研究提供理论基础和关键技术，建立神经功能柱和集群编码模型、脑系统的心智模型，探索学习记忆、语言认知、不同的脑区协同工作、情感计算、智力进化等机制，实现人脑水平的机器智能。

2. 高性能

高性能主要指运行速度。计算机的性能在 40 年内将增长 10^8～10^9 倍，达到每秒 10^{24} 次的运算速度。传统的信息器件和设备系统在复杂性、成本、功耗等方面已遇到巨大障碍，基于 CMOS 的芯片技术已接近物理极限，急切期待颠覆性的新技术。另一方面，未来芯片要汇集计算、存储、通信等多种功能，满足多品种、短设计周期等特点，同样需要寻求新的技术路线。

硅微电子器件遵循摩尔定律和按比例缩小原则，从微米级进化到纳米级，取得了巨大成功。目前 65nm 硅 CMOS 技术已实现了大规模生产，45nm 硅 CMOS 技术开始投入生产，单芯片集成规模超过了 8 亿个晶体管。2007 年 Intel 和 IBM 同时宣布研究成功高 k 栅电介质和金属栅技术，并应用于 45nm 硅 CMOS 技术。通过结合应变硅沟道技术和 SOI 结构，32nm 硅 CMOS 技术已试生产。Intel 和三星等公司已研究成功 10nm 以下的器件。专家们预计线宽达到 11nm 以下时，硅 CMOS 技术在速度、功耗、集成度、成本、可靠性等方面将受到一系列基本物理问题和工艺技术问题的限制。因此，在纳米级器件物理和新材料等基础研究领域不断创新、寻求突破超高速、超低功耗、亚 11nm 基础器件和集成电子系统的解决方案将成为 21 世纪世界范围最重大的科学技术问题之一。

2009 年 1 月，IBM 宣布研制出栅长为 150nm 的石墨烯晶体管，截止频率达到 26GHz。石墨烯具有极高的迁移率，是 Si 的 100 倍，饱和速度是 Si 的 6～7 倍，热导率高，适合高速、低功耗、高集成度、低噪声和微波电路等。目前栅长 150nm 的石墨烯 MOS 晶体管的运行频率可以达到 26GHz，如果缩小到 50nm，石墨烯晶体管的频率就有望突破 1THz。2035 年左右可研制成功石墨烯系统芯片，并形成规模化生产。除了目前基于 CMOS 芯片的电子计算技术继续升级换代以外，量子计算、自旋电子计算、分子计算、DNA 计算和光计算等前瞻性系统技术研究正在蓬勃开展。

3. 低能耗

人脑运行时只消耗相当于点亮一只 20W 灯泡的能量。即使在最先进的巨型计算机上再现脑的功能，也需要一座专用的电厂。当然局部化不是唯一的差别。脑拥有一些我们还不能再现的有效率的元件。最关键的是，脑可以在大约为 100mV 电压工作。但是对于互补金属氧化物半导体(CMOS)逻辑电路，则需要高得多的电压(接近于 1V)才能使其正确运作，而更高的工作电压意味着在电线传送信号的过程中会用掉更多的能量。

今天的计算机执行每个运算，在电路级耗能是皮焦耳量级，在系统层是微焦耳量级，均大大高于物理学给出的理论下限。降低系统的能耗还有很大的空间。低能耗技术涉及材料、器件、系统结构、系统软件和管理模式等各个方面。从原理上创新，突破低能耗核心技术已成为今后几十年芯片和系统设计的重大挑战问题。

4. 高容错

容错是指一个系统在内部出现故障的情况下，仍然能够向外部环境提供正确服务的能力。容错计算的概念最早由阿维兹尼斯(A. Avizienis)于1967年首次提出。如果一个系统的程序在出现逻辑故障的情况下仍能被正确执行，那么称这个系统是容错的。

人脑和神经网络均具有高容错的特性，部分单元失效时，仍然能够继续正确地工作。因此超脑计算系统必须具备这种高可靠的性能。

未来采用纳米级电子设备的普遍预期的制造缺陷的概率增加，一种新颖的、高度容错的交叉开关体系结构被提出。基于忆阻器交叉开关体系结构，可以使神经网络的可靠实施。图14.9给出了单层忆阻器交叉开关矩阵。对单层交叉开关采用Delta规则来学习布尔函数，呈现非常快收敛速度。此外，在有或没有冗余的情况下，利用竞争性学习方法，模拟缺陷的影响来测量的系统结构对修复缺陷的神经元的性能。该架构能够学习布尔函数具有制造缺陷率高达13%，具有合理的冗余量。与其他技术相比，例如，级联三层冗余(cascaded triple modular redundancy)、冯·诺依曼复用和重新配置，它显示出最佳的容错性能。

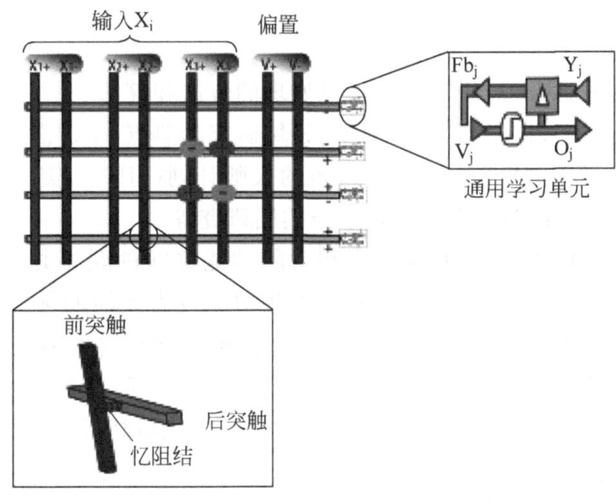

图14.9　单层忆阻器交叉开关矩阵

5. 全意识

意识也许是人类大脑最大的奥秘和最高的成就之一。意识是生物体对外部世界和自身心理、生理活动等客观事物的知觉。意识的脑机制是各种层次的脑科学共同研究的对象，也是心理学研究的核心问题。人类进行意识活动的器官是脑。为了揭示意识的科学规律，建构意识的脑模型，不仅需要研究有意识的认知过程，而且需要研究无意识的认知过程，即脑的自动信息加工过程，以及两种过程在脑内的相互转化过程。同时，自我意识和情境意识也是需要重视的问题。自我意识是个体对自己存在的觉察，是自我知觉的组织系统和个人看待自身的方式，包括自我认知、自我体验、自我控制3种心理成分。情境意识是个体对不断变化的外部环境的内部表征。在复杂动态变化的社会信息环境中,情境意识是影响人们决策和绩效的关键因素。

2005 年 7 月,*Science* 杂志在创刊 125 周年之际,出版了"未知之事有几何?"的专辑,提出了 125 个"有待开拓的机遇之地"问题,其中第二个问题是"意识的生物学基础是什么?"。17 世纪的法国哲学家有一句名言:"我思故我在。"可以看出,意识在很长时间里都是哲学讨论的话题。现代科学认为,意识是从大脑中数以亿计的神经元的协作中涌现出来的。但是这仍然太笼统了,具体来说,神经元是如何产生意识的?近年来,科学家已经找到了一些可以对这个最主观和最个人的事物进行客观研究的方法和工具,并且借助大脑损伤的病人,科学家得以一窥意识的奥秘。除了要弄清意识的具体运作方式外,还要探究它为什么存在?是如何起源的?

中国《"十三五"国家科技创新规划》提出部署"脑科学与类脑研究"重大科技项目,开展类脑计算与脑机智能研究,研究重点涵盖脑神经计算、认知功能模拟、神经形态芯片和类脑处理器、脑机接口、类脑机器人等多个方面。

类脑智能将形成新型智能形态,兼具生物(人类)智能体的环境感知、记忆、推理、学习能力和机器智能体的信息整合、搜索、计算能力,给人们的生产生活带来更大的便利。

14.9 小结

类脑智能就是向人脑学习,研究人脑信息处理的方法和算法,利用神经形态计算来模拟人类大脑处理信息的过程,这是当前智能科学领域研究的热点,全球激烈竞争的制高点。目前重要的类脑智能与脑科学研究计划有:欧盟的人脑计划(HBP)、美国的 BRAIN 计划、日本大脑研究计划 Brain/MINDS、中国脑科学与类脑研究等。

欧盟的人脑计划(HBP)弄清大脑结构和大脑功能之间的联系是 HBP 的重要目标之一。HBP 把三分之一的研究重点放在负责具体认知和行为技能的神经元结构上。美国脑计划主要统计大脑细胞类型,建立大脑结构图。中国脑科学研究采用一体两翼的安排。

模仿人类大脑的理解、行动和认知能力,成为重要的仿生研究目标。该领域的最新成果就是推出了神经形态芯片。脑机融合将生物智能(脑)与机器智能(机)的融合乃至一体化,将脑的感知和认知能力与机器的计算能力完美结合,有望产生令现有生物智能系统和机器智能系统均望尘莫及的更强智能形态。

思考题

1. 如何向人脑学习,研究人脑信息处理的方法和算法,发展类脑智能?
2. 请阐述欧盟人脑计划的路线图。
3. 同步匹配适应共振理论 SMART 如何将认知与大脑振动联系起来?
4. 什么是神经形态芯片?
5. IBM 的 TrueNorth 微芯片的特色是什么?
6. 脑机融合系统应具有哪些特征?试阐述实现脑机融合系统的关键技术是什么。

参考文献

[1] Aleksander I, Morton H. Aristotle's Laptop: The Discovery of our Informational Mind[M]. World Scientific Publishing Co. Pte. Ltd. 2012.

[2] Anderson J R. The Architecture of Cognition[M]. Cambridge, MA: Harvard University Press, 1983.

[3] Baars B J. A Cognitive Theory of Consciousness[M]. New York: Cambridge University Press, 1988.

[4] Baars B J. In the Theater of Consciousness: The Workspace of the Mind[M]. New York: Oxford University Press, 1997.

[5] Baars B J, Edelman D E. Consciousness, biology and quantum hypotheses[M]. Phys Life Rev., 2012.

[6] Baddeley A D, Hitch G J. Working memory. In: Bower G A. The Psychology of Learning and Motivation [M]. New York: Academic Press, 1974.

[7] Baddeley A D. The episodic buffer: A new component of working memory? [J]. Trends in Cognitive Sciences, 2000, 4: 417-423.

[8] Balduzzi D, and Tononi G. Qualia: The geometry of integrated information[J]. PLoS Comput. Biol. 2009, 5(8): 1-224.

[9] Bock K, & Levelt W. Language Production: Grammatical encoding[M]. San Diego, CA: Academic Press, 1994.

[10] Brooks R. A robust layered control system for a mobile robot [J]. IEEE Journal of Robotics and Antomation, 1986, 2(1): 14-23.

[11] Chalmers D J. The Conscious Mind: In Search of a Fundamental Theory[M]. NewYork Oxford University Press, 1996.

[12] Chen L. Topological structure in visual perception[J]. Science, 1982, 218: 699-700.

[13] Chen L. The topological approach to perceptual organization[J]. In Visual Cognition, 2005, 12: 553-637.

[14] Chen T, Du Z, Sun N, et al. DianNao: a small footprint high-throughput accelerator for ubiquitous machine elearning[C]. In Proceedings of the 19th international conference on Architectural support for programming languages and operating systems——ASPLOS'14, pages 269-284, Salt Lake City, UT, USA, 2014.

[15] Chomsky N. Syntactic Structures[M]. The Hague: Mouton, 1957.

[16] Crick F. 惊人的假说——灵魂的科学探索[M]. 汪云九，等译. 长沙：湖南科学技术出版社，1999.

[17] Crick F, Koch C. A Framework For Consciousness[J]. Nature Neuroscience, 2003, 6: 119-126.

[18] Eckhorn R, Reitboeck H J, Arndt M, et al. Feature linking via synchronization among distributed assemblies: Simulations of results from cat visual cortex[J]. Neural Computing, 1990, 2: 293-307.

[19] Edelman G M. Naturalizing consciousness: a theoretical framework[J]. Proc Natl Acad Sci USA, 2003, 100(9): 5520-4.

[20] Edelman G M. Biochemistry and the sciences of recognition[J]. Biol. Chem. 2004, 279: 7361-7369.

[21] Ellis A W, Young A W. Human cognitive neuropsychology[M]. Hillsdale: Erlbaum, 1988.

[22] Fodor JA. 心理模块性[M]. 李丽，译. 上海：华东师范大学出版社，2002.

[23] Fujii H, Ito H. Dynamical Cell Assembly Hypothesis: Theoretical Possibility of Spatio-temporal Coding in the Cortex[J]. Neural Network, 1996, 9: 1303-1350.

[24] Gibson J J. The Ecological Approach to Visual Perception[M]. Boston: Houghton Mifflin, 1979.

[25] Gray C M, Singer W. Stimulus-specific neuronal oscillations in orientation columns of cat visual cortex[C]. Proceedings of the National Academy of Sciences of the United States of America, 86: 1698-1702, 1989.

[26] Grossberg S. Adaptive pattern classification and universal recoding: Ⅰ. Parallel development and coding of neural detectors[J]. Biological Cybernetics, 1976, 23: 121-134.

[27] Grossberg S. Adaptive pattern classification and universal recoding: Ⅱ. Feedback, expectation, olfaction, illusions[J]. Biological Cybernetics, 1976, 23: 187-202.

[28] Grossberg S., Versace M. Spikes, Synchrony, and attentive learning by laminar thalamocortical circuits[J]. Brain Research, 2008, 1218: 278-312.

[29] Hagoort P. On Broca, brain, and binding: A new framework[J]. Trends in Cognitive Sciences, 2005, 9(9), 416-423.

[30] Hawkins J, Blakeslee Sandra. 智能时代[M]. 李蓝，刘志远，译. 北京：中国华侨出版社，2014.

[31] Hebb D O. The organization of behavior: A neuropsychological theory[M]. New York: Wiley, 1949.

[32] Hinton G E, Salakhutdinov R R. Reducing the dimensionality of data with neural networks[J]. Science, 2006, 313(5786): 504-507.

[33] 霍奇金 A L. 神经冲动的传导[M]. 徐科，谭德培，译. 北京：科学出版社，1965.

[34] Hodgkin A L, Huxley A F. A quantitative description of ion currents and its applications to conduction and excitation in nerve membranes[J]. Physiol. (Lond.), 1952, 117: 500-544.

[35] Holland J H. Adaptation in Natural and Artificial Systems[M]. University of Michigan Press, 1975.

[36] Huang G-B, Zhu Q-Y, Siew C-K. Extreme Learning Machine: Theory and Applications [J]. Neurocomputing, 2006, 70: 489-501.

[37] Kirsh D. Foundations of AI: the big issues[J]. Artificial Intelligence, 1991, 47: 3-30.

[38] Kumaran D, Hassabis D, McClelland J L. What Learning Systems do Intelligent Agents Need? Complementary Learning Systems Theory Updated[J]. Trends in Cognitive Sciences, 2016, 20(7): 512-534.

[39] Laird J E, Kinkade K R, Mohan S, et al. Cognitive Robotics using the Soar Cognitive Architecture [C]. CogRob 2012——The 8th International Cognitive Robotics Workshop, AAAI'12, 2012.

[40] Laird J, Newell A, Rosenbloom P. SOAR: An Architecture for General Intelligence[J]. Artificial Intelligence, 1987, 33(1): 1-64.

[41] LeCun Y, Boser B, Denker J S, et al. Handwritten digit recognition with a back-propagation network [C]. In: Advances in Neural Information Processing Systems. Denver: Morgan Kaufmann, 1989, 396-404.

[42] LeCun Y, Bottou L, Bengio Y, et al. Gradient-based learning applied to document recognition[J]. Proc of the IEEE, 1998, 86(11): 2278-2324.

[43] Levelt W J M. Speaking: from intention to articulation[M]. MA: MIT Press, 1989.

[44] Levelt W J M. Relations between speech production and speech perception: Some behavioral and neurological observations[M]. Cambridge, MA: MIT Press, 2001.

[45] Markram H. The Blue Brain Project[J]. Nature Reviews Neuroscience. 2006, 7: 153-160.

[46] Markram H, Meier K, Lippert T, et al. Introducing the Human Brain Project[J]. Procedia CS 7: 39-42, 2011.

[47] Marr D. 视觉计算理论[M]. 姚国正，刘磊，汪云九，译. 北京：科学出版社，1988.

[48] Mayeux R, Kandel E R. Disorders of Language: The Aphasias[C]. In: Kandel ER, Schwartz JH and Jessell TM (eds). Principles of Neural Science, 3rd ed. Elsevier, 1991.

[49] McClelland, J L, Rumelhart D E. An interactive activation model of context effects in letter perception: Part 1. An account of Basic Findings[J]. Psychological Review, 1981, 88, 375-407.

[50] McClelland,J L,Rumelhart D E. Parallel distributed processing: Explorations in Parallel Distributed Processing[M]. Cambridge,MA: MIT Press,1986.

[51] McClelland,J L,Mcnaughton B L,O'Reilly C R. Why there are complementary learning systems in the hippocampus and neocortex: insights from the successes and failures of connectionist models of learning and memory[J]. Psychol. 1995,102: 419-457.

[52] McCulloch W S,Pitts W. A logic calculus of the ideas immanent in nervous activity[J]. Bulletin of Mathematical biophysics,1943,5: 115-133.

[53] Merolla P A,Arthur J V,Alvarez-Icaza R,et al. A million spiking-neuron integrated circuit with a scalable communication network and interface[J]. Science. 345(6197): 668-672,2014.

[54] Minsky M. 心智社会[M]. 任楠,译. 北京: 机械工业出版社,2016.

[55] Minsky M. 情感机器[M]. 王文革,程玉婷,李小刚,译. 杭州: 浙江人民出版社,2015.

[56] Modha D S,Ananthanarayanan R,Esser S K,et al. 认知计算[J]. 史忠植,译. 中国计算机学会学会通讯,2012, 8(8): 76-85.

[57] Newell A. Physical symbol systems[J]. Cognitive Science,1980,4:135-183.

[58] Newell A. Physical symbol systems[C]. In Perspectives on cognitive science. Norman,D. A. ,ed. Hillsdale,N. J. : Lawrence Erlbaum Associates,1981.

[59] Newell A. Unified Theories of Cognition[M]. Cambridge,Mass: Harvard University Press,1990.

[60] Newell A, Simon H A. Computer science as empirical inquiry: Symbols and search [J]. Communications of the Association for Computing Machinery, 1976, 19(3): 113-126(1975 ACM Turing Award Lecture.).

[61] Penrose R. The Emperor's New Mind[M]. New York: Oxford University Press,1989.

[62] Pearl J. Causality: Models, Reasoning, and Inference [M]. New York: Cambridge University Press,2000.

[63] Piaget J. 结构主义[M]. 倪连生,王琳,译. 北京: 商务印书馆,1979.

[64] Piaget J,Henriques G,Ascher E,et al. 态射与范畴: 比较与转换[M]. 刘明波,张兵,孙志凤,译. 上海: 华东师范大学出版社,2005.

[65] Picard R W. Affective Computing[M]. London,MIT Press: 1997.

[66] Pink D H. 全新思维[M]. 林娜,译. 北京: 北京师范大学出版社,2006.

[67] Pinker S. 心智探奇[M]. 郝耀伟,译. 杭州: 浙江人民出版社,2016.

[68] Poo M M,Du J L,et al. China Brain Project: Basic Neuroscience,Brain Diseases,and Brain-Inspired Computing[J]. Neuron,2016,92(3): 591-596.

[69] Pouget A,Dayan P, Zemel R. Inference and Computation with Population Codes[J]. Annu Rev Neurosei. 2003,26: 381-410.

[70] Selfridge O G. Pandemonium: A paradigm for learning[C]. In Proceedings of a symposium on the mechanization of thought processes,London: H. M. Stationery Office,1959,511-526.

[71] Shi Z Z. Foundations of Intelligence Science[J]. International Journal of Intelligence Science,2011, 1(1): 8-16.

[72] Shi Z Z. Intelligence Science: Leading the Age of Intelligence[M]. Elsevier and Tsinghua University Press,2021.

[73] Shi Z Z. Intelligence Science Is The Road To Human-Level Artificial Intelligence [J]. Keynotes Speaker,IJCAI-13,Workshop on Intelligence Science,2013.

[74] Shi Z Z. Mind Computation[M]. HK: World Scientific Publishing Co. ,2017.

[75] Shi Z Z,Wang X F, Yue J P. Cognitive Cycle in Mind Model CAM[J]. International Journal of Intelligence Science,2011,1(2): 25-34.

[76] Shi Z Z,Zhang J H,Yue J P,et al. A Cognitive Model for Multi-Agent Collaboration[J]. International

Journal of Intelligence Science, 2014, 4(1): 1-6.

[77] Tononi G. Consciousness as integrated information: A provisional manifesto[J]. Biol. Bull. 2008, 215, 216-242.

[78] Tulving E. Elements of episodic memory[M]. London: Oxford Clarendon Press, 1983.

[79] Turing A M. On computable numbers with an application to the Entscheidungsproblem[J]. Proc. London Maths. Soc. , 1936, 2(42): 230-265.

[80] Valiant L G. A theory of the learnable[J]. Communications of the ACM, 1984, 27(11): 1134-1142.

[81] Versace M, Chandler B. 新型机器脑[J]. 史忠植, 译. 中国计算机学会通讯, 2011, 7(9): 70-76.

[82] Weng J Y. Natural and Artificial Intelligence: Introduction to Computational Brain-Mind [M]. Michigan: BMI Press, 2012.

[83] Winograd T. Understanding Natural Language[M]. CA: Academic Press, 1972.

[84] Woods W A. Transition Network Grammars for Natural Language Analysis [J], Comm. ACM, October 1970, 13, No. 10.

[85] Wu, Y H, Schuster M, Chen Z F, et al. Google's Neural Machine Translation System: Bridging the Gap[J]. arXiv: 1609. 08144v2, 2016.

[86] 蔡自兴. 基于功能/行为集成的自主式移动机器人进化控制体系结构[J]. 机器人, 2000, 22(3): 170-175.

[87] 李其维. 论皮亚杰心理逻辑学[M]. 上海: 华东师范出版社, 1990.

[88] 蒲慕明, 徐波, 谭铁牛. 脑科学与类脑研究概述[J]. 中国科学院院刊, 2016, 31(7): 725-736.

[89] 钱学森. 关于思维科学[M]. 上海: 上海人民出版社, 1986.

[90] 石志伟, 史忠植, 刘曦, 等. 特征捆绑的计算模型[J]. 中国科学 C 辑, 2008, 5: 485-493.

[91] 史忠植. 展望智能科学[J]. 北京: 科学中国人, 2003, 8: 47-49.

[92] 史忠植. 智能科学[M]. 北京: 清华大学出版社, 2019.

[93] 史忠植. 心智计算[M]. 北京: 清华大学出版社, 2015.

[94] 周昌乐. 智能科学技术导论[M]. 北京: 机械工业出版社, 2015.

图书资源支持

感谢您一直以来对清华大学出版社图书的支持和爱护。为了配合本书的使用，本书提供配套的资源，有需求的读者请扫描下方的“书圈”微信公众号二维码，在图书专区下载，也可以拨打电话或发送电子邮件咨询。

如果您在使用本书的过程中遇到了什么问题，或者有相关图书出版计划，也请您发邮件告诉我们，以便我们更好地为您服务。

我们的联系方式：

地　　址：北京市海淀区双清路学研大厦 A 座 714

邮　　编：100084

电　　话：010-83470236　010-83470237

资源下载：http://www.tup.com.cn

客服邮箱：tupjsj@vip.163.com

QQ：2301891038（请写明您的单位和姓名）

教学资源・教学样书・新书信息

人工智能科学与技术
人工智能|电子通信|自动控制

资料下载・样书申请

书圈

用微信扫一扫右边的二维码，即可关注清华大学出版社公众号。